T0254185

Wie man mathematisch schreibt

Burkhard Kümmerer

Wie man mathematisch schreibt

Sprache – Stil – Formeln

Burkhard Kümmerer
Technische Universität Darmstadt
Fachbereich Mathematik
Darmstadt, Deutschland

ISBN 978-3-658-01575-6 ISBN 978-3-658-01576-3 (eBook)
DOI 10.1007/978-3-658-01576-3

Die Deutsche Nationalbibliothek verzeichnet diese Publikation in der Deutschen Nationalbibliografie; detaillierte bibliografische Daten sind im Internet über http://dnb.d-nb.de abrufbar.

Springer Spektrum

Planung: Ulrike Schmickler-Hirzebruch

Gedruckt auf säurefreiem und chlorfrei gebleichtem Papier.

Springer Fachmedien Wiesbaden GmbH ist Teil der Fachverlagsgruppe Springer Science+Business Media (www.springer.com)

Stil ist für mich
exakte Herausarbeitung
eines Gedankens

Robert Musil

Vorwort

Sie studieren Mathematik und schreiben eine Bachelor- oder Masterarbeit? Sie schreiben eine Seminararbeit, eine Dissertation oder gar ein mathematisches Buch? Dann haben Sie im Mathematikstudium gelernt *was* man mathematisch schreibt und Sie beherrschen das Instrumentarium mathematisch *korrekter* Ausdrucksweise. *Wie man mathematisch schreibt*, wie erst angemessene Sprache, guter Stil, übersichtliche Formeln einen mathematischen Text genießbar machen, das wird im Studium nur selten explizit angesprochen.

Mit einer wissenschaftlichen Abschlussarbeit soll jedoch auch die Fähigkeit unter Beweis gestellt werden, einen umfangreicheren Sachverhalt nach wissenschaftlichen Grundsätzen *darzustellen*. Die Befähigung, über Mathematik zu kommunizieren, wird in den meisten Studienordnungen explizit als Ausbildungsziel genannt – aus gutem Grund: Sie steht weit oben auf der Liste der Qualifikationen, die im Beruf von den Absolventinnen und Absolventen eines mathematischen Studienganges erwartet werden. Für den Erwerb dieser Fähigkeit verlassen wir uns aber meist auf implizites Lernen, hoffen auf „Osmose", ausgelöst durch das Gefälle zwischen vorbildhafter Literatur und den selbstproduzierten schriftlichen Lösungen von Übungsaufgaben.

Die Erfahrung zeigt: Das reicht nicht. In Zeiten, in denen sich viele Studierende vor allem entlang schnell erstellter Skripte oder Vorlesungsaufzeichnungen durch das Studium hangeln, sammeln sie zu wenig Erfahrung mit sorgfältig erstellter mathematischer Literatur. So findet dieser Teil der Ausbildung oft in Sprechstunden statt:

„Was soll man voraussetzen und was muss man erklären?", „Wie breit soll der Rand sein?", „Was kommt in einen Satz und was in ein Lemma?", „Wie verweist man auf einen Aufsatz aus einem Sammelband und wie auf ein Preprint aus dem ‚`arXiv`'?" Diese Fragen werden mir ein ums andere Mal gestellt, wenn ich eine wissenschaftliche Arbeit betreue.

Von anderen Fragen wünschte ich allzu oft, sie wären rechtzeitig gestellt worden: „Was ist eine gute Notation?", „An welcher Stelle sollte man die Notation einführen, damit man sie später wieder findet?", „Wo hat ein mathematischer Text Satzzeichen?", „Was ist eine gute mathematische Ausdrucksweise und was ist ‚mathematischer Slang', der seinen Platz vielleicht noch in der Lösung einer Übungsaufgabe finden mag?" (oder besser auch dort nicht), „Wie gestaltet man einen Text übersichtlich?", „Welche Quellen sind nur bedingt zitierfähig?"

Aus ungezählten solchen Gesprächen und Diskussionen mit Studentinnen und Studenten ist schließlich dieses Buch entstanden, aus Fragen, die mir gestellt wurden, oder aus Korrekturen, die ich anzubringen hatte. Der Text wendet sich also in erster Linie an Studierende der Mathematik, die einen größeren Teil ihres Studiums erfolgreich absolviert haben und nun vor der Anfertigung einer umfangreicheren wissenschaftlichen Abschlussarbeit stehen.

Weder diskutieren wir daher die elementaren Regeln korrekten mathematischen Ausdrucks – deren Beherrschung setzen wir in diesem Stadium voraus – noch will das Buch ein umfassendes Kompendium mathematischen Stils darstellen. Viele der in diesem Text angesprochenen Gesichtspunkte mögen auch nützlich sein für mathematische Publikationen in wissenschaftlichen Zeitschriften, aber sie stehen hier nicht im Vordergrund und nicht alles ist abgedeckt, was für Publikationen von Bedeutung ist.

Während des Schreibens hatte ich oft Gespräche mit Studentinnen und Studenten vor Augen, die Fragen zur Anfertigung einer wissenschaftlichen Arbeit hatten, und so ergab es sich, dass ich sie in diesem Text des Öfteren anspreche, als säßen sie mir gegenüber. Vor allem für Tipps und Ratschläge schien mir die direkte Anrede oft natürlicher als das abstrakte „man" oder der Gebrauch des Passivs.

Häufig saßen mir in diesen Gesprächen Student*innen* gegenüber. Sie möchte ich mit diesem Text ebenso selbstverständlich ansprechen wie Ihre männlichen Kommilitonen. Es ist mir dennoch nicht immer gelungen, eine geschlechterumfassende Ausdrucksweise mit der deutschen Sprache zu versöhnen. In manchen Formulierungen greife ich daher auf das grammatische Geschlecht zurück. Ich hoffe, dass sich auch in solchen Formulierungen alle wiederfinden können, denn Sie sind *alle* gemeint!

Nicht begegnet sind mir in den vielen Jahren „Dummies" oder ähnliche Lebewesen. Daher will ich auch nicht für sie schreiben. Ein Mathematik-Studium im Allgemeinen und das Erstellen einer wissenschaftlichen Arbeit im Besonderen ist eine anspruchsvolle Angelegenheit und ich will dies nicht kleinreden durch Überschriften, die Formulierungen wie „leicht gemacht" oder „ohne Mühe" enthalten. Daher beschränkt sich der Text auch nicht darauf, eine Ansammlung von „ToDos" aufzulisten wie: „Nimm diese Schrift und jenen Rand."

Stattdessen verfolgt dieses Buch einen breiteren Ansatz. Ein Text, auch ein mathematischer Text, ist Kommunikation. Ausgehend von der Frage, wie bei gegebenem Inhalt die Kommunikation erfolgreich gestaltet werden kann, werden Antworten diskutiert und Vorschläge angeboten. Vertiefende Hintergrundinformationen sollen es erlauben, Lösungsvorschläge nachzuvollziehen oder eigene Antworten zu finden. Bei Weitem nicht alles wird Ihnen neu sein, bedenkenswerte Gesichtspunkte werden dennoch die meisten hier finden können. Hinter manch' Angesprochenem verbergen sich darüber hinaus spannende Geschichten. Sie sind für das Verständnis nicht notwendig, aber, so hoffe ich, hinreichend, die Lektüre an der einen oder anderen Stelle zu bereichern.

Auch diesem Text erging es ähnlich wie wohl vielen seiner Geschwister: Er ist deutlich umfangreicher geworden als ursprünglich geplant. Was einmal als ein Kapitel zu [Küm17] gedacht war, hat sich zu einem eigenständigen Buch ausgewachsen. Dennoch bleibt noch immer vieles ungesagt, viele Sonderfälle und Alternativen werden nicht diskutiert. Ich bin mir bewusst, dass gerade Mathematikerinnen und Mathematiker einen besonderen Sinn für Ausnahmefälle haben, und bitte um Nachsicht, wenn gerade Ihr Lieblingssonderfall hier nicht diskutiert wird.

Ich wünsche mir nun, dass dieser Text vielen Studierenden sowie manch' anderen mathematisch Schreibenden ein guter Ratgeber sein kann. Wenn es darüber hinaus gelingt, Freude an schönen mathematischen Texten zu wecken, dann hat das Buch seinen Zweck mehr als erfüllt.

Danke. Dieses Buch ist, wie so viele andere, nicht allein das Werk des Autors. Viele haben dazu beigetragen, dass es in dieser Form erscheinen konnte, ihnen allen möchte ich an dieser Stelle sehr herzlich danken.

Meine Mitarbeiter, Andreas Gärtner, Walter Reusswig, Kay Schwieger, Nadiem Sissouno und Florian Sokoli haben in vielen Phasen der Entstehung einzelne Kapitel und größere Teile des Buches gelesen und mir wertvolle Rückmeldungen gegeben. Meinem Kollegen Prof. Karsten Große-Brauckmann danke ich für die Durchsicht einer frühen Fassung des Manuskriptes, meinen Mitarbeiterinnen Sandra Lang und Albrun Knof für hilfreiche Kommentare in der Endphase sowie für ihr sorgfältiges Korrekturlesen.

Große Teile dieses Buches entstanden während meiner „Arbeitsurlaube" im Hotel Helvetia in Lindau (Bodensee): Viel verdankt dieses Buch der warmen Gastfreundschaft von Familie Nitsche, Antje Böttcher und dem ganzen Team. Seit vielen Jahren finde ich in diesem Umfeld die Ruhe und Konzentration, die erst Gedanken entstehen und reifen lassen, für die der Universitätsalltag immer weniger Raum lässt.

Frau Schmickler-Hirzebruch vom Verlag Springer Spektrum hat dieses Buch während der langen Phase seiner Entstehung mit Enthusiasmus, vielen hilfreichen Ratschlägen, vor allem aber mit unerschöpflicher Geduld begleitet, wenn sich die Fertigstellung wegen eines Dekanats und anderer Fährnisse ein weiteres Mal um unbestimmte Zeit verschoben hat. Ohne ihre „Hebammendienste" hätte dieses Buch nicht das Licht der Welt erblickt.

Dieses Buch ist auch ein Werk meiner Familie, meiner Frau Andrea und meiner drei Kinder Matthias, Henrike und Frieder. Letztere befinden sich in verschiedenen Phasen ihres Studiums, sind also auch Adressaten eines solchen Textes. Sie alle begleiteten die Entstehung dieses Buches mit Interesse und liebevoller Geduld, mit häufigem „Probelesen" und vielen anregenden Diskussionen. Henrike war mir darüber hinaus hilfreiche Ansprechpartnerin in etlichen philologischen Fragen, Matthias wertvoller Ratgeber und manchmal letzte Rettung bei vielen TeXnischen und typographischen Problemen. Meine Frau Andrea hat unzählige Male Probeausdrucke begutachtet und mir bei Entscheidungen geholfen. Vor allem aber hat sie seit über drei Jahrzehnten die Besonderheiten des Zusammenlebens mit einem Mathematiker gemeistert und damit auch die Voraussetzungen geschaffen, die mich ein solches Projekt in Angriff nehmen ließen.

Ihnen und vielen Ungenannten, die mehr oder minder ausführliche Blicke auf Teile des Manuskriptes geworfen haben, sei sehr herzlich gedankt.

Darmstadt und Lindau im Dezember 2015 — Burkhard Kümmerer

Inhaltsverzeichnis

1 Einleitung

Die erste Regel, an die man sich in der Mathematik halten muss, ist, exakt zu sein. Die zweite Regel ist, klar und deutlich zu sein und nach Möglichkeit einfach.

Lazare Nicolas Marguérite Carnot[1]

Guter Stil in Mathematik? Ja, den gibt es! Eindeutig ist er nicht, aber er existiert. „Stil ist für mich exakte Herausarbeitung eines Gedankens", sagt Robert Musil in einem Interview mit Oskar Maurus Fontana.[2] Dieser Satz – er steht als Motto über dem vorliegenden Buch – hat in der Mathematik vielleicht noch mehr Berechtigung als anderswo. Den berühmten Königsweg zur Mathematik gibt es noch immer nicht und so ist es die Aufgabe eines guten Stils, die Stolpersteine aus dem Weg zu räumen, der zu den Inhalten eines mathematischen Textes führen soll. Stil bestimmt die Regeln der Kommunikation, lädt Leserinnen und Leser ein (oder aus), sich mit dem Text zu befassen. Im besten Fall ist es ein Vergnügen eine mathematische Arbeit zu lesen.

Das Wort „Stil"[3] wird im Folgenden oft bemüht. Es soll hier in einem weiten Sinn verstanden werden und alles umfassen, was den Zugang zu den Inhalten eines Textes erleichtert, von einem ansprechenden Erscheinungsbild über leicht zu merkende Notation bis hin zu übersichtlichen Formeln und Literaturverweisen.

---

[1] Lazare Nicolas Marguérite Carnot, 1753 – 1823, französischer Geometer.

[2] Dieses Zitat aus dem Jahr 1925 bezieht sich nicht auf die Mathematik, aber Robert Musil stand der Mathematik durchaus nahe: Er studierte zunächst Ingenieurwissenschaften und anschließend ab 1903 Philosophie, Psychologie und Mathematik in Berlin und promovierte schließlich 1908 über den Physiker und Philosophen Ernst Mach. Die Auseinandersetzung mit Mathematik spielt in vielen seiner Werke eine Rolle und sie mag auch eine Triebfeder gewesen sein für sein nicht nachlassendes Bemühen um die präzise Herausarbeitung seiner Gedanken – einige Kapitel seines Buches „Der Mann ohne Eigenschaften" überarbeitete er bis zu zwanzig(!) Mal (vgl. den entsprechenden Eintrag in „Kindlers Neues Literaturlexikon", 1996). Ein schöner Überblick über Beziehungen zur Mathematik in Musils Werk findet sich in [Rad97].

[3] Das Wort „Stil" leitet sich ab vom dem lateinischen Wort „stilus", welches unter anderem für den Schreibgriffel stand, mit welchem man in weiches Wachs schrieb. Mit dem griechischen Wort στῦλος (Stylos: Säule) ist es wohl verwandt, aber nicht davon abgeleitet (vgl. hierzu auch [Pfe03]. Im Wikipedia-Artikel „Stil" waren die Angaben zu dieser Frage lange Zeit nicht korrekt (mindestens bis Februar 2014), sie sind inzwischen aber korrigiert. Erwähnenswert ist dies hier nur im Hinblick auf die Diskussion in 9.3). Im übertragenen Sinn stand Wort „stilus" für die individuelle Schreibart (vgl. Menge-Güthling: „Langenscheidts Großwörterbuch Latein", Teil 1); eine verwandte Übertragung liegt unserem Ausdruck „mit spitzer Feder schreiben" zugrunde. So entstand die Bedeutung, die in [Pfe03] als „zweckabhängige Art und Weise des schriftlichen und mündlichen sprachlichen Ausdrucks" wiedergegeben wird.

1.1 An wen wendet sich dieses Buch?

Dieser Text wendet sich in erster Linie an Studierende der Mathematik, die eine wissenschaftliche Abschlussarbeit schreiben, sowie darüber hinaus an alle, die die Erstellung solcher Arbeiten betreuen oder selbst umfangreichere fachmathematische Texte erstellen. Nach drei Seiten möchte ich daher dieses Buch abgrenzen:

Wenn Sie in Ihrem Studium so weit fortgeschritten sind, dass Sie eine wissenschaftliche Arbeit verfassen, dann werden Sie gelernt haben, wie man einen mathematischen Sachverhalt mit Aussage und Beweis sicher zu Papier bringt. In diesem Text befassen wir uns daher nicht mehr mit der Frage, wie man *mathematisch richtig* schreibt: Fragwürdige Sätze wie „Sei $f(x)$ eine Funktion" oder „Sei $A : V \to V$ eine lineare Abbildung in V" sollten in dieser Phase der Vergangenheit angehören. Zu solchen Fragen können zum Beispiel [Be09] oder [Schi09] gute Hilfestellung leisten. Dennoch wird Ihnen etliches auch in diesem Text inzwischen selbstverständlich sein, aber der gemeinsame Durchschnitt all' dieser Selbstverständlichkeiten ist nach meiner Erfahrung recht klein.

Viele der in diesem Buch angesprochenen Gesichtspunkte behalten ihre Bedeutung auch für mathematische Publikationen in wissenschaftlichen Zeitschriften oder für mathematische Bücher. Aber auch sie stehen nicht im Mittelpunkt dieses Textes. Das Schreiben eines „Abstract" oder die Kommunikation mit einem Verlag werden wir nicht ansprechen. Hierfür sei auf Texte wie [Gil87], [Hig98], [Kra98], [Kra05], [SHSD73] oder [Trz05] verwiesen. Diese Bücher bilden eine empfehlenswerte ergänzende Lektüre. Das vorliegende Buch geht jedoch in vielerlei Hinsicht über solche Texte hinaus. Denn zum einen wendet es sich an ein weniger erfahrenes Publikum, zum anderen geht in wissenschaftlichen Publikationen oft Kürze und Prägnanz vor Leserfreundlichkeit, manchmal auch vor Sorgfalt, und nicht alle mathematischen Publikationen können als Meisterstück ihres Autors gelten, wie die wissenschaftliche Abschlussarbeit doch eines werden soll.

Dieser Text wendet sich gezielt an Studierende der *Mathematik* und ist kein Text über das Verfassen einer wissenschaftlichen Abschlussarbeit im Allgemeinen. Eine ganze Reihe von Texten widmet sich diesem Thema, etwa [Bri07], [Eco89], [FrSt11], [Krä09] oder [Ni06], auch einige Universitäten bieten in letzter Zeit Kurse über das Schreiben wissenschaftlicher Arbeiten an. Aber die genannten Texte sind allgemein gehalten oder richten sich vornehmlich an Studierende in den Geistes- oder Wirtschaftswissenschaften und sie alle berücksichtigen nicht die spezifischen Fragen, die sich beim Schreiben mathematischer Texte stellen. Gerade sie stehen aber im Vordergrund dieses Buches. Die genannten Texte können eine hilfreiche ergänzende Lektüre darstellen, die Überschneidungen mit unserem Text sind aber gering.

Schon auf dem Weg zu einer mathematischen wissenschaftlichen Abschlussarbeit treten viele Fragen auf zu Voraussetzungen, Themensuche, Wahl der Betreuerin oder des Betreuers, zu Betreuungsgesprächen, Arbeiten mit mathematischer Fachliteratur, Zeitplanung, zu den Teilen der Arbeit und ihren Inhalten, zu Bewertung und vielem mehr. Wieder speziell auf die Bedürfnisse von Studierenden der Mathematik zugeschnitten gehe ich ausführlich auf diese Fragen in [Küm17] ein, dessen eines Kapitel zum vorliegenden Buch angewachsen ist.

1.2 Warum lohnt sich guter Stil?

Der Text einer wissenschaftlichen Abschlussarbeit ist umfangreicher als der einer gelösten Übungsaufgabe und es bedarf größerer Sorgfalt, Leser durch einen solchen Text zu führen, ohne ihnen *unnötige* Anstrengungen zuzumuten. Schlimmer noch: Der Aufwand wächst überproportional mit der Länge des Textes: Die Anfertigung einer 40-seitigen wissenschaftlichen Arbeit nimmt erheblich mehr Zeit in Anspruch als zehn vierseitige Ausarbeitungen von Übungsaufgaben. Verantwortlich sind in erster Linie Fragen des Stils, die nun zu berücksichtigen sind, vom Erscheinungsbild über die Festlegung der Bezeichnungen bis hin zum Literaturverzeichnis. Für viele Studierende kommt diese Erfahrung überraschend und allzu oft bringt sie die Zeitplanung durcheinander. Es lohnt sich daher, über solche Fragen *frühzeitig* nachzudenken.

Warum lohnt es sich überhaupt, viel Zeit in den Stil einer Arbeit zu investieren, die am Ende vielleicht doch nur wenige lesen werden? Ein erster Grund ist offensichtlich: Handelt es sich um eine wissenschaftliche Abschlussarbeit, die benotet wird, so fließen am Ende *auch* diese Gesichtspunkte in die Bewertung ein. Ich möchte aber auch noch zwei gute Gründe nennen:

Mit großer Wahrscheinlichkeit werden Sie in Ihrem späteren beruflichen Leben viele Texte aller Art zu verfassen haben, die zielgerichtet die jeweiligen Adressaten ansprechen sollen – und fast ebenso wahrscheinlich ist es, dass Ihnen niemand dabei helfen wird. Ob Ihre Texte erfolgreich sein werden, ist bei gegebenem Inhalt vor allem eine Frage des Stils und die wissenschaftliche Arbeit bietet die vielleicht beste Gelegenheit, mit solchen Fragen vertraut zu werden.

Zweitens, und nicht zum Wenigsten, verschafft es Befriedigung und wird Ihnen Freude bereiten, am Ende eine gelungene Arbeit in den Händen zu halten, auf die Sie auch später noch stolz sein können – das „Meisterstück" Ihres Studiums.

1.3 Hinweise zur Nutzung

Das Buch versteht sich als Ratgeber, der Studierende und andere während der Erstellung eines mathematischen Textes begleitet. Sicher kann man auch dieses Buch am Stück durchlesen. Gedacht ist aber eher daran, sich zunächst im langsamen Durchblättern einen Überblick über die angesprochenen Themen zu verschaffen, um dann bei Bedarf dieses oder jenes Kapitel oder auch nur einen Abschnitt zu lesen, von dem man sich Hilfe oder Anregung erhofft.

Einige eingestreute Abschnitte und Bemerkungen dienen nicht im engeren Sinn der Beantwortung von Fragen, dafür sind sie, so hoffe ich, interessant. Sie sollen durchaus unterhalten und zeigen, dass auch hinter trocken scheinenden Fragen zur Gestaltung von mathematischen Texten ein Stück interessanter Kultur stecken kann.

Das zweite Kapitel möchte ein Problembewusstsein für die im Folgenden angesprochenen Fragen schaffen. Anschließend bewegt sich der Inhalt in gewisser Weise von außen nach innen: Die Kapitel 3 und 4 befassen sich mit verschieden Fragen des äußeren Erscheinungsbildes. Die Kapitel 5 bis 8 befassen sich sodann mit dem eigentlichen Text.

Das abschließende neunte Kapitel behandelt Fragen des Literaturverzeichnisses und des Zitierens. Die einleitenden Abschnitte 9.1, 9.2 und 9.3 besprechen Grundlegendes, der Rest dieses Kapitels ist zum Nachschlagen gedacht.

Grundschrift

Als Grundschrift für diesen Text wird die Schrift Minion Pro von Adobe in der Schriftgröße 10 pt benutzt, nicht die in den meisten mathematischen wissenschaftlichen Arbeiten benutzte Schrift Computer Modern Roman, die Standardschrift von LaTeX.

Die Wahl fiel nicht zuletzt deshalb auf Minion Pro, weil passend zu dieser Schrift ein (fast) vollständiger Satz mathematischer Symbole (*MnSymbol*) existiert, das heißt, fast alle in LaTeX und AMS-LaTeX vorgesehenen mathematischen Symbole sind auch hier verfügbar. Minion Pro weist jedoch eine deutlich geringere Laufweite auf als die Standardschrift von LaTeX aus der Schriftfamilie Computer Modern Roman (cmr), eine Zeile, die mit Minion Pro geschrieben wurde, enthält also mehr Zeichen als eine Zeile gleicher Länge mit Computer Modern Roman. Zur Veranschaulichung erscheint der folgende Abschnitt zunächst in Minion Pro, anschließend in Computer Modern Roman:

Dieser Text dient der Veranschaulichung des Unterschieds zwischen der Schrift Minion Pro und der Standardschrift Computer Modern Roman von LaTeX.

Dieser Text dient der Veranschaulichung des Unterschieds zwischen der Schrift Minion Pro und der Standardschrift Computer Modern Roman von LaTeX.

In einem Text wie diesem wirkt die Schrift Minion Pro eleganter als die Standardschrift Computer Modern Roman von LaTeX, für mathematische Texte, die mit vielen Symbolen durchsetzt sind, ist eine Schrift mit großer Laufweite dagegen angemessener. Da mathematische wissenschaftliche Arbeiten meist mit Computer Modern geschrieben sein werden, werden in diesem Buch einige Beispiele, bei denen es auf die Laufweite ankommt, auch in der Standardschrift von LaTeX vorgeführt. Entsprechend werden die wenigen Symbole, die zu Minion Pro nicht existieren, den Standardschriften von LaTeX entnommen.

Typewriter-Schriften

Es hat sich eingebürgert, „tastaturnahe“ Angaben in einer `Typewriter-Schrift` zu setzen. Sie zeichnet sich dadurch aus, dass jedes Zeichen dieselbe Breite einnimmt. Tastaturnah ist vor allem der Code einer Programmiersprache, der auf diese Weise übersichtlich dargestellt werden kann, häufig finden auch für www-Adressen Typewriter-Schriften Verwendung.

In diesem Buch folgen wir der Konvention, für LaTeX-Anweisungen Typewriter-Schriften zu verwenden. LaTeX-Anweisungen im engeren Sinn werden in aufrechter Typewriter-Schrift gesetzt, AMS-LaTeX-Anweisungen dagegen in geneigter Typewriter-Schrift. Maßangaben werden hier immer in der Grundschrift angegeben, da sich eine sinnvolle Trennlinie zwischen LaTeX-spezifischen Maßangaben und anderen Maßangaben nicht ziehen ließ und darüber hinaus die in LaTeX übliche Darstellung von

Maßangaben ohne Zwischenraum den Regeln widerspricht (vgl. „Abstände vor Maßeinheiten“, Seite 139). Allerdings folgen wir der LaTeX-Tradition, in typographischen Maßangaben in der Einheit pt einen Dezimalpunkt statt eines europäischen Dezimalkommas zu verwenden. Internet-Adressen werden in der Grundschrift angegeben, um das Schriftbild nicht mehr als nötig zu beunruhigen.

Kästen

Wichtige Tipps, Hinweise und Informationen werden in Kästen zusammengefasst. Spezifische Tipps finden sich in Kästen, die mit „Hinweis“ überschrieben sind, allgemeine Empfehlungen und Regeln in Kästen ohne den Hinweis „Hinweis“, obwohl die Trennlinie nicht immer ganz scharf zu ziehen war.

Fußnoten

Fußnoten sind in einem mathematischen Text eher ungewöhnlich, hier halte ich sie für angebracht. Sie enthalten oft weiterführende Bemerkungen und Seitengedanken, die den Fluss des Haupttextes unterbrechen würden, aber dennoch nicht ungesagt bleiben wollen. Ich hoffe, sie werden als Bereicherung empfunden.

Typographie

Naturgemäß muss in einem solchen Text an vielen Stellen über Schriften und ihre Eigenschaften gesprochen werden. Die Typographie hat hierfür ein eigenes Vokabular entwickelt, welches im Zeitalter computerunterstützter Textverarbeitung zwar allgegenwärtig, dennoch aber nicht immer präsent zu sein scheint. Um häufige Wiederholungen im Text zu vermeiden, finden sich die Erklärungen der wichtigsten Vokabeln in einem Glossar in Anhang A, wo sie bei Bedarf nachgeschlagen werden können.

Sprache

Im Zuge der Internationalisierung unserer Studiengänge entstehen zunehmend wissenschaftliche Arbeiten in anderen Sprachen, meist in Englisch. Die Gesichtspunkte zum mathematischen Stil, die wir hier besprechen, sind weitgehend unabhängig von der benutzten Sprache. Selbst die Beispiele (und Gegenbeispiele), obwohl naturgemäß fast durchweg in Deutsch gehalten, können meist mühelos übertragen werden. Nur an einigen wenigen Stellen muss daher auf Besonderheiten des Englischen eingegangen werden. Typisch deutsch sind dagegen einige Formulierungshilfen, die im Anhang B zusammengestellt werden, doch selbst sie können Anregungen für englische Texte geben.

LaTeX

Es ist heute fast nicht mehr denkbar, eine wissenschaftliche Arbeit in Mathematik zu schreiben und LaTeX nicht zu verwenden. Daher enthält dieser Text an vielen Stellen

Hinweise, wie bestimmten Anforderungen mit LaTeX begegnet werden kann. Soweit möglich, werden die Anforderungen zunächst unabhängig von ihrer Umsetzung mit LaTeX diskutiert, sodass der Text auch für andere Schreibsysteme seinen Wert behält.

Wir setzen voraus, dass grundlegende Kenntnisse in LaTeX vorhanden sind. Die Kenntnis darüber hinausgehender Möglichkeiten von LaTeX beruht jedoch oft auf Mund-zu-Mund-Propaganda und ist von Zufälligkeiten abhängig. Daher liegt im Text der Schwerpunkt auf Anweisungen und Problemen, die nach meiner Erfahrung nicht immer zum selbstverständlichen LaTeX-Wissen gehören, ohne dass sich der Text dabei in allzu LaTeX-nischen Details verlieren soll.

Der umfangreiche Anhang C mit Kurzbeschreibungen aller mathematikspezifischen Anweisungen von TeX, LaTeX und AMS-LaTeX ergänzt diese Ausführungen. Er ist ausführlicher als eine reine Symboltabelle und, so ist zu hoffen, übersichtlicher als ein ausführliches Lehrbuch. Die Anordnung orientiert sich meistenteils an der satztechnischen Funktion der Anweisungen. Sie soll dazu beitragen, dass man beim Nachschlagen einer Anweisung auf weitere Anweisungen stößt, deren Existenz einem in diesem Moment vielleicht nicht bewusst war, die aber zu demselben Problemkreis gehören und daher möglicherweise unerwartet nützlich sein können. Es lohnt sich also, beim Nachschlagen auch ein wenig herumzuschauen, ob man nicht auf weitere hilfreiche Hinweise stößt. Alle Anweisungen, die über den Aufruf eines einzelnen Zeichens hinausgehen, sind auch im LaTeX-Register erfasst. Auf die Aufnahme von LaTeX-Aufrufen für einzelne Symbole wurde dagegen bewusst verzichtet, da sie das Register bis zur Unübersichtlichkeit aufblähen würden und Symbole eher nach ihrer Gestalt als über ihren Aufruf gesucht werden. Stattdessen findet sich unmittelbar vor dem Register ab Seite 279 ein ausführlicheres Inhaltsverzeichnis des LaTeX-Anhangs C sowie im Anschluss ein Verzeichnis der darin enthaltenen Tabellen. Beide sollen die Orientierung in diesem Anhang erleichtern.

Eine große Zahl von Ergänzungspaketen erweitert die Möglichkeiten von LaTeX. In diesem Text wurde weitestgehend darauf verzichtet, Ergänzungspakete zu erwähnen oder zu besprechen. Denn erstens ist die Frage, welches Paket man benutzen möchte, auch eine Frage des persönlichen Geschmacks wie der Gewohnheit, zweitens aber interferieren bei gleichzeitiger Benutzung viele dieser Pakete untereinander in nicht leicht vorhersehbarer Weise, wie ich auch bei der Erstellung dieses Textes wiederholt feststellen musste. Hier eine konsistente Auswahl von Paketen zu treffen hätte die Möglichkeiten dieses Buches gesprengt. Stattdessen werden an einzelnen Stellen Lösungen mit „Bordmitteln" von LaTeX oder AMS-LaTeX angegeben, die mit geeigneten Paketen eleganter, vielleicht aber nicht sicherer erreicht werden können.

Literaturverzeichnis

Einige der im Literaturverzeichnis aufgeführten Bücher erleben in schneller Folge neue Auflagen. Daher beziehen sich die Literaturangaben nicht immer auf die jeweils neueste Auflage, stattdessen wurde oft diejenige Auflage eines Buches angegeben, die während des Erstellens dieses Textes auch tatsächlich benutzt wurde. So ist sichergestellt, dass Verweise auf spezifische Stellen in der angegebenen Auflage auch aufgefunden werden können.

Register

Das Buch enthält zwei Register. Das erste Register bezieht sich ausschließlich auf LaTeX-spezifische Hinweise, alle übrigen Verweise sind im zweiten Register versammelt. Auf diese Weise soll vermieden werden, dass allgemeine Hinweise zwischen den typographisch nicht ganz übersichtlichen LaTeX-Verweisen nur mit Mühe aufgefunden werden können. Auf das vorangehende erweiterte Inhaltsverzeichnis des LaTeX-Anhanges C ab Seite 279 wurde oben schon hingewiesen.

Graphik: Danach suchen Sie leider vergeblich

Nicht aufgenommen werden konnten in dieses Buch Hinweise zur Gestaltung, Beschriftung und Einbindung von Diagrammen, Graphiken und Tabellen, sowie zu ihrer technischen Erzeugung und zu ihrer Verarbeitung mit LaTeX. Tatsächlich verdiente dieser Problemkreis ein eigenes kleines Buch, den Rahmen des vorliegenden Bandes hätte er gesprengt. Gute Hinweise finden sich in [Chic10], Kapitel 3. Unter LaTeX stehen zur Erzeugung von Graphiken Pakete wie PSTricks, Xfig oder PGF/Ti*k*Z zur Verfügung, über welche man sich zum Beispiel im Internet informieren kann. Bei der Auswahl eines dieser Pakete sollte man auch auf die Kompatibilität mit verschiedenen Ausgabeformaten achten, ebenso auf die Existenz graphikfähiger Editoren sowie auf die Existenz anderer Programme, welche Graphiken ins entsprechende Format exportieren können.

1.4 Nobody is Perfect

Dieses Buch will Sie dazu anregen, sich über die Gestaltung Ihres mathematischen Textes Gedanken zu machen. Es will Sie nicht mit vielen Gesichtspunkten erschlagen. Lassen Sie sich also nicht entmutigen, wenn Sie am Ende nicht alle Anregungen berücksichtigt haben werden. Keine Arbeit kann perfekt sein. Versuchen Sie, die wichtigsten Anregungen umzusetzen und heben Sie sich andere für Ihre nächste Arbeit auf.

Auch das perfekte Buch gibt es nicht, obwohl hinter fast jedem Buch mehr Sorgfalt und Mühe steckt, als man vermuten möchte. Daher habe ich darauf verzichtet, Negativ-Beispiele aus der Literatur aufzuführen und beim Namen zu nennen, wiewohl ich beim Schreiben häufig diskussionswürdige Beispiele vor Augen hatte.

Diesem Buch geht es nicht anders. Bei aller Sorgfalt muss ich davon ausgehen, dass auch dieser Text nicht frei von Unstimmigkeiten und Fehlern ist. In besonderem Maße gilt dies für die Erläuterungen zu LaTeX, die während der Entstehung dieses Textes zu einem von mir, einem normalen LaTeX-Nutzer, nicht vorhergesehenen Umfang angeschwollen sind. Für alle einschlägigen Hinweise bin ich dankbar. Am Ende musste ich meine eigenen Ansprüche etwas herabsetzen, damit dieses Buch überhaupt erscheinen kann. Ein wenig beruhigen konnte mich die Beobachtung, dass selbst Bücher zum guten Stil nicht durchweg nach den Regeln geschrieben sind, die sie selbst aufstellen.

So wünsche ich mir, dass dieser Text ausreichend Anregung und Hilfe zur Gestaltung mathematischer Texte geben kann. Ihnen wünsche ich, dass Sie die schöne Arbeit, die Sie am Ende in den Händen halten werden, für die aufgewandte Mühe entlohnen wird.

2 Guter Stil ist eine Frage des Stils

Einer muss sich plagen: Der Leser oder der Autor.

Wolf Schneider[1]

„Es geht doch nur um den Inhalt" höre ich manche Studierende sagen, wenn es um die Gestaltung der Arbeit geht. Das ist falsch: Es geht auch um die Qualität seiner Vermittlung, und es ist eine Frage des Stils, ob Leser den Weg zu den Inhalten eines mathematischen Textes mit Genuss gehen können oder ob sie ihn erst mühsam freikämpfen müssen.

Wir analysieren daher in diesem Kapitel einen mathematischen Text unter dem Aspekt der Kommunikation. Zunächst werfen wir einen Blick auf verschiedene Seiten der Kommunikation und analysieren zur Illustration den gefürchtetsten Satz der Mathematik: „Das ist doch trivial!" Wir sehen: Fast alles, was über die Mitteilung von Sachverhalten hinausgeht, ist eine Frage des Stils; und wir verstehen, warum das Verfassen einer wissenschaftlichen Abschlussarbeit fast unweigerlich in eine Beziehungskrise führt – und wie man wieder herauskommt. Unsere Überlegungen münden schließlich in eine Diskussion verschiedener Aspekte von Verständlichkeit. Diese bestimmen das weitere Programm dieses Buches.

2.1 Guter Stil räumt Stolpersteine aus dem Weg

Guter Stil räumt die Stolpersteine aus dem Weg, der zu den Inhalten einer Arbeit führt. Solche Hindernisse gibt es viele, von einem abschreckenden Layout über schwer verständliche Texte bis hin zu unübersichtlicher Notation. Stolpersteine ausräumen und den Weg zum Inhalt ebnen, das können Sie nur, wenn es erstens einen Inhalt gibt[2] und wenn Sie zweitens selbst den Weg gut kennen – den Inhalt also gut verstanden haben.

Für mathematische Texte gilt dies in besonderem Maße. Ein schlecht geschriebener mathematischer Text zeugt entweder von der Arroganz des Autors, der selbstverständlich davon ausgeht, dass sich jeder Leser auch durch das dichteste Gestrüpp der Argumente einen Weg zum Licht der bedeutenden Resultate freikämpft, oder aber er soll die

[1] Wolf Schneider, Doyen der deutschen Journalistik und Autor vieler einschlägiger Bücher (vgl. [Schn06]), wird nicht müde, dies in seinen öffentlichen Auftritten zu betonen.

[2] Selbst in der Mathematik ist es offenbar möglich, Texte zu verfassen, obwohl man nichts zu sagen hat – P. Halmos erwähnt ein solches Beispiel in [SHSD73] – aber deutlich schwerer ist es schon als in manchen anderen Gebieten. Es ist wohl eher umgekehrt so, dass ein Studium der Mathematik gerade dazu erzieht, ungehalten auf solche Texte zu reagieren.

Defizite des Autors verbergen. Sicher, auch ein guter Text kann die Mathematik nicht leichter machen, als sie ist. Manche Wege führen eben hoch hinauf, und sie sind oft die schönsten. Aber erschweren darf ein Text diesen Weg nicht, das ist auch eine Frage der Höflichkeit – des Stils eben.

> Es gibt guten Stil und es gibt schlechten Stil.
> Keinen Stil gibt es nicht.

2.2 Stil lernt man von Vorbildern

Guten Stil lernt man von Vorbildern. Sie werden während Ihres Studiums genügend Gelegenheiten gehabt haben, mit *sorgfältig* geschriebenen mathematischen Texten zu arbeiten. Ob ein mathematischer Text gut ist, das merken Sie daran, ob Ihnen der Text gefällt: Nehmen Sie ihn gerne in die Hand? Geleitet er Sie stolperfrei durch schwierige Gedankengänge? Bemüht er sich um Ihr Verständnis, weckt er Ihr Interesse und nimmt Ihre Fragen vorweg?

Das Erstellen eines solchen Textes macht Arbeit. Daher sind schnell erstellte Skripte oder Präsentationen nur selten Vorbilder für guten Stil, viel eher dagegen sind es sorgfältig geschriebene Bücher. Einige Bücher werden Ihnen gut gefallen haben, andere weniger. Das sind Erfahrungen, die Sie nun nutzen können.

Wer gutes Komponieren lernen will, kommt nicht umhin, die Werke von Johann Sebastian Bach oder Ludwig van Beethoven zu studieren. Auch in der Mathematik gibt es in jedem Bereich die Klassiker des guten mathematischen Stils. Fragen Sie ruhig Ihre Betreuerin oder Ihren Betreuer, welche Literatur sie in Ihrem Bereich für vorbildlich halten – und warum. Suchen Sie darüber hinaus aber auch nach Ihren eigenen Vorbildern. Guter Stil ist ja auch eine Frage des Geschmacks – aber darum noch längst nicht beliebig.

Doch gerade guter Stil zeichnet sich dadurch aus, dass er sich nicht aufdrängt[3]. Vieles findet den Weg ins Bewusstsein erst, wenn man darauf aufmerksam gemacht wurde. Das will dieses Buch tun. Sie werden schnell merken: Wenn Sie sich eine Zeit lang mit Fragen des Stils auseinandergesetzt haben, werden Sie Texte und Bücher nicht mehr mit denselben Augen lesen können wie vorher.

2.3 Kommunikation hat viele Seiten

Mathematik ist unter allen Wissenschaften die sachlichste. Schließlich geht es nur darum, ob ein Satz unangreifbar korrekt ist und nur darum geht es daher auch in einer mathematischen Arbeit – wirklich nur darum?

---

[3] Vergleiche auch das Zitat über Kapitel 3.

Wir haben auch davon gesprochen, Lesern einen Weg zu ebnen, wir sprechen von Arroganz und stellen die Frage, ob ein mathematischer Text gefällt oder Interesse weckt: Auch eine wissenschaftliche Arbeit ist ein Akt der Kommunikation, und Kommunikation zwischen Menschen geht stets über die Übermittelung von Sachverhalten hinaus. Sprechen zwei Menschen miteinander, so wird dieses Mehr durch Wortwahl, Stimme, Körperhaltung, Gestik oder Mimik übermittelt. Beschränkt sich die Kommunikation aber auf das Gedruckte, so muss die Kommunikation alleine vom Text und seiner Gestaltung getragen werden. Der Aufwand für die Gestaltung einer Botschaft, die ihr Ziel erreichen soll, erhöht sich durch diese Beschränkung beträchtlich. Man denke nur an die Gestaltung von Homepages oder Visitenkarten – und was diese alles über Ihre Urheber aussagen, gewollt oder ungewollt. Dieser Aufwand hat einen Namen: Er heißt „Stil". Mit dem Stil kommunizieren wir also über den reinen Inhalt hinaus. Daher lohnt sich ein kurzer Ausflug in die Psychologie der Kommunikation.

Vier Seiten einer Nachricht

Wie in der Nachrichtentechnik spricht man auch in der Kommunikationspsychologie von einem Sender, einem Empfänger und einer Nachricht, die der Sender an den Empfänger schickt. Nachdem immer klarer geworden war, dass eine Sichtweise auf die menschliche Kommunikation, solange sie sich nur auf die Inhalte einer Nachricht konzentriert, die Phänomene der Kommunikation zwischen Menschen nicht befriedigend erklären kann, versuchten Kommunikationspsychologen, mit verschiedenen Modellen der menschlichen Kommunikation Ordnung in deren vielfältige Aspekte zu bringen.

Paul Watzlawick formulierte in dem berühmten Buch [Wat82] das Axiom[4]: „Jede Kommunikation hat einen Inhalts- und einen Beziehungsaspekt, derart, daß letzterer den ersteren bestimmt und daher eine Metakommunikation ist." Der Inhaltsaspekt beschreibt, *was* ich sage, der Beziehungsaspekt, *wie* ich es sage. Es ist der zweite Aspekt, der uns hier interessiert: Aufgabe des Stils in einem wissenschaftlichen Text ist es, das Verhältnis zwischen Autor und Leser bewusst zu gestalten. Friedrich Schulz von Thun schlüsselte den Beziehungsaspekt weiter auf und unterscheidet insgesamt vier Aspekte oder Ebenen von Kommunikation (vgl. [SvT81]):

Sachinhalt: Der Sender teilt dem Empfänger eine sachliche Information mit.

Selbstoffenbarung: Eine Mitteilung enthält auch Informationen über den Sender, enthüllt seine Existenz und seine Sprache, kann aber auch Auskunft geben über seinen Gemütszustand: „Ich bin fröhlich" oder „Ich bin gereizt".

Beziehung: Wie sieht der Sender den Empfänger und wie sieht er die Beziehung zwischen beiden? „Ich finde dich nett" oder „Ich sehe dich als Konkurrenten".

Appell: Der Empfänger wird, meist implizit, zu einem bestimmten Verhalten aufgefordert: „Lass mich doch in Ruhe" oder „jetzt beeil' dich mal".

[4] Vgl. [Wat82], S. 56; es ist dort das zweite seiner fünf „pragmatischen Axiome".

Schulz von Thun fügte diese vier Seiten der Kommunikation zu einem Quadrat zusammen, sodass sich der Vorgang der Kommunikation durch eine Graphik veranschaulichen lässt ([SvT81], Seite 31):

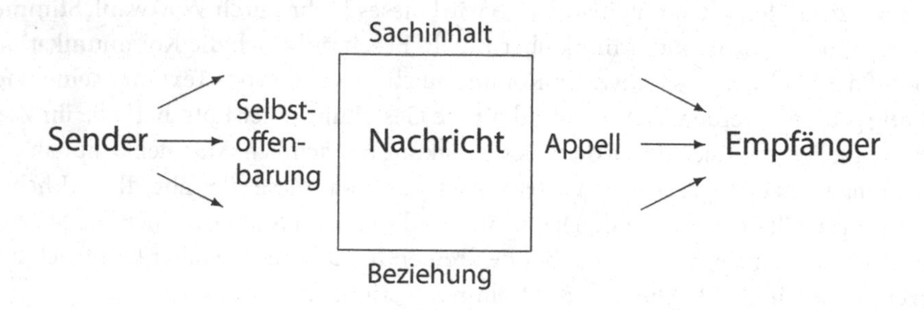

Abbildung 2.1: Die vier Seiten der Kommunikation nach F. Schulz von Thun

Zur Illustration betrachten wir den gefürchtetsten Satz der Mathematik: „Das ist doch trivial!". Er transportiert – unter anderem – die folgenden Botschaften:

Sachinhalt: „Dieser Schluss erfordert kein längeres Nachdenken."

Selbstoffenbarung: „Über dieses *für mich* einfache Argument muss *ich* nun wirklich nicht nachdenken."

Beziehung: „Hast Du das (im Gegensatz zu mir) immer noch nicht verstanden?"

Appell: „Lass mich doch bitte mit solchen Trivialitäten in Ruhe!"

Die kleine Analyse macht schnell klar, warum dieser berüchtigte Satz mit so vielen Emotionen aufgeladen ist. Er kommt daher, als wolle er einen Sachverhalt kommunizieren, aber fast immer geht es um etwas ganz anderes.

Die Botschaften in einer wissenschaftliche Arbeit

Betrachten wir nun eine wissenschaftliche Arbeit. Auch sie ist ein Akt der Kommunikation und transportiert Botschaften auf allen vier Ebenen. Ich beschränke mich hier auf Aspekte, die für unser Thema bedeutsam sind.[5]

An den *Sachinhalt* denkt man bei einer wissenschaftlichen Arbeit zuerst: Sie kommuniziert mathematische Sachverhalte, dazu ist sie ja da.

Aber auch eine wissenschaftliche Arbeit macht Aussagen über ihren Autor, sie ist eine *Selbstoffenbarung*: Offensichtlich informiert sie über den Ausbildungsstand, das ist ja

[5] Natürlich lässt eine Abschlussarbeit auch darauf schließen, dass ihr Autor einige Zeit in einem mathematischen Studiengang zugebracht hat und diesen nun zum Abschluss bringen möchte, eine Aussage auf der Ebene der Selbstoffenbarung – und eine richtige, aber nicht sehr tiefsinnige Beobachtung.

der Zweck der Arbeit. Darüber hinaus aber, wie auch aus dem Stil, in dem sich jemand kleidet, erfährt man aus dem Stil einer wissenschaftlichen Arbeit eine ganze Menge mehr über ihre Verfasserin oder ihren Verfasser: Arbeitet sie sorgfältig oder wimmelt es am Ende immer noch von Druckfehlern, bemüht er sich um eine gute Arbeit oder ist ihm die Qualität der Arbeit völlig gleichgültig, interessiert sie das Thema oder möchte sie die Arbeit so schnell wie möglich hinter sich bringen, hat er ein ästhetisches Gespür für das Aussehen oder geht ihm ein solches Gefühl völlig ab?

Mit einem wissenschaftlichen Text, wie mit jedem Text, geht der Autor eine *Beziehung* zum Leser ein. Wie sich diese Beziehung gestaltet, liegt in seiner Verantwortung. Lädt er den Leser freundlich ein, die Arbeit zu lesen, oder ist ihm der Leser völlig gleichgültig? Kann sich die Verfasserin in die Leserin hineinversetzen und weiß, was sie ihr erklären soll und womit man sie langweilt, welches Beispiel erhellend ist und wie man einen längeren Beweis aufschlüsselt, sodass eine Leserin gut folgen kann? Hilft der Autor einem Leser durch gute Strukturierung und Übersichtlichkeit, sich zu orientieren? Ist die Arbeit sorgfältig gestaltet, oder schreckt schon ein erster Blick auf die Arbeit ab, ehe man die erste Zeile gelesen hat?

2.4 Eine Beziehungskrise: Für wen schreibe ich die Arbeit?

Die Frage „Für wen schreibe ich die Abschlussarbeit eigentlich?“ stürzt ihre Verfasserin oder ihren Verfasser fast unweigerlich in eine Beziehungskrise: Der Stil gestaltet, wie wir eben gesehen haben, die Beziehung zum Leser. Er ändert sich daher auch mit dem angesprochenen Adressatenkreis. Der Stil einer mathematischen Publikation, die sich an gut informierte Fachkolleginnen und Fachkollegen wendet[6], ist ein anderer als der Stil eines Artikels für ein breites Publikum und eben auch ein anderer als der Stil einer wissenschaftlichen Arbeit. An wen aber wendet sich eigentlich die wissenschaftliche Arbeit? Hier kommt das Problem!

Meist entzündet es sich an der Frage, was man in einer wissenschaftlichen Arbeit erklären müsse und was man voraussetzen könne. Wohl alle Studierenden, die ich betreut habe, äußerten angesichts dieser Frage ihre Ratlosigkeit. In der Tat: Schauen wir uns die Botschaften noch einmal an, die mit einer wissenschaftlichen Arbeit auf den verschiedenen Ebenen transportiert werden sollen, so stellen wir fest, dass hier etwas nicht zu stimmen scheint: Einerseits wird die Arbeit am Ende von der Betreuerin oder dem Betreuer gelesen, mit ihnen wird also offensichtlich kommuniziert. Andererseits sind gerade ihnen die meisten, wenn nicht alle, Inhalte der Arbeit im Wesentlichen vorher bekannt (gewiss bei einer Bachelorarbeit und oft bei einer Masterarbeit). Auf der Inhaltsebene, die ja als die entscheidende angesehen wird, gibt es also wenig bis gar nichts zu kommunizieren!

Das stürzt Studierende in eine Beziehungskrise: Sie sollen Inhalte kommunizieren, nach denen sie gar beurteilt werden. Aber sie haben für den Empfänger keine Nachricht

[6] Also durchtrainierten Bergsteigern, die den kurzen, aber steilen und steinigen Weg dem längeren bequemen Weg vorziehen, um im Bild des ersten Abschnittes zu bleiben.

von Wert. Der Appell „Du sollst meine Arbeit interessant finden“ lässt sich mit den zur Verfügung stehenden Inhalten nicht untermauern, ein Widerspruch zwischen Inhaltsebene und Beziehungsebene tut sich auf. Diese Situation wird nach meiner Erfahrung von fast allen Studierenden als unangenehm empfunden und kann am Ende leicht zu Unzufriedenheit mit der eigenen Arbeit führen. Naturgemäß leiden selbstkritische Studierende unter dieser Form der Unzufriedenheit am meisten. In der Kommunikationspsychologie sind solche paradoxen Aufforderungen ein beliebtes Studienobjekt[7], aber in einer wissenschaftlichen Arbeit lässt sich der gordische Knoten zum Glück durchschlagen:

> Schreiben Sie die Arbeit
> nicht
> für Ihren Betreuer!

Schreiben Sie Ihre Arbeit, allem Anschein zum Trotz, *nicht* für Ihre Betreuerin oder Ihren Betreuer! Als Adressaten stellen Sie sich stattdessen Kommilitoninnen und Kommilitonen Ihres Studienalters vor mit etwa den Vorkenntnissen, die Sie zu Beginn Ihrer Arbeit hatten: An diese Studierende wendet sich die Einleitung, an ihnen orientiert sich, was Sie als bekannt voraussetzen können und was nicht[8], wie ausführlich Sie argumentieren müssen, welche Rechnungen Sie durchführen müssen und welche Sie überspringen können, weil sie doch „trivial“ sind.

Schließlich soll Ihre Arbeit ja nicht nur zeigen, dass Sie auf einem bestimmten Niveau mathematische Fragestellungen bearbeiten können, sondern auch, dass Sie darüber hinaus Ihre Ergebnisse einem Publikum vermitteln können, welches nicht so tief in die Fragestellung eingearbeitet ist wie Sie – oder Ihre Betreuungsperson. So oder so ähnlich steht es in den meisten Studienordnungen, und gerade diese Fähigkeit brauchen Sie später in Ihrem Berufsleben – häufiger als die Berechnung von Homologiegruppen, den Satz von Hahn-Banach oder Finite Elemente. Demgemäß ist es die Aufgabe Ihrer Betreuerin oder Ihres Betreuers, am Ende auch zu bewerten, ob Sie diesen Kriterien gerecht geworden sind.

> Schreiben Sie Ihre Arbeit
> für Kommilitoninnen und Kommilitonen
> mit vergleichbaren Vorkenntnissen.

[7] P. Watzlawick ([Wat82]) hat sie wohl als einer der ersten ausführlich studiert. Das beliebteste Beispiel für eine paradoxe Aufforderung: „Sei spontan!“.

[8] Vergleiche die Anmerkung zur Schnittstellenliteratur in Abschnitt 9.1.

2.5 Wege zur Verständlichkeit

Nahezu alles, was auf den drei Ebenen jenseits der Sachebene zur Kommunikation beiträgt, mündet in die Forderung, eine gut zugängliche und verständliche Arbeit zu schreiben. Schulz von Thun ([SvT81]) unterscheidet vier „Dimensionen", die die Verständlichkeit beeinflussen:

- Einfachheit
- Gliederung, Ordnung
- Kürze, Prägnanz
- Zusätzliche Stimulanz

Mit der Umsetzung dieser Forderungen befassen sich im Folgenden große Teile dieses Buches. Angewandt auf die wissenschaftliche Arbeit lassen sie sich etwa folgendermaßen präzisieren:

Einfachheit: Mathematik ist schwer genug. Wo immer Einfachheit möglich ist, sollte man sie zu erreichen suchen, denn sie trägt zum Verständnis bei. Das heißt zum Beispiel:

- Klare, einfache Sätze (vgl. Abschnitt 5.1).
- Nicht der erstbeste Beweis, sondern der beste (vgl. Abschnitt 5.4).
- Keine sprachlichen Stolpersteine durch schlechten Stil, falsche Zeichensetzung etc. (vgl. Abschnitt 5.1).

Gliederung, Ordnung: Mehr als irgendwo sonst sind in einem mathematischen Text Aufbau, Ordnung und Übersichtlichkeit unerlässlich für Verständlichkeit. Im Einzelnen können sie bewirkt werden durch:

- Logischen und natürlichen Aufbau der Arbeit.
- Gute Gliederung, gute Überschriften, übersichtliche Nummerierung, leichtes Auffinden von Stellen, auf die verwiesen wird. Hinweise zu diesen Punkten finden sich in Kapitel 4, in Abschnitt 6.5 und, soweit es das Literaturverzeichnis betrifft, in Kapitel 9.
- Gut aufgebaute Notation (vgl. Kapitel 6).
- Übersichtlichen Formelsatz (vgl. Kapitel 8).
- Strukturieren von Beweisen, Zerlegen in Einzelschritte etc. (hierzu finden sich Anregungen in Abschnitt 5.4).
- Herausarbeiten von Parallelismen (vgl. Abschnitt 7.5).

Kürze, Prägnanz: Prägnanz ist Eleganz – besonders in der Mathematik. Prägnanz heißt zum Beispiel:

- Keine Umwege, keine Weitschweifigkeit (vgl. zum Beispiel die Diskussion zu Beginn von Abschnitt 8.3).
- Prägnanz durch sprachliche Genauigkeit, zum Beispiel bei der Einführung von Begriffen (vgl. hierzu Abschnitt 5.4).

Zusätzliche Stimulanz: Schwerer als in einem Kriminalroman ist es, einen mathematischen Text spannend zu gestalten und die Leser immer wieder zum Weiterlesen zu ermuntern. Unmöglich aber ist es nicht, zum Beispiel durch:

- Angenehmes Erscheinungsbild und typographische Sorgfalt (vgl. die Diskussionen in Kapitel 3).
- Gute Beispiele und begleitende Erläuterungen (vgl. Abschnitt 5.5).
- Erläuternde Tabellen, Graphiken, Übersichten.
- Neugierig machen durch Formulierung von Fragestellungen und gute Beispiele.

Die Diskussionen in diesem Kapitel haben gezeigt: Verständlichkeit ist eine Frage des Stils. Was aber auch deutlich geworden sein mag: Guter Stil macht Arbeit – viel Arbeit! So nimmt es nicht Wunder, wenn Paul Halmos, einer der großen Stilisten der mathematischen Literatur, schreibt: „Every single word that I publish I write at least six times."[9,10] Und ich muss gestehen: Wann immer ich versucht habe, ihn zu unterbieten: Paul Halmos hat am Ende Recht behalten.

2.6 Literaturhinweise

Viele Anstöße für neue Sichtweisen auf die menschliche Kommunikation gab P. Watzlawick in [Wat82]. Eine Weiterentwicklung präsentiert F. Schulz von Thun in [SvT81]. Beide Bücher sind eher populärwissenschaftlich und auch heute noch eine anregende Lektüre. Schöne Beispiele für Botschaften jenseits der Inhaltsebene, die durch die typographische Aufbereitung vermittelt werden, finden sich bei Willberg-Fossman in [WiFo99].

Ein – wenn nicht *der* – Klassiker der Auseinandersetzung mit mathematischen Stil ist das Heft [SHSD73] und dort insbesondere der Artikel von Paul Halmos [Ha70] mit dem berühmt gewordenen Titel „How to write mathematics". Paul Halmos war nicht nur ein bedeutender Mathematiker, sondern auch einer der großen Stilisten der Mathematik. Nett zu lesen ist sein Bericht über die Entstehungsgeschichte des Heftes [SHSD73] in [Ha85] ab Seite 393.

[9] Zitiert nach [Hig98], S. 107.

[10] Im Zeitalter der elektronischen Textverarbeitung kommt uns heute die copy-and-paste-Funktion zu Hilfe, an der Zahl der Überarbeitungen ändert das aber leider gar nichts.

3 Es ist angerichtet: Typographie und Erscheinungsbild

Gute Typographie bemerkt man so wenig wie gute Luft zum Atmen. Schlechte merkt man erst, wenn es einem stinkt.

Kurt Weidmann[1]

„Das Auge isst mit!“, so sagt eine Lebensweisheit: Eine Mahlzeit schmeckt besser, wenn sie ansprechend serviert wird. Und meist erlaubt die Sorgfalt, mit der ein Essen angerichtet wird, auch Rückschlüsse auf die Sorgfalt, mit der es zubereitet wurde. Nicht anders ist es mit einer wissenschaftlichen Arbeit. Sie ist besser genießbar, wenn sie auch das Auge erfreut. Mit dem Erscheinungsbild teilen Sie den Lesern mit, ob Sie es ernst mit ihnen meinen, denn „Schlechte Typografie ist die offensichtliche Mißachtung des Lesers.“[2]

Natürlich kommt es in einer wissenschaftlichen Arbeit am Ende vor allem auf den Inhalt an – sagt man. Doch gilt auch hier: Der erste Eindruck zählt! Man sollte also nicht unterschätzen, was jenseits der Sachebene (vgl. Kapitel 2, insbesondere Abschnitt 2.3) mitgeteilt wird.

3.1 Typographie ist eine Kunst

Die Zeiten sind endgültig vorbei, da eine `wissenschaftliche Arbeit mit der Schreibmaschine geschrieben wurde`. Heute schreiben Sie Ihre Arbeit mit dem Computer und drucken sie am Ende aus. Doch mitnichten beansprucht das Aufschreiben einer wissenschaftlichen Arbeit heute weniger Zeit als früher, eher scheint es umgekehrt zu sein: Wie so oft bezahlt man die Erleichterung auf der einen Seite mit einer Steigerung der Ansprüche auf der anderen. Eine gedruckte Arbeit verlangt nach einem fast professionellen Erscheinungsbild, für welches Sie mit der Benutzung eines computergestützten Schreibsystems die volle Verantwortung übernehmen. Was Sie auf der einen Seite an Zeit einsparen können, müssen Sie hier wieder ausgegeben.[3]

Die Gestaltung einer gedruckten Seite ist eine Kunst. Sie hat sich in über fünfhundert Jahren entwickelt, und sie entwickelt sich auch heute im Zeitalter der Textgestaltung mit

[1] Kurt Weidmann, geb. 1922, bekannter deutscher Typograph, in seinem Buch „Wo der Buchstabe das Wort führt“.

[2] Auch dies ist ein Zitat von Kurt Weidmann, noch in der alten Rechtschreibung.

[3] Dahinter steckt offenbar ein Erhaltungssatz: Der Gesamtaufwand bleibt konstant.

elektronischen Hilfsmitteln weiter. Viele meinen, wer eine Tastatur bedienen könne, könne auch Texte gestalten. Doch unzählige Druckerzeugnisse aus allen Bereichen belegen das Gegenteil. Die Gestaltung eines Textes erfordert eine Vielzahl von Entscheidungen: Schriftarten und Schriftgrößen, Breiten von Rändern und Einzügen, Abstände nach Überschriften oder Formeln und vieles mehr. Die Kunst, alle diese Entscheidungen so zu treffen, dass sich Leser unbeirrt und unverwirrt auf den Inhalt konzentrieren können, nennt man *Typographie*.

Wie wir in Kapitel 2 gesehen haben, sendet ein Text auf vielen Ebenen seine Botschaften aus, die in nicht geringem Maße von der Typographie bestimmt werden. Typographie ist kein Selbstzweck, sondern sie dient dem Ziel, den Zugang zu den Inhalten zu erleichtern und die Beziehung zu den Lesern zu gestalten. Am liebsten möchte ich Ihnen raten, sich wenigstens mit einigen Regeln und Gesichtspunkten der Typographie vertraut zu machen. Denn mit der Gestaltung von kleinen und großen Schriftstücken werden viele von Ihnen ein Leben lang zu tun haben und selten wird Ihnen dabei professionelle Hilfe zuteilwerden.

Schauen Sie doch in ein Buch zur Typographie hinein (einige Hinweise finden Sie am Ende dieses Kapitels), um einen Eindruck von der Komplexität typographischer Aufgaben zu erhalten – und Respekt vor den Menschen, die damit umgehen können. Und dann benutzen Sie LaTeX!

> Versuchen Sie nicht,
> die Typographie neu zu erfinden!

3.2 Lassen Sie sich von LaTeX helfen!

Starten Sie eine Google™-Suche nach LaTeX, dann erscheinen in den Werbeeinblendungen Hinweise auf etliche Erotikversandfirmen, und es wird auch nicht vergessen, auf Lack und Leder hinzuweisen. Damit hat LaTeX nichts, aber auch gar nichts zu tun! Das „X“ steht für ein großes griechisches Chi (also den Großbuchstaben zu „χ“), man spricht etwa „Latech“ und es handelt sich um ein Textsatzprogramm.

Eine kurze Geschichte von LaTeX

Aus Unzufriedenheit über das Layout, mit welchem die Bände seines berühmten Werkes „The Art of Computer Programming“ gesetzt wurden, entwickelte der Informatiker Donald E. Knuth ab 1977 das Textsatzprogramm TeX (vgl. [Knu86]). Der Name leitet sich ab vom griechischen τέχνη (gesprochen etwa „téchnē“), welches auch unserem Wort „Technik“ zugrunde liegt und welches so viel bedeutet wie Kunst, Kunstfertigkeit, wissenschaftliche Tüchtigkeit.[4] Knuth stellte sich die Aufgabe, ein Programm zu entwickeln, welches

[4] Vgl. die Ausführungen zum Namen „TeX“ in [Knu86] auf Seite 1.

- weitgehend automatisch ästhetisch ansprechende Texte setzt, insbesondere auch, wenn die Texte mathematische Formeln enthalten (D. Knuth hat sich zu diesem Zweck tief in die Lehre von Schriften und Layout eingearbeitet),
- öffentlich und kostenlos zugänglich ist,
- unabhängig von der Plattform immer dasselbe Ergebnis liefert, insbesondere leicht in gängige Formate wie pdf oder ps konvertiert werden kann,
- nicht durch ständige Updates und neue Versionen schnell veraltet (die Versionsnummern konvergieren gegen die Zahl π, meine aktuelle Versionsnummer ist 3.1415926).

Gäbe es nicht TeX, es müsste erfunden werden, auch heute und aus denselben Gründen.

Auf der Grundlage von TeX entwickelte Leslie Lamport in den achtziger Jahren des vergangenen Jahrhunderts ein umfangreiches Makro-Paket, welches sich unter dem Namen LaTeX inzwischen zum Standard entwickelt hat und welches den Umgang mit TeX erheblich erleichtert. Die beiden hinzugefügten Buchstaben verweisen natürlich auf den Namen des Autors. Die erste weitverbreitete Version von LaTeX trug die Versionsnummer 2.09. Um einen schnell einsetzenden Wildwuchs von untereinander nicht kompatiblen Verbesserungen einzudämmen, entstand um die Mitte der neunziger Jahre die Version LaTeX 2ε, die sich seither als Standard etabliert hat und auf die sich auch die Anmerkungen in diesem Buch beziehen. Für eine ausführliche Beschreibung der Historie von TeX, LaTeX und LaTeX 2ε von einem der Beteiligten vergleiche [MiGo05].

Im deutschen Sprachraum hat sich in den letzten Jahren eine für deutsche Verhältnisse (zum Beispiel für das deutsche DIN-Format) optimierte Version von LaTeX durchgesetzt, KOMA-Script, mit welchem auch dieses Buch geschrieben wurde (der Name leitet sich aus dem Namen des Autors **Markus Kohm** ab). Die Dokumentenklassen von KOMA-Script zeichnen sich durch ein vorangestelltes „scr“ aus, wie etwa die Klassen `\documentclass{scrbook}` oder `\documentclass{scrartcl}`. KOMA-Script gestaltet das Layout weitgehend nach den Regeln der europäischen Typographie und stützt sich dabei auf Vorschläge des Typographen Jan Tschichold (vgl. auch [Tsch87]). Auf den Mathematiksatz nimmt es darüber hinaus keinen Einfluss und verträgt sich mit AMS-LaTeX (siehe unten). Sollen die LaTeX-Quelltexte auch international „verstanden“ werden, sollte man sich allerdings vorher vergewissern, ob auch die LaTeX-Installationen der Adressaten über KOMA-Script verfügen.

Was ist und was soll LaTeX?

Mit einem bildschirmorientierten Textverarbeitungsprogramm platzieren und formatieren Sie Ihren Text auf dem Bildschirm etwa so, wie er am Ende auf dem Ausdruck erscheinen soll. Damit tragen Sie auch die Verantwortung für alle Fragen der typographischen Gestaltung.

LaTeX dagegen ist ein Satzsystem: Man gibt in einen beliebigen Editor den Text ein, dazu Anweisungen zu seiner jeweiligen satztechnischen Funktion (z. B. Überschrift oder mathematisches Theorem) und zur Formatierung. Aus der Eingabe errechnet LaTeX dann mit einem ausgeklügelten Algorithmus unter den vorgegebenen Randbedingungen das optimale Erscheinungsbild. Wie schon angedeutet, ist in diese Algorithmen von LaTeX, insbesondere auch von KOMA-Script, viel typographisches Wissen eingearbeitet, um welches man sich nun nicht mehr kümmern muss. LaTeX übernimmt also einen großen Teil der Verantwortung für das Erscheinungsbild und rettet damit einen Teil der Kultur typographischer Gestaltung hinüber in das digitale Zeitalter.

Mit LaTeX ist es daher deutlich schwerer, hässliche Dokumente zu produzieren als mit Textverarbeitungssystemen, und die Qualität des Mathematiksatzes von LaTeX ist bis heute wohl von kaum einem anderen Standard-Programm erreicht worden (genauer: die Kenngröße $\frac{\text{Qualität}}{\text{Aufwand}\cdot\text{Preis}}$ ist unübertroffen[5]). Schreiben Sie als Test doch einfach einen komplizierteren mathematischen Ausdruck in LaTeX, und versuchen Sie anschließend, das Ergebnis mit einem gängigen Textverarbeitungssystem zu reproduzieren oder gar zu verbessern ...

Über die Berechnung des Layouts hinaus stellt LaTeX umfangreiche und einfach zu handhabende Funktionen zur Gestaltung von Kopfzeilen, zur Fußnotenverwaltung, zur Verwaltung von Kapiteln, Verweisen und Abbildungen, zur Literaturverwaltung, zur Indexerstellung und vielem mehr zur Verfügung. Für viele speziellere Aufgaben gibt es eine große Zahl von Makro-Paketen. Daher setzt sich LaTeX in den Naturwissenschaften immer mehr durch und wird inzwischen auch in den Geisteswissenschaften gerne verwendet. Während bildschirmorientierte Textverarbeitungssysteme manchmal mit dem Prinzip WYSIWYG („What You See Is What You Get") werben, setzt die LaTeX-Gemeinde gerne WYGIWYM („What You Get Is What You Mean") dagegen.

Schreiben mit LaTeX

Die Einarbeitung in LaTeX erfordert zu Beginn etwas mehr Zeit als die Benutzung eines Textverarbeitungsprogramms, daher sollten Sie schon mit LaTeX vertraut sein, wenn Sie mit Ihrer wissenschaftlichen Arbeit beginnen. Wahrscheinlich bietet auch Ihre Universität LaTeX-Kurse an, die Ihnen die Einarbeitung erleichtern. Inzwischen gehört die Beherrschung von LaTeX zu den 'Softskills', die Sie aus einem Mathematikstudium unbedingt mitnehmen sollten – und eine mathematische wissenschaftliche Arbeit kann man nach heutigen Standards kaum noch ohne LaTeX schreiben.

Ich gehe im Folgenden davon aus, dass Sie die Grundlagen des Umgangs mit LaTeX beherrschen. Typographische Fragen, die LaTeX selbständig für Sie löst, werde ich daher nur kurz ansprechen. Sollten Sie wirklich ein anderes Textsystem benutzen, dann müssen Sie sich mit typographischen Fragen sehr viel ausführlicher auseinandersetzen.

LaTeX ist ein komplexes System. Daher werden wir auf Möglichkeiten von LaTeX hinweisen, die die Arbeit erleichtern und die Sie als LaTeX-Neuling oder LaTeX-Jüngling (geschlechtsneutral!) vielleicht noch nicht wahrgenommen haben. Näheres kann man, einmal auf die Möglichkeit aufmerksam geworden, leicht nachschlagen: In Anhang C findet sich eine Zusammenstellung aller mathematischen Anweisungen von TeX und LaTeX, alles Weitere findet man im Internet oder in der am Ende dieses Kapitels angegebenen Literatur.

[5] Damit Sie nicht durch Null teilen müssen: Auch der Platz auf der Festplatte kostet etwas.

Speziell für den Satz mathematischer Texte hat die AMS (American Mathematical Society) Zusatzpakete entwickelt, welche die mathematischen Möglichkeiten von LaTeX ein weiteres Mal erheblich steigern und auf die, etwas summarisch, mit dem Kürzel AMS-LaTeX verwiesen wird. Mit der Zeile `\usepackage{amsmath,amssymb}` in der Präambel eines LaTeX-Dokumentes stehen alle im Text erwähnten Möglichkeiten von AMS-LaTeX offen, das Paket `amsthm` stellt zusätzlich Anweisungen zur Gestaltung von Theorem-Umgebungen zur Verfügung. Alle Anweisungen von AMS-LaTeX sind ebenso wie die Anweisungen des Pakets `amsthm` in die Zusammenstellung mathematischer Anweisungen in Anhang C aufgenommen. Anweisungen aus TeX und LaTeX werden in diesem Text, wie meist üblich, in `aufrechter Schreibmaschinenschrift` wiedergegeben, Anweisungen aus AMS-LaTeX dagegen in der entsprechenden *`geneigten Variante`*.

> ☞ **Hinweis**
>
> Lernen Sie frühzeitig LaTeX !

3.3 Seitengestaltung

Eine Bemerkung zur Gestaltung von Seiten möchte ich vorausschicken: Ein mathematischer Text ist ein dichter Text mit viel Information auf engem Raum. Mit einer großzügigen Gestaltung können Sie Leserinnen und Leser einladen – an sie *appellieren* (vgl. Abschnitt 2.3) –, sich mit Ihrem Text zu befassen. Immer wieder sehe ich Arbeiten mit schmalen Rändern und langen Zeilen, kleiner Schrift und kleinen Zeilenabständen, das alles in Verbindung mit viel mathematischer Symbolik – ein gruseliger Anblick! Es kostet einige Überwindung, in eine solche Arbeit hineinzuschauen, und es ist leicht sich auszumalen, welche Botschaften ein solcher Text vor dem Hintergrund der Überlegungen in Abschnitt 2.3, gewollt oder ungewollt, übermittelt.

> Mathematische Texte sind dichte Texte.
> Erleichtern Sie das Lesen
> durch großzügige und übersichtliche Gestaltung.

Einseitig oder zweiseitig?

Entscheiden Sie, ob Ihre Arbeit einseitig oder zweiseitig gedruckt und gebunden werden soll. In einem einseitig ausgedruckten Text sind in der gebundenen Arbeit nur die rechten Seiten bedruckt. In diesem Fall werden die Breiten der Ränder, die Platzierung von Text und von Seitenzahlen oder die Information in einer Kopfzeile auf allen Seiten identisch und meist symmetrisch zur vertikalen Mittelachse gesetzt. Bei zweiseitig gedruckten Texten dagegen verhalten sich die Breiten der Seitenränder, meist auch die

Platzierung der Seitenzahlen und der Information in der Kopfzeile für eine linke und für eine rechte Seite spiegelbildlich zueinander.

Manche Prüfungsordnungen machen Vorgaben, ob die wissenschaftliche Arbeit einseitig oder zweiseitig gedruckt werden soll; diese müssen Sie natürlich beachten. Manche Arten der Bindung erschweren jedoch ein richtiges Aufschlagen der Arbeit. In diesem Fall kann eine einseitig gedruckte Arbeit leichter lesbar sein, und falls die Betreuerin oder der Betreuer Ihrer Arbeit gerne die eine oder andere Notiz an den Rand schreiben möchte, dann ist der rechte Rand leichter beschreibbar als der linke.

Die Buchklasse von LaTeX oder KOMA-Script nimmt automatisch an, dass Sie doppelseitig schreiben wollen. Anderenfalls teilen Sie LaTeX Ihre Wünsche mit der Option `oneside` oder `twoside` mit.

Bindekorrektur

Eine wissenschaftliche Arbeit wird am Ende gebunden - im Eifer des Gefechts wird das oft vergessen: Je nach Art der Bindung muss man hierfür einen Teil des Innenrandes reservieren, den man die *Bindekorrektur* nennt. Um sie wird der Teil der Seite, den das Auge am Ende wahrnimmt, schmaler. Die Bindeverfahren für wissenschaftliche Arbeiten erlauben oft nicht ein vollständiges Aufschlagen, ohne dass die Bindung bricht. Dann ist ein Text, der zu nahe an die Bindung in der Mitte heranreicht, nur sehr mühsam zu lesen. Dem kann man durch eine großzügigere Bindekorrektur entgegenwirken. Schreiben Sie mit KOMA-Script, so reserviert zum Beispiel die Anweisung `BCOR=9mm` für die Bindekorrektur 9 mm.

Wenn Sie LaTeX mitteilen, dass Sie einseitig schreiben wollen, dann „denkt" LaTeX eher an Briefe als an gebundene Arbeiten und reserviert für den linken und den rechten Rand die gleiche Breite. Hier muss man also korrigierend eingreifen, entweder durch direkte Angabe der Ränder oder besser über das Paket `typearea`, welches von KOMA-Script automatisch geladen wird.

> ☞ **Hinweis**
>
> Denken Sie an die Bindekorrektur.

Die Bestandteile der Seite

Nach Abzug der Bindekorrektur besteht eine Seite zunächst aus dem *Satzspiegel*, also der rechteckigen Fläche, die vom gedruckten Text eingenommen wird. Ebenfalls zum Satzspiegel gehören Fußnoten und (lebende) Kopfzeilen[6]. Er reicht also vom oberen Ende einer Kopfzeile bis zum unteren Ende einer Fußnote. In diesem Buch besitzt der Satzspiegel eine Breite von 12,0 cm und eine Höhe von 20,2 cm. Auf manchen Seiten

[6] Ändert sich die Kopfzeile, zum Beispiel, weil sie die jeweils aktuelle Kapitelüberschrift enthält, so spricht man von einer *lebenden Kopfzeile*, anderenfalls spricht man von einer *toten Kopfzeile*, zum Beispiel, wenn *jede* Kopfzeile Ihren Namen oder den Titel der Arbeit enthält.

weist der Satzspiegel allerdings eine davon leicht abweichende Höhe aus, um einen sinnvollen Seitenumbruch zu ermöglichen. Der Satzspiegel wird von Rändern umgeben, dem *Innenrand* (auf einer rechten Seite also der linke Rand), dem *Außenrand* (auf einer rechten Seite also der rechte Rand), dem *oberen Rand* und dem *unteren Rand.*[7] Nicht zum Satzspiegel gehören alleinstehende Seitenzahlen sowie gegebenenfalls *Marginalien*, also Bemerkungen auf dem Rand der Seite, für die man aber in einer mathematischen wissenschaftlichen Arbeit wohl kaum Verwendung finden wird.

Die Gestaltung des Satzspiegels und die Anordnung aller Gestaltungselemente auf einer Seite, wie Seitenzahlen, Kolumnentitel, Fußnoten, Graphiken, Überschriften etc., nennt man das *Layout* der Seite. Die Erstellung eines angenehmen Layouts ist eine anspruchsvolle Aufgabe, die eigentlich in professionelle Hände gehörte, wenn nicht LaTeX schon vieles nach typographischen Regeln umsetzen würde (vgl. Abschnitt 3.2).

Verfahren zur Festlegung von Satzspiegeln und Rändern

In diesem und dem nächsten Unterabschnitt besprechen wir einige Gesichtspunkte zu Breiten von Rändern und Längen von Zeilen. Wenn Sie nur an einem Ergebnis interessiert sind, können Sie diese beiden Unterabschnitte überschlagen und auf Seite 26 weiterlesen.

Für die Breite von Rändern gilt im Allgemeinen die Faustregel:

$$\text{Innenrand} < \text{oberer Rand} \leq \text{Außenrand} < \text{unterer Rand}.$$

Gerne verwendet man für die Verhältnisse dieser Breiten $2:3:4:5$ oder $3:5:5:8$.[8] Legen Sie, nach Abzug der Bindekorrektur, nun noch das Verhältnis

$$\text{Breite des Satzspiegels} : (\text{Linker Rand} + \text{rechter Rand})$$

fest, so ergeben sich daraus die Maße des Satzspiegels. Ein großzügiges Layout erhält man zum Beispiel mit einem Verhältnis von $2:1$, das heißt, die Breite des Satzspiegels beträgt das Doppelte der Breite von linkem plus rechtem Rand.

Ein anderes beliebtes Verfahren teilt die Seite (wieder nach Abzug der Bindekorrektur) zunächst in jeweils n gleichgroße vertikale und horizontale Streifen. Nun nimmt man den linken vertikalen Streifen als Innenrand, die beiden rechten Streifen als Außenrand, den oberen horizontalen Streifen als oberen Rand und die beiden unteren vertikalen Streifen als unteren Rand. Eine gängige und großzügige Wahl für den Wert von n ist $n = 9$. Auch hier beträgt wieder die Breite des Textes das Doppelte der Breite der beiden Seitenränder. In diesem Fall spricht man von einer Seitenaufteilung nach der *Neunerregel*, die in Abbildung 3.1 veranschaulicht wird.

---

[7] Statt von Rändern spricht man manchmal in der Literatur auch von Innensteg, Außensteg, Kopfsteg und Fußsteg.

[8] Sie erkennen in den Verhältnissen $3:5$ und $5:8$ einfache rationale Approximationen des goldenen Schnittes durch die Quotienten zweier aufeinanderfolgender Fibonacci-Zahlen.

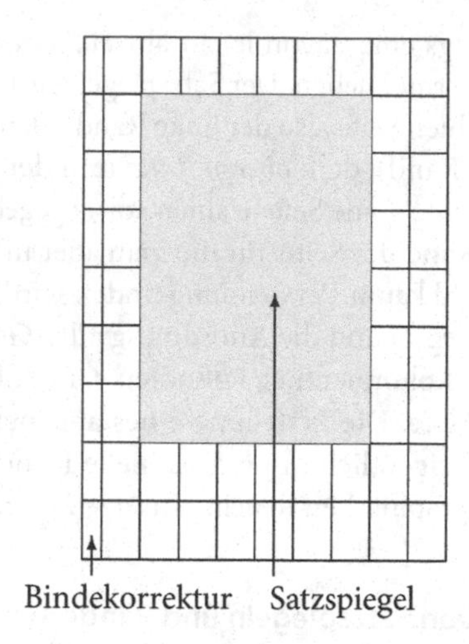

Abbildung 3.1: Seitenaufteilung einer rechten Seite nach der Neunerregel

Nach diesem Verfahren berechnet auch KOMA-Script den Satzspiegel. Den Wert für n teilen Sie KOMA-Script über die DIV-Anweisung mit: Beginnen Sie Ihr LaTeX -Dokument mit der Zeile

```
\documentclass[11pt,a4paper,BCOR=8mm,DIV11]{scrbook},
```

so berechnet KOMA-Script für eine Seite im Format DIN A4 nach Abzug einer Bindekorrektur von 8 mm den Satzspiegel nach diesem Verfahren mit dem Parameter $n = 11$.

Es gibt darüber hinaus noch eine ganze Reihe weiterer Verfahren, insbesondere geometrische Konstruktionen, zur Festlegung von Satzspiegeln, die Sie in der angegebenen Literatur finden können. Einen lesenswerten historischen Überblick über Satzspiegelkonstruktionen und ihre Entwicklung gibt M. Kohm in Anhang A seines Buches [KoMo08]. Im Interesse eines einheitlichen Erscheinungsbildes geben viele Verlage für ihre Bücher einen einheitlichen Satzspiegel vor. Daran lehnt sich auch der Satzspiegel des vorliegenden Buches an (vgl. die Bemerkungen im folgenden Unterabschnitt).

Die oben beschriebenen Verfahren haben alle einen freien Parameter, der durch das Verhältnis der Breite der Ränder zur Breite des Satzspiegels festgelegt wurde. Äquivalenterweise kann auch die Zeilenlänge als Ausgangspunkt zur Festlegung des Satzspiegels dienen. Diesen Ansatz diskutieren wir im folgenden Unterabschnitt.

Zeilenlänge und Zeilenabstand

Die Lesbarkeit vieler wissenschaftlicher Arbeiten leidet unter zu langen Zeilen mit zu geringen Zeilenabständen: Stellen Sie sich eine Tageszeitung vor, in der die Textzeilen über die ganze Breite einer Seite reichen, ohne wie üblich in schmalere Spalten umgebrochen zu werden. Eine solche Zeitung würde sich nicht verkaufen und darum gibt es sie nicht.

In der Typographie gelten Zeilenlängen von durchschnittlich 60 Zeichen als optimal, wobei nicht nur Buchstaben, sondern auch Satzzeichen und Wortzwischenräume mitgezählt werden.[9] Viele Bücher, die gelesen werden wollen, arbeiten mit Zeilenlängen in dieser Größenordnung.[10] Lesern von mathematischen Büchern wird im Allgemeinen etwas mehr zugemutet: Hier finden sich meist Zeilenlängen von 70 bis 80 Zeichen. Wenn Sie aber zwei Bücher anschauen, das eine mit etwa 70 Zeichen pro Zeile, das andere mit 80, so werden Sie schnell bemerken, welches Buch eher zum Lesen einlädt.

Neben der Zeilenlänge beeinflussen eine Reihe weiterer Parameter die Lesbarkeit. Vor allem sind das Schriftart und Schriftgröße[11] sowie der Zeilenabstand[12]. Längere Zeilen können bis zu einem gewissen Grad durch einen größeren Zeilenabstand ausgeglichen werden. Ist der Zeilenabstand aber zu groß, dann behindert der Sprung, den das Auge von einer Zeile zur nächsten bewältigen muss, ein flüssiges Lesen[13] und die Seite als Ganzes wirkt zu leer.

Ein Einschub in eigener Sache: Sie werden sicher bemerkt haben, dass dieses Buch hier einen Kompromiss sucht: Der Satzspiegel ist, wie üblich, vom Verlag weitgehend vorgegeben. Hätte ich die normale LaTeX-Schrift Computer Modern Roman benutzt, enthielte eine Zeile durchschnittlich etwas weniger als 80 Zeichen:

Dies ist ein Beispieltext in der „normalen" Schrift Computer Modern Roman von LaTeX, ebenfalls in der Schriftgröße 10 pt. Er zeigt, wie sehr die Laufweite (oder Schriftbreite, vgl. den Eintrag „Laufweite" in Anhang A) und damit die durchschnittliche Anzahl der Zeichen pro Zeile zwischen verschiedenen Schriften „gleicher Größe" variieren kann. Mit dieser Schrift hätte es also keine Probleme mit der Zeilenlänge gegeben.

Da ich mich aus verschiedenen Gründen für die Schrift Minion Pro entschieden hatte, die eine deutlich geringere Laufweite aufweist als Computer Modern Roman, hätte eine Zeile in der eigentlich vorgesehenen Länge von 12,6 cm etwa 86 bis 87 Zeichen enthalten (in Computer Modern Roman etwa 79 bis 80), also zu viele, und in der Tat hat man die überlangen Zeilen deutlich als solche wahrgenommen. Die Benutzung einer größeren Variante von Minion Pro mit 11 pt hätte zwar die Anzahl der Zeichen auf etwa 79 Zeichen pro Zeile verringert, hätte aber in Relation zu Papierformat und Satzspiegel ziemlich klobig gewirkt. Ich bin daher dem Verlag dankbar, dass ich die Zeilenlänge auf 12 cm verringern konnte, womit sich die Zeichenzahl pro Zeile immerhin auf 82 bis 83 verringert; zum Ausgleich habe ich den Zeilenabstand von 12 pt auf 12.4 pt etwas

[9] Wenn man von der Anzahl der Zeichen pro Zeile spricht, sind immer Durchschnittswerte gemeint.

[10] Die Bücher der Harry Potter-Reihe haben zum Beispiel etwas weniger als 60 Zeichen je Zeile.

[11] Mehr dazu in Abschnitt 3.8 auf Seite 32 und in Anhang A.

[12] Näheres zum Zeilenabstand finden Sie im Glossar in Anhang A.

[13] Viele mit einem Textverarbeitungssystem zweizeilig geschriebene wissenschaftliche Arbeiten sind dafür ein augenfälliges Beispiel.

heraufgesetzt. Ich hoffe, dass auf diese Weise ein Text entstanden ist, in welchem sich das Auge leicht zurechtfindet, zumal größere Teile des Textes eingerückt sind und daher kürzere Zeilen aufweisen.

Eine typische wissenschaftliche Arbeit stellt uns hier vor ein ähnliches Problem: Sie wird normalerweise auf Papier im Format DIN A4 ausgedruckt. In diesem Format wird man kaum ein Buch finden, denn mit nur 60 Zeichen kann man die Breite einer solchen Seite nur schwer vernünftig füllen.[14]

Ein möglicher Kompromiss besteht darin, mit etwa 70 bis 80 Zeichen pro Zeile zu schreiben und die längeren Zeilen durch einen etwas größeren Zeilenabstand auszugleichen. Angesichts des Papierformats würde man den Abstand eineinhalbzeilig oder etwas kleiner wählen. Auf diese Weise wird das Auge gut in der Zeile gehalten und da kleinere mathematische Ausdrücke oft noch in der Zeile Platz finden und nicht abgesetzt werden müssen, ergibt sich ein etwas ruhigerer optischer Gesamteindruck (vgl. Kapitel 8, insbesondere Abschnitt 8.1).

Den Zeilenabstand kann man zum Beispiel mit der Anweisung `\linespread{}` global variieren. In der Voreinstellung beträgt der Zeilenabstand das 1,2-fache der Schriftgröße; dieser wird anschließend mit dem Argument von `\linespread{}` multipliziert. So führt also die Anweisung `\linespread{1.25}` zu einem Zeilenabstand von $1{,}2 \cdot 1{,}25 = 1{,}5$ und ergibt einen eineinhalbzeiligen Ausdruck.

Das Layout einer wissenschaftlichen Arbeit

Ehe Sie sich daran machen, den Satzspiegel Ihrer Arbeit endgültig festzulegen, sollten Sie klären: Gibt es von Seiten der Prüfungsordnung oder von Seiten Ihrer Betreuerin oder Ihres Betreuers Vorgaben oder Wünsche zum Format des Ausdrucks, insbesondere zur Breite der Ränder, zur Schriftgröße, zum Zeilenabstand oder zu der Frage, ob die Arbeit einseitig oder doppelseitig gedruckt werden soll? Die Prüfungsordnungen im Fach Mathematik machen nach meiner Erfahrung zu diesen Fragen selten Vorgaben, aber Sie sollten das zur Sicherheit verifizieren.

> ☞ **Hinweis**
>
> Klären Sie rechtzeitig Vorgaben zu:
>
> - Einseitiger oder doppelseitiger Ausdruck
> - Art der Bindung
> - Breite der Ränder
> - Schriftgröße
> - Zeilenabstand

[14] Großformatige Zeitschriften schreiben daher fast immer mehrspaltig.

Sollten Sie völlige Freiheit haben, dann können Sie zum Beispiel mit folgendem Verfahren zu einem ansprechenden Erscheinungsbild kommen:

- Benutzen Sie die Neunerteilung, entsprechend der KOMA-Script-Anweisung DIV9 (vgl. die Berechnung im vorletzten Unterabschnitt „Verfahren zur Festlegung von Satzspiegeln und Rändern", Seite 23).
- Vergessen Sie nicht die Bindekorrektur.
- Benutzen Sie eine Schriftgröße von 11 pt.
- Setzen Sie den Zeilenabstand auf nicht ganz eineinhalbzeilig, zum Beispiel mit der Anweisung \linespread{1.1}.

Der Beginn Ihrer Arbeit könnte in KOMA-Script also folgendermaßen aussehen:

```
\documentclass[11pt,a4paper,BCOR=10mm,DIV9]{scrbook}
\linespread{1.1}
```

Mit diesen Parametern erhalten Sie (in der Standardschrift Computer Modern Roman von LaTeX) eine Zeilenlänge von etwas über 70 Zeichen und einen schönen Außenrand von etwa 44 mm. Einen Bestseller mit Millionenauflage werden Sie damit nicht erzeugen, aber das erwarten Sie ja auch nicht. Vermeiden sollten Sie Zeilenlängen von mehr als 80 Zeichen.

Falls Sie eine Dissertation anfertigen, wird die Arbeit meist auf Papier im Format DIN A4 ausgedruckt und abgegeben, später aber oft auf DIN A5 verkleinert. Noch mehr als sonst sollten Sie also in diesem Fall auf ein großzügiges Layout achten, insbesondere ist nun eine Schriftgröße von mindestens 11 Punkten empfehlenswert. Darüber hinaus ergeben sich aber keine wesentlichen Änderungen gegenüber dem bisher Gesagten.

3.4 Kopfzeilen, Fußzeilen, Fußnoten

Kopf- und Fußzeilen können Informationen enthalten, die die Orientierung im Text erleichtern sollen. In erster Linie sind das Seitenzahlen, aber auch in wissenschaftlichen Texten bürgern sich immer häufiger Hinweise auf das aktuelle Kapitel oder den aktuellen Abschnitt ein.

Kopfzeilen: Im einfachsten Fall enthält die Kopfzeile eine Seitenzahl und nichts sonst. Der besseren Übersichtlichkeit halber sollte diese am Außenrand oder bestenfalls zentriert in der Mitte stehen, auf keinen Fall aber innen.

Vor allem in wissenschaftlichen Texten enthält die Kopfzeile häufig auch Kapitel- und Abschnittsüberschriften, sogenannte *Kolumnentitel*: Schlägt man den Text an einer beliebigen Stelle auf, so zeigt ein Kolumnentitel sofort, in welchem Kapitel man „gelandet" ist. Besonders in Texten mit vielen Querverweisen, denen man folgen möchte, können Kolumnentitel daher sehr hilfreich sein.

Im doppelseitigen Ausdruck eines Textes mit Kapiteln und Abschnitten erscheinen meistens auf der linken Seite die aktuelle Kapitelüberschrift und auf der rechten Seite die Überschrift des aktuellen Abschnitts. Im einseitigen Ausdruck wird man nur auf die Kapitelüberschrift verweisen.

Fußzeilen: In der Fußzeile stehen normalerweise höchstens Seitenzahlen oder sie bleiben leer. Während des Entstehungsprozesses einer wissenschaftlichen Arbeit ist die Fußzeile aber ein geeigneter Ort, um die Versionsnummer oder das Datum der aktuellen Version festzuhalten, etwa mit dem LaTeX-Befehl `\today`, der aus dem Computer das aktuelle Datum ausliest und an die entsprechende Stelle schreibt.

> ☞ **Hinweis**
> Nutzen Sie die Fußzeile für eine Versionsnummer oder das aktuelle Datum.

Kopf- und Fußzeilen in LaTeX: Gestaltung und Inhalt von Kopf- und Fußzeilen kann man mit LaTeX über die Anweisungen `\pagestyle{}` und `\thispagestyle{}` mit Parametern `empty`, `plain`, `headings` oder `myheadings` regeln. Im letzten Fall können Sie LaTeX mit `\markboth{}{}` und `\markright{}` Ihre genaueren Wünsche mitteilen. Darüber hinaus stellt KOMA-Script mit dem Paket `scrpage2` eine umfangreiche Sammlung von Funktionen zur Gestaltung von Kopf- und Fußzeilen zur Verfügung (vgl. [KoMo08] oder [Nie03]).

Fußnoten: Ein mathematischer Text braucht selten Fußnoten (anders als dieser Text): In Fußnoten stehen oft Seitengedanken oder zusätzliche Erläuterungen, die, stünden sie im Haupttext, vom Gedankenfluss ablenken würden. Ein mathematischer Text dagegen ist normalerweise ziemlich geradlinig, das zeichnet die Mathematik ja aus. In den Geisteswissenschaften finden sich in Fußnoten auch oft vollständige Literaturangaben; dagegen verweist man in der Mathematik meist über ein Kürzel auf die vollständigen Angaben im Literaturverzeichnis (vgl. Kapitel 9).

Falls Sie jedoch Fußnoten benötigen, dann erleichtern Sie das Lesen, wenn Sie diese an den Fuß der aktuellen Seite setzen, wie in diesem Text. Die Traditionen sind hier recht verschieden: In den Geisteswissenschaften zum Beispiel, wo die Fußnoten manchmal einen großen Raum einnehmen können, werden sie oft am Ende des Textes gesammelt.[15] Das hat aber ein häufiges und meist lästiges Blättern zur Folge.

In LaTeX steht für Fußnoten die sehr bequeme Anweisung `\footnote{..}` zur Verfügung. Sie kümmert sich um alles, von der richtigen Indizierung bis hin zur richtigen Schriftgröße.

[15] Sie heißen daher eigentlich „Endnoten“.

3.5 Seitenzählung

Die Seitenzählung wird heute mit elektronischen Textsystemen weitgehend automatisch verwaltet. Freuen Sie sich darüber und denken Sie daran, wie mühsam es noch vor wenigen Jahrzehnten war, im Nachhinein einige Zeilen in einen schon mit Schreibmaschine geschriebenen Text einzuarbeiten.

Platzierung: Seitenzahlen[16] stehen in der Kopfzeile oder in der Fußzeile meist außen oder in der Mitte, seltener innen. Stehen in der Kopfzeile weitere Informationen wie eine Kapitelüberschrift, so sollte sich diese optisch gut von der Seitenzahl abheben. Ist dort nicht genügend Platz, so muss die Seitenzahl in die Fußzeile ausweichen. Da in mathematischen Texten besonders häufig auf andere Seiten verwiesen wird, ist es in der Mathematik besonders wichtig, dass die Seitenzahlen gut auffindbar platziert sind.

Seite 1: Traditionell beginnt die Seitenzählung zunächst mit kleinen römischen Zahlen, also i, ii, iii, iv etc. für Titelseiten und Inhaltsverzeichnis. Mit dem Haupttext, normalerweise mit dem ersten Kapitel, beginnt die Seitenzählung von Neuem mit arabischen Ziffern. Das hat historische Gründe: Vor dem Aufkommen elektronischer Textgestaltung konnten das Inhaltsverzeichnis und mit ihm die Teile davor erst dann erstellt werden, wenn der Haupttext schon fertig vorlag und die Seitenzahlen feststanden. Dieses Problem besteht heute nicht mehr und daher ist vielleicht ein Umbruch im Gange: Manche neue Texte zählen von Anfang an mit arabisch geschriebenen Seitenzahlen durch. Für wissenschaftliche Arbeiten ist mir persönlich die herkömmliche Zählung dennoch lieber: Der inhaltliche Teil der Arbeit beginnt auf Seite 1 und der Umfang dieses Teils ist ohne Subtraktionen ersichtlich.

Wenn Sie einen Buchstil von LaTeX benutzen und Ihre Arbeit mithilfe der Anweisungen `\frontmatter`, `\mainmatter` und `\backmatter` gliedern, dann werden die Seitenzahlen zwischen `\frontmatter` und `\mainmatter` mit kleinen römischen Zahlen, ab `\mainmatter` dann mit arabischen Ziffern, wieder beginnend mit 1, nummeriert.

Ungerade Seitenzahlen: Im zweiseitigen Ausdruck beginnt der Textteil immer auf einer rechten Seite.[17] Wenn Sie daher ein Buch aufschlagen, haben rechte Seiten eine ungerade, linke Seiten eine gerade Seitenzahl.[18] Achten Sie also beim zweiseitigen Ausdruck Ihrer Arbeit darauf, dass rechte Seiten mit ungerader Seitenzahl auf die Vorderseite, die folgende linke Seite auf die Rückseite eines Blattes gedruckt werden. Fehler geschehen hier besonders leicht, wenn man nur Teile der Arbeit ausdruckt und diese später zusammenfügen will.

[16] In der Typographie wird hierfür oft der Begriff „Pagina“ verwandt.

[17] Auch das Titelblatt, der Beginn des Vorworts und des Inhaltsverzeichnisses stehen auf einer rechten Seite, manchmal auch der Beginn eines jeden Kapitels (vgl. Abschnitt 3.6).

[18] In der Typographie beginnen also die natürlichen Zahlen mit 1.

Ohne Seitenzahl: Auf einigen Seiten wie der Titelseite, einer Seite mit einer Widmung oder auf leeren Seiten[19] erscheinen normalerweise keine Seitenzahlen (obwohl auch diese Seiten natürlich mitgezählt werden).

Die Kopfzeile auf der Seite eines Kapitelanfangs ist normalerweise leer. Eine Seitenzahl in der Kopfzeile muss also auf einer solchen Seite entfallen oder besser: Sie kann in die Fußzeile ausweichen. Da im Inhaltsverzeichnis ja gerade die Seitenzahlen der Kapitelanfänge verzeichnet sind, ist es etwas unfair, die suchenden Leser ausgerechnet hier ins Leere laufen zu lassen.

Für alle diese Gesichtspunkte trägt LaTeX normalerweise selbständig Sorge, sicherheitshalber sollten Sie das aber am Ende nochmals überprüfen.

3.6 Überschriften und Kapitelanfänge

Mit LaTeX können Sie die Gestaltung von Überschriften im Wesentlichen den Anweisungen `\chapter`, `\section`, `\subsection` etc. überlassen[20]. Viele Regeln für das Gestalten der Überschriften sind in diese Anweisungen eingearbeitet. Zum Beispiel wird in Überschriften nicht getrennt und nicht im Blocksatz umgebrochen.

Einheitliche Gestaltung: Es ist selbstverständlich, dass Überschriften einer Gliederungsstufe einheitlich gestaltet sind, was Schriftart, Schriftgröße und Abstände nach oben und unten angeht. Die meisten Systeme kümmern sich darum inzwischen selbständig. Sie sollten aber dennoch ein Auge darauf haben, ob das System Sie auch versteht.

In KOMA-Script kann man mithilfe der Option `\KOMAoption{headings}{}` darüber hinaus zwischen den drei Einstellungen `big`, `normal`, `small` für die (aufeinander abgestimmten) Größen von Überschriften wählen, falls Ihnen die voreingestellten Größen zu bombastisch erscheinen (für diesen Text habe ich die Einstellung `small` verwendet).

Platzierung: Üblicherweise beginnen Kapitel auf einer neuen Seite, Abschnitte können auch innerhalb einer Seite beginnen. In Büchern ist es oft üblich, wie auch in diesem Buch neue Kapitel selbst dann auf einer rechten Seite beginnen zu lassen, wenn dadurch eine vorangehende linke Seite leer bleiben sollte. Angesichts des meist geringeren Umfangs von wissenschaftlichen Arbeiten in der Mathematik und angesichts der doch riesigen eventuell frei bleibenden DIN-A4-Seiten kann man hier von dieser Tradition auch Abstand nehmen. In KOMA-Script können Sie dieses Verhalten mit der Anweisung `\KOMAoption{open}{}` und den Einträgen `any`, `right` und `left` regeln.

---

[19] Leere Seiten können zum Beispiel entstehen, wenn jedes Kapitel auf einer rechten Seite beginnen soll (s. u.). In der Druckersprache werden sie auch „Vakatseiten" genannt.

[20] Einige Hinweise zum Umgang mit diesen Anweisungen finden Sie in Abschnitt 4.1 auf Seite 37.

Überschriften, auch wenn es sich um untergeordnete Überschriften handelt, sollten nie alleine unten auf einer Seite stehen; wenigstens zwei, besser drei bis vier Zeilen Text sollten auf der Seite nach einer Überschrift noch Platz finden.

Überschriften stoßen einander ab: Zwei Überschriften sollten nicht unmittelbar aufeinanderfolgen. Nach einer Kapitelüberschrift folgt erst ein kurzer Text, zum Beispiel eine Einleitung in das Kapitel, erst dann folgt gegebenenfalls eine Überschrift für den ersten Abschnitt dieses Kapitels. In Abschnitt 5.5 diskutieren wir, wie Sie mit hilfreichen Einleitungen Ihren Leserinnen und Lesern die Orientierung erleichtern können.

Satzzeichen: Überschriften schließen nie mit einem Punkt ab, auch dann nicht, wenn die Überschrift eine satzähnliche Struktur aufweist und das Bedürfnis für einen abschließenden Punkt groß sein mag. Durchaus können Überschriften dagegen mit einem Ausrufezeichen oder einem Fragezeichen abschließen, aber dazu werden Sie in einer wissenschaftlichen Arbeit in Mathematik eher selten Gelegenheit haben.

Hinweise zur Einteilung in Kapitel und Abschnitte sowie zu deren Überschriften finden Sie in Kapitel 4.

3.7 Absätze und Einzüge

Der Absatz ist die kleinste optisch abgehobene in sich geschlossene Gliederungseinheit. Daher gilt die Faustregel: Ein Absatz, ein Gedanke. Im Idealfall sollte man über jeden Absatz eine kleine Überschrift setzen können, die den Absatz inhaltlich charakterisiert.

Länge der Absätze: Die Regel „ein Absatz, ein Gedanke“ führt im komprimierten mathematischen Stil manchmal zu recht kurzen Absätzen. Hier sind sinnvolle Kompromisse gefragt. Kürzer als vier Zeilen sollten Absätze auch in einem mathematischen Text nicht zu häufig ausfallen, sonst wird das Schriftbild sehr unruhig und das Lesen atemlos. Umgekehrt können in einem dichten mathematischen Text Absätze von deutlich mehr als fünfzehn Zeilen schnell zu Ermüdungserscheinungen führen.

Hurenkinder und Schusterjungen: Satzsysteme wie LaTeX vermeiden im Normalfall selbständig, dass eine Zeile eines Absatzes alleine auf einer Seite steht, also entweder die letzte Zeile auf einer neuen Seite (in der traditionellen Druckersprache *Hurenkind*) oder die erste Zeile auf der vorangehenden Seite (in der traditionellen Druckersprache *Schusterjunge*).[21] Haben Sie aber sicherheitshalber bei der Schlusskorrektur auch darauf ein Auge, selbst LaTeX braucht hier manchmal noch Hilfe (vgl. die Einträge „Hurenkind“ und „Schusterjunge“ in Anhang A sowie Anhang C.2).

[21] Textverarbeitungssysteme haben damit naturgemäß größere Probleme.

Trennung und Einzug von Absätzen: Zwei aufeinanderfolgende Absätze können entweder durch einen größeren vertikalen Zwischenraum voneinander getrennt werden (wie in dieser Aufzählung) oder man beginnt den folgenden Absatz jeweils mit einem Einzug, wie hier im Haupttext, aber nicht beides gleichzeitig.

Kennzeichnet man Absätze im Allgemeinen durch einen Einzug, so beginnt auch in diesem Fall ein neuer Absatz nur mit einem Einzug, wenn der Absatz unmittelbar auf einen Absatz folgt. Dagegen folgt in der modernen Typographie auf einen größeren vertikalen Zwischenraum *kein* Einzug, also zum Beispiel nicht nach Überschriften, abgesetzten mathematischen Formeln, Listen, Tabellen oder Bildern (vergleiche z. B. [GK00], 4.3.2). In diesem Fall sagt man auch, der Absatz (oder die Zeile) beginne stumpf.

Diese Regel wird häufig missachtet, wohl weil die meisten Systeme, selbst LaTeX, diese Situation oft nicht erkennen. Ich finde einen Text, gerade auch einen mathematischen Text, jedoch schöner und übersichtlicher, wenn diese Regel befolgt wird. Probieren Sie es einfach mal aus. In LaTeX kann man für einen einzelnen Absatz den Einzug mit `\noindent` sehr leicht abschalten.

Die Größe eines Einzuges beträgt typischerweise ein *Geviert* (vgl. den Eintrag „Geviert" in Anhang A). In LaTeX kann man die Größe eines Einzuges global durch Setzen der Länge `\parindent` regeln.

Graphiken und Tabellen: Eingefügte Graphiken oder Tabellen sollten immer beschriftet sein, sodass auch ohne Lesen des umgebenden Textes ersichtlich ist, was hier dargestellt wird.

Graphiken und Tabellen kann man in LaTeX mithilfe von *Gleitumgebungen* einfügen, etwa `\begin{figure} ... \end{figure}` für Graphiken oder für Tabellen mit `\begin{table} ... \end{table}`. Gleitumgebungen sorgen dafür, dass diese Elemente so positioniert werden, dass kein unnötiger vertikaler Leerraum entsteht. Über eine ganze Reihe von Parametern kann man auf das genaue Verhalten dieser Umgebungen Einfluss nehmen. Darüber hinaus gibt es mehrere Zusatzpakete, die es erlauben, solche Elemente auch von Text umfließen zu lassen.

Zur Beschriftung von Gleitumgebungen stellt LaTeX die Anweisung `\caption` zur Verfügung, die man, vor allem in KOMA-Script, auf vielfältige Weise den eigenen Bedürfnissen anpassen kann.

3.8 Schriften

Der Umgang mit Schriften, insbesondere die Zusammenstellung von zueinander passenden Schriftarten, ist eine Wissenschaft für sich (vgl. etwa [GK00]). Darauf sollte man sich nicht leichtfertig einlassen.[22] Am einfachsten ist es, Sie verlassen sich auf LaTeX,

[22] Ein wichtiges Argument für die Benutzung der Schrift Minion Pro für dieses Buch war die Existenz der dazu passenden mathematischen Symbole im Paket MnSymbol.

dann werden Sie keine allzu bösen Überraschungen erleben. Einige der wichtigsten Begriffe im Umgang mit Schriften werden in Anhang A erläutert, daher können wir uns hier kurz fassen.

Schriftart: Die Wahl der Schriftart überlassen Sie am besten LaTeX. Insbesondere ist dann sichergestellt, dass die Schriften, in der mathematische Symbole gesetzt sind, zur normalen Schrift passen.[23]

Der normale Text sollte unbedingt in einer Schrift mit Serifen[24] geschrieben sein. Serifenlose Schriften mögen auf den ersten Blick eleganter erscheinen, sie eignen sich aber nicht für längere Texte, da das Auge leichter die Zeile verliert und schneller ermüdet. Sie werden dagegen gerne für Plakate, Folien und Überschriften benutzt, wie auch in unserem Text.

Schriftgröße: Wählen Sie auf keinen Fall eine Schrift, die kleiner ist als zehn Punkte[25], besser für mathematische Texte ist aber eine Schrift mit 11 Punkten, die also etwas größer ist als die hier benutzte Schrift.

Zeilenabstand: Der Zeilenabstand richtet sich unter anderem nach der Zeilenlänge: Lange Zeilen brauchen einen größeren Zeilenabstand (vgl. „Zeilenlänge und Zeilenabstand“, Seite 24, und den Eintrag „Zeilenabstand“ im Anhang A). Falls Sie mit einer Schriftgröße von 10 pt oder 11 pt arbeiten und lange Zeilen haben, empfiehlt sich für eine wissenschaftliche Abschlussarbeit ein Zeilenabstand von etwa 14 pt oder 15 pt (knapp eineinhalbzeilig).

3.9 Literaturhinweise

Zur Typographie gibt es eine umfangreiche Literatur: Klassiker des vorelektronischen Zeitalters zu Fragen der Typographie sind die Bücher von J. Tschichold, zum Beispiel [Tsch87], auf heutige Bedürfnisse zugeschnitten sind eher [Bol05], [GK00] oder [WiFo99]. Die Grundbegriffe der typographischen Sprache werden kurz und prägnant in den beiden Wörterbüchern [HiFu06] und [Rec03] erklärt. Kurz vor Fertigstellung dieses Buches ist mit [Reu14] eine, wie ich finde, sehr lesenswerte und anregende kleine Gedankensammlung zur Typographie erschienen.

Wer nicht so tief in die Typographie einsteigen möchte, dem sei empfohlen, die entsprechenden Ausführungen zur Gestaltung von Seiten und zum Umgang mit Schriften in [KoMo08] durchzusehen. Auch in [Kop00] finden sich viele LaTeX-spezifische Hinweise zur Typographie. Nicht zuletzt werden im Duden [Dud06] in den einleitenden Kapiteln einige Fragen zur Typographie angesprochen.

[23] In manchen Vorträgen sind Beamer-Folien, die nicht mit LaTeX geschrieben wurden, in dieser Hinsicht eine Beleidigung für das Auge!

[24] Vergleiche den Eintrag „Serifen“ im Glossar in Anhang A.

[25] Zu Punkten und Schriftgrößen vergleiche die Einträge „Punkt“ und „Schriftgrad“ im Glossar in Anhang A.

4 Übersicht durch Gliederung

Ordnung ist eine Tochter der Überlegung.
Georg Christoph Lichtenberg[1]

Ein mathematischer Text ist kein Roman, den man „in einem Rutsch" durchliest: Lesen in der Mathematik heißt lesen *und* blättern. Die Zugänglichkeit eines mathematischen Textes steht und fällt also mit seiner Übersichtlichkeit.

Daher diskutieren wir in diesem Kapitel Fragen der Gliederung und ihrer typographischen Unterstützung, zum Beispiel: Wie ausführlich sollte ein Inhaltsverzeichnis Auskunft geben? Werden Sätze und Definitionen einheitlich oder getrennt voneinander nummeriert? Stehen Gliederungsnummern besser vor oder hinter dem Schlüsselwort? Wie nummeriert man Listen?

4.1 Kapitel und Abschnitte

Eine Arbeit gliedert sich normalerweise zunächst in Kapitel und Abschnitte. Diese Gliederung spiegelt sich mit ihren Überschriften im Inhaltsverzeichnis wider, es ist oft das Erste, dem sich die Aufmerksamkeit zuwendet.

Einteilung in Kapitel und Abschnitte

Das Inhaltsverzeichnis soll einen schnellen Überblick über Aufbau und Inhalt einer Arbeit ermöglichen. Sein Umfang sollte also überschaubar bleiben und aussagekräftige Überschriften können einen ersten Eindruck von der Arbeit geben. Für eine 60-seitige Masterarbeit erfüllt ein Inhaltsverzeichnis der Form

1. Kapitel 1 3
2. Kapitel 2 21
3. Kapitel 3 40
4. Literaturverzeichnis 56

[1] Georg Christoph Lichtenberg (1742 – 1799): „Sudelbuch E", Eintrag 249.
Zur Zuverlässigkeit des Internets: Ich hatte mir irgendwo das nette Zitat „Ordnung ist die Tochter der Überlegung" von Lichtenberg notiert und habe mich nun gewundert, dass ich die Quelle nicht ausfindig machen konnte. Des Rätsels Lösung: Das Zitat war falsch (s. o.). Startet man aber eine Google™-Suche nach „ "Ordnung ist die Tochter der Überlegung" Lichtenberg", so findet man (am 17. 4. 2012) 127 Treffer (alle ohne genaue Quellenangabe), für die korrekte Version dagegen nur sieben! Aktualisierung am 29. 10. 2015: 225 Treffer für die falsche Version, 9 Treffer für die korrekte.

diese Forderung nicht. (Ich meine die „Kapitelüberschriften" wörtlich, auch eine solche Arbeit hatte ich schon vorliegen.)

Das andere Extrem gibt es natürlich auch: Ein Inhaltsverzeichnis mit vier- oder gar fünfstufiger Gliederung, langen Überschriften und auf jede Seite verweisen mindestens zwei Einträge[2]. Zu viel Information behindert jedoch den Überblick, gesucht ist also eine goldene Mitte.

Tiefe der Gliederung: Eine wissenschaftliche Arbeit gliedert sich normalerweise in Kapitel, die sich ihrerseits aus Abschnitten zusammensetzen. Wird die Arbeit sehr umfangreich (z. B. bei Doktorarbeiten), so kann man auch noch eine dritte Gliederungsstufe einführen und die Abschnitte weiter in Unterabschnitte aufteilen. Alles, was darüber hinausgeht, ist des Guten zu viel. Typischerweise wird man in einer wissenschaftlichen Arbeit in Mathematik mit drei bis sechs Kapiteln auskommen, deren einzelne Abschnitte einen Seitenumfang irgendwo im unteren einstelligen Bereich aufweisen. Für eine 60-seitige Arbeit ergeben sich also etwa 15 bis 40 Einträge im Inhaltsverzeichnis, es wird damit ein bis zwei Seiten in Anspruch nehmen.

Zwischenüberschriften: Im Text kann man zusätzliche Orientierungshilfen mit unnummerierten Zwischenüberschriften (wie auch in diesem Buch) oder mithilfe eines Registers geben. Diese Zwischenüberschriften erscheinen jedoch nicht mehr im Inhaltsverzeichnis, sie würden es sonst zu sehr aufblähen. Auf Seite 37 finden sich einige Hinweise, wie man diese Dinge mit LaTeX steuern kann.

Balance schafft Übersichtlichkeit: Es erhöht die Übersichtlichkeit, wenn die verschiedenen Kapitel ebenso wie die verschiedenen Abschnitte eine grob vergleichbare Länge und damit auch vergleichbares Gewicht haben:

Es ist schön, wenn das längste Kapitel nicht wesentlich länger ist als das Doppelte bis Dreifache des kürzesten Kapitels; ausgenommen sind von dieser Regel „Randkapitel" wie Einleitung oder Zusammenfassung. Ähnliches gilt auch eine Stufe tiefer für Abschnitte.

In gleicher Weise ist es angenehm (und folgt fast aus dem oben Gesagten), wenn die Anzahl der n-ten Gliederungsebenen unterhalb einer $(n-1)$-ten Gliederungsebene nicht allzu stark variiert: Ein zweites Kapitel ohne weitere Untergliederung in Abschnitte, gefolgt von einem dritten Kapitel mit sieben Abschnitten, von denen einige wiederum ähnlich viele Unterabschnitte aufweisen, bringt die Balance doch sehr aus dem Gleichgewicht.

Immer werden sich diese Wünsche nicht verwirklichen lassen,[3] man sollte auch nicht zu pedantisch werden, aber bemühen kann man sich schon – im Interesse der Leserschaft.

[2] Auch unter den Anleitungen zur Erstellung wissenschaftlicher Arbeiten findet sich wenigstens ein Buch, welches im Inhaltverzeichnis eine fünfstufige Gliederung aufweist.

[3] Wie auch dieses Buch zeigt …

Aussagekräftige Überschriften

In Romanen oder Zeitungsartikeln sollen Überschriften neugierig machen; in wissenschaftlichen Arbeiten dürfen sie das auch, aber vor allem dienen sie der Orientierung. Sicher ist es nett, einem Kapitel über Homotopie die Überschrift „Auf Biegen und Brechen“ zu spendieren. Aber der Zusammenhang zum Inhalt dieses Kapitels erschließt sich erst, wenn man auf andere Weise erfahren hat, wovon das Kapitel handelt und das ist meist zu spät.

Denken Sie also über aussagekräftige Überschriften nach, die darüber hinaus auch durchaus neugierig machen[4] oder kreativ sein dürfen. Kapitelüberschriften sollten eher kurz und prägnant sein, die Überschriften von Abschnitten und Unterabschnitten dürfen etwas detaillierter Auskunft über den Inhalt geben. Denken Sie aber daran, dass die Überschriften auch im Inhaltsverzeichnis sowie eventuell in der Kopfzeile erscheinen und dort ist kein Platz für zu lange Überschriften.[5]

> Gute Gliederung und gute Überschriften erleichtern die Orientierung.

Römische oder arabische Kapitelnummern?

Römische Zahlen wirken bedeutender als Zahlen, die mit arabischen Ziffern geschrieben sind. Daher zählen manche Autoren die Kapitel mit großen römischen Zahlen (I, II, III, IV, ...), die Nummerierung der Abschnitte erfolgt dann mit arabischen Ziffern. Dagegen ist nichts einzuwenden.

Dennoch habe ich die Tendenz, durchgehend mit arabischen Ziffern zu nummerieren: Gerade in mathematischen Arbeiten wird ja häufig verwiesen, und ein Verweis auf Satz VIII.3.1 stört die Ruhe des ohnehin unruhigen Schriftbildes mehr als ein Verweis auf Satz 8.3.1.

Überschriften mit LaTeX

Wenn Sie LaTeX benutzen, werden Sie die Gliederung in Kapitel, Abschnitte und Unterabschnitte mit den Anweisungen `\chapter`, `\section` und `\subsection` bzw. mit `\section`, `\subsection` und `\subsubsection` vornehmen. Welche Version Sie benutzen hängt davon ab, ob Sie mit der Dokumentenklasse `book` oder `article` (bzw. `scrbook` oder `scrartcl` in KOMA-Script) arbeiten, denn die Anweisung `\chapter` steht nur in den Buchklassen zur Verfügung. Verwendet man diese Anweisungen, so werden Kapitel und Abschnitte durchnummeriert und ins Inhaltsverzeichnis übernommen. (Mit der Anweisung `\tableofcontents` wird das Inhaltsverzeichnis erzeugt.)

---

[4] Zum Beispiel, indem man eine Frage formuliert.

[5] Im Notfall bietet LaTeX noch die Möglichkeit, eine lange Version und eine kurze Version der Überschrift zu verwalten (vgl. hierzu den übernächsten Unterabschnitt „Überschriften mit LaTeX“).

Unterhalb dieser Gliederungsebenen stehen zur weiteren Untergliederung die Anweisungen `\paragraph{}` und `\subparagraph{}` zur Verfügung, KOMA-Script kennt noch die unnummerierte Gliederungsebene `\minisec{}`. Darüber hinaus gibt es für Buchstile auch die übergeordnete Gliederungsebene `\part`, die Sie wohl eher nicht benötigen werden.

Welche Ebenen nummeriert und welche im Inhaltsverzeichnis ausgegeben werden, kann man global mit den Zählern `secnumdepth` und `tocdepth` regeln, deren Werte man mit `\setcounter` verändern kann. Besitzt beispielsweise `secnumdepth` den Wert 3, so werden bis zur Stufe `\subsubsection` die Überschriften nummeriert, besitzt `tocdepth` den Wert 2, so werden Überschriften nur bis zur Ebene `\subsection` ins Inhaltsverzeichnis ausgegeben. Mit den *-Varianten der Gliederungsanweisungen kann man lokal einzelne unnummerierte Überschriften erzeugen. So erzeugt die Anweisung `\section*{Überschrift}` eine unnummerierte Überschrift im Stil einer Abschnittsüberschrift.

Sind die Überschriften zu lang und passen nicht in die Kopfzeile oder werden im Inhaltsverzeichnis umgebrochen (was nicht schön aussieht), so kann man mit der Anweisung `\chapter[Kurzform]{Lange Überschrift}` dafür sorgen, dass nur die Kurzform der Überschrift in das Inhaltsverzeichnis und in die Kopfzeile übernommen wird, während über dem Kapitel weiterhin die lange Überschrift erscheint.

Weitere Hinweise und Details zum Management von Kapiteln, Abschnitten und Überschriften finden sich in der angegebenen LaTeX-Literatur.

4.2 Nummerierte Einheiten

Ein typischer mathematischer Text ist deduktiv aufgebaut, daher wird häufig auf schon Gesagtes (oder noch zu Sagendes) verwiesen. Um präzise Verweise zu ermöglichen, werden mathematische Texte unterhalb der Einteilung in Kapitel und Abschnitte in noch kleinere nummerierte Einheiten aufgeteilt, die typischerweise aus einem Satz mit Beweis oder einer Definition, aus Beispielen oder Bemerkungen bestehen. Diese systematische kleinteilige Gliederung eines mathematischen Textes ist wohl zum ersten Mal bei Euklid überliefert und gilt seither über die Mathematik hinaus als Ausweis systematischen und unangreifbaren Vorgehens, zum Beispiel in Werken von B. Spinoza[6] oder L. Wittgenstein[7].

Da sich die meisten Verweise in einem mathematischen Text auf solche Einheiten beziehen, sollten ihre Nummerierungen benutzerfreundlich gestaltet sein. Leider scheint

[6] Baruch de Spinoza, 1632 – 1677, holländischer Philosoph, schrieb philosophische Werke nach der „geometrischen Methode" nach dem Vorbild von Euklid ([Euk97]). Seine Ethik beispielsweise gliedert sich in einzelne Bücher, die mit Axiomen, Definitionen und Postulaten beginnen und nach dem Prinzip Lehrsatz – Beweis aufgebaut sind, mit eingeschobenen Anmerkungen und Zusätzen, ab und zu findet sich sogar ein „anderer Beweis".

[7] Ludwig Wittgenstein, 1889 – 1951, schrieb sein erstes (und einziges zu Lebzeiten gedrucktes) Werk, den „Tractatus logico-philosophicus" in Form einer Folge von hierarchisch nummerierten Sätzen und Gedanken, deren Untergliederung an einigen Stellen bis zu sechsstufig wird.

es *die* eindeutig bestimmte optimale Methode nicht zu geben. Daher sind eine Reihe von Entscheidungen zu treffen:

1. **Wer erhält eine Nummer?** Nummeriert man einzelne Sätze, Definitionen etc. oder kleine in sich geschlossene Sinneinheiten?

2. **Wo steht die Nummer?** Steht die Nummer beispielsweise eines Satzes vor oder nach dem Schlüsselwort „Satz", schreibt man also „3.2 Satz" oder „Satz 3.2"?

3. **Nummeriert man spezifisch oder durchlaufend?** Sollen beispielsweise Sätze und Definitionen jeweils eine eigene Nummerierung erhalten oder müssen sie sich einer gemeinsamen durchgehenden Nummerierung unterwerfen?

4. **Wo werden die Zähler auf Eins gestellt?** Nummeriert man *global*, also von vorne durchlaufend oder *lokal*, beginnt also in jedem Kapitel oder gar in jedem Abschnitt eine neue Zählung?

Im Folgenden werden wir Gesichtspunkte zu diesen vier Fragen diskutieren. Für diese Diskussion ist es hilfreich, zunächst die Vokabeln „Strukturelement", „Schlüsselwort" und „Sinneinheit" einzuführen:

Unter einem *Strukturelement* soll ein einzelner Satz, eine Definition, ein Beispiel etc. verstanden werden. Meist wird ein Strukturelement durch ein kennzeichnendes *Schlüsselwort* wie „Satz" oder „Definition" eingeleitet, welches oft durch eine andere Schrift hervorgehoben wird.

Auch im Zentrum einer *Sinneinheit* steht meistens ein Satz, eine Definition oder ein Beispiel etc., sie umfasst aber beispielsweise neben dem eigentlichen Satz auch dessen Beweis sowie gegebenenfalls vorbereitende oder abschließende Bemerkungen und vielleicht ein kleines Beispiel, auf welches nicht mehr separat verwiesen werden muss. Eine solche Sinneinheit umfasst also den gesamten Text, der dem unmittelbaren Verständnis dieses Satzes gewidmet ist. Ähnlich kann eine Definition mit einem motivierenden Kommentar eingeleitet werden und auch einige kleine Beispiele können zur Sinneinheit einer Definition gehören.

Ad 1: Sinneinheit oder Strukturelement, wer erhält die Nummer?

In vielen mathematischen Texten werden die Nummern den Strukturelementen zugewiesen. Diese Vorgehensweise wird von LaTeX nahegelegt, weil die Theorem-Umgebung (vgl. „Nummerierung mit LaTeX", Seite 45, und Anhang C.20) einen Satz oder eine Definition automatisch mit einer Nummer versieht. Es entsteht also etwa folgende Struktur:

⋮

Einleitende Erläuterungen zum folgenden Satz 2.3

2.3 Satz. *Sei …*

Beweis: …

Kommentar zum gerade bewiesenen Satz 2.3

Einleitende Erläuterungen zum folgenden Satz 2.4

2.4 Satz. *Sei …*

⋮

Optisch entsteht hier der Eindruck, dass mit einem Strukturelement jeweils ein neuer Abschnitt beginnt, denn meistens wird das Strukturelement durch einen Abstand vom vorangehenden Text abgesetzt und wenigstens das einleitende Schlüsselwort wird in einer besonderen Schrift hervorgehoben. Diese Art der Strukturierung hat den Nachteil, dass die typographische Gliederung nicht der inhaltlichen Gliederung entspricht: Eine Erläuterung zum folgenden Satz gehört optisch noch zum vorangehenden Abschnitt und es ist typographisch nicht erkennbar, wo abschließende Erläuterungen zum vorangehenden Satz enden und wo vorbereitende Erklärungen zum folgenden Satz beginnen. Eine solche Struktur macht sich also gerade dann besonders störend bemerkbar, wenn der Text mit vielen zusätzlichen Erläuterungen versehen ist (vgl. Abschnitt 5.5, insbesondere „Strategische Erläuterungen", Seite 70).

Ein alternatives Vorgehen besteht darin, nicht Strukturelemente, sondern Sinneinheiten zu nummerieren, die damit zu einer untersten Gliederungsebene werden. Der obige Ausschnitt erhielte dann etwa folgendes Aussehen:

⋮

Erläuterungen zum vorangehenden Satz 2.2

2.3 Überschrift. Einleitende Erläuterungen zum folgenden Satz

Satz. *Sei …*

Beweis: …

Kommentar zum gerade bewiesenen Satz

2.4 Überschrift. Einleitende Erläuterungen zum folgenden Satz

Satz. *Sei …*

⋮

Ein Nachteil der Nummerierung von Sinneinheiten mag darin bestehen, dass man nicht mehr so leicht wie gewohnt auf Satz 2.3 verweisen kann. Man sollte ja nun auf die Sinneinheit 2.3 verweisen, in welcher sich der Satz befindet. Sehr gravierend ist dieser Nachteil aber nicht:

- Erstens kann man kann einfach auf (2.3), auf den Abschnitt 2.3 oder auf den „Satz in (2.3)“ verweisen. Aber auch hier wird ein Verweis auf Satz 2.3 zu keinem Missverständnis führen, wenn diese Einheit nur einen Satz enthält (was der Normalfall sein dürfte).

- Zweitens legt eine Strukturierung nach Sinneinheiten nahe, die Sinneinheiten, wie oben angedeutet, mit einprägsamen Überschriften zu versehen. Sie erleichtern die Orientierung und können für benannte Verweise (vgl. Abschnitt 4.3) benutzt werden. In diesem Fall hätte also ein Verweis zum Beispiel die Gestalt „Nun folgt aus dem Satz über die Umkehrfunktion (2.3) …“, da die Einheit mit diesem Satz vermutlich die Überschrift „Satz über die Umkehrfunktion“ trägt.

- Drittens und nicht zuletzt werden noch immer viele Sinneinheiten mit einem Schlüsselwort wie „Satz“ beginnen, sodass auch bei einer Nummerierung nach Sinneinheiten häufig eine Sinneinheit mit „2.3 Satz“ oder ähnlich eingeleitet wird, auf die wie gewohnt verwiesen werden kann.

  In diesem Fall erleichtert es die Übersicht, wenn das Schlüsselwort mit einer charakterisierenden Ergänzung versehen wird. Eine Sinneinheit könnte also wie folgt beginnen:

  2.3 Satz über die Umkehrfunktion. Sei …

  oder auch

  1.5 Definition (Vektorraum). Sei …

Ad 2: Steht die Nummer vor oder nach dem Schlüsselwort?

Nummeriert man nicht Sinneinheiten, sondern Strukturelemente, so kann die Nummer vor dem Schlüsselwort oder danach stehen:

2.3 Satz. Sei …

oder

Satz 2.3. Sei …

Stöbert man durch die mathematische Literatur, so scheinen sich beide Varianten etwa die Waage zu halten. Oft entstehen nachgestellte Nummern einfach dadurch, dass LaTeX zunächst mit dieser Einstellung arbeitet, wenn man dies nicht bewusst umstellt (vgl. „Nummerierung mit LaTeX“, Seite 45, und vor allem Abschnitt C.20 im Anhang).

Genau genommen unterscheiden sich diese Varianten in ihrer Bedeutung: Das nachfolgende Merkmal ist eine nähere Bestimmung des vorangehenden und nicht umgekehrt. „Definition 2.1“ bedeutet, dass *diese* Definition die Nummer 2.1 erhält. Die nächste Definition sollte also die nächste Nummer 2.2 erhalten, die darauffolgende die Nummer 2.3 etc. Umgekehrt bedeutet „2.1 Definition.“: Die Nummer 2.1 ist eine Definition, die Nummer 2.2 könnte aber ein Satz sein, die Nummer 2.3 vielleicht ein Beispiel etc. Eine vorangestellte Nummer legt also eher eine durchlaufende Nummerierung nahe, eine nachgestellte

Nummer eine spezifische Nummerierung (vgl. den folgenden Unterabschnitt „Ad 3: Durchlaufende oder spezifische Nummerierung"). Die Theorem-Umgebung von LaTeX in ihrer ursprünglichen Form (vgl. Anhang C.20) ist also durchaus konsistent, wenn sie die Nummern hinter das Schlüsselwort setzt, dafür aber für jedes Schlüsselwort eine eigene, also spezifische Nummerierung einführt.

Gegen eine vorangestellte Nummer mag man einwenden, dass nun ein Verweis auf „Satz 2.3" nicht mehr möglich sei. Ich hätte aber keine große Bauchschmerzen, auch in diesem Fall auf „Satz 2.3" zu verweisen und im Interesse einer flüssigeren Sprechweise diese Inkonsistenz in Kauf zu nehmen. Missverständnisse sind wohl nicht zu befürchten (vgl. auch die Diskussion im vorangehenden Unterabschnitt). Für vorangestellte Nummern sprechen mehrere Gesichtspunkte:

- Es erleichtert die Orientierung im Text, wenn sich alle Nummern, die für Verweisungen eine Bedeutung haben können, am linken Rand finden lassen (Nummerierungen von Formeln können hier eine Ausnahme sein, müssen aber nicht). Das Auge kann dann am linken Rand suchend entlanggleiten und muss sich nicht mühsam in einen Text hineinbewegen, um „Satz 2.3" ausfindig zu machen.
- Vorangestellte Nummern legen eine durchlaufende und damit eine wohldefinierte Nummerierung nahe, wie die einleitende Diskussion gezeigt hat (vgl. die Diskussion im Unterabschnitt „Ad 4: Lokale und wohldefinierte Nummerierungen", Seite 44).
- Vorangestellte Nummern erleichtern es, das Schlüsselwort mit einer charakterisierenden Ergänzung zu versehen:

  2.3 Satz über die Umkehrfunktion. Sei …

  kann man problemlos scheiben.

  Satz 2.3 über die Umkehrfunktion. Sei …

  geht dagegen gar nicht; schreibt man aber

  Satz 2.3 (Umkehrfunktion). Sei …

  so ist noch immer die Nummerierung zwischen Schlüsselwort und Ergänzung nur schwer auffindbar.

Eine Bemerkung zur Zeichensetzung: Bei vorangestellten Nummern folgt auf das Schlüsselwort ein Punkt und nicht ein Doppelpunkt. Es heißt also „2.3 Satz. Sei …" und nicht „2.3 Satz: Sei …".

Hinweise zur Gestaltung mit LaTeX, insbesondere zur Platzierung von Nummern, finden sich in Anhang C.20.

Ad 3: Durchlaufende oder spezifische Nummerierung?

Wie schon angesprochen, sind im Wesentlichen zwei Systeme für die Nummerierung im Umlauf, *durchlaufend* oder *spezifisch*; im zweiten Fall werden also Sätze, Korollare, Definitionen etc. je eigens und unabhängig voneinander durchnummeriert. Wie im vorangehenden Unterabschnitt erläutert, spricht die Semantik dafür, eine durchlaufende Nummerierung dem Schlüsselwort voranzustellen, eine spezifische Nummerierung sollte nachgestellt werden.[8]

Im Fall einer durchlaufenden Nummerierung ergibt sich somit beispielsweise eine Struktur der folgenden Art:

2.1 Definition.
2.2 Definition.
2.3 Satz.
2.4 Korollar.
2.5 Korollar.
2.6 Definition.
2.7 Satz.
⋮

Im Fall einer spezifischen Nummerierung würde daraus:

Definition 2.1.
Definition 2.2.
Satz 2.1.
Korollar 2.1.
Korollar 2.2.
Definition 2.3.
Satz 2.2.
⋮

Wie teilweise schon begründet, würde ich im Interesse der Übersichtlichkeit die durchlaufende Nummerierung mit vorangestellten Nummern vorziehen:

- Nummern, die für das Aufsuchen einer Stelle relevant sind, stehen alle vertikal untereinander am Zeilenanfang, wo sie das Auge leichter auffinden kann (vgl. den vorangehenden Unterabschnitt).
- Keine Nummer wird doppelt vergeben, man erhält also eine *wohldefinierte Nummerierung* (vgl. hierzu den folgenden Unterabschnitt).
- Wenn eine Arbeit überhaupt nur ein paar Lemmata enthält, dann kann bei einer spezifischen Nummerierung die Suche nach dem dritten Lemma zu emsigem Blättern führen.[9]

---

[8] Dennoch findet man ab und zu in der Literatur auch nachgestellte durchlaufende Nummerierungen ebenso wie vorangestellte spezifische Nummerierungen.

[9] Als Kompromiss findet sich in der Literatur manchmal eine durchgehende Zählung für Sätze, Propositionen, Lemmata und Korollare einerseits und weitere, davon unabhängige Zählungen für Definitionen, Beispiele oder Bemerkungen andererseits. Der Sinn dieses Kompromisses hat sich mir bisher jedoch nicht erschlossen.

Ad 4: Lokale und wohldefinierte Nummerierungen

Bei sehr kurzen mathematischen Texten findet man manchmal eine globale Nummerierung, die über die Kapitel hinweg von Beginn der Arbeit bis an ihr Ende durchzählt. Das mag bei kurzen Texten sinnvoll sein, für längere Texte, also auch für wissenschaftliche Arbeiten, ist es aber angenehmer, wenn die Nummern, den Peano-Axiomen zum Trotz, nicht ins Uferlose wachsen. Daher hat es sich eingebürgert, in jedem Kapitel oder in jedem Abschnitt die Strukturelemente oder Struktureinheiten „lokal" von vorne zu zählen und Kapitel- oder Abschnittsnummern voranzustellen.

Hier kommt ein weiterer Gesichtspunkt ins Spiel, der bisher noch nicht angesprochen wurde: Eine Nummerierung sollte *wohldefiniert* sein, jede Nummer sollte also möglichst nur einmal vergeben werden: Wenn etwa 2.3 sowohl auf Abschnitt 3 in Kapitel 2 als auch auf Satz 3 in Kapitel 2 verweist, kann das recht verwirrend sein. Wohldefiniertheit erreicht man am einfachsten dadurch, dass eingliedrige Nummern auf Kapitel verweisen, gegebenenfalls zweigliedrige Nummern wie 2.3 auf Abschnitte und dreigliedrige Nummern auf Sinneinheiten oder Strukturelemente, deren Zählung also insbesondere in jedem Abschnitt von Neuem beginnt. Die Nummer 2.3.12 verweist somit auf die 12. Einheit in Abschnitt 2.3. Insbesondere erkennt man, dass sich diese Einheit in Kapitel 2 und dort in Abschnitt 3 findet, was schon eine recht gute Lokalisierung erlaubt. Auch dieser Gesichtspunkt spricht also für eine durchlaufende und gegen eine spezifische Nummerierung.

Dreigliedrige Nummerierungen werden oft als nicht so schön empfunden. Ein Kompromiss mag darin bestehen, in der Nummerierung die Kapitelnummern zu unterdrücken. Bei Verweisen innerhalb desselben Kapitels reicht die zweigliedrige Nummerierung aus, bei Verweisen in andere Kapitel kann man das Kapitel zusätzlich angeben, also zum Beispiel auf „Definition 2.3 in Kapitel 5" oder in diesem Fall doch auf „Definition 5.2.3" verweisen. In diesem Buch habe ich auf eine dreigliedrige Nummerierung verzichtet, dafür muss aber für Verweise auf Unterabschnitte ein etwas größerer Aufwand getrieben werden.

Schriften für Schlüsselwörter

Strukturelemente werden durch Schlüsselwörter wie „Satz", „Definition" oder „Beispiel" eingeleitet, auch „Beweis" ist ein strukturierendes Schlüsselwort, wenngleich Beweise selten eine eigene Nummer erhalten. In den bisher diskutierten Beispielen sind diese Schlüsselwörter (außer „Beweis") in fetter Schrift gesetzt. Das muss nicht so sein und mag sogar etwas aufdringlich erscheinen. Eleganter wirkt das Schriftbild, wenn diese Schlüsselwörter in Kapitälchen[10] gesetzt werden, „Beweis" könnte zur besseren Unterscheidung kursiv gesetzt sein. ([Chic10] empfiehlt diese Schriftauszeichnung und manche mathematische Monographien bei Academic Press gestalten ihre Texte auf diese Weise.) Das sähe im Fall der Beispiele im Unterabschnitt „Ad 1: Sinneinheit oder Strukturelement, wer erhält die Nummer?" ab Seite 39 etwa folgendermaßen aus:

[10] Vergleiche den Eintrag „Kapitälchen" in Anhang A.

⋮

Einleitende Erläuterungen zum folgenden Satz 2.3

2.3 SATZ. *Sei …*

Beweis: …

Kommentar zum gerade bewiesenen Satz 2.3

Einleitende Erläuterungen zum folgenden Satz 2.4

2.4 SATZ. *Sei …*

⋮

In diesem Fall darf natürlich auch eine zugehörige Nummer nicht mehr in fetter Schrift erscheinen. Dies hat aber zur Folge, dass Strukturelemente weniger ins Auge springen. Wie man sich entscheidet, bleibt eine Geschmacksfrage. In vielen Fällen folge ich einem Kompromiss: Schlüsselwörter wie „Definition“, „Satz“ etc., auf die verwiesen werden kann, erscheinen in fetter Schrift, die anderen, allen voran das Wort „Beweis“, erscheinen in Kapitälchen.

Nummerierung mit LaTeX

In LaTeX werden Sätze, Propositionen, Definitionen etc. normalerweise mithilfe einer mit `\newtheorem` erzeugten Umgebung gestaltet. Eine ausführlichere Beschreibung dieser Umgebung und ihrer Gestaltung in LaTeX und AMS-LaTeX sowie einige Möglichkeiten des Pakets `ntheorem` finden sich in Abschnitt C.20. Daher soll hier eine kurze Bemerkung genügen.

Die Anweisung `\newtheorem{Prop}{Proposition}` definiert eine Umgebung für eine Proposition, im Text erzeugt anschließend `\begin{Prop} .. \end{Prop}` eine Umgebung für eine Proposition, die mit dem Schlüsselwort **Proposition** eingeleitet und spezifisch und nachgestellt nummeriert wird. Vielleicht auch deshalb findet man solche Zählungen so häufig in der Literatur. Wie man LaTeX zu durchgehender Zählung und vorangestellten Nummern überredet, wird in Anhang C.20 beschrieben.

Nummerierung von Formeln, Graphiken und Anderem

Über Sinneinheiten oder Strukturelemente hinaus können auch abgesetzte Formeln, Graphiken, Tabellen etc. nummeriert werden. Abgesetzte Formeln nummeriert man in Anlehnung an das im vorigen Unterabschnitt Besprochene am besten innerhalb der Kapitel bzw. Abschnitte; ausführlicher wird die Nummerierung von Formeln in Abschnitt 8.2 diskutiert. Enthält die Arbeit nur eine geringe Anzahl von Graphiken, Tabellen oder Ähnlichem, dann ist auch gegen eine eingliedrige Nummerierung dieser Elemente nichts einzuwenden. Für die Gestaltung von Nummerierungen von Tabellen und Abbildungen vergleiche zum Beispiel [Voß06].

Zusammenfassung

Die optimale Weise der Nummerierung scheint es nicht zu geben. Ich persönlich habe eine deutliche Präferenz für eine vorangestellte durchlaufende Nummerierung und nehme dafür gegebenenfalls den inkonsistenten Verweis auf „Satz 3.2“ in Kauf, der sich allerdings fast immer umgehen lässt. Darüber hinaus scheint mir zunehmend die Nummerierung von Sinneinheiten vorteilhaft, die mit kleinen Überschriften versehen werden können. In meinen Vorlesungen hat sich dieses Vorgehen sehr bewährt, nicht zuletzt, weil es benannte Verweise unterstützt, auf die wir im folgenden Abschnitt 4.3 zu sprechen kommen. Manchmal ist man jedoch an Vorgaben gebunden, die ein anderes Vorgehen verlangen, auch damit kann man sinnvoll umgehen.

> Nur auffindbare Nummern sind gute Nummern.

4.3 Verweise

Ein Verweis auf eine andere Stelle erscheint typischerweise in einer Gestalt der Art „… aus Satz 2.3 folgt nun …“. Ist dieser Satz etwas weiter entfernt, so beginnt jetzt ein wildes Blättern – oft nur um schließlich festzustellen, dass sich der Verweis auf den Satz bezieht, den man sowieso die ganze Zeit vor Augen hatte.

Benannte Verweise

Es erleichtert das Lesen erheblich, wenn Sie mit *benannten Verweisen* arbeiten. Ein benannter Verweis ergänzt die verweisende Nummer um einen Namen oder ein Stichwort, welches an den Inhalt erinnern soll. Aus dem Verweis auf „Satz 2.3“ würde dann ein Verweis auf die „Kettenregel (2.3)“, aus dem Verweis auf „Definition 1.5“, der Verweis auf die „Definition einer Gruppe in (1.5).“ werden. In vielen Fällen wird sich nach dieser Hilfestellung ein Nachschlagen erübrigen. Als weitere freundliche Zugabe kann man, vor allem, wenn sich die Stelle in einem anderen Kapitel befindet, zusätzlich noch eine Seitenzahl angeben, die sich oft leichter auffinden lässt als eine Nummer.

Verweise und Marken mit LaTeX

Obwohl nicht eine Frage der Gestaltung im engeren Sinn soll hier eine kurze Bemerkung zur Verwaltung von Verweisen eingeschoben werden: Mit `\label{Name}` definiert man Verweismarken, mit `\ref{Name}` kann man sich auf diese Marken beziehen. Steht die Marke innerhalb des Fließtextes eines Abschnitts, so erhält man mit `\ref{Name}` die Nummer des Abschnitts zurück, steht die Marke innerhalb einer nummerierten Umgebung, zum Beispiel einer Gleichung, einer Definition, einem Satz, einer Bildunterschrift, einer Liste etc., so erhält man die entsprechende Nummer dieser Umgebung zurück. Mit `\pageref{Name}` erhält man die Seite, auf der die Marke steht.

Weitere Details für den Umgang mit `\label{...}` und `\ref{...}` findet man in der LaTeX-Literatur. Ein gerne benutztes Ergänzungspaket zur flexibleren Handhabung von Verweisen ist das Paket `varioref`, welches ebenfalls in der LaTeX-Literatur, zum Beispiel in [MiGo05] beschrieben wird.

Etliche für die Arbeit mit LaTeX ausgelegte Textsysteme unterstützen die Verwaltung von Verweisen. Dennoch kann man sich die Arbeit erleichtern, wenn man für Marken leicht zu merkende Namen vergibt, die nach einer gewissen Systematik gebildet sind. Hierzu gibt es verschiedene Ansätze. Zum Beispiel kann man so vorgehen, dass zunächst jedes Kapitel eine Marke erhält, deren Name sich aus der Kapitelüberschrift in leicht merkbarer Form ableitet, zum Beispiel `Gliederung` für das aktuelle Kapitel. Für die Namen der Marken, die für Abschnitte in diesem Kapitel stehen, wird dieses Kürzel entsprechend erweitert, zum Beispiel `GliederungSecVerw`[11] für diesen Abschnitt. Das eingeschobene Kürzel `Sec` erinnert daran, dass es sich hier um die Marke für einen Abschnitt handelt. Die Namen für die Marken von Sätzen, die in diesem Kapitel stünden, würden alle mit `GliederungThm` beginnen und um eine charakteristische Abkürzung ergänzt werden; entsprechend würden `GliederungDef...`, `GliederungBsp...` oder `GliederungBem...` auf Definitionen, auf Beispiele oder auf Bemerkungen etc. verweisen.

Die einleitende Abkürzung des umgebenden Kapitels erleichtert nicht nur die Orientierung, sondern vor allem die eindeutige Namensvergabe. Darüber hinaus lassen sich solchermaßen aufgebaute Namen leichter merken. In kürzeren Arbeiten kann man sich diesen Aufwand vielleicht sparen, in längeren Arbeiten, besonders in Doktorarbeiten zahlt sich eine systematische Namensvergabe aber aus.

4.4 Nummerierung von Listen

Listen mit Aufzählungen kommen in mathematischen Texten häufig vor: Ein Satz formuliert oft mehrere Behauptungen oder behauptet die Äquivalenz einer Reihe von Bedingungen, eine Definition mag aus mehreren Teilen bestehen und schließlich kommen Bemerkungen und Beispiele oft in Rudeln.

Die am häufigsten benutzten Zählungen sind wohl (1), (2), (3), ... und (a), (b), (c), ..., gefolgt von (i), (ii), (iii), ... und seltener (α), (β), (γ), ...[12] Mir sind keine allgemein akzeptierten Regeln bekannt, wann welche Zählung verwandt werden sollte[13]. Man sollte aber, auch wieder im Dienste der Übersichtlichkeit, die verschiedenen Zählungen nicht von Fall zu Fall zufällig benutzen, sondern für einen bestimmten Typ von Aufzählung auch immer denselben Typ von Nummerierung verwenden.

[11] Puristen bestehen darauf, nur kleine Buchstaben zu benutzen. Ich finde aber, große Buchstaben an der richtigen Stelle können Sinneinheiten voneinander trennen und so das Lesen erleichtern.

[12] Zu den umgebenden Klammern vgl. die Diskussion in Abschnitt 4.5.

[13] Die mir bekannten Regeln beziehen sich auf mehrstufige Listen: Hier wird die oberste Gliederungsebene meist mit 1., 2., 3., ... nummeriert, die zweite mit a), b), c), ..., so wie auch LaTeX standardmäßig in seiner `enumerate`-Umgebung vorgeht; vgl. auch [Chic10], 6.126.

Die meisten Menschen empfinden wohl, dass eine Aufzählung (1), (2), (3), … den stärksten ordinalen Charakter hat,[14] der ordinale Charakter von (a), (b), (c), … und (α), (β), (γ), … ist schwächer, der von (i), (ii), (iii), … scheint irgendwo dazwischen zu liegen.

Viele Texte folgen der Konvention, arabische Ziffern für die Nummerierung von Gleichungen zu reservieren (vgl. Abschnitt 8.2) und Listen mit Aufzählungen im Text mit (a), (b), (c), … oder mit (i), (ii), (iii), … zu nummerieren. Der Aufzählungscharakter scheint bei Listen von Beispielen, Bemerkungen oder Definitionen am stärksten zu sein. Reserviert man arabische Ziffern nicht ausschließlich für Gleichungsnummern, so liegt hier eine Nummerierung mit (1), (2), (3), … nahe, denn diese Nummerierung kann dann bei Bedarf fast wie eine weitere Gliederungsstufe behandelt werden und kommt kaum in Konflikt mit einer Gleichungsnummerierung (vgl. hierzu aber auch die Diskussion im folgenden Abschnitt 4.5).

Ich bezeichne eine Reihe von äquivalenten Bedingungen in einem Satz gerne mit (a), (b), (c), …, denn die Bedingungen sind ja äquivalent und könnten genauso gut in einer anderen Reihenfolge aufgeführt werden.[15] In diesem Fall wird die Nummerierung mit (a), (b), (c), … für andere Aufzählungen nicht mehr benutzt. Für Listen von (nicht äquivalenten) Aussagen in einem Satz oder Listen in einer Definition bietet sich dann die Zählung (i), (ii), (iii), … oder auch (1), (2), (3), … an.

Gegen eine Zählung mit (i), (ii), (iii), … mag sprechen, dass sie sich, will man genau sein, etwas weniger leicht aussprechen lässt: Wörtlich hieße es ja: „klein-römisch eins", „klein-römisch zwei", „klein-römisch drei" etc., und Lesen beinhaltet meistens auch ein innerliches Mitsprechen (vgl. die Diskussion „Unaussprechliches ist Unleserlich", Seite 58, und die Diskussion in [Deh10]). Aber diesen Preis kann man wohl zahlen, denn meist wird man auch in diesem Fall einfach „eins", „zwei", „drei", … zählen. Für eine solche Nummerierung spricht, dass sie sich deutlicher von der Nummerierung von abgesetzten Formeln abhebt (vgl. Abschnitt 8.2) und sie fällt im Text etwas besser auf, was zur Übersichtlichkeit betragen kann.

Diesen Überlegungen muss man nicht unbedingt folgen; aber wie immer man sich am Ende entscheidet: Innerhalb einer Arbeit sollte man sich an *ein* festes Schema halten, alles andere ist verwirrend.

Listen mit LaTeX

Für die Gestaltung von Listen unter LaTeX ist es ratsam, diese mit der Umgebung `\begin{enumerate} ... \end{enumerate}` zu erzeugen. Denn in dieser Umgebung kann man mit der Anweisung `\label` auch auf einzelne Listeneinträge verweisen. Will man aber mit kleinen lateinischen Buchstaben zählen, so muss man `enumerate` ein klein wenig überreden und einige Parameter umdefinieren, zum Beispiel mithilfe einer neuen Umgebung `\begin{equivalence} ... \end{equivalence}`:

[14] Damit meine ich hier, dass die Aufzählung in einer naheliegenden Reihenfolge erfolgt.

[15] Wenn ich mich richtig erinnere, habe ich diese Konvention in meiner Studienzeit in der Tübinger Funktionalanalysisgruppe kennengelernt.

```
\newenvironment{equivalence}{\begin{enumerate}%
        \renewcommand{\labelenumi}{(\alph{enumi})}%
        \renewcommand{\theenumi}{(\alph{enumi})}}%
                                {\end{enumerate}}
```
[16]

Die Neudefinition der Anweisung `\theenumi` sorgt dafür, dass in diesem Fall auch in die .aux-Datei kleine lateinische Buchstaben geschrieben werden, wo sie bei einem Aufruf von `\ref` bei Bedarf korrekt ausgelesen werden, falls Marken mit `\label` gesetzt werden. Falls auch noch Unterlisten benötigt werden, muss man entsprechend `\labelenumii` und `\theenumii` umdefinieren. Alles Nähere findet sich in einschlägigen LaTeX-Dokumentationen, zum Beispiel in [KoMo08], in [MiGo05] oder in den zitierten Büchern von H. Kopka.

4.5 Punkte in Gliederungsnummern

Die Regel ist: (Arabische) Nummerierungen in Überschriften schließen *nicht* mit einem Punkt ab.[17] Punkte trennen nur die Zahlen der verschiedenen Gliederungsebenen voneinander. Darum heißt die Überschrift dieses Abschnitts eben auch „4.5 Punkte in Gliederungsnummern" und nicht „4.5. Punkte in Gliederungsnummern". Man liest ja auch „Vier Punkt fünf, Punkte in …" und nicht „Vier Punkt fünftens, Punkte in …". Korrekt werden die Punkte in Gliederungsnummern also so gesetzt wie hier vorgeführt.

Etwas vertrackter ist die Lage bei Aufzählungen: Verwendet man eine Nummerierung mit arabischen Ziffern, dann würde man in der Tat lesen „erstens, zweitens, drittens, …", und möchte daher auch hinter der Nummer einen ordinalen Punkt setzen. Daher findet man in der einschlägigen Literatur, so auch in DIN 5008 (vgl. [DIN11]) für mehrstufige Aufzählungen meistens den Vorschlag:

1. Ein erster Text.
2. Ein zweiter Text.
   a) Zweite Gliederungsebene, ein Text
   b) Zweite Gliederungsebene, noch ein Text
3. Ein dritter Text.

Aber in mathematischen Texten muss auf solche Stellen häufig verwiesen werden und dann hat diese Art der Nummerierung einige Nachteile:

1. Der ordinale Punkt kann mit dem Punkt als Satzzeichen verwechselt werden: „Wie wir im Beispiel 3. gesehen haben" könnte eher zu Missverständnissen Anlass geben als: „Wie wir im Beispiel (3) gesehen haben".

[16] Es geht sicher noch eleganter …(oder auch mit dem Paket `paralist`, danke an Albrun Knof für diesen Hinweis).

[17] Vergleiche z. B. [Dud06] im Kapitel „Textverarbeitung und E-Mails", dort im Abschnitt „Gliederung von Nummern", oder auch [GK00].

2. Man möchte doch lesen: „Wie wir im Beispiel *drei* gesehen haben", aber dort steht eigentlich: „Wie wir im Beispiel *drittens* gesehen haben".
3. Es können sich recht merkwürdige Konstrukte ergeben: Besteht eine „Definition 3.2" aus einer Liste mehrerer einzelner Definitionen, die mit 1., 2., 3. usw. durchnummeriert sind, so müsste man genau genommen zum Beispiel auf „3.2 2." verweisen. Natürlich wird man dann doch lieber einen Punkt einfügen, um auf „3.2.2." verweisen zu können, aber dann ist der letzte Punkt eigentlich auch wieder falsch (s. o.). Nicht besser sieht ein Beweis der Implikation „1. $\Rightarrow$ 2." aus.

Nicht ganz so störend aber auch nicht sehr schön ist ein Veweis auf Bedingung a) im Text: eine schließende Klammer ohne öffnendes Gegenstück. Zwei Auswege scheinen sich anzubieten:

1. Man umschließt schon in der Aufzählung die Nummerierung beidseitig mit Klammern. Man schreibt also zum Beispiel:

   3.2 Satz. Sei …, dann gilt:

   (i) …
   (ii) …
   (iii) …

   Genauso kann man eine Aufzählung äquivalenter Bedingungen mit (a), (b), (c) „nummerieren". Nun kann man auf 3.2 (ii) verweisen oder auf Aussage (ii) in Satz 3.2, ebenso wie auf Bedingung (a) in Satz 3.2, und man beweist, dass aus Bedingung (a) die Bedingung (b) folgt, zur Not auch (a) $\Rightarrow$ (b) etc.
2. Man bleibt in der Aufzählung bei 1., 2., 3., … oder auch a), b), c), …, verweist aber dennoch im Text wie oben auf (1) oder (b). Blättert man ein wenig im Duden, so findet man, dass der Duden diese Lösung verfolgt, eine explizite Aussage zu diesem Problem konnte ich aber nicht finden.

In beiden Fällen umschließt man also aus den obengenannten Gründen Aufzählungsnummern im laufenden Text mit Klammern (wie auch schon während der Diskussion im vorangehenden Abschnitt 4.4). Ich bin dann gerne konsequent und umschließe die Nummerierung auch schon in der Aufzählung mit Klammern – und finde diese Version auch schöner.

4.6 Literaturhinweise

Zur Typographie von Überschriften und Aufzählungen finden sich Hinweise in [GK00], aber auch im Duden [Dud06]. Ihre Behandlung mit LaTeX wird insbesondere in [KoMo08] besprochen. Für den englischsprachigen Raum ist [Chic10] auch für diese Fragen eine gute Referenz.

Darüber hinaus ist es instruktiv, in verschiedene mathematische Bücher hineinzuschauen. Sie werden erstaunt sein, wie viele Varianten und Lösungsversuche sich in der Literatur finden. An ihnen kann man seinen Blick schärfen, um am Ende zu einem eigenen Urteil zu gelangen.

5 Mathematische Texte und Sprache

Den Stil verbessern - das heißt den Gedanken verbessern, und gar nichts weiter! - Wer dies nicht sofort zugibt, ist auch nie davon zu überzeugen!

Friedrich Nietzsche[1]

Ein mathematischer Text mag bis zum Rand gefüllt sein mit Symbolen und Formeln: Zusammengehalten wird er doch von deutschen Sätzen.

In diesem Kapitel besprechen wir die sprachliche Seite eines mathematischen Textes: Die Vermeidung von „mathematischem Slang“, eine gute Namensgebung oder der korrekte Gebrauch des bestimmten Artikels erleichtern seine Zugänglichkeit. In einem Abschnitt zur „Hierarchie der Sätze“ geben wir Antworten auf die häufig gestellte Frage, was in einen Satz, was in eine Proposition und was in ein Lemma gehört. Wir diskutieren die Präsentation von Definitionen und Sätzen und plädieren für übersichtlich strukturierte Beweise und für die großzügige Zugabe von erläuternden Texten: Sie sind Geländer, die den Leserinnen und Lesern Halt an unübersichtlichen Stellen geben.

5.1 Nur gutes Deutsch ist hilfreiches Deutsch

Auch ein mathematischer Text ist ein deutscher[2] Text. Das erkennen Sie daran, dass Sie auch einen mathematischen Text laut vorlesen können. Sie werden damit keine Säle füllen, aber es geht, und es ist durchaus lehrsam, das ab und zu – im Stillen – zu tun.[3] Das Zitat von Robert Musil zu Beginn dieses Buches soll deutlich machen, dass gerade in der Mathematik – wo geht es schließlich mehr um exakte Herausarbeitung von Gedanken – guter Stil die Türe zum Verständnis des Textes öffnet.

Korrektes Deutsch

Korrektes Deutsch ist eine notwendige, wenn auch bei Weitem keine hinreichende Voraussetzung für gutes Deutsch. Sie haben viele Jahre, in der Schule und außerhalb, gelernt, mit der deutschen Sprache umzugehen; das sollten Sie in der Mathematik auf

[1] Friedrich Nietzsche in „Menschliches, Allzumenschliches II“, Aphorismus 2.131.

[2] In den allermeisten Fällen können Sie im Folgenden „deutsch“ auch durch „englisch“ oder den Namen einer anderen Sprache ersetzen.

[3] Auch wenn eine mathematische Vorlesung heute keine Vor*lesung* mehr ist, so wird doch in der Vorlesung in den meisten Fällen auch mathematischer Text gesprochen.

keinen Fall vergessen. Auch in einem mathematischen Text *müssen* Rechtschreibung, Zeichensetzung und Grammatik korrekt sein. Die Mathematik hält zwar ein paar besondere Fallen bereit, auf die wir im Folgenden eingehen (z. B. in Abschnitt 5.6 und in Kapitel 7), aber sie ändern nichts an diesem Anspruch.

Gutes Deutsch

Auch einen mathematischen Text kann man *leichter* lesen, wenn er in gutem Deutsch geschrieben ist, und für gutes Deutsch gelten auch hier die üblichen Regeln. Schreiben Sie also übersichtliche prägnante Sätze. Ein Satz ist die kleinste Sinneinheit; ein Hauptsatz enthält die Hauptsache, ein Nebensatz erläutert den Hauptsatz. Schachtelsätze sollte man vermeiden. Meiden Sie Substantivierungen und Passiv, wo immer es geht (ich habe vermieden zu schreiben: „Die Vermeidung von Substantivierungen ...", „Zu vermeiden sind ..." oder „... sollten vermieden werden", dagegen ist „Substantivierung" selbst eine Substantivierung), und benutzen Sie stattdessen kräftige Verben im Aktiv (hier zum Beispiel „umgehen" statt „vermeiden", aber „umschiffen" scheint mir denn doch zu stark ...). Variieren Sie den Satzbau und suchen Sie nach Synonymen (die gibt es auch in der Mathematik, einige Hinweise finden Sie in Abschnitt 5.6 und in Anhang B).

Wenn Sie eine wissenschaftliche Arbeit schreiben und Ihre Gedanken zu Papier bringen, so ist dies eine gute Gelegenheit, ein Buch über ansprechenden Stil zu lesen, zum Beispiel [Glu94], [Mac11] oder [Schn06].[4] Meist sind diese Bücher sehr unterhaltsam geschrieben – schon wegen der vielen schrecklich-schönen Gegenbeispiele – und wenn Sie in dieser Zeit ein Sensorium für ansprechenden Text entwickeln, dann werden Sie ein Leben lang davon profitieren. Texte verfassen werden Sie auch in Zukunft, im Internet-Zeitalter noch häufiger als früher.

> ☞ **Hinweis**
> Auch einen mathematischen Text
> kann man in gutem Deutsch schreiben – ehrlich!

Tafelanschriebe sind kein Vorbild

Häufig erkennt man in den Texten wissenschaftlicher Arbeiten Formulierungen wieder, die offensichtlich mündlichen Vorträgen oder Tafelanschrieben entnommen sind: Abkürzungen, unvollständige Sätze und saloppe Formulierungen (vgl. die beiden folgenden Unterabschnitte). Solche Formulierungen halten dann Einzug in Vorlesungsmitschriebe und Vorlesungsskripte. Auch wenn ein gedruckter Text eine gewisse Verbindlichkeit vorgaukeln mag, viele Vorlesungsskripte sind nur als Ersatz für den eigenen Mitschrieb gedacht und erheben oft keinen weitergehenden Anspruch auf Vorbildlichkeit, denn sie müssen meist in kurzer Zeit erstellt werden. Was in einer Vorlesung angebracht sein

[4] Auch in [Krä09] finden Sie einige Seiten mit Hinweisen.

mag, um Zeit zu sparen und die Vorlesung aufzulockern, das ist in wissenschaftlichen Texten oft fehl am Platz. In Büchern wird man entsprechende Abkürzungen und saloppe Formulierungen daher nicht finden.

Vermeiden Sie Abkürzungen

Abkürzungen haben in einem guten Text nichts zu suchen. Wenn Sie auf ein Korollar verweisen, so verweisen Sie auf „Korollar 2.5" und nicht auf „Kor. 2.5", ebenso wenig wie auf „Thm 2.4". Auch mit Abkürzungen wie „z. B.", „s. o.", „s. u.", „usw.", „etc." sollte man sparsam umgehen. Zum Beispiel sollte man inmitten eines vollständigen Satzes „zum Beispiel" ausschreiben (wie hier), nur in kurzen nachgestellten oder unvollständigen Satzteilen kann die abgekürzte Version „z. B." zur Übersichtlichkeit beitragen.[5] Im Englischen heißt es „if and only if" statt „iff"[6], „such that" statt „s. t." und „with respect to" statt „w. r. t." Für den Umgang mit Abkürzungen sollte man die folgenden Regeln beachten (vgl. auch [Dud06]):

- Innerhalb von Abkürzungen wird zwischen einzelnen Elementen, die mit einem Punkt abgeschlossen werden, ein kleiner Zwischenraum[7] eingefügt. Es heißt also zum Beispiel „z. B." und nicht „z.B.". Selbstredend darf eine Abkürzung nicht durch einen Zeilenumbruch auseinandergerissen werden.

- Am Satzanfang sollte man Abkürzungen vermeiden und den Ausdruck ausschreiben.

- Abkürzungen haben keinen Artikel. Statt „das Bsp." muss es also heißen „das Beispiel".

- Steht eine Abkürzung am Schluss eines Satzes, so verschmilzt der abschließende Punkt der Abkürzung mit dem Schlusspunkt des Satzes. Es heißt also „Das Alphabet besteht aus den Buchstaben A, B, C, usw." und nicht „Das Alphabet besteht aus den Buchstaben A, B, C, usw..".

- Häufungen von Abkürzungen im Text sollte man möglichst vermeiden: In dem Textbaustein „vgl. z. B. S. 200 ff" sollte man daher einige Abkürzungen auflösen, etwa „vergleiche zum Beispiel S. 200 ff".

Nie sollte man im laufenden Text Quantoren oder Implikationspfeile zur Abkürzung verwenden, darauf kommen wir in Kapitel 7 (vgl. Regel 6 auf Seite 107) noch ausführlicher zu sprechen. Sie sind hilfreich für einen Tafelanschrieb, denn angesichts der begrenzten

[5] Im vorliegenden Text versuche ich mich an die Regel zu halten, im Haupttext keine Abkürzungen zu verwenden, in kurzen Einschüben, besonders innerhalb von Klammern oder Fußnoten, verkürze ich aber auch zu „vgl." oder „z. B.".

[6] Vgl. [Hig98], S. 36 f. Die Abkürzung „iff" wurde wohl von P. Halmos in die Welt gesetzt, vergleiche dessen Ausführung in [Ha85], S. 403. Vergleiche hierzu aber auch das Zitat von J.-P. Serre am Anfang von Kapitel 7 auf Seite 97.

[7] Vgl. den Eintrag „Zwischenraum" in Anhang A.

Zeit ringt man hier um jeden Buchstaben. Aber in einem mathematischen Buch wird man solche Abkürzungen nicht finden und in einer guten wissenschaftlichen Arbeit eben auch nicht.

Vermeiden Sie „Mathematischen Slang"

Auch saloppe Formulierungen – „mathematischer Slang" – finden häufig Eingang in wissenschaftliche Arbeiten. In einer Vorlesung sparen sie Zeit und lockern etwas auf, in einer wissenschaftlichen Arbeit sind sie aber fehl am Platz. Einige typische Beispiele für „mathematischen Slang" aus den letzten paar wissenschaftlichen Arbeiten, die mir vorlagen, sind:

- Im Endlichdimensionalen finden wir …
- Im Fall, wo ein $\lambda_i \neq 0, \ldots$
- Wir nehmen uns eine nichtleere Teilmenge …
- … folgt, dass man Skalare rausziehen kann.
- Weil die Funktion auf einer kompakten Menge lebt, …
- …, sieht man durch die Kompaktheit von …
- Der $\mathbb{R}^n$ …
- Laut Definition …
- Dahinter steckt, dass …
- Der obige Beweis geht auch für diesen Fall durch.
- Der Beweis geht analog.
- Da dies für … sowieso gilt.
- …, so landet man bei …
- Da die Vollständigkeit im Endlich-dimensionalen automatisch ist, …
- Das Bilden von n-fachen Produkten funktioniert ebenfalls analog.

Die Liste lässt sich beliebig verlängern, aber diese Beispiele zeigen wohl ausreichend, was gemeint ist. Stößt man beim Lesen auf eine solche Stelle, so muss man doch kurz schlucken. Ähnlich wie in einem Konzert unschöne Passagen die Aufmerksamkeit von der Musik ablenken, so verhindern sie in einem Text, dass die ungeteilte Aufmerksamkeit dem Inhalt des Textes zugutekommen kann.

☞ **Hinweis**

Meiden Sie

- Schachtelsätze,
- Substantivierungen,
- Passiv,
- Abkürzungen,
- Slang.

5.2 Definitionen und Namensgebung

Mathematikerinnen und Mathematiker erschaffen sich ihre Welt selbst: Jedes mathematische Objekt muss erst eingeführt werden, ehe es für die weitere Arbeit zur Verfügung steht. Die Einführung eines neuen Begriffes oder Symbols muss wenigstens drei Bedingungen erfüllen, soll sie nicht zum Stolperstein für die Leser werden: Es muss erstens deutlich werden, *dass* etwas neu eingeführt wird, zweitens *was* eingeführt wird und drittens soll man sich die Benennung *leicht merken* können.

In diesem Abschnitt diskutieren wir, was die Sprache zur Erfüllung dieser Forderungen beitragen kann. Dem Aufbau einer mathematischen Notation ist das ganze nächste Kapitel 6 gewidmet.

Einführung von Symbolen

Definitionen sind die Schöpfungsakte der Mathematik. Schöpfungsakte werden schon seit Langem mit einem Konjunktiv eingeleitet und so *sei* es auch in der Mathematik.

Schreiben Sie also „*Sei* A die Menge ...“ oder „*Bezeichne* A die Menge ...“, gegebenenfalls auch „Wir *definieren* A als die Menge ...“, nicht aber „A *ist* die Menge ...“, falls Sie mit diesem Satz das Symbol A einführen. Entsprechend ist es hilfreich, zwischen dem Gleichheitszeichen „=“ und dem Zeichen „:=“ zu unterscheiden. Schreiben Sie also besser „$A := \{\dots\}$“ und nicht „$A = \{\dots\}$“, wenn Sie an dieser Stelle A definieren. Auf diese Weise machen Sie deutlich, *dass* hier etwas definiert wird und kommen damit der ersten der obigen Forderungen nach. Und wenn es an späterer Stelle dann heißt: „A ist die Menge“ oder „$A = \{\dots\}$“, so ist deutlich, dass es sich jetzt um eine Erinnerung an schon Definiertes handelt (vergleiche auch die Ausführungen zu Symbolen mit „verbalem Geleitschutz“ in Abschnitt 6.6).

Einführung von Begriffen

Führen Sie einen neuen Begriff ein, dann erleichtert es die Orientierung, wenn Sie das neu zu definierende Wort oder den entsprechenden Ausdruck (das „Definiendum“) in einer anderen Schrift setzen als die Umgebung, also zum Beispiel *kursiv*. Das gilt für eine in den Fließtext eingearbeitete Definition ebenso wie für eine abgesetzte Definition mit einer eigenen Nummer. Auf diese Weise springt der neue Begriff leicht ins Auge – man sieht sofort, *was* definiert wird – und er lässt sich leichter wieder auffinden. Also zum Beispiel:

> **2.1 Definition.** Eine *Gruppe* ist gegeben durch eine Menge G mit ...

Während mathematische Sätze gerne vollständig in kursiver Schrift gesetzt werden (siehe Abschnitt 5.3), wählt man für die Formulierung von Definitionen meist, wie oben, die Grundschrift[8], um den zu definierenden Ausdruck kursiv hervorheben zu können.[9]

[8] Vgl. den Eintrag „Grundschrift“ in Anhang A.

[9] Zur Not könnte man die Rollen der Schriften auch vertauschen, das wäre aber doch recht gewöhnungsbedürftig.

Eine Definition ist nur eine Definition

Wird ein Begriff wie oben in einer abgesetzten Definition eingeführt, dann gehört in diese Definition auch *nur* die Definition des Begriffs. Alle weiteren Erläuterungen, Beispiele oder Kommentare folgen gegebenenfalls außerhalb der abgesetzten Definition im folgenden Absatz – auch dies im Dienste der Übersichtlichkeit.

Möchte man zum Beispiel den Begriff „Konvergenz einer Folge" definieren, dann kann man leicht in Versuchung geraten, im selben Atemzug „*den* Grenzwert" einzuführen, indem man etwa schreibt:

> Eine Folge $(a_n)_{n\in\mathbb{N}} \subseteq \mathbb{R}$ heißt *konvergent*, falls es ein (eindeutig bestimmtes) Element $a \in \mathbb{R}$ gibt, sodass ... In diesem Fall heißt a der Grenzwert oder Limes der Folge $(a_n)_{n\in\mathbb{N}}$.

In dieser Formulierung ist nicht einmal klar, ob die Eindeutigkeit von a eine einfache Folgerung oder selbst noch Teil der Forderungen sein soll. Daher findet man manchmal an einer solchen Stelle eine Formulierung der Art: „... falls es ein (notwendigerweise eindeutig bestimmtes) Element ..."; aber auch das ist kein guter Stil. Die Aussage, dass ein Grenzwert eindeutig bestimmt sei, gehört nicht in die Definition, sondern sie ergibt sich im Anschluss als einfache Folgerung. Nun kann man auch festhalten, dass man daher über *den* Grenzwert sprechen kann und sprechen wird.

Ähnlich sollte man eine Formulierung der Form „Eine Funktion heißt *stetig*, falls Sie eine der folgenden äquivalenten Bedingungen erfüllt: ...", manchmal noch überschrieben mit „Satz/Definition" (oder umgekehrt), doch besser vermeiden; auch hier werden Definition und Aussage auf unschöne Weise miteinander verquickt (vgl. die entsprechenden Ausführungen in Abschnitt 5.3 ab Seite 62).

Wählen Sie sprechende Bezeichnungen

Wenn Sie eine wissenschaftliche Arbeit schreiben, werden Sie die meisten Begriffsbildungen schon vorfinden. Wenn Sie aber doch Anlass haben, neue Begriffe einzuführen, dann sollten sich Ihre Bezeichnungen leicht merken lassen.

Eine gute Bezeichnung ist eine *sprechende Bezeichnung*: Eine Bezeichnung, mit der die Leserinnen und Leser auf Grund ihrer mathematischen Vorerfahrung eine Anschauung verbinden können, noch ehe sie die genaue Definition lesen. Natürlich soll die Anschauung auch in die richtige Richtung weisen. Klassische Beispiele für sprechende Bezeichnungen sind „*stetige* Funktion", „*symmetrische* Matrix" oder „*vollständiger* metrischer Raum". Eine Namensgebung, die sich schwer merken lässt – davon gleich einige Beispiele –, ist dagegen unnötiger Ballast im Rucksack des Lesers auf seinem Weg zu den Inhalten des Textes.

Von einer sprechenden Namensgebung kann man abweichen, wenn eine Mathematikerin oder ein Mathematiker das Wissen um eine Struktur entscheidend geprägt hat und dies durch die Namensnennung hervorgehoben werden soll wie im Fall von Noetherschen Ringen oder Banachräumen.

Nicht zur Nachahmung empfohlen: Fallunterscheidungen durch Aufzählung

In einem Schulbuch fand ich lineare Gleichungssysteme klassifiziert nach Typ I, Typ II, Typ III und Typ IV, je nachdem, ob die zugehörige lineare Abbildung bijektiv, injektiv, surjektiv oder nichts von alledem war (natürlich wurde das nicht in diesen Worten gesagt und das ist auch gut so). Ich mag mir gar nicht vorstellen, wie sich die Schülerinnen und Schüler diese Bezeichnungen einpauken müssen. Könnte man nicht einfach „vollbestimmt", „unterbestimmt", „überbestimmt" und „unbestimmt" (oder etwas noch Besseres) sagen, gerade in einem Schulbuch?

Auch in der mathematischen Literatur haben sich an manchen Stellen solche „Aufzählungsbezeichnungen" für Fallunterscheidungen gehalten.[10] In der Statistik unterscheidet man Fehler erster Art und Fehler zweiter Art. Ich finde diese Bezeichnung nicht sehr vielsagend – oder kann mir vielleicht doch noch jemand erklären, warum diese Bezeichnungen suggestiv sein sollen und nicht ebenso gut miteinander vertauscht werden könnten?[11] In der Topologie unterscheidet man Räume vom Typ T0, T1, T2, T3 und T4, und dann auch noch T3a – ich muss doch sehr bitten![12] Natürlich gewöhnt man sich auch an solche Bezeichnungen und auszurotten sind sie wohl nicht mehr; aber gut sind sie nicht und daher nicht zur Nachahmung empfohlen.

Wählen Sie
sprechende Bezeichnungen.

Besser vermeiden: Kapitale Abkürzungen

Immer beliebter in mathematischen Texten werden lange großbuchstabige Abkürzungen, sogenannte *Akronyme*, zum Beispiel in Texten aus der Statistik oder Quanteninformation: MSE (Mean Squared Error), ARMA (Autoregressive Moving Average), POVM (Positive Operator Valued Measure) oder CPUP (Completely Positive Unit Preserving); aber auch PDE (Partial Differential Equation) oder QED (Quantenelektrodynamik) sind verbreitete Beispiele und lassen sich wohl nicht mehr verdrängen. Neue Akronyme finden oft über Vorträge den Weg in die schriftliche Literatur: In einem Tafel-Vortrag geht man sparsam mit dem geschriebenen Text um, hier haben solche Abkürzungen

---

[10] Die Römer haben wenigstens ihren ersten vier Söhnen „richtige" Namen gegeben, dann ging es allerdings oft weiter mit Quintus, Sextus etc.

[11] Ich danke Herrn Kollegen Hansruedi Künsch von der ETH in Zürich für folgende Information: Dem Artikel von H. A. David „First (?) Occurrence of Common Terms in Mathematical Statistics", The American Statistician 49 (1995), p. 121 – 133, zufolge geht die Bezeichnung auf einen Artikel von J. Neyman und E. S. Pearson, „The testing of statistical hypotheses in relation to probability a priori", Proceedings of the Cambridge Philosophical Society, 29 (1933), p. 492 – 510, zurück. Dort (auf Seite 493) scheint dieser Namensgebung einfach eine Aufzählung der beiden Möglichkeiten zugrunde zu liegen.

[12] Zum Trost: In meinem Arbeitsgebiet unterscheidet man von Neumann Algebren vom Typ I, Typ II und Typ III, das ist auch nicht besser!

durchaus ihren Sinn und die Vortragenden werden sie in vielen Fällen dennoch vollständig aussprechen. Aber auf dem Papier muss ein Text auf diese Unterstützung verzichten.

Noch eine Reihe weiterer Gründe sprechen gegen die Verwendung solcher Bezeichnungen: Zunächst sind sie optisch sehr vorlaut und zerreißen das Schriftbild eines ohnehin unruhigen mathematischen Textes noch weiter, wie man auch sehen kann, wenn man das Auge über diesen Abschnitt gleiten lässt.[13] Sodann sind solche Bezeichnungen oft nicht standardisiert und ihre Verwendung hat leicht etwas von „Insider-Slang" an sich. Häufig sind sie auch nicht so suggestiv, wie sie vorgaukeln, denn in vielen Fällen ist zum Beispiel die Reihenfolge der Attribute nicht eindeutig. So könnte man auf die Idee kommen, in der Topologie ein Akronym SVM für „separabel vollständig metrisierbar" einzuführen und von SVM-Räumen sprechen, genauso gut könnte man diese aber auch als VMS-Räume bezeichnen. Zum Glück hat sich für einen solchen Raum die Bezeichnung „polnischer Raum" eingebürgert. Nicht zuletzt hemmen neu eingeführte Akronyme den Lesefluss: Solange ein Akronym noch nicht zu einem eigenständigen Begriff geworden ist, versucht man beim Lesen innerlich (vgl. den folgenden Unterabschnitt), dem Akronym seine eigentliche Bedeutung zurückzugeben. Daher liest sich ein Text über polnische Räume flüssiger als ein Text, in welchem man immer wieder über einen SVM-Raum stolpert.

Lesbarer wird ein Text daher, wenn man auf Akronyme möglichst verzichtet. Am schönsten ist es natürlich, wenn man für das zu bezeichnende mathematische Objekt einen aussagekräftigen Namen findet, der die Assoziation in die richtige Richtung lenkt und sich damit besser für die Verwendung in einem schriftlichen Text eignet.[14] In vielen Fällen kann man den Begriff aber auch einfach ausschreiben und darauf achten, dass er nicht allzu oft vorkommt. Oder Sie können an prominenter Stelle, etwa zu Beginn des Abschnitts oder der Arbeit (vgl. die Ausführungen in Abschnitt 6.5), einem solchen Objekt mit einem Text wie „Im Folgenden bezeichne … stets eine …" eine Standard-Bezeichnung spendieren, auf die Sie im Folgenden zurückgreifen können, wenn sich anderenfalls lästige Häufungen ergeben würden.

Unaussprechliches ist Unleserlich

Unaussprechliches behindert das Lesen: Es ist bekannt, dass man beim Lesen oft innerlich mitspricht, nicht selten bewegen sich sogar der Kehlkopf oder die Lippen mit (für Genaueres vergleiche [Deh10]). Daher werden als Abkürzungen für Organisationen oder Projekte, aber auch in der Mathematik (siehe jedoch den vorangehenden Unterabschnitt), gerne Akronyme oder Abkürzungen gewählt, die sich wie ein Wort „anfühlen" und aussprechen lassen. UNO, ASEAN, oder in der Mathematik càdlàg (für „continue à droite, limite à gauche", also stetig von rechts mit Grenzwert von links). Mathematische Bezeichnungen und Abkürzungen sollten daher so gewählt werden,

[13] Abkürzungen aus kleinen Buchstaben, wie zum Beispiel in der Stochastik i. i. d. für „independent identically distributed" verhalten sich deutlich zurückhaltender.

[14] Statt „CPUP map" kann man auch „Markov map" sagen.

dass ein gedankliches Mitsprechen nicht den Lesefluss behindert.[15] Zum Beispiel eignet sich die Bezeichnung „co K“ für die konvexe Hülle einer Menge K besser als „conv K“: Letzteres lässt sich nur mühsam aussprechen und das wird auch beim Lesen spürbar. In den Beispielen des vorangehenden Unterabschnitts unterstützen die Bezeichnungen „polnischer Raum“ oder „Markov map“ (so könnte man für „completely positive unit preserving map“ auch schreiben) den Lesefluss, die Bezeichnungen „SVM-Raum“ oder „CPUP map“ behindern ihn.

Aus einem ähnlichen Grund sollte man mathematische Objekte nicht mit Symbolen bezeichnen, für die keine Verbalisierung naheliegt: Eine lineare Abbildung $❋ : V \to V$ mag sehr hübsch aussehen, aber wenn es nun weitergeht mit

> Eine Zahl $ϐ$ heißt Eigenwert von $❁$, falls es ein Element $0 \neq ϶ \in V$ gibt mit $(❁ - ϐ\mathbb{1})϶ = 0$. Um die Eigenwerte von $❁$ zu bestimmen, müssen wir $\det(❁ - ϐ\mathbb{1})$ betrachten ...

dann wird das Lesen sehr mühsam, weil man nicht weiß, wie man die Symbole aussprechen soll. Natürlich ist dieses Beispiel sehr extrem und niemand wird auf eine solche Idee verfallen; es illustriert aber, was in weniger offensichtlichen Fällen immer noch richtig bleibt. So würde ich zum Beispiel zögern, eine neu einzuführende binäre Operation mit dem Symbol $\circledast$ (`\circledast`) zu bezeichnen.

Eine gute Definition gibt zu erkennen,

- *dass* etwas definiert wird,
- *was* definiert wird,
- *wie* sich das Definierte merken lässt.

5.3 Sätze

Den Kern der meisten mathematischen Arbeiten bilden Sätze und ihre Beweise, sie spielen die Hauptrollen in einem mathematischen Text.[16] Abstufungen in Satz, Proposition etc. weisen ihnen einen Stellenwert im Gesamtaufbau des Textes zu, auf den wir zunächst eingehen, ehe wir besprechen, wie Resultate (optisch) leicht erkennbar präsentiert werden können.

Hierarchie der Sätze

Mathematische Resultate können in Form von Sätzen, Propositionen, Lemmata und Korollaren präsentiert werden. Ein Satz kann noch zu einem Hauptsatz verstärkt werden,

[15] Einen Hinweis auf diesen Gesichtspunkt verdanke ich Rolf Gohm, Aberystwyth University.

[16] In einigen Bereichen stehen eher algorithmische Aspekte oder Fragen der Modellierung im Vordergrund, dann können Sätze auch in den Hintergrund treten.

und im Deutschen haben wir zusätzlich die Möglichkeit, zwischen einem Satz und einem Theorem zu unterscheiden. Diese Benennungen transportieren Informationen, die auf unterschiedliche Wertigkeit und Funktion hinweisen, den Lesern also die Orientierung im Text erleichtern.

Hauptsatz: Ein *Hauptsatz* steht ganz oben in der Hierarchie der mathematischen Ergebnisse. Er duldet keinen weiteren Hauptsatz in seiner Nähe. Bekannte Hauptsätze sind der Hauptsatz der Differentialrechnung und Integralrechnung oder der Fundamentalsatz der Algebra.

Sollten Sie einen Hauptsatz in Ihrer Arbeit formulieren, so sollte er über einen größeren Teil der Arbeit herrschen.[17] Für einen zweiten Hauptsatz ist in einer wissenschaftlichen Arbeit normalerweise kein Platz mehr.

Theorem: Im Deutschen ist ein *Theorem* einem Hauptsatz fast gleichgestellt; im Englischen bedeutet „Theorem" dagegen dasselbe wie im Deutschen das Wort „Satz". In einem deutschen Text ist also normalerweise nicht gleichzeitig Platz für einen Hauptsatz und ein Theorem.

Wenn Sie in einem deutschen Text zwischen „Theorem" und „Satz" unterscheiden, dann können Sie vielleicht zwei oder drei besonders zentrale Sätze als Theoreme auszeichnen, aber mehr Theoreme werden Sie in einer (deutschen) Arbeit üblichen Umfangs nicht unterbringen können, ohne hochzustapeln.

Satz: In einem *Satz* werden Resultate von bleibendem Wert formuliert, also solche, die man sich merken soll. Seine Bedeutung reicht über den unmittelbaren lokalen Kontext hinaus, und der Beweis in Gänze[18] sollte deutlich länger sein als die Formulierung des Satzes, sonst ist die Bezeichnung „Satz" schwerlich zu rechtfertigen. Wie oben schon erwähnt, werden in einem englischen Text Sätze zu Theoremen.

Proposition: Unter dem „Satz" steht in der Hierarchie der Sätze die *Proposition*. Propositionen sind meist nicht ganz so wichtige Sätze; oft sind sie auch deshalb nicht so wichtig, weil sie in einem späteren Satz aufgehen oder auf diesen hinführen.

Das Wort „Proposition" ist abgeleitet von dem lateinischen Wort „proponere": „Voranstellen". Ursprünglich bezeichnete Cicero in einer Übersetzung von Aristoteles mit „propositio" die Vordersätze eines Syllogismus (vgl. [Mit04]).

Korollar: Haben Sie einen wichtigen Satz bewiesen, so ergeben sich daraus oft eine Reihe von unmittelbaren Folgerungen mit kurzen Beweisen, die sich den Satz zunutze machen. Sie werden als *Korollare* formuliert.

Das Wort „Korollar" leitet sich ab vom lateinischen „corolla" bzw. „corollarium", Kränzchen. Kränzchen aus versilberten oder vergoldeten Blumen oder Zweigen

---

[17] Das Herrschaftsgebiet erstreckt sich über den Beweis, Folgerungen, Diskussionen, Beispiele, abgeleitete Sätze und Weiterführungen.

[18] Also einschließlich vorweggenommener Beweisschritte, zum Beispiel, falls Sie den Beweis in mehrere Lemmata zerlegen.

wurden bei den Römern vor allem Schauspielern und anderen Künstlern als Belohnung für besondere Leistungen übergeben. Davon abgeleitet ist die weitere Bedeutung von „corollarium“ als „freiwilliges Geschenk“. Sie haben also die Wahl, ob Sie ein Korollar als ein freiwilliges Geschenk des Satzes oder als Belohnung für die auf seinen Beweis verwandte Mühe betrachten wollen.

Herauszufinden, wie das Wort „Korollar“ bzw. „corollarium“ in die Mathematik kam, stellte sich als unerwartet mühsam heraus[19]: Im Griechischen, zum Beispiel bei Euklid, wird hier, in etwa der heutigen Bedeutung von „Korollar“, das Wort „Porisma“ (πόρισμα) benutzt. Erstaunlicherweise wurde daraus wohl zum ersten Mal bei Boethius[20] in seinem einflussreichen Buch „Trost der Philosophie“, welches aber so gar nichts mit Mathematik zu tun hat, das lateinische Wort „Corollarium“: Im 3. Buch (Paragraph 10) heißt es: „Außerdem werde ich dir nun, sprach sie, gleich den Mathematikern, die den Beweisen für ihre Lehrsätze noch etwas folgen zu lassen pflegen, auch meinerseits gleichsam ein Corollarium geben.“ Und kurz darauf „Das ist wirklich schön und kostbar, sagte ich, ob du nun vorziehst, dass es Porisma oder Corollarium genannt werde.“[21]

Lemma: Schließlich gibt es noch das *Lemma*. Es bezeichnet nach heute gängigem Sprachgebrauch einen Hilfssatz, also ein Resultat von lokaler Bedeutung mit begrenzter Lebensdauer, meist ein Resultat, welches in den Beweis eines Satzes eingeht und nach dem Beweis des Satzes nicht mehr benötigt wird. Im Internet kursiert hierzu ein schönes Zitat: „Lemmas do the work in mathematics: Theorems, like management, just take the credit.“, welches offenbar auf Paul Taylor zurückgeht.[22]

Dass der Lebenslauf eines Lemmas auch ganz anders aussehen kann, belegen berühmte Lemmata wie das von Zorn (verwandt mit dem Auswahlaxiom), das Lemma von Fatou in der Maßtheorie oder das Schursche Lemma für Gruppendarstellungen; aber ich wage zu behaupten, dass dieser Lebenslauf von ihrem jeweiligen Schöpfer nicht vorausgesehen wurde.

---

[19] Danke an Henrike Kümmerer, die mir schließlich den entscheidenden Hinweis geben konnte, nachdem ich in der mir zugänglichen Literatur hierzu keine Aufklärung erhalten hatte.

[20] Boethius, etwa 480 - 524, wurde durch seine Kommentare einer der zentralen Mittler zwischen Antike und Mittelalter. Er prägte vermutlich das Wort „Quadrivium“ für die vier mathematischen der sieben „freien Künste“ (Arithmetik, Geometrie, Astronomie, Musik), durch welche diese Fächer im Bildungskanon des Mittelalters und weit darüber hinaus verankert wurden. (Voraus ging das Studium der drei „freien Künste“ Grammatik, Rhetorik und Dialektik, welche zum Trivium zusammengefasst wurden; aus diesem Wort leitet sich der Ausdruck „trivial“ ab.) Für die Bedeutung von Boethius für die Mathematik vgl. etwa den Artikel in [Gi70].

[21] Zitiert nach Boethius: „Trost der Philosophie“, zweisprachige Ausgabe, aus dem Lateinischen von Ernst Neitzke, Insel Verlag, Frankfurt 1997.

[22] Vgl. http://www.math.rutgers.edu~zeilberg/Opinion82.html (29. 10. 2015). Dort wird als Quelle sein Buch „Practical Foundations of Mathematics“, Cambridge University Press 1999, angegeben. Danke an Matthias Kümmerer für diesen Hinweis.

Der Name „Lemma“ leitet sich ab vom griechischen λῆμμα, eigentlich die Einnahme, der Gewinn. Auch der Plural von „Lemma“ ist aus dem Griechischen übernommen und heißt „Lemmata“ (und nicht „Lemmas“!)[23]. Der Genetiv lautet allerdings „Lemmas“, es heißt also zum Beispiel: „Die Bedeutung dieses Lemmas ...“[24].

Bei Aristoteles bezeichnet das Lemma die Prämisse einer Schlussfolgerung, die selbst nicht notwendig wahr sein muss (vgl. [Mit04]). In der antiken Mathematik bezeichnet „Lemma“ meist eine Annahme, die man vorübergehend macht, um einen Beweis nicht zu unterbrechen. Sie wurde manchmal vorher, oft auch erst im Nachhinein bewiesen.[25]

Präsentation von Sätzen

Sätze sind der Dreh- und Angelpunkt eines mathematischen Textes. Sie werden daher herausgehoben präsentiert. Ihre Aussage soll leicht erkennbar sein und man soll auf sie verweisen können. Schon in den Nachbarwissenschaften ist es nicht mehr durchgängig üblich, Ergebnisse von Diskussionen konzentriert und herausgehoben zu formulieren, der Stil wird dort erzählender. Ein von durchstrukturierten mathematischen Texten verwöhntes Auge tut sich daher mit solchen Texten manchmal etwas schwerer.

Schriftbild: Sätze und alle ihre Ableger wie Korollare und Lemmata werden vom übrigen Text abgehoben. Das geschieht mindestens durch einen eigenen Absatz mit Abstand davor und danach. Häufig werden sie zusätzlich durch die Verwendung einer *anderen Schrift hervorgehoben, meist kursiv*. Mit LaTeX erreicht man ein einheitliches Schriftbild mithilfe von Theorem-Umgebungen, die im Anhang C.20 beschrieben werden.

Ein Satz ist nur ein Satz: Wie für eine Definition (vgl. die Beispiele zu Definitionen in Abschnitt 5.2 ab Seite 56) gilt nun mit umgekehrten Vorzeichen auch für einen Satz: Er enthält nur die Behauptungen mit ihren Voraussetzungen.

Alle darüber hinausgehenden Kommentare, Erläuterungen oder Definitionen gehören nicht in die Formulierung eines Satzes, insbesondere sollten nicht innerhalb der Aussage eines Satzes implizit neue Begriffe eingeführt werden, etwa nach dem Muster „Satz. Die reellen Zahlen sind ordnungsvollständig, das heißt, ...“.

Auch bei sehr langen Listen von Voraussetzungen oder Notationen kann es hilfreich sein, diese Dinge unmittelbar vor dem Paukenschlag **Satz** zu klären. Es geht schließlich um die *Aussage* des Satzes, und die tritt auf diese Weise deutlicher hervor.

---

[23] Ähnlich liegt der Fall beim „Komma“, welches allerdings häufiger vorkommt als ein Lemma. Daher existiert hier neben dem Plural „Kommata“ auch die eingedeutschte Form „Kommas“.

[24] Ich persönlich finde diese Genetiv-Form nicht sehr schön und versuche sie zu vermeiden.

[25] Vgl. die Ausführungen in [Hea21].

Suchen Sie einen Namen: Damit man auf einen Satz verweisen kann, erhält er am besten eine Nummer (vgl. Abschnitt 4.2). Darüber hinaus geben Sie Ihren Sätzen (und Definitionen), wo immer es sinnvoll ist, einen Namen und benützen ihn bei Verweisen. Es ist leichter, eine Referenz auf den Zwischenwertsatz 4.4.3 oder auf die Definition 4.2.5 einer Determinante zu verarbeiten als eine nackte Referenz auf Satz 4.4.3 oder Definition 4.2.5. Oft weiß eine Leserin oder ein Leser anhand der Benennung, was gemeint ist, und muss nicht mehr extra nachschlagen (vgl. die Beispiele in Abschnitt 4.2 und die Diskussion „Benannte Verweise", Seite 46 in Abschnitt 4.3).

Äquivalent oder nicht, das ist die Frage

Jede Implikation hat eine Rückrichtung. In manchen Fällen ist die Frage nach einer Rückrichtung nicht sehr tiefsinnig, in allen anderen Fällen aber sollte man zu dieser Frage Stellung nehmen, indem man die Rückrichtung beweist, ein Gegenbeispiel angibt oder ein offenes Problem formuliert. Kann man die Rückrichtung beweisen, so ist es natürlich am schönsten, wenn dies an Ort und Stelle geschehen kann. Anderenfalls sollte wenigstens ein Verweis auf die später bewiesene Rückrichtung folgen, eventuell kann man in einer Art Fazit die Äquivalenzen am Ende doch noch zu einem Satz der Form „..., dann sind äquivalent: ... " zusammenfassen.

In meiner persönlichen ästhetischen Rangordnung stehen Sätze, welche verschiedene Bedingungen als äquivalent erkennen, ganz oben und wo immer es möglich ist, versuche ich solche Formulierungen zu erreichen. Hier mag auch eine persönliche Erfahrung aus meinem Studium eine Rolle spielen, als ich mir in Funktionentheorie selbst zusammensuchen musste, welche Eigenschaften komplexer Funktionen nicht nur aus Holomorphie folgen, sondern zu ihr äquivalent sind. Im Sinne des Eingangszitats von Kapitel 2 musste sich hier der Leser plagen. Daher stelle ich bis heute den „Hauptsatz der Funktionentheorie" in das Zentrum einer solchen Vorlesung, in welchem etwa sechs bis acht äquivalente Bedingungen zum Begriff der Holomorphie führen.

5.4 Beweis: Es wird herzlich eingeladen

In den Sätzen präsentieren Sie Ihre Ergebnisse in Hochglanz. Geschmiedet werden die Ergebnisse im Beweis. Es gehört zu den unverbrüchlichen Grundsätzen der Mathematik, dass die Werkstatt, in der die Beweise geschmiedet werden, öffentlich zugänglich ist. Wer immer willens und dazu in der Lage ist, ist eingeladen, jeden einzelnen Schritt der Herstellung zu verfolgen und zu überprüfen. Ein Beweis muss also so gestaltet sein, dass klar wird: Diese Einladung ist ehrlich gemeint.

Präsentation von Beweisen

Tun Sie alles, um den Lesern den Zugang zu Ihren Gedanken so leicht wie möglich zu machen – aber natürlich nicht leichter. Sorgen Sie insbesondere für Übersichtlichkeit. Diesem Ziel dienen die folgenden Hinweise.

Ein Beweis ist ein Beweis: „A proof is a proof", zitiert Martin Erickson ([Eri10]) seinen Lehrer Frank Harary. Genau! Also geben Sie im Beweis eine klare, präzise, lückenlose und schnörkellose Darstellung Ihrer Argumente, nicht weniger und nicht mehr. Bemerkungen, die nicht unmittelbar dem Verständnis des Beweises zugutekommen, gehören nicht *in* den Beweis. Was das im Einzelnen heißt, hängt natürlich auch von den Adressaten ab (vergleiche die Ausführungen in Abschnitt 2.4 ab Seite 13).

Ein Beweis ist ein in sich geschlossenes Modul, auf dessen Inhalt nach Möglichkeit nicht von außen zugegriffen werden sollte. Werden innerhalb eines Beweises Bezeichnungen eingeführt, so behalten diese nur innerhalb des Beweises Gültigkeit. Jede Bezeichnung oder Definition, die auch außerhalb eines Beweises benutzt werden soll, muss vorher außerhalb eingeführt worden sein. Soll auf ein im Laufe des Beweises erhaltenes Zwischenergebnis später verwiesen werden, so sollte es nach Abschluss des Beweises nochmals in Form einer Bemerkung oder eines Korollars zitierbar festgehalten werden,[26] falls es nicht gelingt, dieses in Form eines vorbereitenden Lemmas bereitzustellen. Eine Bemerkung der Form „wie wir im Beweis von Satz 3.2 gesehen haben" sollte man also vermeiden.

Kommentieren Sie Lücken: Es gibt zwei Gründe, ein Argument nicht auszuführen: Entweder es ist zu leicht und eine detaillierte Ausführung würde die Leser ermüden und ihnen die Kraft rauben, sich auf die anspruchsvollen Teile zu konzentrieren, oder aber es ist schon an anderer Stelle ausgeführt worden.

In beiden Fällen muss man erstens auf die Lücke hinweisen und zweitens die Lücke kommentieren: Überspringen Sie eine einfache Rechnung, die wirklich jeder auf dem Papier schnell nachvollziehen kann oder sogar schon oft nachvollzogen hat, dann weisen Sie darauf in angemessener Form hin (vgl. die Diskussion „Vermeiden Sie überhebliches Deutsch", Seite 68). Hilfreich ist ein Hinweis, wie groß die Lücke etwa ist, zum Beispiel wie viele Zeilen die Ausführung des Argumentes benötigen würde: „Nach wenigen einfachen Umformungen erhalten wir ..." Überspringen Sie dagegen ein längeres anspruchsvolles Argument, weil es schon bekannt ist und die nochmalige Durchführung an dieser Stelle zu sehr vom eigentlich Ziel ablenken würde, dann muss die Lücke mit einer geeigneten Referenz gefüllt werden.

Sollte die Ausführung eines Argumentes den Zusammenhang tatsächlich unannehmbar auseinanderreißen, so bleibt immer noch die Möglichkeit, den Beweis in einen Anhang auszulagern. Von dieser Möglichkeit sollte man aber wirklich nur im Notfall Gebrauch machen, denn ein Beweis ist keine Nebensache, sondern erst durch ihn erhält ein Satz sein Gewicht.

[26] Nach [Hea21] entspricht dies der ursprünglichen Verwendung des griechischen Wortes „porisma", welches zu unserem „Korollar" geworden ist, vgl. den Eintrag „Korollar" im vorangehenden Abschnitt.

Markieren Sie Beginn und Ende: Ein Beweis sollte *nach* der zu beweisenden Behauptung stehen und sein Beginn sollte durch das Wort *Beweis* (oder *Proof*) eingeleitet werden. Der Übersichtlichkeit halber sollte dieses Schlüsselwort hervorgehoben sein, indem es entweder fett oder, etwas eleganter, kursiv oder in Kapitälchen gesetzt wird.

Es ist hilfreich, wenn auch das Ende eines Beweises hervorgehoben wird, sodass der Beweis auch vom nachfolgenden Text deutlich getrennt ist. Früher stand hier oft die Abkürzung „q. e. d." für „quod erat demonstrandum" (etwa: „was zu beweisen war"). Heute erfreut sich das von Paul Halmos[27] eingeführte kleine schwarze Quadrat ■ oder, etwas vornehmer, das helle Quadrat □ an dieser Stelle großer Beliebtheit. Die Gestaltung von Beweis-Umgebungen mit LaTeX wird im Anhang in Abschnitt C.20 beschrieben.

Trennen Sie Kommentare von Argumenten: In [Be09] schreibt A. Beutelspacher: „Sagen Sie, was Sie vorhaben, tun Sie es, und sagen Sie dann, was Sie getan haben." Das gilt insbesondere für Beweise. Achten Sie aber darauf, dass sich die erläuternden Kommentare deutlich von den argumentierenden Teilen des Beweises unterscheiden, zum Beispiel, indem Sie ihnen eigene Absätze spendieren; denn fließende Übergänge zwischen Erläuterungen und Argumenten sind mühsam zu verfolgen.[28]

Vermeiden Sie „fließende Beweise": In einigen angewandteren Bereichen der Mathematik, etwa in der mathematischen Physik, gehen Autoren manchmal noch weiter: Dort findet man immer wieder „fließende Beweise": Damit meine ich Texte, in denen sich erzählende Erläuterungen allmählich zu Argumenten verdichten, und ohne Vorwarnung werden die Leser von der Zeile „damit haben wir folgenden Satz bewiesen" überrascht. Ich möchte doch gerne vorher wissen, was das Ziel der folgenden Argumentation ist, um meine Aufmerksamkeit auf die kritischen oder schwierigen Stellen richten zu können. Anderenfalls muss man mit einiger Wahrscheinlichkeit nach einer solchen Offenbarung die Argumentation ein zweites Mal durchgehen, und das ist ärgerlich.

In Ausnahmefällen kann es dennoch sinnvoll sein, einen Beweis nicht im Anschluss an einen Satz zu präsentieren, sondern durch die Argumentation auf den Satz hinzuführen, zum Beispiel wenn Sichtweisen begründet werden, auf die auch später wieder zurückgegriffen wird. Aber dann ist man für einen entsprechenden Hinweis *vor* dem Einstieg in die Argumentation doch recht dankbar.

Schreiben Sie Beweise vorwärts und geradlinig auf: Selten stellen sich die einzelnen Schritte eines Beweises in der Reihenfolge ein, in der sie am Ende präsentiert werden sollten. Doch ist es gar nicht immer leicht, sich vom eigenen „Beweisfindungsprozess" zu lösen. Meist muss man daher einen Beweis mehrfach überarbeiten,

[27] Vgl. seine Bemerkung auf S. 403 in [Ha85].

[28] Weitere Bemerkungen zu Erläuterungen finden Sie in Abschnitt 5.5.

bis sich die Beweisschritte zu einem geradlinigen Weg zusammenfügen, dem die Leserinnen und Leser leichter folgen können als den verschlungenen Pfaden der „Erstbesteigung".

Ein geradliniger Weg zeichnet sich unter anderem dadurch aus, dass er keine größeren nachgeschobenen Argumente enthält, keine Seitenwege zu Zwischenresultaten, die längere Zeit nicht benötigt werden und keine Doppelungen von Argumenten: Ein zweimal ausgeführtes Argument ist fast immer ein Hinweis auf Verbesserungsbedarf (vergleiche auch die folgende Bemerkung zur Zerlegung in Teilschritte).

Das „Begradigen" eines Beweises (wie auch einer Kette von Resultaten) ist durchaus eine ästhetische Aufgabe und nicht anders als beim Binden eines Blumenstraußes oder dem Schmücken eines Weihnachtsbaumes stellt sich im Erfolgsfall oft spontan ein befriedigendes „Jetzt stimmt's-Gefühl" ein.

Zerlegen Sie Beweise in Teilschritte: Ein langer Beweis sollte Lesern nicht das Gefühl geben, in einen langen Tunnel hineinzugehen ohne so recht zu wissen, wann und wie sie wieder herauskommen. Manche Präsentationen des Satzes über die Umkehrfunktion sind solche „Tunnelbeweise", in die man sich nur ungern hineinbegibt. Es erhellt einen langen Beweis, wenn er, auch optisch erkennbar, in überschaubare Einzelschritte zerlegt ist, zum Beispiel durch Absätze, die mit „Schritt 1", „Schritt 2" usw. eingeleitet werden.

Noch schöner ist es, wenn es gelingt, einen langen Beweis zu „modularisieren", das heißt Zwischenbehauptungen zu formulieren, sodass sich nachfolgende Beweisteile nur noch auf die Zwischenbehauptungen stützen, nicht aber auf die Details ihrer Beweise. Wie oben ist es hilfreich, wenn auch in diesem Fall die Zwischenbehauptungen leicht erkennbar präsentiert werden. Zum Beispiel kann man sie mit „Behauptung 1", „Behauptung 2" etc. überschreiben, auf die man sich später im Beweis wieder berufen kann. In letzter Zeit bin ich dazu übergegangen, auch das Ende des Beweises einer Zwischenbehauptung optisch zu kennzeichnen, das erleichtert die Übersicht. Wird ein Beweisende mit dem Quadrat $\square$ markiert, so bietet es sich an, das Ende des Beweises einer Zwischenbehauptung mit einem „unvollständigen Quadrat" zu markieren, also zum Beispiel mit einem Dreieck wie $\lhd$ oder $\varDelta$[29].

Ist ein Beweis sehr lang, so kann es hilfreich sein, den Beweis in sinnvolle Zwischenbehauptungen zu zerlegen, die als Lemmata formuliert und bewiesen werden. Diese können nach der Formulierung des Satzes ihre Arbeit aufnehmen um sich am Ende in einem Abschnitt „Beweis von Satz 3.2" zusammenzufinden. Es kann auch sinnvoll sein, vorbereitende Lemmata vor der Formulierung eines Satzes zu formulieren und zu beweisen. In diesem Fall ist es eine freundliche

[29] Letzteres existiert in LaTeX oder $\mathcal{A}\mathcal{M}\mathcal{S}$-LaTeX nicht als fertiges Symbol, daher muss man es selbst erzeugen, was sich schon mit der `picture`-Umgebung leicht bewerkstelligen lässt.

Geste an die Leser eine Bemerkung zuzufügen, dass die folgenden Lemmata den Beweis des Satzes 3.2 vorbereiten.

Präsentation von Beweisen

- Ein Beweis ist nur ein Beweis.
- Kommentieren Sie Lücken.
- Markieren Sie Beginn und Ende.
- Trennen Sie Kommentare von Argumenten.
- Vermeiden Sie „fließende Beweise".
- Schreiben Sie Beweise vorwärts und geradlinig auf.
- Zerlegen Sie Beweise in Teilschritte.

Einen Beweis auf solche Weise zu bearbeiten, ihn zu „begradigen" und zu strukturieren, macht Mühe. Aber mit Berufung auf Wolf Schneider hatten wir zu Eingang von Kapitel 2 schon festgehalten: „Einer muss sich plagen: Der Leser oder der Autor." Und ganz selbstlos ist diese Arbeit ja auch nicht: Fast immer vertieft sie auch das eigene Verständnis für einen Beweis: dann ist der Gewinn auf Seiten der Leser *und* auf Seiten des Autors.

Ein Beweis ist eine Einladung,
Ihren Gedanken zu folgen.
Diese Einladung soll ernst gemeint sein!

An dieser Stelle ist es fast nicht möglich, einen Hinweis auf „das Buch" zu vermeiden, in welchem Gott laut Paul Erdös (1913 – 1996) die vollkommenen Beweise verwahrt. Der ungarische Mathematiker Paul Erdös war einer der bedeutendsten und originellsten Mathematiker des 20. Jahrhunderts und viele Mathematikerinnen und Mathematiker mögen den Gedanken, dass es für einen mathematischen Satz *den* vollkommenen Beweis gibt. Ein Versuch, Teile dieses Buches wenigstens zu erahnen, wurde in [AiZi04] unternommen. *Den* vollkommenen Beweis wird man kaum niederschreiben, aber es ist immer der Mühe wert, dieses Ziel im Auge zu behalten.

Wer argumentiert hier: Ich oder man oder wir?

In einem Beweis wird argumentiert. Aber wer argumentiert hier eigentlich? Natürlich Sie. Und trotzdem sollten Sie „ich" vermeiden, wenn es sich nicht ausdrücklich um eine persönliche Stellungnahme Ihrerseits handelt. Meist wird das nicht der Fall sein, denn Sie beanspruchen ja Allgemeingültigkeit.

Formulierungen mit „man" sind nicht sehr schön, weil unpersönlich, ähnliches gilt für Formulierungen wie „es ist ersichtlich" etc., sie können aber zur Auflockerung ab und zu verwendet werden. Befehls- oder Aufforderungsformen („setze φ fort zu einen linearen Funktional …") finde ich persönlich in einem mathematischen Text (und auch sonst) etwas unfreundlich.[30]

Es bleibt also noch „wir": Ich denke, in der heutigen Zeit ist eine Verwechslung mit dem Pluralis Majestatis nicht mehr ernsthaft zu befürchten, und jeder wird es so verstehen, wie es gemeint ist: eine Einladung zum gemeinsamen Nachdenken.

Vermeiden Sie überhebliches Deutsch

In einem Beweis dürfen und sollen Sie zeigen, was Sie können. Aber schreiben Sie nicht überheblich. Überheblich wirken meist gerade diejenigen Formulierungen, die wahrscheinlich auch Sie selbst – in Vorlesungen, Texten oder Vorträgen – fürchten gelernt haben.

Trivial: Allen voran wirkt der häufige Gebrauch des Wortes „trivial" überheblich. Es weckt bei Lesern eher Misstrauen, als dass dieses Wort von Ihrer Souveränität in mathematischen Dingen überzeugen wird (vgl. auch die Ausdeutungen in Abschnitt 2.3 auf Seite 12). Dieses Wort sollten Sie konsequent vermeiden.

Manche Rechnungen sind es wirklich nicht wert, in allen Schritten nachvollzogen zu werden; dann können Sie immer noch Formulierungen wie: „Nach drei einfachen Umformungen ergibt sich … " oder „unmittelbar aus der Definition folgt … " oder Ähnliches schreiben (vergleiche die Bemerkungen zur Kommentierung von Lücken weiter oben auf Seite 64). Der Unterschied zur Verwendung des Wortes „trivial" besteht darin, dass Sie hier zu erkennen geben, dass Sie wissen, wovon Sie sprechen.

Kürzlich fand ich in einer wissenschaftlichen Arbeit die Formulierung „Der einfache Beweis sei dem geneigten Leser überlassen". Auch eine solche Formulierung hat in einer wissenschaftlichen Arbeit nichts zu suchen – selbst wenn sie ironisch gemeint sein sollte.

o. B. d. A.: Aus ähnlichen Gründen kann der Gebrauch von „o. B. d. A." („ohne Beschränkung der Allgemeinheit") gefährlich werden. Auch hinter diesem Kürzel verbirgt sich schließlich eine Behauptung, die für die Leser leicht nachvollziehbar sein muss. Gegebenenfalls sollten Sie auch dieses Kürzel kommentieren, zum Beispiel durch eine Anmerkung, dass (und warum) es hier wirklich ausreicht, einen spezielleren Fall zu betrachten, als es die Aussage zu erfordern scheint. Anderenfalls setzen Sie sich ähnlichen Verdächtigungen aus wie beim Gebrauch des Wortes „trivial", sie reichen von Arroganz bis Unwissenheit.

---

[30] Ich habe gezögert, in diesem Text Aufforderungsformen zu verwenden und mich deswegen mit vielen beraten. Sie scheinen mir inzwischen wegen ihrer Prägnanz das geringste Übel und ich hoffe, Sie stören sich nicht daran. In einem mathematischen Text lassen sie sich leichter vermeiden.

Vermeiden Sie vage Hinweise: Nicht überheblich, aber zu unspezifisch ist die Formulierung: „Die Behauptung folgt durch einfache Anwendung der Kenntnisse aus Analysis 1", die ich ebenfalls kürzlich in einer wissenschaftlichen Arbeit lesen konnte. Hier würde ich doch gerne wissen, mit welchen Sätzen der Analysis 1 der Autor diesen Beweis zu führen gedenkt. Ähnlich verhält es sich mit der Formulierung „Man kann leicht zeigen, dass ...". Entweder Sie zeigen es hier und jetzt, oder Sie verweisen auf eine Stelle in der Literatur (oder in Ihrer Arbeit).[31]

5.5 Beispiele und Erläuterungen: Geländer für die Leser

Ein Skelett verleiht Stabilität, aber es ist doch recht dürr, ganz ohne Fleisch. Ähnlich ist es mit einem mathematischen Text. Den mathematischen Erfordernissen ist Genüge getan mit Definitionen, Sätzen und Beweisen, dem Skelett eines mathematischen Textes. Aber ein solcher Text ist wenig einladend.[32] Einladungen können Sie aussprechen mit Beispielen, Erläuterungen, Ankündigungen, Zwischenbilanzen und Zusammenfassungen. Sie sind Geländer, die den Leserinnen und Lesern Halt geben. Mit guten Beispielen und Erläuterungen überzeugen Sie darüber hinaus Ihre Leserinnen und Leser, dass Sie den Stoff gut durchdrungen haben. Nicht zuletzt deshalb wirkt sich eine ansprechende Darstellung auch in der abschließende Bewertung einer wissenschaftlichen Arbeit positiv aus.

Beispiele

Führt eine Definition einen Begriff ein, der in Ihrem Umfeld jenseits des Standards liegt, dann helfen Sie den Lesern, wenn Sie den Umfang dieses Begriffs mit einigen gut gewählten Beispielen verdeutlichen. Der fast schon sprichwörtliche Hinweis, dass die leere Menge der Definition genügt, reicht also nicht aus. Ähnlich sollten auch Sätze an Beispielen verdeutlicht werden, die zeigen, dass der Satz wirklich zu neuen Einsichten

[31] An solchen Stellen kommt mir immer das lateinische Zitat „Hic Rhodos, hic salta", sinngemäß übersetzt „Rhodos ist hier, springe (hier)", in den Sinn. Den Hintergrund dieses Zitats findet man leicht im Internet.

[32] Solche „fleischlosen" Texte gibt es durchaus: Das erste überlieferte Beispiel sind die Elemente von Euklid [Euk97]: keine Erläuterungen, keine Beispiele, die den Weg zum Inhalt erleichtern könnten. Die zugehörigen Erläuterungen wurden in den Vorlesungen zum Beispiel in Alexandria gegeben, und als, nicht zuletzt durch die Ermordung von Hypatia im Jahre 415, der Faden dieser Tradition riss, sanken in Europa die Elemente (bis auf das erste Buch) in einen fast tausendjährigen Dornröschenschlaf: Es brauchte viele Prinzen, sie wiederzuerwecken. Die Rezeptionsgeschichte von Euklid ist daher vor allem geprägt von Kommentaren unzähliger Autoren, die zum Ziel hatten, den Text neu zu erschließen (ein guter Überblick über die Rezeptionsgeschichte findet sich in [Gi70] in dem Artikel „Euclid: Transmission of the Elements").

Moderne Versionen eines solchen weitgehend kommentarfreien Stils finden Sie in manchen Büchern aus den 60er und 70er Jahren des letzten Jahrhunderts: In meinem Arbeitsgebiet kommt zum Beispiel das Buch von S. Sakai, C*-Algebras and W*-Algebras, Springer-Verlag, Berlin 1971, weitgehend ohne Erläuterungen und Beispiele aus; ein wunderbares Buch für Insider, aber mühsam, wenn man den Zugang zu dieser Theorie erst finden möchte.

führt. Auf der anderen Seite sollten nicht-offensichtliche Voraussetzungen durch Gegenbeispiele abgesichert werden, die zeigen, dass man auf diese Voraussetzungen nicht verzichten kann.[33]

Besonders schön ist es, wenn es gelingt, ein Beispiel (oder gar mehrere Beispiele) über längere Zeit mitzuführen, dieses immer wieder aufzugreifen und an ihm den jeweils aktuellen Stand der Diskussion zu verdeutlichen. Wie ein roter Faden erleichtert ein solches Beispiel die Orientierung, manchmal kann es darüber hinaus eine gewisse Vertrautheit schaffen.

Nie sollte man sich dem Verdacht aussetzen, dass der Geltungsbereich eines Satzes oder einer Definition nur uninteressante Fälle oder gar nur die leere Menge umfasst. Sollte dieser Verdacht auch nur aufkommen *können*, dann sind Beispiele nicht nur hilfreich, sondern mathematische Notwendigkeit.

Hat die Arbeit algorithmische Teile, so versteht es sich von selbst, dass Beispielrechnungen die Algorithmen illustrieren. Gegebenenfalls ist es hilfreich (wenn nicht sogar geboten), verschiedene Algorithmen miteinander zu vergleichen und die Ergebnisse mit aussagekräftigen Graphiken zu veranschaulichen. Gerade hier sagen Bilder oft mehr als tausend Zahlen.

Strategische Erläuterungen

Was kommt als Nächstes? Was sind die Ziele der kommenden Diskussion, was die Hauptresultate? Welchen Weg gehen Sie? Warum können Sie den offensichtlichen Weg nicht gehen? „Strategische Erläuterungen" geben Antworten auf solche Fragen. Sie sind Wegweiser und Geländer an den manchmal durchaus beschwerlichen Wegen, für die jede Leserin und jeder Leser dankbar sein wird. Denken Sie daran, wie dankbar Sie selbst für solche Hilfestellungen in Texten sind, mit denen Sie sich auseinandersetzen müssen.

Strategische Erläuterungen leiten typischerweise Kapitel und Abschnitte ein. Aber auch im Kleinen sind strategische Erläuterungen willkommen, etwa zur weiteren Strukturierung von längeren Beweisen oder Argumentationsketten, über die Zerlegung in Teilschritte[34] hinaus, indem Sie zum Beispiel formulieren: „Als Nächstes zeigen wir …" und schließen ab mit: „damit ist gezeigt, dass …,"[35] oder fahren fort mit „also bleibt noch zu zeigen …".

> **Beispiele und strategische Erläuterungen sind Geländer für die Leser.**

[33] Sollte dies nicht gelingen wollen, ist auch dies einen Kommentar oder vielleicht gar eine Vermutung wert.

[34] Vgl. Abschnitt 5.4 auf Seite 66.

[35] Oft schließt ein Beweisschritt ja nicht gerade so ab, dass die letzte Zeile das Gezeigte offensichtlich macht.

5.6 Sprachliche Besonderheiten des mathematischen Stils

Ein mathematischer Text leistet einem guten Stil größeren Widerstand als ein gewöhnlicher deutscher Text. Einerseits ist es ohnehin schwerer, immer neue Formulierungen für stets dieselben Vorgänge zu finden, andererseits zwängen Anforderungen an die Präzision die sprachliche Phantasie zusätzlich in ein enges Korsett.

Synonyme für mathematische Tätigkeiten

Mühsam ist es, in einem mathematischen Text abwechslungsreiche Formulierungen zu finden, geht es doch ständig um Beweisen. Dafür kann man aber auch „zeigen", „folgern", „schließen", „ableiten" und vieles mehr sagen. Auch ein Wechsel zwischen Aktiv und Passiv kann das Einerlei des Schlussfolgerns ein wenig auflockern: „Wir beweisen", „es wird gezeigt" etc.

Einige Synonyme für gängige mathematische Formulierungen finden sich in dem Buch von N. J. Higham ([Hig98]), umfangreicher ist die Sammlung mit Formulierungsvorschlägen für mathematische Standardsituationen in dem Heft von J. Trzeciak ([Trz05]) Diese sind zwar in Englisch gehalten, aber die allermeisten lassen sich bei Bedarf auch mühelos ins Deutsche übertragen und sorgen für Abwechslung im Text. Schließlich können Sie natürlich auch selbst tätig werden und sich eine eigene Liste von Synonymen für Begriffe wie „einführen/definieren", „bezeichnen", „beweisen", „annehmen/voraussetzen", „es folgt" oder „offensichtlich" erstellen. Für den Anfang ist eine kleine Sammlung solcher Formulierungen in Anhang B zusammengestellt.

Keine Synonyme für mathematische Begriffe

So sehr man durch geschickte Verwendung von Synonymen einen Text abwechslungsreich gestalten soll, es gibt in mathematischen Texten eine wichtige Ausnahme: Bezeichnungen für mathematische Objekte sollte man nicht ändern. Zum Beispiel sind die Begriffe „Funktion" und „Abbildung" weitgehend synonym, ähnlich „lineare Abbildung" und „linearer Operator". Haben Sie sich aber einmal entschieden, dass f eine *Funktion* ist, dann sollten Sie aus der Funktion nicht im nächsten Satz eine *Abbildung* machen. Sonst fragt man sich, ob Sie mit „Abbildung" nicht vielleicht doch etwas anderes meinen als mit „Funktion".[36]

Der bestimmte Artikel

Ein bestimmter Artikel verweist auf etwas, das existiert und eindeutig ist. Das ist auch in der Mathematik so. Die wichtigsten Fälle, in denen man einen bestimmten Artikel benutzen kann, sind:

[36] Für mein Empfinden sind die Begriffe in ihrer Verwendung nicht ganz gleichwertig: „Abbildung" ist der abstraktere Begriff, unter einer „Funktion" stelle ich mir eher eine Funktion mit Werten in $\mathbb{R}$, $\mathbb{R}^n$ oder $\mathbb{C}$ vor. „Operatoren" sind nach meinem Sprachverständnis immer Abbildungen zwischen Vektorräumen, besonders wenn die Vektorräume auch unendlich-dimensional sein dürfen.

1. Die Mathematik sichert die Existenz und Eindeutigkeit eines Objektes.
2. Man hat ein Objekt im vorangehenden Text eingeführt und bezieht sich nun darauf.

Es muss also heißen: „Sei x_0 *eine* Lösung der Gleichung $x^2 - 2 = 0$“, denn es gibt deren zwei (in $\mathbb{R}$), dagegen heißt es „Sei x_0 *die* Lösung der Gleichung $x^3 - 3 = 0$“, wenn Sie diese Gleichung wieder in $\mathbb{R}$ betrachten.

Ist $\mathcal{V}$ ein Vektorraum, den Sie vorher eingeführt haben, dann können Sie über „*die* Dimension *des* Vektorraumes $\mathcal{V}$“ sprechen, nicht aber über „*die Basis* von $\mathcal{V}$“. Haben Sie den Vektorraum aber vorher nicht spezifiziert, dann heißt es: „*die* Dimension *eines* Vektorraumes $\mathcal{V}$“. Wurde schon vorher eine spezielle Basis $\mathcal{B}$ eingeführt, dann kann man sich anschließend auch auf *die* Basis $\mathcal{B}$ beziehen.

Ist T eine strikte Kontraktion eines Banachraumes, dann können Sie über „*den* Fixpunkt von T“ sprechen, denn der Banachsche Fixpunktsatz sichert dessen Existenz und Eindeutigkeit. Über „*den* Fixpunkt einer [allgemeinen] linearen Abbildung A“, wie ich kürzlich in einer wissenschaftlichen Arbeit las, kann man dagegen nicht sprechen, wenn die Abbildung nicht schon spezifiziert wurde und sie tatsächlich nur einen Fixpunkt (nämlich die Null) besitzt.[37]

Einen verwandten Fehler fand ich kürzlich in der Einleitung einer wissenschaftlichen Arbeit. Dort hieß es: „Für eine Matrix A bezeichne stets A^{-1} *ihre* Inverse.“ Das ist schlicht falsch, denn nicht jede Matrix besitzt eine Inverse.

Nie verweist ein bestimmter Artikel auf ein nacktes Symbol: „Das f“ gibt es in der Mathematik nicht (vgl. die Ausführungen zum „verbalen Geleitschutz“ in Abschnitt 6.6 und Regel 2 in Abschnitt 7.4 auf Seite 105).

Weitere Beispiele und Gegenbeispiele für den Gebrauch des bestimmten Artikels finden sich in [Be09]; eine ziemlich umfangreiche Liste der Verwendungsmöglichkeiten des bestimmten Artikels in mathematischen Texten enthält das Heft von Jerzy Trzeciak [Trz05], Seite 24 f.

☞ **Hinweis**

Einen bestimmten Artikel verdient ein Objekt nur, wenn es existiert und eindeutig ist.

5.7 Literaturhinweise

Voraussetzung für eine gute Arbeit ist korrekte Rechtschreibung und korrekter Umgang mit der Sprache. Ein Duden [Dud06] oder ein äquivalentes Werk sollte also ständig griffbereit sein, physikalisch oder auf dem Bildschirm. Entsprechendes gilt natürlich,

[37] Gemeint war hier natürlich ein Eigenvektor zum Eigenwert 1, derer es aber, wenn überhaupt, viele gibt.

wenn Sie Ihre Arbeit in Englisch schreiben.[38] Darüber hinaus lassen sich viele Fragen zum korrekten Umgang mit der deutschen Sprache mithilfe von [Dud07] klären, im Englischen leistet [Chic10] gute Dienste. Anregungen für einen ansprechenden Stil in ansprechendem Stil findet man zum Beispiel in den Büchern von Wolf Schneider, etwa in [Schn06], ebenso in [Glu94] oder [Mac11], im englischen Sprachraum ist [StWh00] sehr beliebt.

Die einschlägigen Texte zur Anfertigung wissenschaftlicher Arbeiten, wie [Bri07], [Bur06], [Eco89], [Krä09] oder [Ni06], enthalten in der Regel auch Bemerkungen zum guten Stil im Allgemeinen, natürlich ohne auf die Besonderheiten mathematischer Texte eingehen zu können.

Ein Klassiker über das Schreiben mathematischer Texte ist das Heft [SHSD73], welches vier Artikel zu diesem Thema versammelt, insbesondere auch den Aufsatz von P. Halmos [Ha70] (vgl. die Bemerkungen in den Literaturhinweisen am Ende von Kapitel 2). Ebenfalls älteren Datums ist das Heft von L. Gillman [Gil87], welches nicht mehr leicht erhältlich[39], aber nützlich ist. Steve G. Krantz setzt sich in [Kra98] mit vielen Aspekten des Schreibens im mathematischen Umfeld auseinander. Nützliche Hinweise für das Verfassen mathematischer Texte aller Art enthält [Hig98] und in einer Art Kurzfassung das Heft [Trz05]. Insbesondere enthalten diese Texte Formulierungshilfen, die etwas Abwechslung in das Einerlei der mathematischen Folgerungen bringen und leicht ins Deutsche übertragen werden können. Alternativ bietet auch [Be09] eine Reihe deutscher Formulierungshilfen und weitere nützliche Hinweise. Außer dem letzten wenden sich alle diese Texte in erster Linie an professionelle Mathematikerinnen und Mathematiker.

Dies gilt auch für einen sehr unterhaltsamen Vortrag von J.-P. Serre über Untugenden in mathematischen Vorträgen und Arbeiten, der im Internet abrufbar ist ([Ser03]) und der auf manche der hier angesprochenen Fragen ebenfalls eingeht.

[38] Typischerweise benutzt man hier Webster's Dictionary oder ein Oxford Dictionary, zum Beispiel [Oxf10].

[39] An dieser Stelle einen herzlichen Dank an Frau Schmickler-Hirzebruch, die mir ihr eigenes Exemplar zu Verfügung gestellt hat.

6 Zur Methode des richtigen Symbolgebrauchs

Am Anfang ist das Zeichen.

David Hilbert[1]

Ein mathematischer Text gleicht in mancher Hinsicht dem Text für ein Theaterstück, welches vor dem geistigen Auge der Leser ablaufen soll: Die handelnden Personen sind mathematische Objekte, und wie in einem Theaterstück müssen sie einen Namen erhalten – natürlich nur, wenn sie auch wirklich eine Rolle spielen; Statistenrollen bleiben dagegen namenlos.[2]

Namen und Bezeichnungen kann man jedoch geschickter oder weniger geschickt vergeben. „Nomen est Omen" – „Wie der Name, so sein Träger", sagt, frei übersetzt, ein beliebtes Sprichwort. Was im Alltag nur manchmal stimmen mag, können Sie in der Mathematik selbst beeinflussen. Je müheloser man aus einem Namen auf die Natur des Objekts schließen kann, desto leichter liest sich ein mathematischer Text.[3] Es gibt Filme, in denen man der Handlung nicht mehr folgen kann, weil man sich im Dickicht der Namen verloren hat. Das gilt es in einem mathematischen Text zu vermeiden.

In zwölf Regeln fassen wir in diesem Kapitel die wichtigsten Gesichtspunkte zum Aufbau einer „freundlichen" Notation zusammen und diskutieren ihre Anwendung am Beispiel eines Textes zur linearen Algebra. Wir machen uns Gedanken, an welchen Stellen im Text Bezeichnungen eingeführt werden sollten, denn anders als nach Ostereiern sucht man nach Bezeichnungen nicht so gerne. Wie desaströs sich eine ungeschickte Bezeichnungsweise (und das Festhalten an ihr aus falschem Nationalstolz) auf die Entwicklung der Mathematik auswirken kann, sehen wir an einem historischen Beispiel am Ende dieses Kapitels.

---

[1] David Hilbert (1862 – 1943) in seinem Aufsatz „Neubegründung der Mathematik. Erste Mitteilung", Abhandlungen Mathematisches Seminar Hamburg 1 (1922), 157 – 177.

[2] Ich bin versucht, dieses Bild noch weiterzutreiben: Mathematische Strukturen sind wie Bühnenbilder, vor denen sich die Handlung abspielt. Der Satz „Sei G eine Gruppe und seien $g, h \in G$" meint ja eigentlich Folgendes: „Vorhang auf. Das Bühnenbild zeigt eine Gruppe. Die Elemente g und h betreten die Bühne ..." Man darf gespannt sein, wie sich die Handlung weiterentwickelt.

[3] Auch viele Schriftsteller verwenden einige Mühe auf die Vergabe der Namen für ihre handelnden Personen; man denke nur an Serenus Zeitblom und Adrian Leverkühn in Thomas Manns „Doktor Faustus".

6.1 Der Aufbau einer guten Notation lohnt sich

Notation ist mächtiger, als man meinen möchte. Ohne Notation werden mathematische Texte fast unlesbar, wie etwa das Beispiel aus Euklids Elementen auf Seite 92 in Abschnitt 6.7 deutlich macht. Daher bestand im ausgehenden Mittelalter einer der großen Fortschritte der Mathematik in der Entwicklung einer geeigneten Notation als Grundlage für die neue Algebra.[4] Gute Notation kann die Mathematik beflügeln, schlechte kann sie fast ersterben lassen (vgl. den Ausflug in die Geschichte „Wie schreibt man eine Ableitung?", Seite 93). Und hat man sich erst einmal an eine Notation gewöhnt, so ist die Abänderung einer Bezeichnung so mühsam, als müsse man eine vertraute Person plötzlich mit einem neuen Namen anreden. Es lohnt sich also, über den Aufbau der Notation *rechtzeitig* nachzudenken und mit Umsicht vorzugehen.

Bezeichnungen sind beschwerlich

Bezeichnungen sind hilfreich, Bezeichnungen sind aber auch beschwerlich: Jedes eingeführte Symbol muss im Gedächtnis bereitgehalten werden und ist auch eine Last. Es macht den Rucksack schwerer, den eine Leserin oder ein Leser auf dem Weg zum Inhalt des Textes zu tragen hat. Wer den Umgang mit symboldurchsetzten Texten nicht gewohnt ist, dem können Symbole durchaus Furcht einflößen. Nicht umsonst kursiert unter Sachbuchautoren das Bonmot: „In einem Sachbuch halbiert jede Formel die Zahl der potentiellen Leser." Dies wird für die Leser Ihrer Arbeit nicht gelten (und so oft können Sie die Zahl Ihrer Leser auch gar nicht halbieren), aber auch sie werden es Ihnen danken, wenn Sie nicht unnötig verschwenderisch mit Symbolen um sich werfen.

Bezeichnungen setzen sich fest – auch über Jahrhunderte

Bezeichnungen haben eine hohe Haltbarkeit. Wenn Sie einen mathematischen Text intensiv lesen und anschließend darüber diskutieren, werden Sie fast immer die dort benutzte Notation weiterverwenden, wenn sie nur halbwegs tragfähig ist und nicht zu sehr mit Ihren eigenen Gewohnheiten in Konflikt gerät. Wer sich lange mit Mathematik beschäftigt, hält für jedes seiner Arbeitsgebiete mit der Zeit eine stabile Notation bereit, auf die man bei Diskussionen ohne langes Nachdenken zurückgreifen kann. Manch eine Notation überdauert sogar die Jahrhunderte. Oder können Sie sich eine Analysis ohne die „Weierstraßschen" ε und δ vorstellen?[5]

[4] Vgl. zum Beispiel Alten et al. [ANF03], insbesondere Abschnitt 4.6.

[5] Eigentlich gehen die Verwendung von ε und δ wohl auf A. Cauchy (1789 – 1857) zurück. Das Symbol ε lässt sich vermutlich auf den Anfangsbuchstaben von „erreur", dem französischen Wort für „Fehler", zurückführen (vgl. Judith V. Grabiner: „Who Gave You the Epsilon? Cauchy and the Origins of Rigorous Calculus", The American Mathematical Monthly 90 (1983), S. 185 – 194.), der Buchstabe ε erscheint aber auch schon 1821 in seinem „Cours d'analyse" (vgl. Robert E. Bradley, C. Edward Sandifer: „Cauchy's Cours d'analyse. An Annotated Translation", Springer, Dordrecht 2009). Der erste gemeinsame Auftritt von ε und δ, den ich ausfindig machen konnte, findet statt in „Résumé des leçons données a l'école royale polytechnique sur le calcul infinitésimal", de Bureem Paris 1823 (vgl. „Gesammelte Werke", Serie II, Band 4, dort auf S. 44) und ist im einzigen Bild dieses Buches

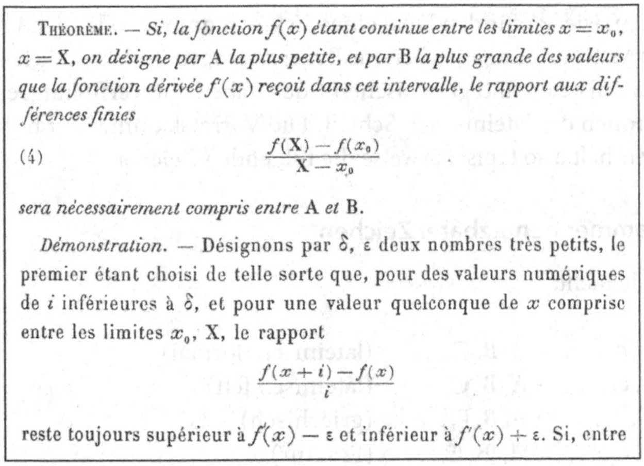

Théorème. — *Si, la fonction $f(x)$ étant continue entre les limites $x = x_0$, $x = \mathrm{X}$, on désigne par* A *la plus petite, et par* B *la plus grande des valeurs que la fonction dérivée $f'(x)$ reçoit dans cet intervalle, le rapport aux différences finies*

$$\frac{f(\mathrm{X}) - f(x_0)}{\mathrm{X} - x_0} \tag{4}$$

sera nécessairement compris entre A *et* B.

Démonstration. — Désignons par δ, ε deux nombres très petits, le premier étant choisi de telle sorte que, pour des valeurs numériques de i inférieures à δ, et pour une valeur quelconque de x comprise entre les limites x_0, X, le rapport

$$\frac{f(x+i) - f(x)}{i}$$

reste toujours supérieur à $f'(x) - \varepsilon$ et inférieur à $f'(x) + \varepsilon$. Si, entre

Abbildung 6.1: Der vermutlich erste gemeinsame Auftritt von ε und δ bei Cauchy (vgl. Fußnote 5)

Noch älter ist die Tradition, Funktionen durch f und Funktionswerte durch $f(x)$ zu bezeichnen. Sie geht auf L. Euler (1707 - 1783) zurück, der wie kein anderer die Mathematik durch gute Schreibweisen bereichert hat, unter anderem mit dem Summenzeichen Σ, mit der imaginären Einheit i oder mit dem Funktionssymbol $f(x)$[6].[7] Ein lehrreiches Beispiel sind auch die Bezeichnungen für die Ableitung bei Newton und bei Leibniz, über die in Abschnitt 6.7 ab Seite 93 berichtet wird.

☞ **Hinweis**

Bemühen Sie sich rechtzeitig um den Aufbau einer guten Notation.

6.2 Der Zeichenvorrat

Die Bezeichnungen für die Basisobjekte eines mathematischen Textes bestehen im Allgemeinen aus nur einem Buchstaben.[8] Daraus können dann mithilfe von Indizes und Akzenten oder durch Zusammensetzungen Bezeichnungen für „abgeleitete" Objekte

wiedergegeben. Berühmt aber wurde das Gespann ε und δ durch die Berliner Vorlesungen von Karl Weierstraß (1815–1897).

[6] Kurioserweise existiert „$f(x)$" auch als Trademark, aber Euler war doch früher! Danke an Matthias Kümmerer für den Hinweis: http://www.trademarks411.com/marks/85639594-f-x (29. 10. 2015).

[7] Auf Platz zwei der größten Symbolerfinder steht übrigens Leibniz.

[8] „Sei *Ve* ein Vektorraum" sieht doch sehr merkwürdig aus!

erhalten werden, wie $\mathcal{V}^*$ für den Dual eines Vektorraumes $\mathcal{V}$ oder $\det A$ für die Determinante einer Matrix A. Daher stehen für Bezeichnungen im Wesentlichen die kleinen und großen lateinischen und griechischen Buchstaben zur Verfügung, einschließlich einiger Variationen der lateinischen Schrift. Die Vorratskammer der benutzbaren Bezeichnungen enthält also typischerweise die folgenden Zeichen:

Die Vorratskammer benutzbarer Zeichen

Sehr groß ist sie nicht:

$a, b, c, \ldots,$	$A, B, C, \ldots$	(lateinisch normal)
$\mathbf{a}, \mathbf{b}, \mathbf{c}, \ldots,$	$\mathbf{A}, \mathbf{B}, \mathbf{C}, \ldots$	(lateinisch fett)
$\alpha, \beta, \gamma, \ldots,$	$A, B, \Gamma, \ldots$	(griechisch)
$\mathfrak{a}, \mathfrak{b}, \mathfrak{c}, \ldots,$	$\mathfrak{A}, \mathfrak{B}, \mathfrak{C}, \ldots$	(Fraktur)
	$\mathcal{A}, \mathcal{B}, \mathcal{C}, \ldots$	(kalligraphisch)
	$\mathbb{A}, \mathbb{B}, \mathbb{C}, \ldots$	(Großbuchstaben mit Doppelstrich)

Natürlich gibt es viele weitere Schriften wie serifenlose Schriften, oder „Math Script" $\mathscr{A}, \mathscr{B}, \mathscr{C}, \ldots$ aus dem Paket `mathrsfs`, aber je zwei benutzte Schriften sollten sich ohne Mühe auf den ersten Blick voneinander unterscheiden lassen. Daher wird man über den oben angegebenen Umfang an Schriften nicht wesentlich hinauskommen.

Erschwerend kommt hinzu, dass sich nicht alle großen griechischen Buchstaben von lateinischen Buchstaben unterscheiden lassen, wie zum Beispiel das große griechische Alpha und Beta vom großen deutschen A und B; gefährlich ist auch das große griechische Eta, welches wie ein großes deutsches H aussieht. Das kann leicht zu Verwechslungen oder Inkonsistenzen führen.[9]

Einige allgemeine Informationen zu Schriften, insbesondere ihre Klassifikation, finden sich im Eintrag „Schriften" in Anhang A, einige Bemerkungen zum Umgang mit Schriften in LaTeX sind in Anhang C.19 zusammengestellt.

> ☞ **Hinweis**
>
> Benutzen Sie gut unterscheidbare Schriften.

[9] Es gibt eine bis heute anhaltende Diskussion, ob der österreichische Physiker Ludwig Boltzmann (1844 – 1906) die Entropie mit einem großen deutschen H oder mit einem großen griechischen Eta bezeichnet hat:

S. Chapman: „Boltzmann's *H*-Theorem", Nature 139 (1937), S. 931.

G. Brush: „Boltzman's „Eta Theorem": Where's the Evidence?", American Journal of Physics 35 (1967), S. 892.

S. Hjalmars: „Evidence for Boltzmann's H as a capital eta", American Journal of Physics 45 (1977), S. 214-215.

D. Flamm: „Einführung zu Ludwig Boltzmanns Entropie und Wahrscheinlichkeit", in „Entropie und Wahrscheinlichkeit von Ludwig Boltzmann", Ostwalds Klassiker der exakten Naturwissenschaften, Band 286, Harri Deutsch, Frankfurt 2008, Seite VII - XXXV, vgl. insbesondere Seite X.

Der mathematische Modus in LaTeX

Auch im Umgang mit mathematischen Bezeichnungen ist LaTeX wieder eine große Hilfe. LaTeX unterscheidet einen Textmodus von einem mathematischen Modus und stellt für diese beiden Modi jeweils unterschiedliche Schriften zur Verfügung. Die Buchstagen u und v im Textmodus unterscheiden sich also von den Buchstaben u und v im mathematischen Modus. Diese Differenzierung erleichtert das Lesen von mathematischen Texten erheblich. Vergleichen Sie etwa:

Sind u und v Vektoren in einem Vektorraum V, so …

Sind u und v Vektoren in einem Vektorraum V, so …

Insbesondere sollte man daher auch einzelne Buchstaben im Text, die für ein mathematisches Objekt stehen, immer im mathematischen Modus schreiben.

Symbolvariationen in LaTeX

Einige griechische Buchstaben stehen in LaTeX in zwei Varianten zur Verfügung. Diese Varianten ermöglichen einerseits eine manchmal willkommene Differenzierung, andererseits sollte man die Varianten aber nicht durcheinanderbringen. Die wichtigsten dieser Varianten[10] sind:

`\epsilon` für ϵ und `\varepsilon` für ε,

`\theta` für θ und `\vartheta` für ϑ,

`\phi` für ϕ und `\varphi` für φ.

In diesen Fällen würde ich die jeweils zweiten Varianten vorziehen: Das Symbol ε hebt sich deutlicher von dem Elementsymbol $\in$ ab als ϵ, die Varianten ϑ (`\vartheta`) und φ (`\varphi`) unterscheiden sich deutlicher von den entsprechenden Großbuchstaben Θ und Φ als θ und ϕ.

6.3 Zwölf Regeln des vernünftigen Symbolgebrauchs

Die bisherigen Ausführungen sollen Sie davon überzeugen: Ehe Sie anfangen, einen längeren mathematischen Text zu schreiben, nehmen Sie sich etwas Zeit – ein bis zwei Stunden können schon genügen – und notieren Sie, welche mathematische Objekte in Ihrem Text voraussichtlich auftreten werden; für diese denken Sie sich gute und konsistente Bezeichnungen aus. Die investierte Zeit lohnt sich, nicht nur für die Leserinnen und Leser, sondern auch für Sie. Eine Notation zu ändern ist zwar mit „Suchen und Ersetzen" nicht allzu schwer, aber eine vertraute Notation aus dem Kopf zu vertreiben und sich auf eine neue Notation einzustellen, ist, wie schon erwähnt, sehr mühsam (Abschnitt 6.1, Seite 76). Die Regeln für gute Bezeichnungen folgen aus drei einfachen Richtlinien:

[10] Alle Varianten sind in Anhang C.17 aufgeführt.

Richtlinien für gute Bezeichnungen

So viel wie nötig,
so wenig wie möglich,
so leicht zu merken, wie es nur irgend geht!

Im Folgenden führen wir diese Richtlinien in Form von Regeln aus. Aber guter Stil lässt sich nicht alleine durch ein System von Regeln erfassen. Daher kann jede einzelne Regel aus einem übergeordneten Grund auch wieder verletzt werden. Große Komponisten haben sich gerade dadurch ausgezeichnet, dass sie manche althergebrachte Regel verletzten und damit die Entwicklung der Musik vorangebracht haben. Aber Sie hatten *sehr gute* Gründe, und sie waren *große* Komponisten.

Regel 1

Benutzen Sie alle Bezeichnungen.

Wie wir oben (Abschnitt 6.1) schon diskutiert haben: Jede Bezeichnung belastet das Gedächtnis. Vermeiden Sie also unnötige Bezeichnungen. Treten Objekte nur einmal auf und werden nicht mehr „aufgerufen", so spielen sie nur eine Statistenrolle und brauchen keine eigenen Namen. Auch wenn ein Objekt nur zweimal oder dreimal auftritt, kann man oft durch eine geeignete Formulierung die Einführung eines neuen Symbols vermeiden.

Statt: „Ist G eine Gruppe und sind $g, h \in G$, so ist auch $g \circ h \in G$" kann man auch schreiben: „Sind g und h zwei Elemente einer Gruppe, so liegt auch ihre Verknüpfung wieder in dieser Gruppe", und spätestens jetzt merkt man, dass man auch ganz ohne Symbole schreiben kann: „Die Verknüpfung zweier Elemente einer Gruppe liegt wieder in dieser Gruppe".

Regel 2

Führen Sie jede Bezeichnung ein.

In einer (inhaltlich sehr guten) Examensarbeit, die gerade auf meinem Schreibtisch liegt, finde ich den Satz:

Eine Funktion $f : X \to [0, \infty]$ von einem topologischen Raum in die …

Natürlich muss es heißen: „von einem topologischen Raum X in …" (das Symbol X kam vorher nicht vor). Das könnte ein einmaliger Ausrutscher gewesen sein. Aber kurz darauf heißt es in dieser Arbeit:

> Das Supremum f von unten halbstetiger Funktionen $f_i : X \to [0, \infty]$ ist halbstetig von unten.

Dieser Satz verletzt mehrere Regeln: Das Symbol f ist offenbar unnötig (es wird auch anschließend nicht mehr darauf zurückgegriffen), vor allem aber wüsste ich allzu gerne, wofür „i" steht. Auch wenn ich mir denken kann, dass i Element einer Indexmenge sein wird – vielleicht I? –, so könnte es wichtig sein, ob diese Menge endlich, abzählbar oder vielleicht nicht abzählbar ist (das ist es hier nicht, aber weiß das auch der Autor?). Und schließlich: Hier steht gar keine Familie von Funktionen, über die man ein Supremum bilden könnte: f_i ist genau eine Funktion, ihr Supremum ist langweilig – oder sollte hier etwa das Supremum der Funktionswerte gemeint sein? Wohl nicht, denn das Wort „Funktionen" steht im Plural und „halbstetig" bezeichnet die Eigenschaft *einer* Funktion. Also soll hier wohl wirklich eine Familie $\{f_i : i \in I\}$ oder auch $(f_i)_{i \in I}$ stehen, und wir können mit Interesse ihr Supremum betrachten. Aber auf dem Weg zu dieser Erkenntnis fühlt man sich eher in einer Gedichtinterpretation als beim Lesen eines mathematischen Textes.

Sicher, ich bin hier etwas pedantisch und diese Formulierung bringt erfahrene Leserinnen und Leser nicht zu Fall, manche aber doch ins Stolpern (Abschnitt 2.1). Und man hätte doch einfach schreiben können:

> Sei I eine beliebige Indexmenge und für $i \in I$ sei $f_i : X \to [0, \infty]$ halbstetig von unten. Dann ist auch das Supremum $\sup\{f_i : i \in I\}$ halbstetig von unten.

Regel 3

Vergeben Sie jede Bezeichnung nur einmal.

Gegen diese Regel verstößt man leichter, als man denkt: Sei A eine komplexe Matrix und $\sigma(A)$ ihre Spur. Nun ist ja die Spur gleich der Summe der Eigenwerte, wenn man jeden Eigenwert mit seiner (algebraischen) Vielfachheit zählt. Die Menge aller Eigenwerte von A bezeichnet man aber auch als das Spektrum von A und schreibt dafür gerne $\sigma(A)$. Und schon ist es passiert: Bezeichnen wir für einen Eigenwert $\lambda \in \sigma(A)$ mit $n(\lambda)$ seine algebraische Vielfachheit, so erhalten wir für die Spur $\sigma(A)$ die „schöne" Identität

$$\sigma(A) = \sum_{\lambda \in \sigma(A)} n(\lambda) \cdot \lambda .$$

Genauso gut kann man natürlich die Spur einer Matrix A mit $\mathrm{Sp}(A)$ und ihr Spektrum mit $\mathrm{Sp}(A)$ bezeichnen … Solche Kollisionen lassen sich leicht vermeiden, wenn man frühzeitig über die Notation nachdenkt.

Regel 4

Bewahren Sie Traditionen.

Bewahren von Traditionen macht das Lesen leichter. Für manche Objekte hat sich die Mathematik-Gemeinde auf feste Bezeichnungen verständigt, die man respektieren sollte. Dazu gehören Bezeichnungen wie e und π für die Basis des natürlichen Logarithmus und das Verhältnis von Kreisumfang zu Kreisdurchmesser, aber inzwischen auch $\mathbb{N}$, $\mathbb{Z}$, $\mathbb{Q}$, $\mathbb{R}$, $\mathbb{C}$[11] für die natürlichen, ganzen, rationalen, reellen und komplexen Zahlen.[12]

Es gibt eine ganze Reihe weiterer und nicht ganz so offizieller Konventionen: Die mit großem Abstand wichtigste natürliche Zahl ist n, gefolgt von m, i und k. Bei dem Satz „sei $n \in \mathbb{C}$" dreht sich den meisten Mathematikern der Magen um. Sie kennen wahrscheinlich auch schon den kürzesten Mathematik-Witz: „Sei $\varepsilon < 0$!" Damit ist eigentlich alles gesagt.

Wie hilfreich es ist, wenn man die Bedeutung häufig vorkommender Bezeichnungen nicht mühsam im Kopf behalten muss, merkt man, wenn man sich an dem folgenden Text versucht. Um was geht es hier?

> Bezeichne λ die Menge der reellen Zahlen. Sei $\alpha : \lambda \to \lambda$, $W \in \lambda$ und für alle $Z > 0$ existiere $f > 0$, sodass für alle $n \in \lambda$ mit $|n - W| < f$ gilt: $|\alpha(n) - \alpha(W)| < Z$. Dann heißt α ???

Vielleicht erkennen Sie den Sachverhalt an der vertrauten Syntax dieses Satzes. Aber dann überzeugen Sie sich doch mal, ob hier wirklich das steht, was Sie erwarten. Ich habe natürlich zuerst die vertraute Version aufgeschrieben und dann Symbole substituiert, anders hätte ich den obigen Satz kaum erzeugen können.

Über die allgemein akzeptierten Traditionen hinaus gibt es noch Traditionen, die in Ihrem speziellen wissenschaftlichen Umfeld gebräuchlich sein mögen. Vielleicht werden in Ihrer Gruppe seit vielen Jahren Wahrscheinlichkeitsräume mit $(X, \mathcal{B}, m)$ bezeichnet und eine Zufallsvariable auf X heißt typischerweise Z. Dann kann es irritierend sein, wenn in Ihrer Arbeit ein Wahrscheinlichkeitsraum (Ω, Σ, μ) und eine Zufallsvariable auf Ω typischerweise X heißen. Sie erleichtern Ihrem Umfeld das Lesen, wenn Sie sich auch an solche Traditionen halten.

Regel 5

Bezeichnen Sie mit Erinnerungswert.

[11] Diese Bezeichnungen gehen, wie auch $\varnothing$ für die leere Menge, auf die Bourbaki-Gruppe zurück, vgl. [Wuß08] Band 2, Seite 486.

[12] In Deutschland gibt es für diese Bezeichnungen sogar die DIN-Norm 1302, die aber nicht in allen Teilen unumstritten ist, vgl. dazu [Krä09], S. 126.

Die Bezeichnung n für eine **n**atürliche Zahl ist eine Bezeichnung mit Erinnerungswert, weil sie den Anfangsbuchstaben von „natürlich" benutzt. Das geht in diesem Fall besonders gut, weil es in dieser Hinsicht keinen Unterschied zwischen Deutsch und Englisch (und vielen anderen Sprachen) gibt. Ähnlich ist der typische Name einer Gruppe G, einer Algebra $\mathcal{A}$ und eines Hilbertraumes $\mathcal{H}$, und das ist gut so. „Sei M eine Gruppe" klingt schon recht merkwürdig. Je suggestiver eine Bezeichnungsweise ist, desto weniger belasten Sie damit Ihre Leserinnen und Leser.

Ob Sie sich in einem deutschen Text an die deutsche oder englische Sprache anlehnen, ist Geschmackssache: Oft ist die englische Literatur so dominant, dass die Anfangsbuchstaben der englischen Bezeichnungen auch ihren Weg in deutsche Texte gefunden haben, zum Beispiel V für die Ecken und E für die Kanten eines Graphen. Dagegen ist nichts einzuwenden, wenn auch bei den Lesern die englischen Begriffe präsent sind. In einer Anfängervorlesung würde ich eine kompakte Menge sicher mit K bezeichnen, in einer fortgeschrittenen Vorlesung kann sie auch schon mal C heißen, wenn ich K für eine konvexe Menge benötige (oder umgekehrt). Es kann hilfreich sein, bei Einführung einer Bezeichnung auch den Lesern kurz und unauffällig mitzuteilen, woher dieser Buchstabe kommt, sonst nützt die Erinnerungshilfe nur dem Autor. In Vorlesungen hat man es in dieser Hinsicht natürlich leichter.

Vor Symbolen, die sich nicht einmal aussprechen lassen, wurde im Unterabschnitt „Eine Bezeichnung muss sich aussprechen lassen" (Seite 58) schon gewarnt.

Regel 6

Geben Sie gleichartigen Objekten gleichartige Bezeichnungen.

Oft ist es mit *einer* Gruppe G, *einem* Vektorraum $\mathcal{V}$ oder *einer* Funktion f nicht getan. Kommt ein zweites gleichartiges Objekt zur Sprache, so erhält es natürlich seine Bezeichnung aus demselben Alphabet, und die Buchstaben, die der Bezeichnung des ersten Objektes am nächsten liegen, sind erste Wahl. Ein zweiter Vektorraum heißt also vorzugsweise $\mathcal{W}$, seltener $\mathcal{U}$, eine zweite Gruppe H, seltener F und eine weitere Funktion g, viel seltener e, (e ist schon ziemlich abgegriffen) usw.

Natürliche Zahlen beziehen ihre Namen meistens aus der Menge $\{i, j, k, l, m, n\}$. Der folgende Buchstabe o wird höchst selten als Symbol benutzt, vielleicht wegen seiner Ähnlichkeit zur Null. Spätestens bei r beginnen im Alphabet dann die reellen Zahlen, vielleicht wegen der Nähe zu t, welches oft für eine zeitliche Größe[13] steht. Variable und unbekannte Größen halten sich vorzugsweise ganz am Ende des Alphabets auf, angefangen bei x (vgl. Regel 9).

[13] Das lateinische Wort für „Zeit" ist „tempus".

Regel 7

Seien Sie sparsam mit Indizes.

Betrachtet man zwei Vektorräume $\mathcal{V}$ und $\mathcal{W}$, so böte sich als Alternative auch an, diese mit $\mathcal{V}_1$ und $\mathcal{V}_2$ zu bezeichnen. Ich ziehe, wenn ich nur zwei Vektorräume benötige, die erste Version vor: $\mathcal{V}$ und $\mathcal{W}$ lesen sich deutlich leichter als $\mathcal{V}_1$ und $\mathcal{V}_2$. Und was tun Sie, wenn Sie fünf Vektoren in $\mathcal{V}_1$ brauchen, die Sie eigentlich gerne mit $v_1, \ldots, v_5$ bezeichnen würden, aber auch ihre Bilder unter einer linearen Abbildung in $\mathcal{V}_2$ brauchen, ganz zu schweigen von deren Koordinaten in einer bestimmten Basis – Dreifachindizes? In dieser und ähnlichen „hierarchischen" Situationen ist es ratsam, mit Indizes erst auf einer möglichst niedrigen Stufe der Hierarchie einzusteigen, also hier frühestens bei den Vektoren, falls dies machbar ist. Wenn die Buchstaben ausgehen, bietet sich als Zwischenlösung noch die Bezeichnung mit $\mathcal{V}$ und $\mathcal{V}'$ an (wenn $\mathcal{V}'$ nicht für den Dual reserviert ist), nicht ganz so gut wie $\mathcal{V}$ und $\mathcal{W}$, aber besser als $\mathcal{V}_1$ und $\mathcal{V}_2$.

Ausnahmen von dieser Regel sind sinnvoll, wenn nachfolgende Buchstaben besetzt sind. Ist zum Beispiel G eine Gruppe, so ist H häufig schon für eine Untergruppe reserviert, dann wird man zu G_1 und G_2 greifen müssen. Manchmal möchte man mit einer Bezeichnungsweise A_1 und A_2 auch eine hohe Symmetrie zwischen A_1 und A_2 andeuten (was immer A_1 und A_2 sein mögen), auch das kann natürlich ein guter Grund für eine indizierte Bezeichnungsweise sein.

Regel 8

Denken Sie hierarchisch …

… wenigstens, soweit es die Notation betrifft: Großbuchstaben sind größer und bedeutender als Kleinbuchstaben (denken Sie an Satzanfänge und Eigennamen), Mengen sind größer und bedeutender als ihre Elemente. Eine (strukturierte) Menge erhält also meist einen Großbuchstaben als Namen, ihre Elemente den entsprechenden Kleinbuchstaben und dessen Nachbarn (vgl. Regel 5 und Regel 6). Also heißt die Gruppe G und *das* typische Gruppenelement heißt eben g und das nächste oft h. Ähnlich $v \in \mathcal{V}$, $x \in X$ oder $\omega \in \Omega$. Auch eine Matrix steht natürlich in der Hierarchie über ihren Einträgen: Heißt also eine Matrix A, so heißen ihre Einträge zum Beispiel $a_{i,j}$ oder $\alpha_{i,j}$ (oder auch a_{ij} oder α_{ij}, vgl. Abschnitt 8.10) für entsprechende Indizes i und j. Ebenso steht eine Abbildung über ihrem Argument: Eine lineare Abbildung T wirkt auf einem Vektor u und macht aus ihm $T(u)$. Eine Abbildung t, die ein Argument V auf $t(V)$ abbildet, macht sich lächerlich! Berühmte Ausnahme: $f(x)$; aber $f(X)$ ist schon schwerer genießbar (wenn X für eine Variable und nicht für eine Menge oder eine Zufallsvariable steht).[14] Beachtet ein mathematischer Text solche Hierarchien, dann heben sich die Großbuchstaben wohltuend heraus aus dem Gewusel der Kleinbuchstaben und erleichtern die Orientierung (vgl. auch Regel 11).

Neben der Unterscheidung von großen und kleinen Buchstaben gibt es noch weitere Standesunterschiede. Oft stehen kleine griechische Buchstaben noch unter kleinen lateinischen Buchstaben und fast immer stehen fette Buchstaben und Buchstaben in Fraktur über ihren mageren Artgenossen. Große griechische Buchstaben wollen sich in diese Hierarchien nicht so recht einfügen (natürlich stehen sie über den kleinen griechischen Buchstaben) und stehen für besondere Aufgaben zur Verfügung. Mit fetten Buchstaben – ebenso wie mit Buchstaben in Fraktur – sollte man sparsam umgehen. Erstens lassen sie sich an der Tafel schlecht von mageren Buchstaben unterscheiden (manchmal wird hier zu Hilfskonstruktionen mit Über- oder Unterstrichen gegriffen) und zweitens springen sie in einem gedruckten Text zu sehr ins Auge und erzeugen große Unruhe. Die Hierarchie der Schriftarten sieht also etwa folgendermaßen aus:

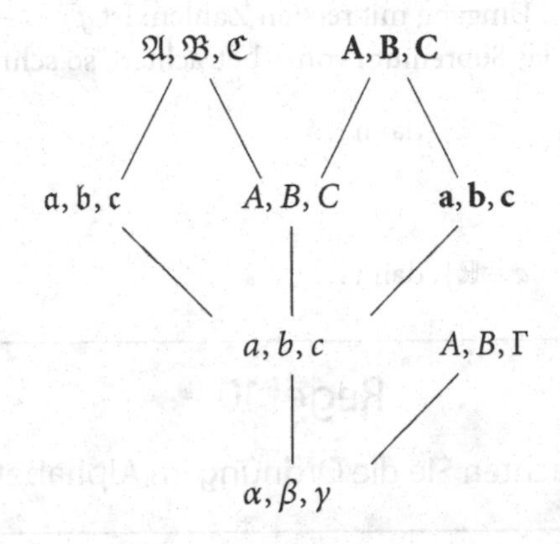

Abbildung 6.2: Hierarchie der Schriftarten

Regel 9

Ziehen Sie Konstante den Variablen vor.

Es hat sich eingebürgert, konstante und ausgezeichnete Elemente mit Buchstaben des vorderen Teils des Alphabets zu bezeichnen, für Variable benutzt man vorzugsweise

[14] Ich wurde darauf aufmerksam gemacht, dass in der Differentialgeometrie ein Tangentialvektor ebenfalls gerne mit X bezeichnet wird. Auch daran gewöhnt man sich im Laufe der Zeit. Ein Vektorfeld X scheint mir jedoch etwas natürlicher.

Buchstaben im hinteren Teil des Alphabets;[15] schließlich heißt *die* Variable ja x. So heißen die Vektoren einer Basis gerne $e_1, e_2, \ldots$ oder auch $b_1, b_2, \ldots$, während Vektoren in Aussagen, die mit „für alle Vektoren …“ beginnen, eher mit Buchstaben am Ende des Alphabets bezeichnet werden. Ähnlich gibt es wohl ein Gefühl, dass man das Distributivgesetz im Vektorraum der linearen Abbildungen eher für S und T und einen Skalar λ formuliert, also $\lambda(S+T) = \lambda S + \lambda T$, während man den Spektralsatz für eine lineare Abbildung doch etwas lieber für A als für T beweist, schließlich hat man mit dieser linearen Abbildung eine Zeit lang zu tun. Die Logik der Mathematik kennt diese Unterschiede kaum, aber es stecken eben doch unterschiedliche Vorstellungen hinter den Formulierungen

> Für alle linearen Abbildungen gilt …

und

> Sei … eine lineare Abbildung, dann gilt …

Ähnliches findet man im Umgang mit reellen Zahlen: Ist $f : \mathbb{R} \to \mathbb{R}$ eine beschränkte Funktion und will man das Supremum von f betrachten, so schreibt man natürlich:

> Sei $a := \sup\{f(x) : x \in \mathbb{R}\}$, dann …

aber nicht:

> Sei $x := \sup\{f(a) : a \in \mathbb{R}\}$, dann …

Regel 10

Beachten Sie die Ordnung im Alphabet.

Wenn es irgend geht, ist $x \leq y$ und nicht $y \leq x$; betrachten Sie so oft wie möglich $\int_a^b$ oder $\int_s^t$ und möglichst selten $\int_b^a$ oder $\int_t^s$ (wenn Sie nicht im nächsten Moment weiterschreiben $\cdots = -\int_s^t$ und alles wieder seine Ordnung hat). Eigentlich ist auch $m \leq n$, aber n ist so dominant, dass es sich doch manchmal in den Vordergrund drängt. Immerhin lässt sich $i \leq j$ und $k \leq l$ meistens verwirklichen.

Regel 11

Überlassen Sie kleinen lateinischen Buchstaben die Hauptarbeit.

[15] Diese Konvention geht auf René Descartes (1596 - 1650) zurück (vgl. etwa [Boy68] oder [Wuß08], Band 1, S. 403).

Kleine lateinische Buchstaben tragen die Hauptlast eines mathematischen Textes. Man sollte Bezeichnungen also derart wählen, dass den Elementen der wichtigsten Untersuchungsobjekte kleine lateinische Buchstaben zukommen. In einem Text über lineare Algebra stehen kleine lateinische Buchstaben für die Elemente von Vektorräumen, in der Analysis für Elemente der Körper $\mathbb{R}$ und $\mathbb{C}$. Ob in einem Text zur Gruppentheorie oder in einer Diskussion von Algebren, immer werden die Elemente, mit denen ständig gearbeitet wird, mit kleinen lateinischen Buchstaben bezeichnet. Dafür gibt es über die Tradition hinaus einen Grund: Dieses Vorgehen erhält dem Text eine gewisse optische Ruhe, soweit das bei mathematischen Texten eben möglich ist.

Regel 12

Halten Sie sich an Ihre Vereinbarungen.

Vielleicht gibt es gute Gründe, in einem Text für Funktionen die Bezeichnungen φ, ψ etc. bereitzuhalten. Aber dann sollten Sie auch dabei bleiben und nicht an anderer Stelle zu f und g übergehen, denn das wäre irritierend. Und heißt die Spur einer Matrix A einmal $\mathrm{Sp}(A)$, dann ist $\mathrm{tr}(A)$ für die Spur von A tabu. „Pacta sunt servanda" – „(einmal) geschlossene Verträge müssen eingehalten werden", das gilt auch für Vereinbarungen in der Mathematik.

Die folgende Tabelle zeigt abschließend die Regeln im Überblick.

Zwölf Regeln des vernünftigen Symbolgebrauchs

1. Benutzen Sie alle Bezeichnungen.
2. Führen Sie jede Bezeichnung ein.
3. Vergeben Sie jede Bezeichnung nur einmal.
4. Bewahren Sie Traditionen.
5. Bezeichnen Sie mit Erinnerungswert.
6. Geben Sie gleichartigen Objekten gleichartige Bezeichnungen.
7. Seien Sie sparsam mit Indizes.
8. Denken Sie hierarchisch.
9. Ziehen Sie Konstante den Variablen vor.
10. Beachten Sie die Ordnung im Alphabet.
11. Überlassen Sie kleinen lateinischen Buchstaben die Hauptarbeit.
12. Halten Sie sich an Ihre Vereinbarungen.

6.4 Ein Beispiel: Lineare Algebra

In der Vorbereitung zu einer Vorlesung über Lineare Algebra könnten die Überlegungen zur Notation zum Beispiel wie folgt aussehen:

Die wichtigsten Objekte sind Skalare, Körper, Vektoren, Vektorräume und lineare Abbildungen, für sie sollten wir eine durchgängig konsistente Notation bereitstellen. Am häufigsten arbeiten wir zweifellos mit Vektoren, also erhalten sie kleine lateinische Buchstaben (Regel 11). Also sollten Vektorräume V und W heißen (Regel 8, Regel 5 und Regel 6). Nun gibt es aber auch noch lineare Abbildungen, die eigentlich auch große Buchstaben erhalten sollten (Regel 8). Aber lineare Abbildungen und Vektorräume sollte man typographisch doch voneinander unterscheiden können. Da Vektorräume Mengen sind, könnte man Vektorräume kalligraphisch mit $\mathcal{V}$, $\mathcal{W}$ etc. bezeichnen, während lineare Abbildungen große lateinische Buchstaben erhielten, also wohl $S, T, \ldots$ aus dem hinteren Teil des Alphabets für wenig festgelegte Abbildungen[16] und $A, B, \ldots$ für konkrete Abbildungen (Regel 9). Ich würde es wohl riskieren, auch Matrizen mit großen lateinischen Buchstaben zu bezeichnen, vielleicht vorzugsweise aus der Mitte des Alphabets (es heißt ja **M**atrix), und natürlich braucht man eine Notation für die Matrix einer linearen Abbildung A bezüglich vorgegebener Basen $\mathcal{B}$ und $\mathcal{B}'$, zum Beispiel $M_{\mathcal{B}}^{\mathcal{B}'}(A)$ (als Mengen von Vektoren erhalten auch Basen große kalligraphische Namen).

Skalare sind den Vektoren untergeordnet, sie erhalten kleine griechische Buchstaben (Regel 8), egal ob sie für sich stehen oder ob sie als Koordinaten eines Vektors oder einer Matrix auftreten. Die reellen und komplexen Zahlen erhalten natürlich die Bezeichnungen $\mathbb{R}$ und $\mathbb{C}$ (Regel 4), also steht $\mathbb{K}$ für einen beliebigen Körper, für endliche Körper würde ich $\mathbb{F}$ reservieren (Regel 6).

Oft ist es darüber hinaus hilfreich, eine eigene Bezeichnung für lineare Funktionale zu haben. Hier würde ich kleine griechische Buchstaben aus dem hinteren Teil des griechischen Alphabets benutzen, also φ, χ, ψ. Da sich χ nicht in jeder Schrift gut von x abhebt, würde ich es erst einsetzen, wenn φ und ψ schon „verbraucht" sind. Große griechische Buchstaben scheinen mir persönlich hier etwas zu „bombastisch", aber auch sie könnten für lineare Funktionale stehen.

Es gibt aber doch noch ein Problem: Da ein Vektorraum typischerweise $\mathcal{V}$ oder V heißt, heißen seine Vektoren natürlich v, w etc. (Regel 8). Aber wie heißen ihre Koordinaten? Ein griechisches Pendant zu v und w gibt es nicht. Daher würde ich wohl abstrakte Vektoren mit v, w etc. bezeichnen, wenn ich aber ihre Koordinaten brauche, hieße es wohl $x = (\xi_1, \ldots, \xi_n)^T$ und $y = (\eta_1, \ldots, \eta_n)^T$.[17] Das ist nicht ganz schön, aber das griechische y wird als υ geschrieben, ist nicht so geläufig und sieht dem lateinischen u oder v zu ähnlich. Wir erhalten also folgende kleine Tabelle für die Namen unserer wichtigsten Akteure:

[16] Lineare Abbildungen kommen wohl selten so anonym daher, dass man sie mit X, Y oder Z bezeichnen möchte. Stattdessen verwendet man häufig T (vielleicht für „Transformation"?) und benachbarte Buchstaben.

[17] Das hochgestellte T steht hier für die Transposition, da es sich ja eigentlich um Spaltenvektoren handelt.

Skalare:	$\lambda, \mu, \xi, \eta, \ldots$
Körper:	$\mathbb{R}, \mathbb{C}, \mathbb{K}, \mathbb{F}$
Vektoren:	$v, w, x, y, \ldots$
Vektorräume:	$\mathcal{V}, \mathcal{W}, \ldots$
Lineare Abbildungen:	$S, T, A, B \ldots$
Lineare Funktionale:	$\varphi, \psi \ldots$

Mit diesem Beispiel soll nicht gesagt sein, dass man in der linearen Algebra zu genau diesem Ergebnis kommen muss. Es gibt auch andere Lösungen des Problems: Zum Beispiel könnten lineare Abbildungen mit kleinen griechischen Buchstaben, Matrizen weiter mit großen lateinischen Buchstaben bezeichnet werden. Die Koordinaten eines Vektors x werden dann doch mit $(x_1, \ldots, x_n)$ bezeichnet. In den anderen Fällen, zum Beispiel bei Eigenwerten, würde ich Skalare aber weiterhin mit kleinen griechischen Buchstaben bezeichnen, natürlich nicht aus demselben Teil des Alphabets, aus dem lineare Abbildungen ihre Bezeichnungen erhalten. In Texten setzt man auch manchmal Vektoren in fetter Schrift, Skalare dagegen in normaler Schrift. Diese Schreibweise lässt sich aber nicht auf die Tafel übertragen, vielleicht ein Grund, dass sie doch nicht so häufig benutzt wird. Stattdessen werden, vor allem in den Anwenderwissenschaften, Vektoren manchmal mit kleinen Pfeilen, zum Beispiel $\vec{a}$, gekennzeichnet.[18]

Das Beispiel oben zeigt aber: Mit ein wenig Überlegung kann man viel erreichen, wenn auch selten alles, denn irgendwelche Kompromisse muss man meistens doch eingehen, und manches ist sicher auch Geschmackssache. Dennoch liest sich ein Text nach einer solchen Vorüberlegung in jedem Fall leichter als ohne sie, und darum geht es ja.

6.5 Eine Bezeichnung ist kein Osterei: Verstecken Sie sie nicht!

Jeder kennt das: Gestern hat man den ersten Teil einer Arbeit gelesen, heute möchte man weiterlesen. Aber was war noch mal dieses K? Das gab es doch schon mal. Man schaut in der unmittelbaren Umgebung – kein Hinweis. Man schaut in der Einleitung – nichts, auch nicht am Kapitelanfang. Also liest man vorsichtig rückwärts, hält jede Stelle, in der K vorkommt, in Gedanken oder am Rand fest und versucht, die Stelle des ersten Auftretens und damit hoffentlich auch der Einführung von K einzukreisen. Irgendwo, mitten im Text und durch nichts hervorgehoben, findet man dann den Satz: „Für das Weitere dieser Arbeit bezeichne K einen kompakten Hausdorff-Raum, der dem ersten Abzählbarkeitsaxiom genügen soll." Aha!

„Grasshopper Reader"

Wer eine Arbeit schreibt und sich in diesem Moment mit aller Kraft und Liebe dem Text widmet, erliegt leicht dem Trugbild, bei den Lesern müsse das ähnlich sein. So

[18] Dazu kursiert im Internet der Mathematikerwitz: Question: What is the physicist's definition of a vector space? Answer: A set V such that for any x in V, x has a little arrow drawn over it.

schreibt sie oder er für ein Publikum, das sich mit Feuereifer auf die Arbeit stürzt und sie nicht mehr aus der Hand legt, ehe es nicht auch die letzte Seite genossen hat.

Aber fast immer liest man eine Arbeit in Teilen, und gerade, wenn sie interessant ist, möchte man auch später wieder diesen oder jenen Satz aufsuchen. Man möchte also mitten in die Arbeit hineinspringen können, ohne die Arbeit wieder von vorne lesen zu müssen. Einen solchen Leser nennt N. Steenrod in [SHSD73] sehr anschaulich „grasshopper reader". Auch für solche Leserinnen und Leser – und das sind die meisten –, muss die Arbeit zugänglich sein. Das heißt also: Wichtige Sätze oder Teile sollten möglichst autark lesbar sein, und was immer dort nicht an Bezeichnungen erklärt wird, muss wenigstens leicht auffindbar sein – Bezeichnungen sind keine Ostereier, nach denen man mit Begeisterung sucht.

Globale Bezeichnungen und Konventionen

Globale Bezeichnungen und Konventionen – es sollten wenige und weitverbreitete sein – werden in der Einleitung eingeführt, ebenso wie die grundlegenden Definitionen. Das kann die Schreibweise für das Skalarprodukt, für die Kommutatorklammer oder für eine wichtige Topologie sein, ebenso werden hier wichtige Objekte eingeführt wie die Menge $\hat{\mathcal{A}}$ der maximalen Ideale einer Algebra $\mathcal{A}$ oder der Raum $\mathcal{C}(X)$ der stetiger Funktionen auf einem kompakten Raum X. Auch die Frage, ob kompakte Räume automatisch Hausdorff-Räume sein sollen, kann hier schon geklärt werden. Was in der Einleitung steht, müssen Leserinnen und Leser aber die ganze Zeit mit sich herumtragen; dieses Gepäck sollte man also möglichst leicht halten, zum Beispiel, indem man hauptsächlich an gängige Konventionen erinnert.

Lokale Bezeichnungen

Auf der anderen Seite der Bezeichnungshierarchie stehen lokale Bezeichnungen. Das sind Bezeichnungen, die nur während eines Beweises oder innerhalb einer oder weniger aufeinanderfolgender Sinneinheiten (vgl. Abschnitt 4.2, Seite 39) Verwendung finden. Sie werden an Ort und Stelle eingeführt und haben eine kurze Lebensdauer.

Sind sie einmal eingeführt, dürfen sie lokal und eventuell in den unmittelbar folgenden Abschnitten unkommentiert benutzt werden, in späteren Abschnitten aber nicht ohne eine erneute Einführung oder Erinnerung. Dort kann man etwa schreiben: „Wir verwenden weiterhin die Bezeichnungen von Abschnitt …", falls sie dort übersichtlich und leicht auffindbar eingeführt wurden.

Eigentlich ist es klar, aber doch wird häufig dagegen verstoßen: Eine Bezeichnung muss eingeführt sein, *ehe* sie verwendet wird. Immer wieder stoße ich, zum Beispiel in der Formulierung eines Satzes, auf eine mir unbekannte Bezeichnung und suche nun ihre Definition vor dem Satz, am Kapitelanfang oder in der Einleitung. Und irgendwann fällt dann mein Auge auf den *folgenden* Abschnitt, von dem Satz optisch schön getrennt, und dort lese ich „… wobei E einen … bezeichne." Oft geschieht das in dem gutgemeinten Versuch, das Stakkato der „sei"s zu vermeiden, aber es führt fast immer zu einem Stolperer der Leser.

Bezeichnungen mit begrenztem Gültigkeitsbereich

Zwischen den globalen und den lokalen Bezeichnungen stehen Bezeichnungen mit einem begrenztem Gültigkeitsbereich, der sich über ein Kapitel oder etliche Abschnitte erstreckt: Wird in einem Kapitel ständig über einen kompakten Hausdorffraum gesprochen, der dem zweiten Abzählbarkeitsaxiom genügt, der aber in den anderen Kapiteln keine Rolle spielt, so kann man diesen Raum zu Beginn dieses Kapitels einführen: „Im Folgenden betrachten wir ...“

Symbolverzeichnis

Wenn Ihre Bezeichnungen nicht durchgängig Standard oder selbsterklärend sind (und das ist meistens der Fall), so ist es hilfreich, wenn Sie den Leserinnen und Lesern über alles oben Gesagte hinaus ein *Symbolverzeichnis* am Ende der Arbeit spendieren. Listen Sie dort alle Symbole und wichtigen Begriffe auf, die nicht ganz selbstverständlich sind, und verweisen Sie auf die Seite des ersten Auftretens im Text, wo die jeweilige Bezeichnung eingeführt und entsprechend erklärt werden wird. Im Zeitalter der elektronischen Textgestaltung ist das kein Problem. Falls das möglich ist, können Sie darüber hinaus auch schon im Symbolverzeichnis kurze Hinweise auf die Bedeutung einer Bezeichnung geben und so den Leserinnen und Lesern weiteres Nachschlagen ersparen. Sie werden es Ihnen danken!

Zusammenfassung

Bezeichnungen und Konventionen sollte immer so eingeführt werden, dass die Belastung für das Gedächtnis möglichst gering gehalten wird und der Ort ihrer Einführung leicht auffindbar ist: Lokale Bezeichnungen für einen Beweis oder einen kleinen Abschnitt können an Ort und Stelle im Text eingeführt werden. Bezeichnungen und Konventionen mit begrenztem Gültigkeitsbereich sollten möglichst innerhalb der niedrigsten Gliederungseinheit einführt werden, für welche sie Gültigkeit beanspruchen. Wann immer man aus größerer Entfernung auf eine Bezeichnung zurückgreifen können soll, muss sie sich leicht auffinden lassen, etwa zu Beginn von Kapiteln oder Abschnitten, in eigenen Absätzen oder in abgesetzten Definitionen, oder unmittelbar vor einem Satz, in welchem sie zum ersten Mal die Bühne betreten. Benutzen Sie viele nicht so gängige Bezeichnungen, so können Sie Ihren Lesern mit einem Symbolverzeichnis zu Hilfe kommen.

> ☞ **Hinweis**
>
> Verstecken Sie nicht die Bezeichnungen:
>
> - Lokale Bezeichnungen stehen, wo man sie braucht.
> - Globale Bezeichnungen stehen, wo man sie sucht.

6.6 Verbaler Geleitschutz

Wenn Sie diese Regeln befolgen, dann ist der Bezeichnungslogik Genüge getan. Aber welche Leser funktionieren schon streng logisch? Sie haben in Ihrer Einleitung ausgeführt, dass Sie mit $\sigma(A)$ immer das Spektrum einer linearen Abbildung A bezeichnen. Auf den letzten zehn Seiten kam aber kein Spektrum vor und plötzlich haben Ihre Leser wieder ein $\sigma(A)$ vor sich.

Sie helfen ihnen ungemein, wenn Sie es nicht bei einem nackten $\sigma(A)$ belassen, wie sehr Sie auch im Recht sind, sondern Ihren Leserinnen und Lesern etwas entgegenkommen und schreiben „das Spektrum $\sigma(A)$". Ein Text wird lesbarer, wenn Sie in wohldosierten Abständen immer mal wieder mit einem Attribut daran erinnern, was sich hinter Ihrer Bezeichnung verbirgt. Wenn Sie vereinbart haben, dass $\mathcal{V}$ immer einen Vektorraum bezeichnen soll, dann ist es doch nett, ab und an „der Vektorraum $\mathcal{V}$" zu schreiben. Norman Steenrod nennt in [SHSD73] solche Beigaben „strategische Redundanz", W. Krämer hat für sie in [Krä09] den schönen Ausdruck „verbaler Geleitschutz" gefunden, den ich hier gerne übernehme. Besonders am Ende von Beweisen macht sich ein verbaler Geleitschutz gut. Statt „..., also ist f^{-1} stetig." liest es sich besser, wenn Sie den Beweis beenden mit: „..., also ist die Umkehrfunktion f^{-1} stetig."

Übrigens: Nur mit „verbalem Geleitschutz" kann ein Symbol einen Artikel erhalten. „das f" gibt es in der Mathematik nicht (ebenso wenig wie „ein f"), nur „die *Funktion* f" (vgl. die Ausführungen zum Gebrauch des bestimmten Artikels in Abschnitt 5.6 auf Seite 71 und nach Regel 2 auf Seite 105). Ein „verbaler Geleitschutz" erleichtert darüber hinaus die Befolgung der Regeln 3 und 4 im Abschnitt 7.4.

6.7 Zwei Ausflüge in die Geschichte der Mathematik

Zwei Beispiele aus der Geschichte der Mathematik sollen abschließend die Macht der Notation belegen: Wir diskutieren Umformulierungen einer berühmten Definition von Euklid und verfolgen eine berühmte Geschichte, die sich um die Schreibweise der Ableitung rankt.

Ein bezeichnungsfreier Text von Euklid

Bezeichnungen machen das Lesen leichter. Das merkt man, wenn man auf sie verzichten muss. Ein schönes Beispiel ist Euklids berühmte Definition der Gleichheit der Verhältnisse zweier Größen.[19]

> Man sagt, dass Größen in demselben Verhältnis stehen, die erste zur zweiten wie die dritte zur vierten, wenn bei beliebiger Vervielfachung die Gleichvielfachen der ersten und dritten den Gleichvielfachen der zweiten und vierten gegenüber, paarweise entsprechend genommen, entweder zugleich größer oder zugleich gleich oder zugleich kleiner sind.

[19] [Euk97], Buch V, Definition 5.

Versuchen Sie, ehe Sie gleich weiterlesen, zu verstehen, was hier steht. – Mit modernen Bezeichnungen könnte dieser Text zum Beispiel so lauten:

> Seien A, B, C, D vier Größen. Wir sagen, dass die Verhältnisse von A zu B und von C zu D gleich sind, wenn für je zwei natürliche Zahlen n und m die Größe $n \cdot A$ genau dann größer bzw. gleich bzw. kleiner ist als $m \cdot B$, wenn auch $n \cdot C$ größer oder gleich oder kleiner ist als $m \cdot D$.

Das ist immer noch etwas mühsam. Leichter wird es, wenn wir auch unsere Zeichen >, =, < und : verwenden dürfen:

> Seien A, B, C, D vier Größen. Dann ist $A : B = C : D$, falls für alle $m, n \in \mathbb{N}$ gilt:
>
> $$\begin{aligned} m \cdot A > n \cdot B &\iff m \cdot C > n \cdot D, \\ m \cdot A = n \cdot B &\iff m \cdot C = n \cdot D, \\ m \cdot A < n \cdot B &\iff m \cdot C < n \cdot D. \end{aligned}$$

Nun sieht es schon recht vertraut aus. Noch deutlicher wird es, wenn wir noch umstellen:

> Seien A, B, C, D vier Größen. Dann ist $A : B = C : D$, falls für alle $m, n \in \mathbb{N}$ gilt:
>
> $$\begin{aligned} A : B > n : m &\iff C : D > n : m, \\ A : B = n : m &\iff C : D = n : m, \\ A : B < n : m &\iff C : D < n : m. \end{aligned}$$

Für ein mathematisch geschultes Auge ist nun leicht ersichtlich, dass Euklid – oder wohl eigentlich Eudoxus – Verhältnisse von Größen mit Verhältnissen von natürlichen Zahlen, in unserer Sichtweise also mit rationalen Zahlen, vergleicht,[20] und wir sehen nun die oft betonte Nähe zur Idee des „Dedekindschen Schnittes", die auf Richard Dedekind (1831 – 1916) zurückgeht.

Auch in der „modernen" Version müssen wir uns noch in den Text hineindenken, aber die Einführung von Zeichen für die Objekte und Relationen macht es uns doch deutlich leichter.[21]

Wie schreibt man eine Ableitung? Ein Weltreich gerät ins mathematische Abseits

G. W. Leibniz (1646 – 1716) schreibt im Jahr 1678 in einem Brief an den Mathematiker Ehrenfried Walther von Tschirnhaus (1651 – 1708), wie wichtig für ihn gute Bezeichnungen sind:

---

[20] Je nach Vorwissen sind aus heutiger Sicht ein oder zwei Äquivalenzen redundant.

[21] Um fair zu bleiben: In den Beweisen führt auch Euklid Bezeichnungen ein; trotzdem sind die Texte weiterhin schwer zu lesen, weil keine Symbole für Relationen und algebraische Operationen zur Verfügung stehen.

> Bei den Bezeichnungen ist darauf zu achten, dass sie für das Erfinden bequem sind. Dies ist am meisten der Fall, so oft sie die innerste Natur der Sache mit Wenigem ausdrücken und gleichsam abbilden. So wird nämlich auf wunderbare Weise die Denkarbeit vermindert.
>
> G. W. Leibniz[22]

In der Tat hat Leibniz auch über die Bezeichnung der Ableitung lange nachgedacht und verschiedene Möglichkeiten ausprobiert, ehe er sich entschieden hat, eine Ableitung mit $\frac{dy}{dx}$ zu bezeichnen.[23,24]

Die gewählte Bezeichnung unterstützte die Sichtweise, den Differentialkalkül als eine Art Algebra mit unendlich kleinen Größen aufzufassen,[25] und diese Sichtweise erwies sich als äußerst nützlich für die folgende Entwicklung des Differentialkalküls. So verdankt die Differentialrechnung ihre stürmische Entwicklung zu einem Teil auch der durchdachten Bezeichnungsweise von Leibniz. An sie knüpft sich ein interessantes Stück Wissenschaftsgeschichte:

I. Newton (1643 – 1727) hatte, etwas vor Leibniz, seinen physikalisch-geometrischen Zugang zur Differentialrechnung entwickelt und bezeichnete die Ableitung einer Funktion f mit $\dot{f}$. Auch diese Bezeichnungsweise hat sich bis heute erhalten, besonders in vielen Bereichen der Physik. Für manche mathematische Fragestellungen ist aber die newtonsche Bezeichnungsweise sperriger als die von Leibniz;[26] das merkt man, wenn man mit ihr zum Beispiel die Kettenregel formuliert (siehe Anmerkung 25).

Infolge des unseligen Prioritätsstreites zwischen Leibniz und Newton über die Erfindung der Differentialrechnung wurde es in Großbritannien aber zur patriotischen Pflicht, ausschließlich Newtons Zugang und Bezeichnungsweise zu benutzen und die mathematischen Entwicklungen auf dem Kontinent zu ignorieren, die währenddessen von der Flexibilität der leibnizschen Schreibweise profitierten. Diese Haltung hat, nicht alleine, aber wesentlich, zu einem dramatischen Niedergang der britischen Mathematik in den hundert Jahren nach Newton geführt –

– bis im Jahre 1812 eine denkwürdige Allianz von drei Studenten in Cambridge, George Peacock (1791 – 1858, bekannt als Algebraiker), John Herschel (1792 – 1872, bekannt als Mathematiker und Astronom, Sohn des noch bekannteren Astronomen und Uranus-Entdeckers Wilhelm Herschel) und Charles Babbage (1792 – 1871, vor allem

[22] Das Zitat findet sich in dem Buch: G. Leibniz (G. Kowalewski, Hrsg.): „Über die Analysis des Unendlichen", Ostwalds Klassiker der exakten Wissenschaften, Band 162, 3. Auflage, Harri Deutsch, Frankfurt 2007, dort auf Seite 74 in den Anmerkungen lateinisch und in deutscher Übersetzung. Ich stieß auf dieses schöne Zitat zuerst in [Be09].

[23] Vgl. [Boy68] oder den Beitrag „Newtons Methode und Leibniz' Kalkül" von N. Guicciardini in [Jah99], S. 89 – 130.

[24] Ebenso führte Leibniz die Bezeichnung $\int y\,dx$ für das Integral ein.

[25] Man denke nur an die Kettenregel, die sich, etwas vergröbert, auf den „Nenner" $\frac{df}{dx} = \frac{df}{dg}\frac{dg}{dx}$ bringen lässt. Man scheint nur kürzen zu müssen.

[26] Nichtsdestoweniger liegt die newtonsche Auffassung des Begriffs der Ableitung unserer heutigen wohl näher als die von Leibniz.

bekannt als Vordenker des maschinellen Rechnens), entsetzt über die Rückständigkeit der Mathematik in Cambridge, die „Analytical Society" mitbegründeten mit dem Ziel, das Beharren auf der newtonschen Methode in Großbritannien zu überwinden: Auch Großbritannien sollte an der Ernte der Früchte des leibnizschen Zugangs teilhaben und den Anschluss an die internationale Mathematik wiedergewinnen. Im Jahre 1816 übersetzten die drei Studenten ein damals berühmtes Lehrbuch der Differential- und Integralrechnung des französischen Mathematikers Sylvestre Francois Lacroix (1765 - 1843) ins Englische, und G. Peacock, inzwischen Lecturer in Cambridge (Trinity), konnte 1817 und 1821 durchsetzen, dass in den Mathematikprüfungen („Tripos") der leibnizsche Zugang geprüft wurde. Schon ab 1820 breitete sich daraufhin die leibnizsche Schreibweise weiter aus und um 1830 hatte sie die newtonschen Schreibweise auch in Großbritannien überflügelt: Großbritannien war mathematisch wieder auf Augenhöhe mit dem übrigen Europa.

Die „Analytical Society" wurde 1819 zur „Cambridge Philosophical Society" und genießt heute Weltruf – nachdem ihre Tätigkeit nicht mehr ausschließlich der Durchsetzung des leibnizschen Infinitesimalkalküls gewidmet ist.

Was lehrt uns diese Geschichte? Das Beharren auf einer ungeschickten Notation kann die mathematische Potenz eines Weltreiches für hundert Jahre lahmlegen![27]

6.8 Literaturhinweise

Über die Einführung und den Gebrauch von Symbolen gibt auch [Be09] Auskunft, einiges findet sich in [Kra98]. Auch [Hig98], [Gil87] und die Beiträge von Steenrod und Halmos in [SHSD73] enthalten Bemerkungen zur Notation. Schließlich finden sich etliche Hinweise zu Notationsfragen in [Chic10]. Einige humorvolle Bemerkungen zu diesem Thema macht auch J.-P. Serre in [Ser03].

[27] Hinweise auf diese schöne Geschichte finden sich in [Boy68], am Ende von Kapitel XIX, in [Kli72], 17.6 und 26.5, sowie in den Artikeln über C. Babbage und G. Peacock in [Gi70]. Der Übergang von der „Analytical Society" zur „Cambridge Philosophical Society" wird von Philip C. Enros allerdings etwas anders gesehen in seinem Artikel „The Analytical Society (1812 – 1813): Precursor of the Renewal of Cambridge Mathematics", Historia Mathematica 10 (1983), 24 – 47.

7 Mischung von Symbolen und Text

It strikes me that mathematical writing is similar to using a language. To be understood you have to follow some grammatical rules. However, in our case, nobody has taken the trouble of writing down the grammar; we get it as a baby does from parents, by imitation of others. Some mathematicians have a good ear; some not (and some prefer the slangy expressions such as "iff"). That's life.

J.-P. Serre[1]

Mathematik ist auch eine Sprache, und wie alle Sprachen hat sie eine eigene Grammatik. Hier mischen sich Wörter und mathematische Symbole, ein mathematischer Text sieht schon von außen recht anders aus als ein Text von Thomas Mann[2] oder Franz Kafka. Diese Mischung von Text und Symbolik erzwingt eine Reihe von grammatikalischen und stilistischen Besonderheiten, über die Thomas Mann und Franz Kafka nicht nachdenken mussten.

Einer Grammatik des Zusammenspiels von Wort und Symbol ist daher dieses Kapitel gewidmet. In einem einleitenden Teil fragen wir uns zunächst, wieviel Symbolik einem mathematischen Text guttut und gehen auf einige Besonderheiten der mathematischen Sprache ein. Im zentralen Abschnitt dieses Kapitels sammeln wir die wichtigsten Regeln, die das Zusammenspiel von Symbolik und Text bestimmen. Da in einer mathematischen Formulierung jedes Detail bedeutsam sein kann, muss man beim Lesen in aufeinander bezogenen Formulierungen oder Ausdrücken besonders auf Parallelen und Unterschiede achten. Sie können Ihre Leserinnen und Leser dabei unterstützen, wenn Sie das „Prinzip der kleinsten Änderung" befolgen, welches wir zum Ende dieses Kapitels einführen.

7.1 Metamorphosen eines mathematischen Satzes

Wie viel Symbolik und wie viel Prosa soll ein mathematischer Text enthalten? Auch zu dieser Frage lautet die Antwort natürlich wieder: Genau so viel, dass die Information möglichst leicht zugänglich wird. Da hier auch Lesegewohnheiten eine Rolle spielen,

---

[1] Dieses schöne Zitat findet sich in dem Text „Some Hints on Mathematical Style" von David Goss, www.math.ohio-state.edu/~goss/hint.pdf (25. 10. 2015), vgl. auch die Ausführungen in [Ser03].

[2] Vgl. das Zitat von Thomas Mann zu Beginn von Kapitel 8.

wird die Antwort zu unterschiedlichen Zeiten und für unterschiedliche Adressatenkreise auch unterschiedlich ausfallen, wie schon das Beispiel des Textes von Euklid auf Seite 92 zeigt.

Um einen Eindruck von der Bandbreite möglicher Antworten zu geben, betrachten wir als Beispiel etwas genauer den bekannten Satz aus der Analysis, der besagt, dass eine stetige reellwertige Funktion auf einem kompakten Intervall ihr Maximum und ihr Minimum annimmt.[3] Der Begriff „stetig" sei an dieser Stelle schon erklärt.

Erste Formulierung: Ganz ohne Symbole und leicht abseits der heute gängigen Sprachkonventionen könnte der Satz etwa folgendermaßen formuliert werden:

> *Eine Funktion sei auf einem Intervall von (reellen) Zahlen, welches seine Grenzen enthalten möge, erklärt und dort stetig. Dann gibt es in diesem Intervall eine Zahl, sodass der Wert der Funktion an dieser Stelle ihrem Wert an jeder weiteren Stelle dieses Intervalls mindestens gleichkommt. Ebenso gibt es eine Zahl in diesem Intervall, sodass der Wert der Funktion an jeder weiteren Stelle ihrem Wert an dieser Stelle mindestens gleichkommt.*

So etwa könnte dieser Satz vielleicht bei Euklid geheißen haben, wäre er seiner Zeit mathematisch um etwa 2 000 Jahre voraus gewesen.[4] Ganz leicht erschließt sich der Inhalt dieses Satzes wohl nicht, insbesondere der eingebaute Rollentausch des Wertes der Funktion „an dieser Stelle" und ihres Wertes „an jeder weiteren Stelle" erfordert ein genaues Hinschauen. Er verletzt das Prinzip der kleinsten Änderung, welches wir in Abschnitt 7.5 (Seite 110) diskutieren werden. Darüber hinaus macht aber auch der Verzicht auf anschauliche Begriffe und Bezeichnungen das Lesen umständlich. Statt „Intervall ..., welches seine Grenzen enthalten möge" schreiben wir natürlich „abgeschlossenes Intervall" und der Verzicht auf das Zeichen „$\leq$" oder auf die Begriffe „Maximum" und „Minimum" erschwert den Zugang ganz erheblich.

Zweite Formulierung: Von dieser Formulierung nicht sehr weit entfernt ist die Formulierung in dem klassischen Lehrbuch von H. v. Mangoldt und K. Knopp[5] (mit „untere Grenze" und „obere Grenze" sind Infimum und Supremum gemeint):

> *Ist $f(x)$ eine in dem abgeschlossenen Intervall $a \leq x \leq b$ stetige Funktion und ist γ die untere und γ' die obere Grenze der Funktion in diesem Intervall*

[3] Dieser Satz geht wohl zurück auf Karl Weierstraß (1815 – 1897), der ihn in seinen Vorlesungen 1861 formulierte. David Hilbert (1862 – 1943) kommentiert diesen Satz (vgl. „Gesammelte Abhandlungen", Band 3, S. 333) wie folgt: „In seinem Satze, dem zufolge eine *stetige* Funktion einer reellen Veränderlichen ihre obere und untere Grenze stets wirklich erreicht, d. h., ein Maximum und Minimum wirklich besitzt, schuf WEIERSTRASS ein Hilfsmittel, dass heute kein Mathematiker bei feineren analytischen oder arithmetischen Untersuchungen entbehren kann." (Vgl. auch E. Hairer, G. Wanner: „Analysis by Its History", Springer-Verlag, New York 1996, S. 205).

[4] Vergleiche den Text von Euklid auf Seite 92.

[5] H. v. Mangoldt, K. Knopp: „Einführung in die höhere Mathematik", 12. Auflage, Hirzel Verlag, Stuttgart 1964, Seite 541. Die 5. Auflage, das Vorbild für diese Auflage, erschien 1931.

(die nach dem vorigen Satze beide endliche Werte haben), so gibt es mindestens je eine Stelle ξ bzw. ξ' in diesem Intervall, für die

$$f(\xi) = y \quad bzw. \quad f(\xi') = y'$$

ist. Eine in einem abgeschlossenen Intervall stetige Funktion besitzt dort also stets ein (absolutes) Minimum und ein (absolutes) Maximum.

Für heutige Lesegewohnheiten ist diese Formulierung immer noch etwas blumig: Das Intervall wird ausgeschrieben: „in dem abgeschlossenen Intervall $a \leq x \leq b$" und die ausführliche Formulierung „so gibt es mindestens je eine Stelle" würde man heute wohl nicht mehr wählen. Der Beginn „Ist $f(x)$ … eine Funktion" wird heute meist als „no go" empfunden. Interessanterweise wird die Behauptung am Ende noch einmal zusammengefasst, wohl, um sie griffiger werden zu lassen.

Dritte Formulierung: Die Formulierungen in den aktuellen Lehrbüchern der Analysis liegen meist in der Nähe der folgenden Version:

Jede stetige Funktion $f : K \to \mathbb{R}$ auf einem kompakten Intervall $K \subseteq \mathbb{R}$ nimmt ein Maximum und ein Minimum an, d. h., es gibt ξ_* und $\xi^* \in K$, sodass für alle $\xi \in K$

$$f(\xi_*) \leq f(\xi) \leq f(\xi^*)$$

gilt.

Hier wird zunächst in kurzen Worten der Inhalt des Satzes formuliert, und eigentlich weiß nach zwei Zeilen schon jeder, was gemeint ist; anschließend wird aber zur Sicherheit die Aussage nochmals unter Zuhilfenahme einiger Symbole wiedergegeben.[6] Eine solche Formulierung entspricht etwa den heutigen Gepflogenheiten.

Vierte Formulierung: Natürlich geht es auch formaler:

Sei $f : \mathbb{R} \supseteq [a, b] \to \mathbb{R}$ stetig, dann existieren $\xi_*, \xi^* \in [a, b]$ mit
$f(\xi_*) = \inf\{f(\xi) : \xi \in [a, b]\}$ und $f(\xi^*) = \sup\{f(\xi) : \xi \in [a, b]\}$.

Das ist schon wieder etwas unübersichtlicher, denn man muss zunächst $[a, b]$ als *kompaktes* Intervall identifizieren (um die Aussage einzuordnen) und das Supremum und das Infimum entschlüsseln, ehe man zum Inhalt der Aussage kommt.

Fünfte Formulierung: Offenbar ist die Einführung des Supremums und Infimums an dieser Stelle eine Ungeschicklichkeit, und es sollte allemal besser wie oben heißen:

[6] Ohne die anschließende Reformulierung könnten und sollten natürlich die Symbole K und f entfallen, denn sie werden für den ersten Teil der Formulierung nicht benötigt: „Jede stetige Funktion auf einem kompakten Intervall nimmt ein Maximum und ein Minimum an." (Vgl. Regel 1 auf Seite 80 in Kapitel 6).

Sei $f : \mathbb{R} \supseteq [a,b] \to \mathbb{R}$ *stetig, dann existieren* $\xi_* \in [a,b]$ *und* $\xi^* \in [a,b]$ *sodass für alle* $\xi \in [a,b]$ *gilt:* $f(\xi_*) \leq f(\xi) \leq f(\xi^*)$.

Wahrscheinlich wird man eine Formulierung dieser Art wählen, wenn man den Satz in einer Vorlesung an die Tafel schreibt, vielleicht noch durch Abkürzungen für „dann existieren" und „für alle" weiter komprimiert, denn sie ist immerhin deutlich kürzer als die dritte Formulierung. Aber in einer Vorlesung werden zusätzlich mündlich Informationen gegeben, sodass die Adressaten dieser Formulierung nicht darauf angewiesen sind, sich den Inhalt alleine zu erschließen.

Sechste Formulierung: Noch kompakter wird die Formulierung des Satzes, wenn man auf den Text vollständig verzichtet:

$$\forall a,b \in \mathbb{R}, a < b, \forall f \in \mathcal{C}([a,b])\, \exists \xi_*, \xi^* \in [a,b] : \forall \xi \in [a,b] : f(\xi_*) \leq f(\xi) \leq f(\xi^*).$$

Alles klar?[7]

Bemerkungen zur Notation

Einige Lehrbücher der Analysis benutzen übrigens Bezeichnungen wie ξ_1 und ξ_2 statt ξ_* und ξ^*. Hier finde ich ξ_* und ξ^* oder verwandte Bezeichnungen wie $\underline{\xi}$ und $\overline{\xi}$ oder ξ_{min} und ξ_{max}[8] deutlich suggestiver und daher besser, denn ihre Bedeutung erschließt sich schon fast aus der Bezeichnung (vgl. Regel 5 auf Seite 83) – nomen est omen.

Übrigens ist in den obigen Formulierungen noch eine kleine Inkonsistenz versteckt, die von der zweiten Formulierung ererbt ist: Die reelle Variable wird mit x und die Intervallgrenzen werden mit a und b bezeichnet, also mit kleinen lateinischen Buchstaben, während anschließend reelle Zahlen mit ξ, ξ_* und ξ^* bezeichnet werden, also mit kleinen griechischen Buchstaben. Man könnte reelle Zahlen durchgängig mit kleinen griechischen Buchstaben bezeichnen, damit sie sich von der Bezeichnung f für die stetige Funktion abheben. In diesem Fall würde man die Intervallgrenzen etwa mit α und β bezeichnen (vgl. Regel 6 auf Seite 83).

Ich hätte in diesem Fall allerdings, wenn es der Kontext zulässt, eine Tendenz, auch für reelle Zahlen kleine lateinische Buchstaben zu benutzen, denn sie leisten hier die Hauptarbeit, sind vertrauter und lesen sich leichter (vgl. Regel 11 auf Seite 87). Ob man dann konsequent ist und auch ξ durch x ersetzt, ist eine Frage des Geschmacks: Es ist einerseits konsistenter, auf der anderen Seite werden aber in der hier gewählten Bezeichnungsweise die unterschiedlichen Funktionen der Zahlen – Intervallgrenzen gegenüber Variablen – deutlicher hervorgehoben.[9]

[7] Natürlich steht $\mathcal{C}([a,b])$ für den Raum der stetigen Funktionen auf $[a,b]$.

[8] Die Indizes min und max werden in aufrechter Schrift geschrieben, vgl. Abschnitt 8.9.

[9] In dem zitierten Buch von H. v. Mangoldt und K. Knopp werden kleine griechische Buchstaben tendenziell für Grenzwerte oder Zahlen mit besonderen Eigenschaften benutzt.

7.2 Symbole: So viele wie nötig, so wenige wie möglich

Zurück zu der zu Beginn gestellten Frage: Welche der obigen Formulierungen sollte man wählen?

Die erste Formulierung liest sich ziemlich mühsam, auch ohne die eingebaute Umstellung des Wertes der Funktion „an dieser Stelle" und ihres Wertes „an jeder weiteren Stelle", weil sie die zur Verfügung stehende Fachsprache nicht ausreichend nutzt. Ein Satz der Form „Für alle x, die größer oder gleich Null sind, gilt ... " liest sich doch beschwerlicher als „Für alle $x \geq 0$ gilt ... ". Doch auch die zweite Formulierung ist für heutige Lesegewohnheiten eher zu ausführlich, wie oben beschrieben. Auf der anderen Seite ist auch die sechste Formulierung wieder sehr leseunfreundlich. Man spürt, dass es einen goldenen Mittelweg irgendwo in der Nähe der dritten Formulierung gibt. Warum?

So hilfreich und unvermeidlich Symbole in mathematischen Texten oft sind (vgl. die Diskussion zu Euklid ab Seite 92), das Lesen von Symbolen ist mühsamer als das Lesen von Prosa. Vergleichen Sie etwa die Formulierung

> *Jede stetige Funktion auf einem kompakten Intervall nimmt ein Maximum und ein Minimum an.*

mit der um (hier überflüssige) Symbole angereicherten Formulierung:

> *Jede stetige Funktion $f : K \to \mathbb{R}$ auf einem kompakten Intervall $K \subseteq \mathbb{R}$ nimmt ein Maximum und ein Minimum an.*

Jedes Symbol hemmt den Lesefluss, es muss erst überwunden werden: Ein Symbol trägt genauso viel Information wie ein ausgeschriebener Begriff oder Name, aber auf kleinerem Raum, und meist muss es im Kopf erst mit seiner aktuellen Bedeutung verknüpft werden, ehe man weiterlesen kann. Während man in einem Prosa-Text auf einem gleichmäßig ansteigenden Weg zum Inhalt kommt, wirkt ein Symbol wie eine plötzliche hohe Stufe. Sie zwingt die Leser, in einen anderen Gang zu „schalten" und mit einem einzigen Schritt einen Höhenunterschied zu überwinden, der sich im normalen Text auf eine längere Strecke verteilt.

Daher sollte man symbolische Schreibweisen nur benutzen, wenn die kurzfristige erhöhte Anstrengung den Lesern auch wirklich einen deutlich längeren Weg erspart. Vergleichen Sie zum Beispiel die obigen Formulierungen mit der sechsten Formulierung des vorigen Abschnitts:

$$\forall a, b \in \mathbb{R}, a < b, \forall f \in C([a, b]) \exists \xi_*, \xi^* \in [a, b] : \forall \xi \in [a, b] : f(\xi_*) \leq f(\xi) \leq f(\xi^*).$$

Sie ist kaum kürzer, aber wie mühsam ist es, diese zu entschlüsseln. Zum einen liegt das daran, dass die Grenzen a und b viermal bemüht werden, um auf das Intervall $[a, b]$ hinzuweisen, dessen Bedeutung für die Aussage sich die Leser selbst aus diesen Bruchstücken zusammensuchen müssen, zum anderen müssen sie selbst erschließen, dass es sich hier um die Existenz eines Maximums und eines Minimums handelt. Die Begriffe „Intervall" und „Maximum" sind aber so anschaulich, dass es fast fahrlässig ist, wenn man den Lesern nicht mit diesen Begriffen den Weg zum Inhalt weist.

Wann immer es möglich ist, sollte man also die Last der Symbole verringern, indem man auf gut eingeführte Begriffe zurückgreift. Vergleichen Sie etwa

Sei x ein Eigenvektor von T, dann ...

mit der Formulierung

Sei $0 \neq x \in V$ mit $Tx = \lambda x$ für ein $\lambda \in \mathbb{K}$, dann ...

Ist der Begriff „Eigenvektor" definiert und kann als bekannt vorausgesetzt werden, dann ist die erste Formulierung leichter verdaulich. Verwenden Sie also, wo immer es geht, gut eingeführte Begriffe, denn dazu sind sie da.

Es gibt natürlich Grenzfälle. Es ist dann durchaus erlaubt und sogar sinnvoll, einen Begriff doppelt einzuführen, verbal und formal: Sind x, y, z Elemente eines Vektorraumes so heißt z Konvexkombination von x und y, wenn z auf der Verbindungsstrecke von x und y liegt, d. h., wenn $z = \lambda x + (1 - \lambda)y$ ist für ein λ mit $0 \leq \lambda \leq 1$.

Die Überlegungen mögen deutlich machen, warum Formulierungen in der Nähe der dritten Formulierung nach heutigem Verständnis am zugänglichsten erscheinen: Diese Formulierung benutzt die zur Verfügung stehenden vertrauten Fachbegriffe („stetig", „Funktion", „kompakt", „Intervall", „Maximum", „Minimum"), die daher nicht mehr in symbolischer Schreibweise ausgeführt werden, und dort, wo die Sprache vielleicht nicht ganz zuverlässig erscheint, nämlich bei dem Begriff „nimmt an", wird dieser Begriff zwar benutzt, um die Vorstellung in die richtige Richtung zu lenken, sicherheitshalber wird aber dieser Teil der Aussage am Ende nochmals symbolisch gefasst.

Faustregeln

- Verwenden Sie symbolische Schreibweisen nur, wenn sie den Text kürzer und übersichtlicher machen.
- Greifen Sie so oft wie möglich auf gut eingeführte Begriffe zurück.

7.3 Korrekte Syntax für mathematische Sätze

Die Verwendung von mathematischen Begriffen und Symbolen unterliegt einer Syntax, die Sie in den schriftlichen Übungen Ihres ersten Studienjahres gelernt haben sollten. Über die fast sprichwörtliche „Funktion $f(x)$" soll hier also nicht mehr diskutiert werden, in Zweifelsfällen kann [Be09] Hilfestellung leisten. Einige Probleme halten sich aber offenbar bis in höhere Semester hinein. Bemerkungen zum Gebrauch des bestimmten Artikels finden sich auf Seite 71 in Abschnitt 5.6, in Abschnitt 6.6 und in der Diskussion zu Regel 2 (Abschnitt 7.4, Seite 105). Hier versichern wir uns kurz der Verwendung von „in" und „auf" und sehen, dass es manchmal sogar hilfreich sein kann, etwas nicht ganz Richtiges zu schreiben.

Abbildungen in und auf

Der Gebrauch der richtigen Präposition im Zusammenhang mit Abbildungen scheint bis in höhere Semester hinein strittig zu sein: Eine Abbildung ist *auf* einer Menge definiert und bildet *nach* einer Menge oder *in* ihren Bildbereich hinein ab. Einzige Ausnahme: Man möchte betonen, dass die Abbildung surjektiv ist, dann darf sie auch ausnahmsweise *auf* ihren Bildbereich abbilden, aber wirklich nur dann. Sind $\mathcal{V}$ und $\mathcal{W}$ Vektorräume und ist $\mathcal{L}(\mathcal{V}, \mathcal{W})$ die Menge der linearen Abbildungen von $\mathcal{V}$ nach $\mathcal{W}$, dann ist $T \in \mathcal{L}(\mathcal{V}, \mathcal{W})$ eine lineare Abbildung *auf* $\mathcal{V}$ (und *nach* $\mathcal{W}$, aber *in* $\mathcal{L}(\mathcal{V}, \mathcal{W})$).

„Abuse of Notation"

Zu viele Symbole können den Zugang zum Text auch erschweren, wie wir in den Abschnitten 7.1 und 7.2 gesehen hatten. Manchmal kann es helfen, vom strengen Pfad der Tugend ein wenig abzuweichen und die mathematische Syntax leicht zu verbiegen – aber nur mit äußerster Vorsicht:

Häufig ist man in der Situation, dass eine Abbildung $f : X \to Y$ gegeben ist, und man möchte für eine Teilmenge $A \subseteq X$ die Menge $\{f(x) : x \in A\}$ näher betrachten. Tritt ein solcher Ausdruck nur ein- oder zweimal auf, so ist das kein Problem und man schreibt ihn einfach aus wie oben. Kommt er aber oft vor, so kann man sich doch zu einem $f(A)$ durchringen, natürlich nicht, ohne auf diese Notation beim ersten Auftreten kurz hinzuweisen.[10] Ähnlich steht $f^{-1}(B)$ für $\{x \in A : f(x) \in B\}$ falls $B \subseteq Y$ ist, obwohl f meistens gar keine Umkehrfunktion besitzt,[11] und für zwei Teilmengen A und B in einem Vektorraum ist $A + B$ eben doch eine gute Bezeichnung für die Menge $\{x + y : x \in A, y \in B\}$, obwohl „+" zunächst für die Addition von *Elementen* des Vektorraumes steht.[12]

Im Englischen gibt es für solche Gelegenheiten den Ausdruck „Abuse of notation" oder analog „Abuse of language", wenn es sich um eine terminologische „Freiheit" handelt. Leider kenne ich kein wohlklingendes deutsches Pendant.

7.4 Einige Regeln aus einer Grammatik der Mathematik

Es wurde zu Beginn von Abschnitt 5.1 schon gesagt: Einen mathematischen Text muss man vorlesen können. Auch jedes Symbol kann ausgesprochen werden, und wenn Sie einen mathematischen Text laut lesen, sollte sich ein mathematisch wie grammatikalisch korrekter Text ergeben.

[10] Immerhin ist sie ja syntaktisch nicht korrekt, denn A ist kein Element des Definitionsbereiches von f, sondern eine Teilmenge und für ein einzelnes Argument x schreibt man $f(x)$ und nicht $f(\{x\})$.

[11] In der Stochastik könnte man ohne diese abkürzende Notation wohl gar nicht leben.

[12] In mathematischen Vorträgen kann man häufig beobachten, wie eine Sprecherin oder ein Sprecher eine solche Formulierung an die Tafel schreibt, kurz innehält und dann doch noch ganz schnell die „eigentliche Bedeutung" nachschiebt, um einem Unwohlsein angesichts dieser nicht ganz korrekten Schreibweise vorzubeugen.

Für die Mischung von Symbolen und Text gibt es aber einige Regeln, eine Art Grammatik der mathematischen Sprache, die wohl noch nicht explizit niedergeschrieben wurde[13] – vielleicht eine interessante Aufgabe für linguistische Feldforschung[14]. Wer einige Jahre mathematische Texte gelesen und geschrieben hat, denkt meistens ebenso wenig über die Regeln der mathematischen Sprache nach, wie jemand über die Regeln einer Fremdsprache nachdenkt, sobald man sie leidlich gut spricht. Verletzt aber jemand diese Regeln, so „outed" er sich als ein nicht vollwertiges Mitglied dieser Sprachgemeinschaft. Eine Ausbildung zur Mathematikerin oder zum Mathematiker beinhaltet daher auch den sicheren Umgang mit „Mathematisch" in Wort und Schrift.

Dieser Abschnitt enthält eine Sammlung der wichtigsten Konventionen, die das Aufeinandertreffen von Text und Symbol regeln.

Auch mathematische Sätze wollen vollständig sein

Relationen wie $=$, $\leq$, $\in$ oder $\subseteq$ sind im Allgemeinen keine vollständigen Prädikate und müssen ergänzt werden.

> **Regel 1**
>
> Achten Sie auf vollständige Prädikate.

Ein Text wie „..., daraus folgt, dass $x = 0$" oder „..., weil $x = 0$" ergibt keinen korrekten deutschen Satz, denn das Zeichen „=" liest man als „gleich" oder als „ist gleich". Liest man die Formulierungen oben laut, so hört man also: „..., daraus folgt, dass x gleich Null" oder „..., daraus folgt, dass x ist gleich Null", und entsprechend „..., weil x gleich Null" oder „..., weil x ist gleich Null".

Diese Nebensätze sind unvollständig oder falsch: Ein „ist" nach „Null" möchte man ergänzen, aber es steht nicht da. Also muss man das Prädikat selbst ergänzen und kann zum Beispiel schreiben: „..., daraus folgt, dass $x = 0$ ist" oder „..., also ist $x = 0$", oder noch schöner: „..., so erhalten wir $x = 0$". Ähnliches gilt für andere zweistellige Relationen wie $a \leq b$, $A \subseteq B$ etc.: Es sollte heißen: „..., also folgt $a \leq b$", „aus $a \leq b$ ergibt sich", „wir zeigen $A \subseteq B$", aber nicht: „weil $a \leq b$" oder „wir sehen, dass $A \subseteq B$".

Das Englische tut sich etwas leichter: Das Gleichheitszeichen kann man auch als „equals" lesen und das Hilfsverb steht näher am Adjektiv (vgl. [Chic10] 12.15).

Ein Symbol ist nicht ganz vollwertig

Symbole, die für ein mathematisches Objekt stehen, führen ein merkwürdiges Dasein zwischen Nomen und Nicht-Nomen. In vielerlei Hinsicht verhalten sie sich wie Namen.

---

[13] Vergleiche auch das Zitat über diesem Kapitel.

[14] Der Weg zu den Sprechern dieser Sprache ist allerdings für viele Menschen beschwerlicher als eine Exkursion in die Regenwälder Amazoniens.

„Also ist G eine Gruppe" können Sie genauso sagen wie „Also ist Otto ein Vegetarier". In mancher Hinsicht kann man sie aber doch nicht für voll nehmen:

Regel 2

Symbole haben keinen bestimmten Artikel.

Was schon für Eigennamen nicht schön ist: „Der Otto ist Vegetarier" oder „Die Lisa ist größer als die Martina", das geht für mathematische Eigennamen überhaupt nicht. Mit Formulierungen wie „Der $\mathbb{R}^n$ ist ein Vektorraum" oder „Das f ist größer als Null" verrät man sich als mathematisch noch nicht ganz erwachsen. In vielen Fällen wird man den Symbolen einen „verbalen Geleitschutz" (vgl. Abschnitt 6.6) mitgeben, an dem sich ein Artikel ausrichten kann. Zum Beispiel könnte man schreiben: „Die Menge $\mathbb{R}^n$ ist ein Vektorraum" oder „Die Funktion f ist größer als Null".

Leicht anders ist die Situation bei Bezeichnungen für Variable, denn hier benötigt man doch ab und zu einen unbestimmten Artikel oder ein Indefinitpronomen wie „jedes", „alle" oder „kein". Solche Bezeichnungen sind ein Neutrum, es heißt also „Finde ein $x \in \mathbb{R}$" oder „für jedes $\varepsilon > 0$" etc.

Regel 3

Ein Satz beginnt nicht mit einem Symbol.

Was Otto und Lisa recht ist, nämlich ein Satz wie „Otto ist Vegetarier" oder „Lisa ist größer als Martina", das ist einem mathematischen Symbol nicht billig: Ein Satz oder ein Satzteil, folgt er nun auf einen Punkt oder auf ein Komma, beginnt nicht mit einem Symbol. Satzanfänge wie „$\mathbb{R}^n$ ist ein Vektorraum" oder „f ist stetig" sind unfein. „f ist stetig" sieht besonders dann merkwürdig aus, wenn dieser Text auf einen Punkt folgt, der Satz also mit einem kleinen Buchstaben beginnt. Ein ähnliches Phänomen existiert auch in der Alltagssprache: Einen Satz sollte man nicht mit einer Jahreszahl beginnen: „Nun schreiben wir das Jahr 2014. 2013 war ein gutes Jahr, denn …" ergibt ein recht holpriges Gefüge.

Satzanfänge mit Symbolen lassen sich am einfachsten wieder mit einem verbalen Geleitschutz (vgl. Abschnitt 6.6) vermeiden, indem man zum Beispiel schreibt „Die Menge $\mathbb{R}^n$ bildet einen Vektorraum" oder „Die Funktion f ist stetig", ähnlich wie man schreiben würde: „Das Jahr 2013 war ein gutes Jahr, denn …". Oft finden sich auch, abhängig vom jeweiligen Kontext, noch elegantere Lösungen.

Versieht man ein Symbol mit einem „verbalen Geleitschutz", so ist es schön, wenn der verbale Geleitschutz und das Symbol nicht durch einen Zeilenumbruch voneinander getrennt werden. Spricht man also über die „Dimension d" so sollte „d" nicht an den

Anfang der nächsten Zeile rutschen.[15] In LaTeX erreicht man dies mit einem geschützten Leerzeichen, indem man schreibt „`Dimension~$d$`“ (vgl. Anhang C.2 und den Eintrag „Zwischenraum“ in Anhang A).

Regel 4

Symbole stoßen einander ab.

Zwei *selbständige* mathematische Symbole müssen durch mindestens ein Wort voneinander getrennt werden. Das gilt natürlich nicht für zwei Symbole innerhalb *einer* Formel oder eines mathematischen Ausdrucks, darauf verweist das Wort „selbständig“. Treffen zwei Formeln aufeinander, dann sollten sie natürlich wieder durch (mindestens) ein Wort voneinander getrennt werden. A. Beutelspacher ([Be09]) nennt diese Regel „das Axiom von Siegel“[16]. Betrachten Sie zum Beispiel:

Also ist wegen $T(x + y) = T(x) + T(y)$ T linear.

Oder:

Also folgt aus $y = x^2$ $y \geq 0$.

Man spürt beim Lesen ein Stocken, wenn nicht ein Stolpern. Darüber hinaus entstehen leicht Mehrdeutigkeiten: Ist im zweiten Ausdruck etwa $x^2 \cdot y$ gemeint? Man würde hier am liebsten Klammern setzen. Und selbst ein Doppelpunkt verhindert ein Stocken nicht (lesen Sie diesen Satz einfach mal laut).

Meist sind solche Sätze jedoch leicht zu vermeiden, entweder durch Umstellen oder wieder durch einen verbalen Geleitschutz (Abschnitt 6.6). Im ersten Fall könnte man zum Beispiel leicht schreiben:

Also ist wegen $T(x + y) = T(x) + T(y)$ der Operator T linear.

Noch besser, weil „wegen“ an dieser Stelle nicht sehr schön ist:

Aus $T(x + y) = T(x) + T(y)$ folgt nun die Linearität von T.

Ähnlich im zweiten Fall:

Aus $y = x^2$ folgt nun $y \geq 0$.

Diese Betrachtung zeigt: Symbole sind nicht ganz so selbständig wie Eigennamen. Daher fühlt sich ein mathematischer Text meist flüssiger an, wenn Sie auch dort, wo es nicht

[15] Umgekehrt ist es selbstverständlich, dass im Ausdruck „d-dimensional“ nach dem Bindestrich kein Zeilenumbruch erfolgen darf. Wie man mit LaTeX dafür Sorge tragen kann, wird im Eintrag „Textstriche“ in Anhang A beschrieben.

[16] Carl Ludwig Siegel (1906 – 1981) war einer der bedeutenden deutschen Mathematiker seiner Zeit.

unbedingt notwendig ist, mathematischen Symbolen immer wieder einen verbalen Geleitschutz mitgeben, natürlich ohne daraus Pedanterie werden zu lassen. Schreiben Sie also ruhig immer wieder (aber nicht immer) „die Funktion f“, „die Menge M“ und „die Gruppe G“.

Relationen und Quantoren

Neben Namen für mathematische Objekte enthält ein mathematischer Text auch Relationen und Quantoren, deren Verwendung ebenfalls einigen Regeln unterliegt.

Regel 5

Relationen haben zwei Seiten.

Relationen wie $=$, $\geq$ etc. und zur Not will ich hier auch $\Rightarrow$ und Ähnliches zu den Relationen rechnen, haben zwei Seiten, und diese müssen *beide* mit Symbolen besetzt sein. Sätze wie „also sehen wir, dass die linke Seite = der rechten Seite ist“ oder „also ist diese Zahl = 0“ oder „$A : V \to V$ hat vollen Rang $\Rightarrow A^{-1}$ existiert“ sind so unmöglich, dass es fast weh tut.

Im ersten Fall kann man zum Beispiel schreiben „also stimmen die linke Seite und die rechte Seite überein“ oder Sie schreiben die Gleichungen in Formelsprache aus, dann gerne mit einem Gleichheitszeichen. Im zweiten Fall schreibt man entweder „also ist diese Zahl gleich Null“, oder „diese Zahl“ hat eine Bezeichnung erhalten, vielleicht α, und man kann schreiben „also erhalten wir $\alpha = 0$“; im dritten Beispiel kann man einfach schreiben: „$A : \mathcal{V} \to \mathcal{V}$ hat vollen Rang, also existiert die Inverse A^{-1}“ (natürlich ist der Vektorraum $\mathcal{V}$ endlich-dimensional). Denn Implikationspfeile sollte man sowieso vermeiden (vgl. die folgende Regel 6).

Regel 6

Vermeiden Sie $\Rightarrow$, $\forall$, $\exists$.

Implikationspfeile und symbolische Quantoren gehören nicht in den Fließtext, nur für die Einleitung eines Beweisschrittes wie $(a) \Rightarrow (b)$ sind sie erlaubt. In mathematischen Büchern wird man sie darüber hinaus fast nicht finden.[17]

Implikationspfeile und symbolische Quantoren sind angebracht in Vorlesungen an der Tafel: Hier will man die Schreibarbeit gering halten, auch im Interesse der Mitschreibenden, und dafür sind solche Kürzel eine willkommene Hilfe. Von dort finden sie Eingang in Vorlesungsmitschriebe und Skripte, oft sind sie auch in schriftlichen

[17] Literatur aus manchen Bereichen der Logik bildet hier eine Ausnahme.

Übungsaufgaben ein erlaubtes Mittel, um den Schreibaufwand nicht ausufern zu lassen. Nach etlichen Semestern hat man sich dann so an diese Bequemlichkeiten gewöhnt, dass diese Kürzel schließlich ihren Weg in wissenschaftliche Arbeiten finden. Statt

$$y = x^2 \Rightarrow y \geq 0$$

kann man zum Beispiel

aus $y = x^2$ folgt $y \geq 0$

schreiben, oder etwas gefälliger

aus $y = x^2$ schließen wir $y \geq 0$.

In dem Buch [Be09] von A. Beutelspacher findet sich unter der vielsagenden Überschrift „⇒" ein ganzes Arsenal von Formulierungen, mit denen man dem Pfeil ⇒ zu Leibe rücken kann (vgl. auch Anhang B).

Ich würde in wenigen Ausnahmefällen Implikationspfeile akzeptieren, wenn ein Argument in eine Folge von kurzen Implikationen führt, deren Aussagen ausschließlich mit Symbolen geschrieben sind, und wenn durch eine solche Darstellung die Argumentation übersichtlicher wird. Wenn zum Beispiel ein Argument aus einer Folge von auseinander abgeleiteten Ungleichungen besteht, dann können Implikationspfeile zur Übersichtlichkeit beitragen: In diesem Fall kann es sinnvoll sein, wenn man das Prinzip der kleinsten Änderung befolgt (vgl. Abschnitt 7.5) und die einzelnen Ungleichungen, eingeleitet durch Implikationspfeile, zeilenweise untereinanderschreibt und so ausrichtet, dass Parallelismen und Veränderungen deutlich hervortreten und leicht zu verfolgen sind.

Ebenso wie Implikationspfeile gehören auch symbolische Quantoren als Abkürzungen von „existiert" oder „für alle" nicht in einen anspruchsvollen mathematischen Text. Formulierungen wie

…, also $\exists\, x \in V$, sodass …

oder

…, also gibt es $\forall\, \varepsilon > 0$ ein $\delta > 0$ …

sind schwer zu ertragen. Ganz einfach kann man doch auch schreiben:

…, also existiert $x \in V$, sodass …

oder

…, also gibt es für alle $\varepsilon > 0$ ein $\delta > 0$ …

Eine Ausnahme mögen Definitionen von Mengen bilden. Aber selbst in einer Formulierung, die überwiegend aus Symbolen besteht, behindern Kürzel für Quantoren die Leser eher, als dass sie eine Hilfe sind: Gerade dann, wenn sich Leser durch „Symbolhaufen" hindurcharbeiten müssen, verschaffen ihnen ausgeschriebene Wörter wie „existiert" oder „für alle" wohltuende kleine Ruhepausen: Schon bei einem Vergleich der fünften Formulierung im Abschnitt 7.1 mit der sechsten Formulierung kann man diesen Effekt wahrnehmen.

Regel 7

Platzieren Sie Quantoren übersichtlich.

Wo stehen die Quantoren[18]? Die logisch korrekte Antwort auf diese Frage lautet natürlich: Vor der Aussage.

Aber: Ein Text liest sich leichter, wenn die wichtigen Dinge am Anfang stehen, die unwichtigen weiter hinten. Daher schreibt man die Angabe „für alle“ manchmal hinter die Aussage, wenn man davon ausgehen kann, dass sich die Leser hier sowieso das Richtige denken. Ich würde also zum Beispiel schreiben:

Weil $T : V \to V$ linear ist, gilt insbesondere
$T(x + y) = T(x) + T(y)$ für alle $x, y \in V$ …

– ja, für wen denn sonst?[19] Ganz anders ist die Situation, wenn man die Linearität von T beweisen möchte und gerade dabei ist, sie zunächst immerhin für die Elemente in einem linearen Teilraum $W \subseteq V$ zu zeigen. Dann würde man natürlich schreiben:

Für alle $x, y \in W$ erhalten wir also $T(x + y) = T(x) + T(y)$.

Also: „für alle“-Ausdrücke stehen *vor* der Aussage, wenn sie eine interessante Information beinhalten; sie können aber hinter ihr Platz finden, wenn man erwarten kann, dass sich die Leser sowieso das Richtige denken. Dann können sie ihre ganze Aufmerksamkeit auf die vor der Aussage stehenden interessanteren Quantoren richten.

Regel 8

„Für“ und „wo“ sind *keine* Quantoren.

Immer wieder lese ich Formulierungen wie

…, also gilt $T(x + y) = T(x) + T(y)$ für $x, y \in V$.

Oder:

…, also gilt $T(x + y) = T(x) + T(y)$, wo $x, y \in V$.

In beiden Fällen wird nicht klar, für wie viele x und y das nun gelten soll: für bestimmte x und y, die vielleicht vorher festgelegt wurden, oder doch für alle? Hier ist Eindeutigkeit

[18] Mit „Quantoren“ sind in diesem Unterabschnitt *ausgeschriebene* Formulierungen wie „für alle $x \in V$“ gemeint.

[19] Natürlich darf diese Angabe bei aller Selbstverständlichkeit nie unterdrückt werden, ganz sicher ist man ja nie!

verlangt! Die zweite Formulierung ist darüber hinaus einfach schlechtes Deutsch. Solche Formulierungen sollten also in einem anspruchsvollen mathematischen Text nicht auftreten.

Zum Ende dieses Abschnitts fassen wir die besprochenen Regeln noch einmal übersichtlich zusammen:

Symbole im Text

1. Achten Sie auf vollständige Prädikate.
2. Symbole haben keinen bestimmten Artikel.
3. Ein Satz beginnt nicht mit einem Symbol.
4. Symbole stoßen einander ab.
5. Relationen haben zwei Seiten.
6. Vermeiden Sie $\Rightarrow$, $\forall$, $\exists$.
7. Platzieren Sie Quantoren übersichtlich.
8. „Für" und „wo" sind *keine* Quantoren.

7.5 Das Prinzip der kleinsten Änderung: Parallelismen

Unter einem *Parallelismus*[20] versteht man eine Situation, in welcher sich zwei mathematische Formulierungen (oder einige ihrer Teile) nicht oder nur in einigen wenigen, dann aber meist entscheidenden, Details voneinander unterscheiden. Mit dem Ausdruck „Prinzip der kleinsten Änderung" will ich ausdrücken, dass man sich bemühen sollte, wo immer es geht, Parallelismen herauszuarbeiten; das heißt also, Ausdrücke, die Parallelismen aufweisen, so weit wie möglich „parallel" zu formulieren und nur die *notwendigen* Veränderungen vorzunehmen. Das hilft Leserinnen und Lesern zu erkennen, an welchen Stellen Formulierungen übereinstimmen und wo es relevante Unterschiede zu beachten gilt. Einige Beispiele sollen dieses Vorgehen verdeutlichen.

Prinzip der kleinsten Änderung in den Voraussetzungen eines Satzes

In der Analysis gibt es einige wichtige Sätze über die Eigenschaften reellwertiger stetiger Funktionen auf kompakten Intervallen: Solche Funktionen sind beschränkt, nehmen ihr Maximum und ihr Minimum an (dieser Satz wurde unter anderen Gesichtspunkten in Abschnitt 7.1 diskutiert) und sind gleichmäßig stetig.

Diese Sätze haben alle dieselben Voraussetzungen, also sollen diese Voraussetzungen auch in allen Sätzen erkennbar identisch formuliert sein. Man kann schreiben: „Sei

[20] Dieses Wort übernehme ich gerne von [Hig98], S. 28.

$f : [a, b] \to \mathbb{R}$ stetig" oder „Sei $f \in C([a, b])$" oder auch „Sei f auf einem kompakten Intervall definiert und dort stetig" etc. So schön abwechslungsreiche Formulierungen manchmal sein mögen, hier sind sie hinderlich. Man sollte sich für eine Formulierung entscheiden und diese an den Anfang eines jeden dieser Sätze stellen. Sie ersparen damit den Leserinnen und Lesern, selbst zu überprüfen, ob die Voraussetzungen nur äquivalente Umformulierungen voneinander sind, oder ob sich hinter den unterschiedlichen Formulierungen doch relevante Unterschiede verbergen.

Prinzip der kleinsten Änderung in Definitionen

Ein gutes Beispiel für die Diskussion von Parallelismen und das Prinzip der kleinsten Änderung ist ein Vergleich der Definitionen für Stetigkeit und für gleichmäßige Stetigkeit:

> **Definition.** Eine Funktion $f : D \to \mathbb{C}$ heißt *stetig* auf D,[21] wenn folgende Bedingung erfüllt ist:
> Für jedes $x \in D$ und für alle $\varepsilon > 0$ gibt es ein $\delta > 0$, sodass gilt:
> $$|f(y) - f(x)| < \varepsilon \quad \text{für alle } y \in D \text{ mit } |y - x| < \delta\,.$$

> **Definition.** Eine Funktion $f : D \to \mathbb{C}$ heißt *gleichmäßig stetig* auf D, wenn folgende Bedingung erfüllt ist:
> Für alle $\varepsilon > 0$ gibt es ein $\delta > 0$, sodass für jedes $x \in D$ gilt:
> $$|f(y) - f(x)| < \varepsilon \quad \text{für alle } y \in D \text{ mit } |y - x| < \delta\,.$$

Hier steht das nicht ganz selbstverständliche „für alle $y \in D$ mit $|y - x| < \delta$" ausnahmsweise am Ende, weil auf diese Weise die Parallelität ohne größere sprachliche Verrenkungen deutlicher wird. Um die Parallelität auch optisch besser hervorzuheben, folgt in beiden Definitionen auf „wenn folgende Bedingung erfüllt ist" ein Zeilenumbruch, ohne den es schon wieder etwas mühsamer wäre, die Parallelen und die Unterschiede auszumachen.

Natürlich könnte man die gleichmäßige Stetigkeit auch mit der folgenden Definition einführen:

> **Definition.** Eine Funktion $f : D \to \mathbb{C}$ heißt *gleichmäßig stetig* auf D, wenn es für jedes $\varepsilon > 0$ ein $\delta > 0$ gibt, sodass für alle $x, y \in D$ mit $|y - x| < \delta$ gilt:
> $$|f(y) - f(x)| < \varepsilon\,.$$

Nach der eingangs gewählten Formulierung der Stetigkeit bürdet diese Formulierung jedoch den Lesern schon wieder ein unnötiges Stück Mehrarbeit auf, die Parallele und den kleinen, aber wichtigen Unterschied herauszuarbeiten. Sie wird dem Prinzip der kleinsten Änderung nicht mehr gerecht.

---

[21] Meist wird man, anders als hier, zunächst Stetigkeit in einem Punkt x_0 definieren und dann zur globalen Stetigkeit übergehen. Aber auch dann kann es hilfreich sein, Stetigkeit und gleichmäßige Stetigkeit „parallelisierend" einander gegenüberzustellen.

Reihenfolgen in Termumformungen so weit wie möglich beibehalten

Auch wenn Addition und Multiplikation reeller Zahlen noch so kommutativ sind: Es ist eben doch zunächst einmal

$$\begin{aligned}(a+b)^2 &= a^2+2ab+b^2 \qquad \text{und nicht}\\ (a+b)^2 &= b^2+2ba+a^2.\end{aligned}$$

Ebenso sollte man in einem Ausdruck, der in eine Summe mehrerer Terme zerfällt, im Laufe einer Rechnung die Reihenfolge der Summanden nicht ohne Not verändern.

Ob λ ein Eigenwert einer linearen Abbildung T ist, erkennt man daran, dass $T - \lambda\mathbb{1}$ einen nichttrivialen Kern hat, vielleicht auch daran, dass $\lambda\mathbb{1} - T$ einen nichttrivialen Kern hat (manchmal ist das praktischer), aber nie mal das eine und mal das andere.[22]

Prinzip der kleinsten Änderung in Ketten von Umformungen

Enthält ein Beweis eine Kette von Umformungen oder Ungleichungen, so besagt das Prinzip der kleinsten Änderung, dass für die Umformung oder Veränderung von einer Zeile zur nächsten nur jeweils ein Argument verantwortlich ist und dass die Zeilen so gestaltet sind, dass keine unnötigen Umstellungen und Veränderungen die wesentliche Veränderung verdecken. Um das Prinzip der kleinsten Änderung in dieser Form überhaupt zur Anwendung bringen zu können, muss vorher, wo dies möglich ist, der Beweis in eine Form gebracht werden, die eine Kette von Umformungen ohne unnötige Unterbrechungen zulässt. Das heißt zum Beispiel, dass einfach zu merkende Notation vorher eingeführt wird und gegebenenfalls Argumente vorweggenommen werden.

Ein Beispiel aus der elementaren Analysis mag dies verdeutlichen (in einem weiteren Beispiel im Unterabschnitt „Linearisieren von Argumenten", Seite 122, spielt dieses Prinzip ebenfalls eine wichtige Rolle): Die beiden ersten Beweise sind leichte Adaptionen von Beweisen aus dem Internet, der dritte Beweis soll das Prinzip der kleinsten Änderung umsetzen.

3.2 Satz (Jensensche Ungleichung). *Sei $I \subseteq \mathbb{R}$ ein Intervall und $f : I \to \mathbb{R}$ sei konvex. Dann gilt für n Punkte $x_1, \dots, x_n \in I$ ($n \in \mathbb{N}$) und Zahlen $\lambda_1, \dots, \lambda_n \in \mathbb{R}$ mit $\lambda_i \geq 0$ ($1 \leq i \leq n$) und $\sum_{i=1}^n \lambda_i = 1$ die Ungleichung*

$$f\Big(\sum_{i=1}^n \lambda_i x_i\Big) \leq \sum_{i=1}^n \lambda_i f(x_i)\,.$$

Beweis 1: Wir führen den Beweis mit vollständiger Induktion. Für $n = 2$ folgt die Behauptung unmittelbar aus der Konvexität von f.

[22] Im Zusammenhang mit der Resolvente wird häufig die zweite Formulierung benutzt, im elementaren Kontext würde ich die erste Variante vorziehen, da sie „näher" an der Eigenwertgleichung $Tx = \lambda x$ (für $x \neq 0$) liegt (vgl. dazu auch „Wir lesen von links nach rechts", Seite 125).

Angenommen, die zu beweisende Ungleichung sei wahr für $n = k$ und die Zahlen $\lambda_1, \ldots, \lambda_{k+1}$ addieren sich zu 1:

$$\lambda_1 + \cdots + \lambda_{k+1} = 1 \quad \text{bzw.} \quad \sum_{i=1}^{k} \frac{\lambda_i}{1 - \lambda_{k+1}} = 1 . \tag{1}$$

Dann ist

$$f\Big(\sum_{i=1}^{k+1} \lambda_i x_i\Big) = f\Big((1 - \lambda_{k+1}) \sum_{i=1}^{k} \frac{\lambda_i}{1 - \lambda_{k+1}} x_i + \lambda_{k+1} x_{k+1}\Big) \tag{2}$$

$$\le (1 - \lambda_{k+1}) f\Big(\sum_{i=1}^{k} \frac{\lambda_i}{1 - \lambda_{k+1}} x_i\Big) + \lambda_{k+1} f(x_{k+1}) \tag{3}$$

wegen der Konvexität von f. Da die Zahlen $\lambda_i/(1 - \lambda_{k+1})$ für $1 \le i \le k$ sich ebenfalls zu 1 addieren, haben wir

$$f\Big(\sum_{i=1}^{k} \frac{\lambda_i}{1 - \lambda_{k+1}} x_i\Big) \le \sum_{i=1}^{k} \frac{\lambda_i}{1 - \lambda_{k+1}} f(x_i) = \frac{1}{1 - \lambda_{k+1}} \sum_{i=1}^{k} \lambda_i f(x_i) , \tag{4}$$

also gilt die Behauptung auch für $n = k + 1$. □

Beweis 2: Der Fall $n = 1$ ist trivial und der Fall $n = 2$ folgt direkt aus der Konvexität von f. Sei die Ungleichung für $n - 1$ Zahlen bereits erfüllt. Sei $\lambda := \sum_{i=1}^{n-1} \lambda_i$, dann gilt $\sum_{i=1}^{n-1} \frac{\lambda_i}{\lambda} = 1$. Weiter sei $x := \sum_{i=1}^{n} \lambda_i x_i$ und $y := \sum_{i=1}^{n-1} \frac{\lambda_i}{\lambda} x_i$, dann ist $x = \lambda y + \lambda_n x_n$ und $\lambda + \lambda_n = 1$. Also folgt aus der Konvexität von f und der Induktionsannahme:

$$\begin{aligned} f(x) &= f(\lambda y + \lambda_n x_n) && (1)\\ &\le \lambda f(y) + \lambda_n f(x_n) && (2)\\ &= \lambda f\Big(\sum_{i=1}^{n-1} \frac{\lambda_i}{\lambda} x_i\Big) + \lambda_n f(x_n) && (3)\\ &\le \lambda \sum_{i=1}^{n-1} \frac{\lambda_i}{\lambda} f(x_i) + \lambda_n f(x_n) && (4)\\ &= \sum_{i=1}^{n} \lambda_i f(x_i) . \end{aligned}$$

□

Beweis 3: Für $n = 1$ ist nichts zu zeigen. Die Konvexität der Funktion f ergibt $f(\lambda x + (1 - \lambda) y) \le \lambda f(x) + (1 - \lambda) f(y)$ für $x, y \in I$, $0 \le \lambda \le 1$, insbesondere ist die behauptete Ungleichung auch für $n = 2$ erfüllt.

Für $n \ge 3$ zeigen wir die Behauptung durch vollständige Induktion. Sei $\lambda := \lambda_1 + \cdots + \lambda_{n-1}$, dann ist $\lambda_n = 1 - \lambda$. Für $\lambda = 0$ reduziert sich die

Behauptung auf den Fall $n = 1$, also können wir $\lambda \neq 0$ annehmen und erhalten

$$\begin{aligned}
f\Big(\sum_{i=1}^{n}\lambda_i x_i\Big) &= f\Big(\sum_{i=1}^{n-1}\lambda_i x_i + \lambda_n x_n\Big) \\
&= f\Big(\sum_{i=1}^{n-1}\lambda\frac{\lambda_i}{\lambda}x_i + \lambda_n x_n\Big) \\
&= f\Big(\lambda\Big(\sum_{i=1}^{n-1}\frac{\lambda_i}{\lambda}x_i\Big) + \lambda_n x_n\Big) \\
&\underset{f \text{ konvex}}{\leq} \lambda f\Big(\sum_{i=1}^{n-1}\frac{\lambda_i}{\lambda}x_i\Big) + \lambda_n f(x_n) \\
&\underset{\text{Annahme}}{\leq} \lambda\Big(\sum_{i=1}^{n-1}\frac{\lambda_i}{\lambda}f(x_i)\Big) + \lambda_n f(x_n) \\
&= \sum_{i=1}^{n}\lambda_i f(x_i)\,. \qquad \square
\end{aligned}$$

Der in allen drei Beweisen verfolgten Strategie (Benutzung der Konvexität (Fall $n = 2$) und der Induktionsannahme) folgen wohl die meisten Induktionsbeweise dieser Ungleichung in der Literatur. Eine Bemerkung zu Beginn, dass die Konvexkombination $\sum_{i=1}^{n}\lambda_i x_i$ im Definitionsbereich I liegt, wurde hier der Kürze halber unterschlagen.

Zwei allgemeine Kommentare vorneweg: Häufig wird, wie auch in den beiden ersten Beweisen, der Fall $\lambda_1 = \dots = \lambda_{n-1} = 0$ bzw. $\lambda_n = 1$ unterschlagen, was zu unangenehmen Ausdrücken der Form $\frac{0}{0}$ führen würde. Ebenfalls schließen die meisten Beweise von n auf $n+1$. Da in der Formulierung des Satzes aber nur $x_1, \dots, x_n$ und $\lambda_1, \dots, \lambda_n$ eingeführt wurden, hängen genau genommen x_{n+1} und λ_{n+1} etwas in der Luft; eigentlich müssten die Bedingungen also noch mal für $n+1$ Parameter formuliert werden, was aber meistens übergangen wird. Der erste Beweis umgeht dies, allerdings um den Preis eines weiteren Index k. Daher wird hier im dritten Beweis (wie auch im zweiten) der Schluss von $n-1$ auf n geführt, was das Problem ein Stück weit behebt.

Alle drei Beweise sind akzeptabel, aber auch die Unterschiede werden deutlich, insbesondere, wenn man beim Lesen darauf achtet, wie häufig das Auge im Text zurückspringen muss, um eine Information von weiter oben zu holen, ehe es die verlassene Textstelle wieder aufsuchen kann, um fortzufahren.

Im ersten Beweis kommt die Umformung $\sum_{i=1}^{k}\frac{\lambda_i}{1-\lambda_{k+1}} = 1$ in (1) zunächst recht unerwartet. Sie wird erst im zweiten Argument nach Zeile (3) wieder aufgenommen, ist aber zu komplex, um bis dahin gemerkt zu werden. Gelangt man zur Ungleichung (4), so muss man selbständig die linke Seite von (4) als einen Term der Zeile (3) identifizieren, anschließend die rechte Seite von (4) dort einsetzen und im Kopf zu Ende rechnen. Bei diesen einfachen Termen mag das noch angehen, aber der direkte Weg ist es nicht.

Der zweite Beweis geht schon den Weg, den Kern des Beweises in eine einzige Kette von Ungleichungen zu konzentrieren. Vorher werden die Abkürzungen λ und y eingeführt (Die Bezeichnung x wird im Original schon in der Behauptung eingeführt).

Die Definition von λ lässt sich leicht merken, die von y wird man nicht so leicht im Gedächtnis behalten. Um Gleichung (1) zu lesen, wird man sich sicherheitshalber oben der Identität $x = \lambda y + \lambda_n x_n$ vergewissern, daher genügt Gleichung (1) noch nicht dem Prinzip der kleinsten Änderung. Umgekehrt muss man beim Schritt von (2) nach (3) wieder auf die Definition von y zurückgreifen, wahrscheinlich nicht ohne kurz einen Blick auf die Definition zu werfen.

Wie man an diesen Beispielen sehen mag, liest sich der Text leichter, wenn man mit neuer Notation äußerst sparsam umgeht, Ausdrücke gegebenenfalls ausschreibt, statt sie abzukürzen, selbst wenn es die Rechnung etwas verlängern mag. Die im zweiten Beweis eingesparte Zeile muss das Auge durch mehrfaches Hin- und Herspringen wieder wettmachen, eine echte Einsparung gegenüber Beweis 3 wurde für die Leser nicht erreicht.

Eine Bemerkung zum Schluss dieser Diskussion: Verfolgt eine Kette von Gleichungen oder Ungleichungen das Prinzip der kleinsten Änderung, so erleichtert das auch die Schreibarbeit ganz erheblich: Um von einer Zeile zur nächsten zu kommen, kann man häufig die vorangehende Zeile kopieren und die „kleinsten Änderungen" vornehmen.

Zusammenfassung

Wir fassen die wichtigsten Regeln des Prinzips der kleinsten Änderung abschließend noch einmal zusammen:

Das Prinzip der kleinsten Änderung

- Ähnliche Sätze/Definitionen ähnlich formulieren.
- Reihenfolgen beibehalten.
- Nur relevante Termumformungen durchführen.
- Neue Notation sparsam einführen.

Kurz: Überlassen Sie das Herausarbeiten von Parallelismen nicht Ihren Leserinnen und Lesern, sondern nehmen Sie ihnen diese Arbeit ab, es bleibt für sie immer noch genügend zu tun.

7.6 Literaturhinweise

Fast alle Bücher, die sich mit der Erstellung mathematischer Texte befassen, enthalten auch verstreute Bemerkungen zu einer Grammatik der mathematischen Sprache: [Be09], [Chic10], [Gil87], [Hig98], [Kra98], [SHSD73], [Trz05]. Einiges wird auch in dem Vortrag von J.-P. Serre in [Ser03] angesprochen, auf den das Eingangszitat über diesem Kapitel zurückgeht.

8 Gestaltung mathematischer Formeln

Was er sah, war sinnverwirrend. In einer krausen, kindlich dick aufgetragenen Schrift, die Imma Spielmanns besondere Federhaltung erkennen ließ, bedeckte ein phantastischer Hokuspokus, ein Hexensabbat verschränkter Runen die Seiten. Griechische Schriftzeichen waren mit lateinischen und mit Ziffern in verschiedener Höhe verkoppelt, mit Kreuzen und Strichen durchsetzt, ober- und unterhalb waagrechter Linien bruchartig aufgereiht, durch andere Linien zeltartig überdacht, durch Doppelstrichelchen gleichgewertet, durch runde Klammern zusammengefasst, durch eckige Klammern zu großen Formelmassen vereinigt. Einzelne Buchstaben, wie Schildwachen vorgeschoben, waren rechts oberhalb der umklammerten Gruppen ausgesetzt. Kabbalistische Male, vollständig unverständlich dem Laiensinn, umfassten mit ihren Armen Buchstaben und Zahlen, während Zahlenbrüche ihnen voranstanden und Zahlen und Buchstaben ihnen zu Häupten und Füßen schwebten.

Thomas Mann[1]

Mathematische Texte sind dichte Texte, man liest sie langsamer als Romane oder Zeitungsartikel. Maximal aber wird die Information pro Zeichen wohl in einer mathematischen Formel[2]: Nicht ganze Wörter, sondern einzelne Symbole verweisen auf mathematische Objekte, die sich auf engstem Raum zusammendrängen. Oft ist schon die Aussage einer einzeiligen Formel so komplex, dass sie in Prosa formuliert ganze Textseiten in Anspruch nähme. Lesen und Interpretieren einer solchen Formel verlangen also höchste Konzentration.

[1] Thomas Mann (1875 – 1955) in „Königliche Hoheit". Die Urheberin dieser mathematischen Hieroglyphen ist im Roman Imma Spoelmann, eine Studentin der Mathematik. In ihr zeichnet Thomas Mann seine Frau Katja, geborene Pringsheim nach, Tochter des bekannten Mathematikers Alfred Pringsheim (1850 – 1941). Tatsächlich gaben wohl zwei handschriftliche Notizen von Alfred Pringsheim die Anregung zu dieser Passage ([Sta08]). Auch Katja Pringsheim hat, wie ihr literarisches Abbild, Mathematik studiert, als Thomas Mann sie kennenlernte. Mehr zu diesem Text und zum Thema „Thomas Mann und die Mathematik" findet man bei Radbruch [Rad97] und in dem Artikel [Sta08] von U. Stammbach. Den Mitarbeitern des Thomas-Mann-Archivs in Zürich danke ich für den Hinweis auf diesen schönen Artikel.

[2] Nicht jeder kompliziertere mathematische Ausdruck, dessen Bedeutung im Wesentlichen auf einzelnen Buchstaben, Abkürzungen oder mathematischen Symbolen beruht, ist eine „Formel" im engeren Sinn, aber es vereinfacht unsere Diskussion, wenn wir jeden solchen Ausdruck einfach als „Formel" bezeichnen.

Die Gestaltung dieser „Formelmassen" erfordert daher große Sorgfalt. Nicht von ungefähr gilt die übersichtliche und ansprechende Gestaltung größerer mathematischer Formeln als eine der großen Herausforderungen für die Typographie. In diesem Kapitel diskutieren wir, wie man den Leserinnen und Lesern die Orientierung in diesen Symboldickichten erleichtern kann, zum Beispiel durch sinnvolle Verwendung von abgesetzten Formeln und ihre übersichtliche Anordnung, durch geeignete Klammern, Abstände und Symbolgrößen, aber auch durch korrekte Zeichensetzung und die Wahl der richtigen Schrift.

Im Formelsatz liegt eine der großen Stärken von LaTeX. Viel typographisches Wissen um die Gestaltung von Formeln ist in LaTeX schon implementiert (vgl. Abschnitt 3.2) und ich kenne kein gängiges Programm, welches ähnlich überzeugend mit mathematischem Formelsatz umgeht – und das zum Nulltarif[3], bei allen Defiziten, die auch LaTeX im Detail haben mag. Wie gut LaTeX mit Formeln umgeht, merkt man schnell, wenn man versucht, eine in LaTeX gesetzte komplexere Formel einigermaßen adäquat mit einem anderen Programm in vergleichbarer Qualität und Zeit zu reproduzieren.

Wenn wir in diesem Kapitel die Gestaltung mathematischer Formeln besprechen, werden wir daher vermehrt auf die Umsetzung mit LaTeX und AMS-LaTeX eingehen.[4] LaTeX-Anweisungen im Quelltext werden wie oft üblich `in aufrechter Schreibmaschinenschrift` wiedergegeben, Anweisungen des Paketes AMS-LaTeX dagegen, wie schon angekündigt, *`in geneigter Schreibmaschinenschrift`*.

8.1 Absetzen von Formeln

Ein mathematischer Text besteht typischerweise aus Gliederungselementen wie Überschriften, aus Fließtext, unterbrochen von abgesetzten mathematischen Ausdrücken, und ist gegebenenfalls angereichert mit Abbildungen und Tabellen.

Unter *Fließtext* versteht man den fortlaufenden Text, ohne Überschriften, Fußnoten, Abbildungen oder ähnliche Unterbrechungen. Im Fließtext wird die Zeile umgebrochen, wenn sie voll ist, Fließtext erzeugt optische Ruhe. Gegliedert wird Fließtext durch Absätze, die, soweit möglich, jeweils durch einen Gedanken zusammengehalten werden. Auch in einem mathematischen Text ist Fließtext zunächst der Normalfall, selbst wenn er hier durchsetzt sein mag mit mathematischen Symbolen. Einen in den Fließtext integrierten mathematischen Ausdruck bezeichnen wir als *Textformel*.

Dem Fließtext gegenüber stehen *abgesetzte* Textteile. Sie erscheinen meist schmaler als der umgebende Text, sind oft zentriert und werden mit Abständen nach oben und nach unten vom restlichen Text abgesetzt. In einem mathematischen Text werden vor allem umfangreichere mathematische Formeln abgesetzt, die wir daher als *abgesetzte Formeln* bezeichnen, aber auch Graphiken, Tabellen oder längere Zitate können abgesetzt erscheinen.

[3] Natürlich gibt es professionelle – und teure – Programme, die auch den Formelsatz beherrschen.

[4] Einer im Wesentlichen vollständigen Kurz-Übersicht über die mathematischen Fähigkeiten von LaTeX und AMS-LaTeX ist Anhang C gewidmet.

LaTeX stellt, wie andere Satzprogramme auch, für Textformeln und für abgesetzte Formeln zwei unterschiedliche Bearbeitungsmodi zur Verfügung: Textformeln werden in aller Regel von umgebenden Dollarzeichen $ eingeschlossen (Genaueres findet sich in Anhang C.2) und LaTeX versucht, einen solchen Ausdruck so gut es geht in die laufende Zeile zu integrieren. Wir sagen daher auch, LaTeX arbeite im *Zeilenmodus*.

Abgesetzte Formeln werden für LaTeX kenntlich gemacht, indem sie in Doppeldollarzeichen $$ oder zwischen \[und \] eingeschlossen werden. Die Doppeldollarzeichen gelten eigentlich als veraltet, erfreuen sich aber immer noch großer Beliebtheit (genaueres hierzu findet sich in Anhang C.3). Wir sagen auch, LaTeX arbeite im *abgesetzten Modus*; im Englischen spricht man von *display*, so auch bei LaTeX. Im abgesetzten Modus wird die Freiheit in vertikaler Richtung ausgiebig genutzt, wie die folgenden Beispiele zeigen:

Textformel: $\lim_{n\to\infty} \quad \int_a^b \quad \sum_{i=1}^n$

Abgesetzte Formel: $\displaystyle \lim_{n\to\infty} \quad \int_a^b \quad \sum_{i=1}^n$

Gerade komplexe Formelgebilde werden daher im abgesetzten Modus übersichtlicher.

Vier Gründe für das Absetzen von mathematischen Ausdrücken

Eine abgesetzte mathematische Formel drängt sich in den Vordergrund und stört die optische Ruhe – für eine Ruhestörung aber sollte man gute Gründe haben. Es gibt Texte, die jeden nach Mathematik aussehenden Textteil absetzen und dadurch sehr unübersichtlich werden, ähnlich wie ein Text, in welchem fast jeder Satz unterstrichen ist: Alles hervorheben heißt nichts hervorheben. Im Wesentlichen lassen sich vier Gründe für das Absetzen eines mathematischen Ausdrucks anführen:

1. Ein Ausdruck wird abgesetzt, weil er zu umfangreich ist für eine normale Textzeile.
2. Ein Ausdruck wird abgesetzt, weil er besondere Aufmerksamkeit verdient.
3. Ein Ausdruck wird abgesetzt, weil man auf ihn später verweisen möchte und er deshalb eine Nummer erhalten soll.
4. Ein Ausdruck wird abgesetzt, weil er Bestandteil einer Kette von Umformungen ist, die sich auf diese Weise leichter verfolgen lassen.

Trifft keiner dieser Fälle zu, so kann man einen mathematischen Ausdruck als Textformel dem Fließtext anvertrauen. Auch kurze und leicht nachvollziehbare Umformungen kann man oft bedenkenlos in eine Zeile integrieren, wenn sie nicht die Zeilen auseinanderreißen. Die Interpretation der obigen Kriterien lässt jedoch noch einigen Spielraum für den persönlichen Geschmack. Daher ist es auch hilfreich, Texte aus dem eigenen mathematischen Umfeld anzuschauen[5] um zu entscheiden, welchen Vorbildern man folgen möchte. Weitere Hinweise enthalten die folgenden Ausführungen:

[5] Wie oft man es mit abgesetzten Formeln zu tun hat, hängt auch vom mathematischen Gebiet ab.

Ad 1: Ein Ausdruck ist groß. Für kompliziertere mathematische Ausdrücke sollte man normalerweise in den abgesetzten Modus wechseln, da in diesem Modus großzügiger und damit übersichtlicher gesetzt wird. Aber auch in kürzeren mathematischen Ausdrücken sprengt mathematische Symbolik oft die Höhe einer normalen Zeile, zum Beispiel, wenn ein Ausdruck Brüche enthält oder große Operatoren wie Integrale oder Summenzeichen. So mag ein kleiner Bruch wie $\frac{1}{2}x^2$ oder $\frac{ax+b}{cx+d}$ gerade noch im Fließtext unterzubringen sein, da er die Zeilen nicht (oder nur wenig) auseinanderreißt (besser passen sich $x^2/2$ und $(ax+b)/(cx+d)$ dem Fließtext an, vgl. „Flache Brüche und Exponenten", Seite 141). Sobald aber Nenner und Zähler eines Bruches selbst wieder Indizes, Integrale oder Ähnliches enthalten wie im Ausdruck $\frac{\int_a^b f(x)dx}{2\pi}$, führt der Zeilenmodus zu unschönen Ergebnissen: Wann immer ein mathematischer Ausdruck im Textmodus den natürlichen Zeilenabstand vergrößert, sollte man ihn als abgesetzte Formel setzen.

Ad 2: Ein Ausdruck verdient besondere Aufmerksamkeit. Besondere Aufmerksamkeit verdient ein Ausdruck weil er wichtig ist: zum Beispiel, weil man ihn für einige Zeit im Kopf oder vor Augen haben sollte, weil er eine längere mathematische Diskussion einleitet oder ihr Ergebnis zusammenfasst, oder weil er mit neuen Größen bekannt macht, die im Folgenden eine wichtige Rolle spielen sollen. Ob ein Ausdruck diesen Kriterien genügt, ist auch Geschmackssache. Nach meiner Erfahrung tendiert man als Verfasserin oder Verfasser jedoch dazu, eher zu viele als zu wenige Ausdrücke für wichtig zu halten.

Ad 3: Ein Ausdruck ist Ziel eines Verweises. Soll auf einen mathematischen Ausdruck später wieder verwiesen werden, so muss er abgesetzt werden, damit er mit einer eigenen Nummer versehen werden kann. Für Weiteres zur Nummerierung von mathematischen Ausdrücken und ihrer Gestaltung vergleiche den folgenden Abschnitt 8.2 und Anhang C.4.

Ad 4: Ein Ausdruck ist Teil einer Kette von Umformungen. Längere Ketten von mathematischen Umformungen, etwa von Gleichungen oder Ungleichungen, sollten normalerweise abgesetzt werden. Umformungen lassen sich in dieser Darstellung leichter verfolgen, besonders, wenn man beim Schreiben auf Parallelismen achtet (vgl. Abschnitt 7.5 und „Linearisieren von Argumenten", Seite 122) und das Prinzip der kleinsten Änderung umsetzen möchte.

Vier Gründe, einen Ausdruck abzusetzen

- Er ist groß.
- Er ist wichtig.
- Er ist Ziel eines Verweises.
- Er ist Teil einer Kette von Umformungen.

Für die Erzeugung, Anordnung und Gestaltung von abgesetzten Formeln stellen LaTeX und AMS-LaTeX eine ganze Reihe von Anweisungen bereit, die in Anhang C.3 zusammengestellt sind; Anhang C.4 enthält Anweisungen zur Erzeugung und Gestaltung von Nummerierungen für abgesetzte Formeln. Hier im Haupttext konzentrieren wir uns daher auf verschiedene Gesichtspunkte zur Gestaltung von abgesetzten Formeln, die dann mit den einschlägigen Anweisungen aus dem Anhang umgesetzt werden können.

8.2 Nummerieren von abgesetzten Formeln

Eine eigene Nummer erhalten *nur* mathematische Ausdrücke, auf die auch verwiesen wird, denn dies erleichtert ihr Auffinden: Erhielte unterschiedslos jeder abgesetzte Ausdruck eine eigene Nummer, so wären diejenigen Formeln, auf welche verwiesen werden soll, optisch nicht mehr herausgehoben und das Verfolgen eines Verweises wäre mühsamer.

Üblicherweise erhalten abgesetzte Formeln ihre eigene Nummerierung, sie reihen sich also nicht ein in die nummerierte Folge von Definitionen und Sätzen (für deren Nummerierung vgl. Abschnitt 4.2). In kurzen Texten mögen abgesetzte Formeln einfach durchgehend nummeriert werden, in längeren Texten aber beginnt normalerweise mit jedem Kapitel die Nummerierung der Formeln von Neuem, ähnlich wie für Definitionen und Sätze (vgl. Abschnitt 4.2). In diesem Fall wird der laufenden Nummer meist die Nummer des Kapitels vorangestellt, eine Nummer (3.2) bezieht sich also auf die zweite nummerierte Formel im dritten Kapitel.[6]

Nummern von mathematischen Ausdrücken werden meistens rechtsbündig gesetzt, wo sie nicht mit der Nummerierung von Sätzen in Konflikt geraten können. Haben Sie Gründe, die Nummerierung linksbündig zu setzen, so können Sie dies unter LaTeX mit der Dokumentenklassenoption `leqno` erreichen (vgl. Anhang C.4). Die Nummern von Formeln werden in Klammern eingeschlossen, die auch beibehalten werden, wenn auf einen Ausdruck verwiesen wird (vgl. die Diskussion in Abschnitt 4.4). Typischerweise ergibt sich also folgendes Bild:

$$a^n + b^n = c^n \tag{8.1}$$

> Die Frage, für welche natürlichen Zahlen a, b, c und n die Gleichung (8.1) eine Lösung besitzt, ist wichtig und liefert uns ein typisches Beispiel für einen Verweis auf eine Formel.

Manchmal will man sich auf einen Ausdruck nur in der unmittelbar folgenden Diskussion einige wenige Male beziehen, zum Beispiel nur innerhalb eines Beweises. Dann kann es hilfreich sein, ihn nicht in die lange Kette der nummerierten Ausdrücke einzureihen, sondern ihn stattdessen mit einem oder zwei Sternen $\big((*)$ oder $(**)\big)$ oder mit ähnlichen „Marken" zu kennzeichnen. In AMS-LaTeX leistet zu diesem Zweck das `\tag`-Makro gute Dienste, welches einen abgesetzten Ausdruck anstelle einer Nummer mit einem beliebigen Text versehen kann (vgl. Anhang C.4).

[6] Die Nummern werden nicht mit einem Punkt abgeschlossen, vgl. Abschnitt 4.5.

Setzt man abgesetzte Gleichungen mit den entsprechenden Umgebungen von LaTeX oder AMS-LaTeX, so werden die Nummern, abhängig vom verwendeten Dokumentenstil, selbständig verwaltet. Manchmal tut LaTeX aber auch des Guten zu viel und verführt mit seinen Umgebungen zur unnötigen Vergabe von Nummern. Dem kann (und sollte) man mit den *-Varianten der einschlägigen Anweisungen abhelfen (vgl. Anhang C.3), denn, wie eingangs schon gesagt: Eine Formel sollte nur dann eine Nummer erhalten, wenn auf sie auch mithilfe dieser Nummer verwiesen wird.

Darüber hinaus können Aussehen und Art der Nummerierung mithilfe der Anweisungen in Anhang C.4 auf vielfältige Weise beeinflusst und den eigenen Bedürfnissen angepasst werden.

8.3 Anordnung von Formeltext

Im abgesetzten Modus werden mathematische Ausdrücke zentriert gesetzt, wobei eine Nummerierung in die Zentrierung nicht miteinbezogen wird. Eine längere Umformung, zum Beispiel eine Kette von Gleichungen oder Ungleichungen, wird jedoch übersichtlicher, wenn man jeder Umformung eine eigene Zeile spendiert und die Zeilen an dem Relationszeichen ausrichtet: Vergleiche etwa die Umformung

$$(1+a)^{n+1} = (1+a)^n(1+a) \geq (1+na)(1+a)$$
$$= 1+na+a+na^2 = 1+(n+1)a+na^2 \geq 1+(n+1)a$$

mit der Darstellung derselben Umformung im folgenden Unterabschnitt auf Seite 124. Die Gestaltung einer solchen Umformung wird von LaTeX bzw. AMS-LaTeX mit den zur Verfügung gestellten Anweisungen (vgl. Anhang C.3) sehr gut unterstützt.

Wann immer es möglich ist, sollte man darüber hinaus versuchen, die Anordnung so zu gestalten, dass Parallelismen sichtbar werden und dem „Prinzip der kleinsten Änderung" Genüge getan wird (vgl. Abschnitt 7.5 und das folgende Beispiel).

Linearisieren von Argumenten

Eine Kette von Gleichungen oder Ungleichungen wird oft von einer kurzen begründenden Bemerkung unterbrochen, ehe der Faden wieder aufgenommen werden kann. Durch einen geschickten Aufbau der Argumentation und entsprechende Hinweise unter dem Relationszeichen ist es manchmal dennoch möglich, zu einer längeren „linearen" Kette von Umformungen zu kommen und diese entsprechend anzuordnen, sodass sich der Gang der Handlung leichter verfolgen lässt. Ein kleines Beispiel aus der Analysis soll dies verdeutlichen (mit einer etwas anderen Zielsetzung wird ein weiteres Beispiel im Unterabschnitt „Prinzip der kleinsten Änderung in Ketten von Umformungen", Seite 112, diskutiert).

Für $a \in \mathbb{R}$ mit $a > -1$ und für $n \in \mathbb{N}$ gilt die Bernoulli-Ungleichung $(1+a)^n \geq 1+na$. Beweist man sie, wie meist üblich, durch vollständige Induktion, so ist aus $a > -1$ und $(1+a)^n \geq 1+na$ die Ungleichung $(1+a)^{n+1} \geq 1+(n+1)a$ abzuleiten.

Einem der Standardlehrbücher der Analysis ist der folgende Text wörtlich entnommen (einschließlich der Anordnung, nur die Gleichungsnummerierung wurde hinzugefügt):

Aus der Aussage für n

$$(1+a)^n \geqq 1+na \tag{1}$$

folgt durch Multiplikation mit der positiven Zahl $(1+a)$ die Ungleichung

$$(1+a)^{n+1} \geqq (1+na)(1+a) \tag{2}$$

d. h.

$$(1+a)^{n+1} \geqq 1+(n+1)a+na^2. \tag{3}$$

Da $a^2 \geqq 0$ und $n \geqq 0$ gilt, folgt weiter $na^2 \geqq 0$ und damit

$$1+(n+1)a+na^2 \geqq 1+(n+1)a. \tag{4}$$

Wegen der Transitivität von $\geqq$ gilt also

$$(1+a)^{n+1} \geqq 1+(n+1)a. \tag{5}$$

Von Ungleichung zu Ungleichung muss man in diesem Text selbst herausfinden, welche Teile welcher vorangehenden Ungleichungen sie fortführt: Im Schritt von (1) nach (2) werden beide Seiten von (1) umgeformt. In den Ungleichungen (2) und (3) stimmen die linken Seiten überein, also wird im Schritt von (2) nach (3) nur der Term auf der rechten Seite weiterentwickelt. Nun wird das geradlinige Argument kurz unterbrochen, denn in Ungleichung (4) wird nur die rechte Seite von Ungleichung (3) aufgenommen und umgeformt, um anschließend wieder in den ursprünglichen Argumentationsgang einzusteigen und mithilfe von (4) die rechte Seite von Ungleichung (3) ersetzen zu können. Dies mündet schließlich in die zu beweisenden Ungleichung (5).

Schon diese Beschreibung zeigt, dass der Gedankengang nicht linear konsekutiv aufgebaut wird: Mehrmals muss das Auge springen und man muss Teilaussagen im Gedächtnis behalten um sie anschließend zusammensetzen zu können. Der Beweisgang wird unübersichtlich und lässt sich nur schwer merken. In diesem einfachen Beispiel stört das erfahrene Mathematikerinnen und Mathematiker wenig (Studierende in den ersten Wochen ihres Mathematik-Studiums kann es jedoch irritieren), in komplexeren Situationen kann ein solches Vorgehen aber das Verständnis eines Beweises fast unmöglich machen.

In etlichen Lehrbüchern der Analysis findet sich daher etwa folgende Darstellung des Arguments (wie auch hier einzeilig notiert):

Da $1+a \geq 0$, folgt durch Multiplikation der Induktionsvoraussetzung mit (1+a):

$$(1+a)^{n+1} \geq (1+na)(1+a) = 1+(n+1)a+na^2 \geq 1+(n+1)a.$$

Das Argument ist ohne Zweifel linear aufgebaut, aber man muss einen Moment rätseln, welches Argument von einer Gleichung oder Ungleichung zur nächsten führt, denn Parallelismen werden nur schwer sichtbar. Leichter nachvollziehbar ist daher die Argumentation wohl in der folgenden Anordnung:

$$\begin{aligned}
(1+a)^{n+1} &= (1+a)^n(1+a)\\
&\underset{\text{Annahme}}{\ge} (1+na)(1+a)\\
&= 1+na+a+na^2\\
&= 1+(n+1)a+na^2\\
&\underset{na^2\ge 0}{\ge} 1+(n+1)a
\end{aligned}$$

Die Zeilen sind untereinander angeordnet, sodass Veränderungen sofort ins Auge springen. Das „Prinzip der kleinsten Änderung" (vgl. Abschnitt 7.5) kann nun das Seine dazu beitragen, dass der Übergang von einer Zeile zur nächsten leicht nachvollziehbar wird. Insbesondere muss man nicht *zwei* Seiten einer (Un)gleichung simultan verfolgen wie in der ersten Darstellung. Wie gesagt: Was in diesem einfachen Beispiel übertrieben anmuten mag, kann in unübersichtlichen Situationen „überlebenswichtig" werden.

Auf die Benutzung der Induktionsvoraussetzung wird unter dem entsprechenden Relationszeichen hingewiesen, ebenso auf das Argument, welches zur letzten Ungleichung führt (dieser Text wendet sich an Studierende in den ersten Tagen ihres Mathematikstudiums). Ebenso kann man an diesen Stellen Verweise auf benutzte Gleichungen oder andere Hinweise unterbringen, ohne dass diese den Fluss des Arguments unterbrechen müssten.

Einige Bemerkungen zur TEX-nischen Umsetzung seien hier angefügt: Für das Kommentieren von Relationszeichen bietet sich zunächst die LATEX-Anweisung `\stackrel` an, sie erlaubt aber nur, einen Hinweis oberhalb des Relationszeichens unterzubringen. Hilfreicher sind daher die AMS-LATEX-Anweisungen `\underset` und `\overset` (vgl. die Erläuterungen in Anhang C.8).

Die obige Kette von Umformungen könnte am einfachsten mit der LATEX-Umgebung `{eqnarray}` (vgl. Anhang C.3) gesetzt werden, in diesem Fall lautete etwa die zweite Zeile

```
&\underset{\text{Annahme}}{\ge} &    (1+na)(1+a)\\
```

Die Umgebung `eqnarray` wird jedoch, nicht ganz zu Unrecht, oft kritisiert wegen manchmal zu großer Abstände zwischen linker Spalte, mittlerer Spalte und rechter Spalte. Als Alternative bietet sich daher an, mit der AMS-LATEX-Umgebung `{align}` (vgl. Anhang C.3) zu arbeiten. Während aber `eqnarray` eine zentrierte mittlere Spalte ausweist, kennt `\align` nur links und rechts ausgerichtete Spalten. Hier muss man also nachhelfen, wenn die mittlere Spalte zentriert erscheinen soll. Dies kann zum Beispiel dadurch geschehen, dass alle Relationszeichen mithilfe einer `\phantom`-Anweisung auf gleiche Breite gebracht werden. So wurde in der obigen Ketten von Umformungen zum Beispiel die dritte Zeile folgendermaßen gesetzt:[7]

```
& \underset{\phantom{Annahme}}{=}  1+na +a +na^2 \\
```

> ☞ **Hinweis**
>
> Lineare Argumente sind übersichtlicher.

Wir lesen von links nach rechts

Spätestens in den ersten Vorlesungen eines Mathematikstudiums wurde uns eingebläut: Gleichheit ist eine symmetrische Relation und $a = b$ ist gleichbedeutend mit $b = a$. Doch nicht immer ist das wahr, wie man schnell merkt, wenn man die Eigenwertgleichung

$$\lambda x = Ax \quad (x \neq 0)$$

oder für die Sinusfunktion das Additionstheorem

$$\sin\alpha \cdot \cos\beta + \cos\alpha \cdot \sin\beta = \sin(\alpha + \beta)$$

betrachtet. Gerne können Sie auch in der Taylorformel oder im Fundamentalsatz der Algebra einmal linke und rechte Seite vertauschen. Ähnliches gilt oft für Ungleichungen: Eine Kette von Ungleichungen wird nur höchst selten beginnen mit

$$\varepsilon \geq \ldots$$

Man merkt schon an diesen Beispielen, dass man in den meisten Fällen ohne Nachzudenken das Richtige tut: Wir schreiben und lesen von links nach rechts und wir denken (meistens) vorwärts. Also sollte der Beginn eines Gedankens links, das Ergebnis rechts, der bekannte Ausgangspunkt links, das zu Beginn unbekannte Ergebnis rechts stehen. In weniger offensichtlichen Fällen ist es manchmal doch hilfreich, sich dieses Prinzips, welches offenbar mit dem im vorigen Unterabschnitt „Linearisieren von Argumenten" diskutierten Vorgehen verwandt ist, wieder bewusst zu werden.

Zeilenumbrüche in langen Formeln

Im Fließtext sollte man versuchen, einen Umbruch innerhalb eines mathematischen Ausdrucks zu vermeiden, gegebenenfalls durch eine kleine Änderung im Text. Will das nicht gelingen, so kann man auf „Notfalldisplay" zurückgreifen und den Ausdruck absetzen, obwohl die in Abschnitt 8.1 genannten Gründe dies eigentlich nicht nahe legen würden.

---

[7] Ich danke Frau Micaela Krieger-Hauwede, Leipzig, für diesen Hinweis.

Passt ein abgesetzter Ausdruck nicht in eine Zeile, so muss er umgebrochen werden. Solche Umbrüche geschehen nach Möglichkeit zwischen Ausdrücken der äußersten Ebene und *vor* einem binären mathematischen Operator, der möglichst schwach verbindet, am besten also vor einem Pluszeichen. Mit ihm wird die neue Zeile eingeleitet:

$$\begin{aligned}(a+b)^n &= a^n + n \cdot a^{n-1}b + \binom{n}{2}a^{n-2}b^2 + \binom{n}{3}a^{n-3}b^3 + \cdots \\ &\quad + \binom{n}{n-3}a^3b^{n-3} + \binom{n}{n-2}a^2b^{n-2} + nab^{n-1} + b^n\end{aligned}$$

Für die Ausrichtung der zweiten und aller weiteren Zeilen gibt es verschiedene sinnvolle Konventionen. In [Chic10] wird empfohlen, alle weiteren Zeilen so auszurichten, dass die Zeichen, welche die Zeile einleiten, jeweils untereinander und unter dem ersten Zeichen rechts vom Relationszeichen der ersten Zeile zu stehen kommen, also etwa:[8]

$$\begin{aligned}e &= 1 + \frac{1}{2!} + \frac{1}{3!} + \frac{1}{4!} + \frac{1}{5!} + \frac{1}{6!} + \frac{1}{7!} + \frac{1}{8!} + \frac{1}{9!} \\ &\quad + \frac{1}{10!} + \frac{1}{11!} + \frac{1}{12!} + \frac{1}{13!} + \frac{1}{14!} + \frac{1}{15!} + \frac{1}{16!} + \frac{1}{17!} \\ &\quad + \frac{1}{18!} + \frac{1}{19!} + \frac{1}{20!} + \frac{1}{21!} + \frac{1}{22!} + \frac{1}{23!} + \frac{1}{24!} + \frac{1}{25!} + \cdots\end{aligned}$$

Häufig findet man aber auch eine Anordnung vor, welche sich an der Leserichtung von links nach rechts orientiert. Demzufolge ist im obigen Beispiel der binomischen Formel die zweite Zeile möglichst weit nach rechts gerückt. Bei mehr als zwei Zeilen stünde weiterhin die erste Zeile links, die weiteren Zeilen wären zentriert, aber die letzte Zeile wäre nach rechts gerückt, wie es etwa die *{multline}*-Umgebung von $\mathcal{AMS}$-LaTeX (vgl. Anhang C.3) vorsieht:

$$\begin{multline}e = 1 + \frac{1}{2!} + \frac{1}{3!} + \frac{1}{4!} + \frac{1}{5!} + \frac{1}{6!} + \frac{1}{7!} + \frac{1}{8!} + \frac{1}{9!} \\ + \frac{1}{10!} + \frac{1}{11!} + \frac{1}{12!} + \frac{1}{13!} + \frac{1}{14!} + \frac{1}{15!} + \frac{1}{16!} + \frac{1}{17!} \\ + \frac{1}{18!} + \frac{1}{19!} + \frac{1}{20!} + \frac{1}{21!} + \frac{1}{22!} + \frac{1}{23!} + \frac{1}{24!} + \frac{1}{25!} \\ + \frac{1}{26!} + \frac{1}{27!} + \frac{1}{28!} + \frac{1}{29!} + \frac{1}{30!} + \frac{1}{31!} + \frac{1}{32!} + \cdots\end{multline}$$

Diese Ausrichtung suggeriert ein wenig, dass man die Leserichtung von links nach rechts beibehält.

Ein besonderes Augenmerk sollte man beim Umbruch von Formeln auf die Positionierung von führenden Pluszeichen (oder Minuszeichen) legen: Pluszeichen und Minuszeichen haben zwei Bedeutungen: Sie können für einen binären Operator stehen

[8] Ich persönlich fände es hier schöner, die linken Pluszeichen untereinander ausrichten.

aber auch für ein Vorzeichen. LaTeX versucht, zwischen diesen beiden Verwendungen zu unterscheiden: Wenn links vom Pluszeichen noch ein mathematischer Ausdruck steht, wird + als binärer Operator interpretiert und durch einen Abstand von den umgebenden Ausdrücken getrennt (vgl. Anhang C.11), wie etwa in $3 + 5$; anderenfalls wird + als Vorzeichen interpretiert und ohne Abstand zum folgenden Ausdruck gesetzt, wie etwa in $+5 - 3$. Ein Zeilenumbruch in einer Formel kann LaTeX jedoch in die Irre führen, wenn eine neue Zeile mit einem Pluszeichen beginnt, welches nach dieser Regel als Vorzeichen behandelt wird. So führt zum Beispiel

```
\begin{eqnarray*}
    a &=& b+c \\
      && +d + e\, .
 end{eqnarray*}
```

zu der Ausgabe

$$\begin{array}{rcl} a & = & b+c \\ & & +d+e\,. \end{array}$$

Hier muss man also korrigierend eingreifen und vor d mit Hand einen kleinen Zwischenraum (vgl. Tabelle C.11.2 auf Seite 238) einfügen (an dieser Stelle würde mit der AMS-LaTeX-Umgebung `{align}` das Problem nicht mehr auftreten, aber hier geht es darum, auf dieses Problem hinzuweisen).

Auf ein weiteres Problem mehrzeiliger umgebrochener Formeln soll hier noch hingewiesen werden: Paare einander korrespondierender Klammern sollten gleich groß sein. Die automatische Größenanpassung von Klammern (vgl. Abschnitt 8.4) sorgt im Allgemeinen selbständig dafür. Wird aber ein Ausdruck umklammert, der einen Zeilenumbruch enthält, so versagt die automatische Größenanpassung, da sich die Größe einer öffnenden Klammer in diesem Fall nur nach der aktuellen Zeile bestimmt. In diesem Fall muss also gegebenenfalls von Hand nachjustiert werden (vgl. „Größenanpassung von Klammern durch Überlistung" im folgenden Abschnitt 8.4, Seite 130, und Anhang C.13).

8.4 Klammern umklammern, was zusammengehört

Klammern sind oft logische Notwendigkeit, aber sie können auch komplexe Ausdrücke untergliedern und damit zur Orientierung beitragen. Gut gewählte Größen können die Übersichtlichkeit weiter steigern. Die entsprechenden LaTeX-Anweisungen zum Umgang mit Klammern sind in Anhang C.13 zusammengestellt.

Runde, eckige und geschweifte Klammern

Im mathematischen Alltag gibt es drei Klammern: (, [und { mit ihren Gegenstücken, in Ausnahmefällen können auch noch $\langle$ und $\rangle$ (in LaTeX: `\langle` und `\rangle`) herangezogen werden. Da geschweifte Klammern $\{\dots\}$ zur Beschreibung von Mengen benutzt werden, sollte man mit ihnen ansonsten sparsam umgehen. Auch die eckigen Klammern [...] werden nur selten benutzt, dann vor allem zur Zusammenfassung größerer Einheiten auf einer hohen Ebene oder zur Unterscheidung, falls etwa ein Ausdruck Binomialkoeffizienten enthält. Erst wenn noch größere Einheiten zusammengefasst werden, kommen ab und zu auch geschweifte Klammern zum Einsatz. Die Hauptarbeit wird jedoch immer von gewöhnlichen runden Klammern (...) geleistet.[9]

Im Allgemeinen sollte eine Klammer den eingeklammerten Ausdruck „umfassen", also die größten vorkommenden Zeichen nach oben und unten etwas überragen[10]:

$$(\int_a^b f(x)\,dx)\cdot(\int_c^d g(y)\,dy)$$

sieht *nicht* gut aus, schon viel übersichtlicher wirkt dagegen

$$\left(\int_a^b f(x)\,dx\right)\cdot\left(\int_c^d g(y)\,dy\right).$$

Automatische Größenanpassung von Klammern und anderen Begrenzern

Am einfachsten ist es, Sie überlassen LaTeX die Arbeit der Größenanpassung: Schreibt man `\left( ... \right)`, so errechnet LaTeX selbständig eine gute Größe für die Klammer, die etwas größer ist als der eingeklammerte Ausdruck, so wie im obigen Beispiel. Die Anweisungen `\left` und `\right` können mit allen Klammern und etlichen weiteren vertikal streckbaren Symbolen, sogenannten *Begrenzern*, kombiniert werden (vgl. die vollständige Liste in Anhang C, Tabelle C.13.1), insbesondere stehen auch `\left[` und `\left\{`, mit ihren Gegenstücken zur Verfügung. Die Anweisungen `\left` und `\right` müssen immer paarweise auftreten, allerdings müssen die Argumente nicht zueinander passen. So ist etwa auch `\left( ... \right(` ein zulässiges Paar. Insbesondere erzeugen `\left.` und `\right.` (fast) unsichtbare Klammern (es wird ein Leerraum der Größe `\nulldelimiterspace` eingefügt, vgl. Anhang C.13), die als Gegenstück zu einer einseitigen Klammer dienen können. Besonders bei Fallunterscheidungen kann man von dieser Möglichkeit Gebrauch machen wie in

$$f(x)=\left\{\begin{array}{lccc}-1 & \text{für} & x & < & 0\,,\\ 1 & \text{für} & x & \geq & 0\,.\end{array}\right.$$

oder

---

[9] In [Chic10] wird die Reihenfolge {[({[(empfohlen, d. h., (...) als innerstes Klammerpaar, dann [...], etc. In der Praxis ist es aber üblich, hauptsächlich die runden Klammern, gegebenenfalls in verschiedenen Größen, zu benutzen, ehe die anderen Klammertypen zum Einsatz kommen.

[10] Wenn man genau hinschaut, bemerkt man, dass auch in einem normalen Text die Klammern über die meisten Buchstaben nach oben wie nach unten ein wenig hinausreichen, in der hier benutzten Schrift allerdings etwas weniger als meistens (vgl. auch die Einträge „Schriftgrad" und „Zeilenabstand" in Anhang A).

$$\left.\begin{array}{lcl} x'(t) & = & f(t, x(t)) \\ x(t_0) & = & x_0 \end{array}\right\} \quad \mbox{AWP}$$

Die erste Ausgabe könnte man auch mit der $\mathcal{AMS}$-LaTeX-Umgebung *{cases}* setzen, die zweite erhält man mit

```
\left.
\begin{array}{lcl} x'(t)  & = & f(t, x(t)\,) \\
                   x(t_0) & = & x_0
\end{array}
\right\}  \quad \mbox{AWP}
```

Hier korrespondiert `\left.` in der ersten Zeile mit der schließenden geschweiften Klammer `right\}` in der letzten Zeile. Für ein einzelnes höhenangepasstes Klammersymbol innerhalb eines mit `\left` und `\right` gesetzten Klammerpaares stellt $\mathcal{AMS}$-LaTeX auch die Anweisung *\middle* zur Verfügung, die zum Beispiel für einen vertikalen Strich in einer Mengendefinition zum Einsatz kommen kann.

Manuelle Größenanpassung von Klammern und anderen Begrenzern

Da in der Mathematik meistens mit runden Klammern gearbeitet wird, verschiedene Klammerebenen also selten durch die Art der verwendeten Klammern unterschieden werden, ist es oft hilfreich, die Größe einer Klammer nicht nur am umklammerten Ausdrucks auszurichten, sondern mit ihrer Größe auch verschiedene Klammerebenen zu unterscheiden. Solche Situationen richtig einzuschätzen überfordert auch LaTeX. Betrachtet man etwa den Ausdruck

$$((a+b)(a-b))^2,$$

so würde man sich die äußeren Klammern etwas größer wünschen als die inneren. Aber in diesem Fall sieht LaTeX keinen Grund, die äußeren Klammern zu vergrößern (sie wurden wieder mit `\left(` und `\right)` gesetzt), da die Höhe des umklammerten Ausdrucks für beide Klammern dieselbe ist. Hier muss man „von Hand" eingreifen.

Die Anweisungen \big, \Big, \bigg, \Bigg vergrößern einen nachfolgenden Begrenzer (vgl. Tabelle C.13.1 auf Seite 243) in zunehmendem Maße. In LaTeX sind die sich ergebenden Größen fest eingestellt (vgl. die Angaben in Anhang C.13), in $\mathcal{AMS}$-LaTeX richten sich die Größen auch nach der Umgebung, zum Beispiel nach dem Schriftgrad (vgl. den Eintrag „Schriftgrad" in Anhang A). Die folgende Zusammenstellung gibt einen Überblick über die vorhandenen Größen:

$$(\cdots) \quad \big(\cdots\big) \quad \Big(\cdots\Big) \quad \bigg(\cdots\bigg) \quad \Bigg(\cdots\Bigg)$$

— `\big` `\Big` `\bigg` `\Bigg`

Setzt man in dem obigen Beispiel die äußeren Klammern mit `\big(` und `\big)`, so erhält man den übersichtlicheren Ausdruck

$$\big((a+b)(a-b)\big)^2.$$

Die obigen Anweisungen haben den Nachteil, dass sie nicht zwischen linken und rechten Klammern unterscheiden, denn linke und rechte Klammern verhalten sich unterschiedlich im Hinblick auf die Abstände zum umgebenden Text (vgl. Tabelle C.11.2 auf Seite 238). Daher gibt es differenziertere Versionen dieser Anweisungen:

Funktion	Klasse				
Linker Begrenzer	`open`	`\bigl`	`\Bigl`	`\biggl`	`\Biggl`
Relation	`rel`	`\bigm`	`\Bigm`	`\biggm`	`\Biggm`
Rechter Begrenzer	`close`	`\bigr`	`\Bigr`	`\biggr`	`\Biggr`

Ein kleines Beispiel mag den Unterschied verdeutlichen:

`$\Big(=\Big)$` ergibt $\Big(=\Big)$

`$\Bigl(=\Bigr)$` ergibt $\Bigl(=\Bigr)$

Das Beispiel ist nicht sehr realistisch und in der Tat macht sich in der Praxis der Unterschied zwischen `\big`, `\bigl` und `\bigr` etc. nur selten bemerkbar.

Interessanter sind die Anweisungen, die ein „`m`" enthalten, es steht für „middle". Diese Begrenzer werden als Relation gesetzt, was zur Folge hat, dass der Begrenzer beidseitig einen „großen Zwischenraum" (vgl. Anhang C.9) setzt. Dies kann zum Beispiel hilfreich sein, wenn man diese Anweisungen nicht auf eine Klammer, sondern auf einen vertikalen Strich anwendet, wie er etwa in der Definition von Mengen auftreten kann (ähnlich wie bei `\middle`):

`\big\{x\in\mathbb R \big| x\ge 0 \big\}` ergibt $\big\{x\in\mathbb R \big| x\ge 0 \big\}$,

`\big\{x\in\mathbb R \bigm| x\ge 0 \big\}` ergibt $\big\{x\in\mathbb R \bigm| x\ge 0 \big\}$.

Größenanpassung von Klammern durch Überlistung

Auch die Größe von mit `\left` und `\right` gesetzten Klammern kann man noch beeinflussen. Ein Trick besteht darin, diese zu vergrößern, indem man LaTeX ein hohes Symbol vorgaukelt, welches nicht vorhanden ist: Die Anweisung `\vphantom` (vgl. Anhang C.8) erzeugt eine unsichtbare Box ohne Breite aber mit der Höhe des enthaltenen Arguments, welche LaTeX dennoch veranlasst, auch diese Box in die Berechnung der Klammergrößen miteinzubeziehen: Vergleicht man etwa

$$(a+b) \quad \text{mit} \quad \left(\vphantom{\int} a+b \right),$$

so wurde der erste Ausdruck mit `\left( a+b \right)` gesetzt, der zweite mit `\left( \vphantom{\int} a+b \right)`, in welchem LaTeX noch ein unsichtbares Integral untergeschoben wird, welches die Höhenberechnung beeinflusst.

Dies kann besonders dann nützlich sein, wenn eine lange abgesetzte Formel auf mehr als eine Zeile verteilt werden muss: Wird die Formel in mit `\left` und `\right` gesetzten Klammern eingeschlossen, so muss jede einzelne Zeile ein vollständiges Klammerpaar aufweisen. Diese können, je nach Zeileninhalt, verschieden groß ausfallen. So führt

```
\begin{multline*}
  \left( \int_a^b abcdefghijklmnopqrstuvwxyz \right.\\
  \left.          abcdefghijklmnopqrstuvwxyz \right)
\end{multline*}
```

zu der Ausgabe:

$$\left(\int_a^b abcdefghijklmnopqrstuvwxyz \right.$$
$$\left. abcdefghijklmnopqrstuvwxyz \right)$$

Fügt man hier in die zweite Zeile `\vphantom{\int_a^b}` ein (das ist der Formelteil mit der größten vertikalen Ausdehnung), so ergibt sich

$$\left(\int_a^b abcdefghijklmnopqrstuvwxyz \right.$$
$$\left. \vphantom{\int_a^b} abcdefghijklmnopqrstuvwxyz \right)$$

und man erhält zueinander passende Klammern (und einen größeren Zeilenabstand).

Größenanpassung von Klammern durch Änderung von Parametern

Alternativ kann man auch selbst in die Rechnung eingreifen, mit deren Hilfe LaTeX (eigentlich TeX) die Höhe einer Klammer in Abhängigkeit von der Höhe des umklammerten Ausdrucks berechnet. In diese Rechnung gehen als Parameter der Zähler `\delimiterfactor` (voreingestellt auf 901) und die Länge `\delimitershortfall` (voreingestellt auf 5.0 pt) ein (vgl. die Erläuterungen in Anhang C.13). Diese Voreinstellungen erzeugen aus der Eingabe

```
$\left(\left(\left(\left(\left(\left(\left(
\right)\right)\right)\right)\right)\right)\right)$
```

die Ausgabe:

$$(((((((\,)))))))$$

Setzt man aber zum Beispiel `\delimiterfactor=1001`, so erhält man stattdessen:

$$\Biggl(\Biggl(\biggl(\Bigl(\bigl(((\,))\bigr)\Bigr)\biggr)\Biggr)\Biggr)$$

Weitere Information zu diesem Verfahren finden sich in [Voß06], für die genaue Wirkungsweise der Parameter vergleiche [Knu86] oder [Bau02]. Über das hier Gesagte hinaus findet man zum Beispiel in [Voß06], [Kop00] und [Kop02] Hinweise zum Umgang mit Klammern in LaTeX.

> ☞ **Hinweis**
>
> Gute Klammergrößen schaffen Übersicht.

Klammern für Skalarprodukte

Auf der Tastatur finden sich Zeichen für kleiner (<) und größer (>). Falls man für ein Skalarprodukt eckige Klammern benutzt, so mag es verführerisch sein, diese Zeichen auch für Skalarprodukte zu verwenden. Wenn man aber

```
Also ist $<a,b>=0$\,.
```

eingibt, so erhält man:

Also ist $< a, b >= 0$.

Das sieht nicht schön aus und daher sollte man Skalarprodukte besser mit `\langle` und `\rangle` setzen: Die Eingabe

```
Also ist $\langle a,b\rangle=0$\,.
```

erzeugt die schönere Ausgabe

Also ist $\langle a, b\rangle = 0$.

Diese Klammern sehen nicht nur schöner aus, sie verhalten sich auch wie linke und rechte Klammern und können auf die einschlägigen Vergrößerungsanweisungen für Klammern wie `\big` oder `\right` etc. reagieren.

8.5 Abstände trennen, was nicht zusammengehört

Wie Klammern können auch Abstände gruppieren und trennen und damit zur Übersichtlichkeit beitragen. In den meisten Fällen funktionieren die Algorithmen von LaTeX zum Setzen der Abstände hervorragend, aber das Verständnis einer Formel und damit eine optimale Gruppierung ihrer Bestandteile kann man von LaTeX dann doch nicht immer erwarten, hier sollte man gegebenenfalls helfend eingreifen: Der Ausdruck

$$(a+b+c)^2+(e+f+g)^2+(h+i+j)^2$$

ist mühsamer zu entschlüsseln als

$$(a+b+c)^2 \;+\; (e+f+g)^2 \;+\; (h+i+j)^2,$$

weil im zweiten Ausdruck die Pluszeichen zwischen den Termen mit mehr Zwischenraum umgeben sind und sich dadurch von den inneren Pluszeichen in den Klammern unterscheiden. In dem Integral

$$\int\int_G f(x,y) dx dy$$

ist der Abstand zwischen den beiden Integralzeichen zu groß, die Abstände zwischen $f(x,y)$, dx und dy sind dagegen zu klein, schließlich geht es nicht darum, die fünf Zahlen $f(x,y)$, d, x, d und y miteinander zu multiplizieren. Die Versionen

$$\int\!\!\int_G f(x,y)\,dx\,dy \quad \text{oder} \quad \iint_G f(x,y)\,dx\,dy$$

machen das deutlich und sind daher beim Lesen schneller und leichter zu interpretieren, auch wenn der Unterschied auf den ersten Blick gering scheinen mag.[11,12]

Abstände

LaTeX stellt eine ganz Reihe von Anweisungen zum Umgang mit Abständen zur Verfügung. Eine ausführliche Zusammenstellung findet sich in Anhang C.10, daher sei hier nur in aller Kürze das Wichtigste, für den Alltag aber auch schon Ausreichende, zusammengestellt. Für den Mathematiksatz sind die wichtigsten Abstandshalter:

`\!`	verkleinerter Abstand	-▯
`\,`	kleiner Zwischenraum	▯
`\:`	mittlerer Zwischenraum	▯
`\;`	großer Zwischenraum	▯
`\ `	Leerzeichen	▯
`\quad`	breiter Zwischenraum	▭
`\qquad`	sehr breiter Zwischenraum	▭

Die von `\:`, `\;` und `\ ` erzeugten Zwischenräume sind allerdings elastisch, ihre Größe hängt also auch vom Kontext ab (vgl. Anhänge C.9, C.10). Der vom Leerzeichen erzeugte

[11] In der ersten Version wurden die Integralzeichen von Hand zusammengeschoben, in der zweiten Version wurde die AMS-LaTeX-Anweisung `\iint` verwendet.

[12] Zur Frage der Schreibweise der Differentiale vergleiche den Unterabschnitt „dx oder dx", Seite 149.

Zwischenraum ist in der hier benutzten Schrift Minion Pro etwas geringer als in der Standardschrift Computer Modern Roman von LaTeX, in welcher man ▯ statt ▯ erhält.

Einen beliebigen horizontalen Abstand erzeugt man mit der Anweisung `\hspace`, die als Parameter eine Längenangabe erwartet (manchmal, zum Beispiel am Zeilenanfang, wird diese Anweisung allerdings ignoriert, dem kann man aber mit der `*`-Variante `\hspace*` abhelfen). Kleine Abstände im Mathematiksatz lassen sich auch bequem mit der Anweisung `\mskip` setzen, die eine Längenangabe in der Einheit mu erwartet. Darüber hinaus gibt es noch einige weitere Anweisungen, die in Anhang C.10 zusammengestellt sind. Nach meiner Erfahrung reichen aber für den Alltag die oben angegebenen weitgehend aus. Sie haben den Vorteil, dass sie sehr kurz sind und dass man sie akkumulieren kann. So ergibt `$|\,\,\,\,|$` den Zwischenraum □ etc.

Die wichtigsten Gesichtspunkte für das Setzen von Abständen

Wir stellen zunächst die wichtigsten Gesichtspunkte für das Setzen von Abständen zusammen:

- Zeichen für binäre Relationen und Verknüpfungen, Symbole für Integration, Summation, Vereinigung etc. sollten von einem geeigneten Zwischenraum umgeben sein. Darum kümmert sich LaTeX im Allgemeinen selbst (vgl. Tabelle C.11.2 auf Seite 238), eine Ausnahme beim Umbruch in langen Formeln wurde oben („Zeilenumbrüche in langen Formeln", Seite 125) schon angesprochen.

- Steht zwischen zwei Termen eine Relation, so erleichtert es oft die Übersicht, wenn die Relation von zusätzlichen Abständen umgeben wird:

  $a+b+c \quad = \quad d+e+f$ liest sich leichter als

  $a+b+c=d+e+f.$

  Entsprechendes gilt für binäre Verknüpfungen zwischen zwei größeren Termen wie im Eingangsbeispiel.

- Differentiale wie dx sollten von einem kleinen Zwischenraum umgeben sein, wie das zweite Eingangsbeispiel in diesem Abschnitt illustriert. Erst recht gilt dies für „Differentialquotienten" wie $\frac{df}{dx}$:

  $$L\,\frac{df}{dx} \quad \text{sieht besser aus als} \quad L\frac{df}{dx}.$$

Die Umsetzung dieser Hinweise trägt schon viel zur Übersichtlichkeit bei. Schaut man aber etwas genauer auf den Formelsatz, so erkennt man auch bei LaTeX die eine oder andere Unzulänglichkeit. Ihre Korrektur mag man als eine Frage der Ästhetik abtun. Doch selbst wenn diese Unzulänglichkeiten nicht ins Bewusstsein dringen, die Wahrnehmung stolpert doch über solche Stellen und das hemmt den Lesevorgang. Daher soll mit einigen Beispielen das Auge für solche Stolperstellen geschärft werden.

Unterschneiden

Einige Unzulänglichkeiten im Formelsatz von LaTeX liegen in der Weise begründet, wie LaTeX Zeichen zu Zeilen zusammenfügt: Jedes Zeichen ist in eine kleine rechteckige Box eingebettet und LaTeX setzt nun zunächst diese Boxen nebeneinander. Im Textmodus „weiß" LaTeX, dass bei bestimmten Buchstabenkombinationen auf diese Weise unschöne Lücken entstehen und schiebt in solchen Fällen die Buchstaben etwas zusammen. In der deutschen Druckersprache spricht man von „Unterschneiden", im Englischen und im Computersatz von „Kerning" (vgl. auch den Eintrag „Unterschneiden" in Anhang A). Würde man einfach die Buchstaben nebeneinandersetzen, entstünde zum Beispiel

T o r , LaTeX macht daraus aber
Tor , was offenbar besser aussieht.

In LaTeX sind, wie in vielen anderen Satzprogrammen, die kritischen Buchstabenkombinationen mit den anzuwendenden Korrekturen in Tabellen abgelegt.

Angesichts der großen Anzahl möglicher Zeichenkombinationen ist das im Mathematiksatz jedoch nicht mehr leistbar. Daher werden hier die Zeichen nebeneinandergesetzt und man muss in einigen Fällen selbst etwas nachhelfen. Kandidaten für Nachhilfe sind Symbole, die oben und unten verschieden breit oder besonders schräg sind, zum Beispiel Δ, Γ, Λ, P, ∇, $\int$, $/$, $\forall$, wie die folgenden Beispiele illustrieren:

Ohne Unterschneiden	Γ_1	Δ^4	Δ^q	$7/4$	T/A	$\int\int\int$
Mit Unterschneiden	$\Gamma_{\!1}$	$\Delta^{\!4}$	$\Delta^{\!q}$	$7\!/\!4$	$T\!/\!A$	$\int\!\!\int\!\!\int$

Den ersten, vierten und letzten unterschnittenen Ausdruck in der zweiten Zeile erhält man zum Beispiel mit `\Gamma_{\!1}`, `7\!/\!4` und `\int\!\!\int\!\!\int`. In $\mathcal{A}\mathcal{M}\mathcal{S}$-LaTeX gibt es für Mehrfach-Integrale auch eigene Ligaturen, `\iint`, `\iiint` und `\iiiint`, die zu $\iint$, $\iiint$ und $\iiiint$ führen; in diesem Fall können die Integrale aber nicht mehr einzeln mit Grenzen versehen werden.

Manchmal verbessert sich die Lesbarkeit auch, wenn man einen kleinen zusätzlichen Abstand einbringt:

Ohne Abstand	$\sqrt{2}x$	$\sqrt{\log x}$	$[0,1)$	$A(B$
Mit Abstand	$\sqrt{2}\,x$	$\sqrt{\,\log x}$	$[\,0,1)$	$A\,(B$

Diese Beispiele, angelehnt an [Knu86], sollen genügen, um die Aufmerksamkeit auf das Abstandsproblem zu lenken. Auf die etwas heikle Gestaltung von Wurzeln wird im Unterabschnitt „Wurzeln", Seite 141, noch mal gesondert eingegangen.

Vielleicht finden Sie es interessant, LaTeX ein wenig bei der Arbeit zuzuschauen: Die Anweisung `\fbox` versieht das Argument mit einem Rahmen, standardmäßig in einem Abstand von 3 pt und einer Strichdicke von 0.4 pt. Der Abstand des Rahmens steht in `\fboxsep` und kann nach Bedarf verändert werden. Am besten setzt man `\fboxsep=-0.4pt`, zieht also noch die Dicke der Linie ab, und erhält so ein Kästchen genau der Größe, die etwa ein Zeichen einnimmt. Zum Beispiel erhält man so $\boxed{\int}$ oder $\boxed{\Delta}$ und kann erkennen, dass die Box für das Integral etwas seitlich versetzt ist und in Computer Modern Δ ein wenig nach oben über die Box etwas hinausragt.

Weitere Informationen über Abstände im Mathematiksatz finden sich in [Knu86], in [Voß06], besonders in Abschnitt 4.8, und in [Kop00]. Das Problem des Unterschneidens wird zum Beispiel in [GK00] diskutiert. Wie TEX (und damit auch LATEX) Zeichen und Boxen zusammenfügt, wird in [Knu86] und [Kop02] beschrieben.

Abstände zwischen Symbolen und Text

Treffen in einer Zeile geschlossene symbolische Ausdrücke und Textteile aufeinander, so erleichtert es die Übersicht, wenn diese durch einen etwas größeren Abstand, zum Beispiel der Breite \quad[13], voneinander getrennt werden: Als Teil einer Definition von Stetigkeit ist die Zeile

$$\ldots\ |f(x) - f(y)| < \epsilon \quad \text{für alle } y \in D$$

leichter zu lesen als

$$|f(x) - f(y)| < \epsilon \text{ für alle } y \in D\,.$$

Zwischen „alle“ und „$y \in D$“ würde ich dagegen keinen größeren Abstand einfügen, denn er würde den Lesefluss zu sehr unterbrechen.

Man kann sich auch dafür entscheiden, alle mathematischen Ausdrücke durch einen kleinen Leerraum vom Text abzuheben. TEX stellt hierfür die Länge `\mathsurround` zur Verfügung, die standardmäßig auf 0.0 pt voreingestellt ist. Weist man diesem Parameter mit `\setlength` einen anderen Wert zu, so werden alle folgende Textformeln, also von $ eingeschlossene Ausdrücke, mit diesem Leerraum umgeben. Wie man diesen Parameter einsetzt, ist Geschmackssache. Ich würde raten, ein wenig mit verschiedenen Einstellungen zu spielen und dann zu entscheiden, was Ihnen am besten gefällt.

Abstände zwischen Symbolen und Satzzeichen

Das Komma in „$f(x, y)$“ ist Teil des mathematischen Ausdrucks, das Komma in dem Ausdruck „*a*, *b* und *c*“ ist aber ein Komma in einem deutschen Satz. LATEX behandelt diese Kommata unterschiedlich: Nach einem Komma im mathematischen Satz wird nur ein kleiner Zwischenraum eingefügt (vgl. Tabelle C.11.2 auf Seite 238), der Zwischenraum nach einem Komma im Text ist etwas größer. (In der hier benutzten Schrift ist der Unterschied nicht sehr deutlich, in der Standardschrift Computer Modern Roman von LATEX erhält man das Schriftbild „a, b und c“.) Daher schreibt man im ersten Fall `$f(x,y)$`, im zweiten Fall aber beendet man den mathematischen Modus vor dem Komma und schreibt `$a$, $b$ und $c$`: Satzzeichen als Teil des Textes stehen *außerhalb* des mathematischen Modus.

[13] In [Chic10] wird dieser Abstand empfohlen.

Satzzeichen nach abgesetzten mathematischen Ausdrücken müssen dennoch im mathematischen Modus gesetzt werden, sonst stünden sie am Anfang der folgenden Zeile. Da abgesetzte Formeln mit dem Platz etwas großzügiger umgehen, würde ich hier zwischen der mathematischen Symbolik und dem folgenden Satzzeichen bei Bedarf wenigstens einen kleinen Zwischenraum einfügen[14]. Das abschließende Satzzeichen rückt sonst ein wenig zu nah an das vorangehende Symbol. Im folgenden Ausdruck gefällt mir daher die erste Version, in welcher vor dem abschließenden Punkt ein kleiner Zwischenraum eingefügt wurde, ein wenig besser als die zweite Version, aber das ist Geschmackssache:

$$\left(\int_a^b |f(x)|^p dx\right)^{1/p} = \|f\|_p\,.$$

$$\left(\int_a^b |f(x)|^p dx\right)^{1/p} = \|f\|_p.$$

Nach meiner Erfahrung muss man ein offenes Auge haben und gegebenenfalls entscheiden. In der Regel kann man wohl einen kleinen Zwischenraum setzen. Wenn eine Formel aber zum Beispiel mit einem hochgestellten Exponenten endet, ist ein Zwischenraum vor dem Satzzeichen eventuell nicht nötig.

Abstände nach Operatoren

Wird das Argument einer Funktion oder eines Operators in Klammern gesetzt, so wird vor der Klammer kein Abstand gelassen: $f(x)$, $\sin(x)$ oder $\mathrm{Aut}(G)$.

Um „Klammergebirge" zu vermeiden, unterdrückt man manchmal die Klammern um das Argument, wenn der Funktions- oder Operatorname aus mehreren Buchstaben besteht, und schreibt stattdessen $\sin x$ oder $\mathrm{Aut}\, G$. In diesem Fall werden Name und Argument durch einen kleinen Zwischenraum voneinander getrennt (vgl. Tabelle C.11.2 auf Seite 238) und der Name wird in der Grundschrift geschrieben (vgl. Abschnitt 8.9). Führt man einen neuen Funktions- oder Operatornamen mit `\mathop` oder in AMS-LaTeX mit `\DeclareMathOperator`[15] ein, so kümmert sich LaTeX selbständig um die richtigen Abstände (vgl. Tabelle C.11.2 auf Seite 238).

Ein Ausdruck wie $f\ x$ oder fx statt $f(x)$ wäre aber offenbar irritierend. Nur wenn sich die Funktion oder der Operator typographisch gut von ihren möglichen Argumenten unterscheiden (vgl. Kapitel 6), kann man mit etwas Vorsicht selbst bei einbuchstabigen Bezeichnungen auf Klammern um das Argument verzichten: Bezeichnet zum Beispiel T einen Operator und werden mögliche Argumente durchweg mit kleinen lateinischen Buchstaben bezeichnet, so führt auch die Schreibweise Tx zu keinen Missverständnissen. In diesem Fall verzichtet man auf den Abstand zwischen Operator und Argument.

[14] Der Springer-Verlag empfiehlt hier sogar grundsätzlich einen mit `\;` gesetzten großen Zwischenraum.

[15] Diese Anweisung darf nur in der Präambel eines Dokumentes verwendet werden. Die ∗-Variante dieser Anweisung kümmert sich auch noch um obere und untere Grenzen (vgl. „Definition von großen Operatoren" in Anhang C.14, Seite 249).

Abstand nach einem Dezimalkomma

Für die deutsche Tradition, den ganzzahligen Anteil eines Dezimalbruchs mit einem Komma von den Dezimalen abzutrennen (und nicht mit einem Punkt wie im englischsprachigen Raum) kann LaTeX nichts. Daher interpretiert LaTeX ein Komma in einem Dezimalbruch wirklich als Komma und fügt im mathematischen Modus, der ja Leerräume im Eingabetext ignoriert, nach einem Komma immer einen kleinen Abstand ein, der in einen Dezimalbruch nicht hineingehört: Vergleichen Sie (im mathematischen Modus)

$3, 1415$ mit

3.1415. Schreibt man aber `$3,\!1415$` oder `$3{,}1415$\,\` so erhält man

$3{,}1415$ bzw.

$3{,}1415$ und alles hat wieder seine Ordnung.

Diese Lösungen mögen etwas „handgestrickt" erscheinen; ein wenig systematischer kann man das Komma mit Hilfe von `\mathord{,}` von einem Satzzeichen zu einem gewöhnlichen Zeichen „degradieren", dann werden die in Tabelle C.11.2 auf Seite 238 aufgelisteten Konventionen wirksam und man erhält mit `$3\mathord{,}1415$` ebenfalls das gewünschte Ergebnis

$3{,}1415$.

Wie schon im einleitenden Kapitel vermerkt, verwenden wir bei typographischen Maßangaben in der Einheit pt die englischsprachige Konvention, die auch von LaTeX verwendet wird, denn eine Schriftgröße von 10,0 pt sieht für das LaTeX-Auge doch etwas ungewohnt aus.

Dreiergruppen von Ziffern werden im Deutschen durch einen kleinen Zwischenraum, manchmal auch durch einen Punkt (meist ohne Zwischenraum), voneinander getrennt:

9 999 999,999 999 oder

9.999.999,999.999

Im englischsprachigen Raum sind die Rollen von Punkt und Komma im Wesentlichen vertauscht: Statt eines Dezimalkommas wird ein Dezimalpunkt verwendet, Dreiergruppen von Ziffern werden durch ein Komma voneinander getrennt:

999,999.999,999

Die Konventionen zu Zwischenräumen nach Punkt und Komma in langen Zahlen sind nicht ganz einheitlich, im Zweifelsfall sollte man selbst nach der übersichtlichsten Lösung suchen. Ich persönlich würde eine Kombination von Punkt und Komma vermeiden und bei Bedarf Dreiergruppen von Ziffern mit einem kleinen Abstand voneinander trennen. Mehr zu diesen Fragen kann man in [Chic10] oder [GK00] finden.

Abstände vor Maßeinheiten

Eine Zahl und die zugehörige Maßeinheit werden durch ein geschütztes Leerzeichen voneinander getrennt: 10 kg oder 50 km. Besteht die Zahl in der Maßangabe aus nur einer Ziffer oder die Maßeinheit aus nur einem Buchstaben, so setzt man besser einen „kleinen" (geschützten) Zwischenraum, also 5 kg oder 1,5 V (vgl. auch den Eintrag „Zwischenraum" in Anhang A).

In LaTeX wird ein geschütztes Leerzeichen mit Tilde ~ erzeugt, welches einen Zeilenumbruch an dieser Stelle verhindert; so wurden die obigen Maßangaben mit `10~kg` und `50~km` sowie mit `5\,kg` und `1,5\,V` erzeugt. Lässt man sich von LaTeX mit `\the` eine Länge ausgeben, so erscheint das Ergebnis leider ohne Leerzeichen zwischen Zahl und der Einheit pt: `\the\baselineskip` ergibt aktuell 12.4pt. An den anderen Stellen in diesem Buch wurde diese typographisch nicht korrekte Ausgabe mithilfe eines geeigneten Makros korrigiert.[16]

8.6 Mehr Übersicht durch manuelle Größenanpassung

In einigen Situationen kann man das Erscheinungsbild eines mathematischen Ausdrucks verbessern, wenn man manche Teile, abweichend von den allgemeinen Regeln, größer oder kleiner setzt. Einige dieser Möglichkeiten besprechen wir in diesem Abschnitt. Auch hier sind die Unterschiede oft klein, aber sie entlasten das Auge der Leserinnen und Leser.

Größen mathematischer Symbole in verschiedenen Stilen

LaTeX kennt im mathematischen Modus im Wesentlichen vier verschiedene Stile, die auch mit verschiedenen Schriftgrößen einhergehen (es gibt genau genommen noch vier weitere recht versteckte Stile, die sich aber auf die Schriftgrößen nicht auswirken, vgl. dazu Abschnitt 8.7 und Anhang C.1):

`\displaystyle`	Grundgröße für abgesetzte Formeln;
`\textstyle`	Grundgröße für Textformeln;
`\scriptstyle`	Grundgröße für Nenner und Zähler in Textformeln, für einfache Exponenten und Indizes;
`\scriptscriptstyle`	Grundgröße für doppelte Exponenten und Indizes, Exponenten in Zähler und Nenner, doppelte Brüche in Textformeln, dreifache Brüche in abgesetzten Formeln.

Erscheinen Brüche in abgesetzten Formeln, so wird die Schriftgröße gegenüber der Größe in Textformeln jeweils „um eins heraufgesetzt". Dieselbe Symbolfolge ergibt in diesen unterschiedlichen Schriftgrößen:

[16] Dank an Andreas Gärtner, der für mich dieses nicht ganz einfache Makro erstellt hat.

`\displaystyle`	$\displaystyle ABCDabcd1234\Gamma\Delta\Theta\alpha\beta\gamma\delta \int \sum \bigoplus \oplus$
`\textstyle`	$\textstyle ABCDabcd1234\Gamma\Delta\Theta\alpha\beta\gamma\delta \int \sum \bigoplus \oplus$
`\scriptstyle`	$\scriptstyle ABCDabcd1234\Gamma\Delta\Theta\alpha\beta\gamma\delta \int \sum \bigoplus \oplus$
`\scriptscriptstyle`	$\scriptscriptstyle ABCDabcd1234\Gamma\Delta\Theta\alpha\beta\gamma\delta \int \sum \bigoplus \oplus$

Normalerweise schaltet LaTeX selbständig auf die adäquate Größe um. Manchmal aber erhöht es doch die Lesbarkeit, wenn man mithilfe dieser Anweisungen auf die Wahl der Schriftgröße Einfluss nimmt. Ein berühmtes Beispiel für eine solche Situation ist ein Kettenbruch. Ohne Hilfestellung erzeugt LaTeX den folgenden Ausdruck:

$$a_0 + \frac{1}{a_1 + \frac{1}{a_2 + \frac{1}{a_3 + \frac{1}{a_4}}}}$$

Übersichtlicher und schöner aber ist diese Form, in welcher die Schriftgröße beibehalten wird:

$$a_0 + \cfrac{1}{a_1 + \cfrac{1}{a_2 + \cfrac{1}{a_3 + \cfrac{1}{a_4}}}}$$

Man erhält sie in diesem speziellen Fall am einfachsten mithilfe der `\cfrac`-Anweisung aus AMS-LaTeX mit der Eingabe:

```
a_0 + \cfrac{1}{
          a_1 + \cfrac{1}{
                    a_2 + \cfrac{1}{
                              a_3 + \cfrac{1}{a_4}}}}
```

In anderen Fällen muss man von Hand, zum Beispiel mit `\displaystyle`, die Schriftgröße nachjustieren.

Operatoren in verschiedenen Größen

Summenzeichen, Produktzeichen, Integrale und einige weitere Operatoren (vgl. Tabellen C.14.1 und C.14.2 in Anhang C.14) werden in LaTeX mit jeweils derselben Anweisung aufgerufen, unabhängig davon, ob man sich im abgesetzten Modus befindet oder im Zeilenmodus. LaTeX passt die Größe dieser Zeichen, so gut es geht, den aktuellen Erfordernissen an und setzt in Textformeln die Grenzen rechts unten und rechts oben neben das Symbol, in abgesetzten Formeln normalerweise über und unter das Symbol. (Dieses Verhalten kann mit den LaTeX-Anweisungen `\limits` und `\nolimits` auch manuell gesteuert werden, vgl. Anhang C.14.)

Für eine Reihe von Operatoren wie für Vereinigungen, Durchschnitte, direkte Summen oder Tensorprodukte (vgl. Tabelle C.14.4 auf Seite 250) stehen eine unveränderliche kleine Variante (vgl. Tabelle C.15.2 auf Seite 252) und eine veränderliche größere Variante (vgl. Tabelle C.14.2 auf Seite 248) zur Verfügung, die jeweils mit einer eigenen Anweisung aufgerufen werden müssen. Zum Beispiel wird eine „kleine" direkte Summe mit `\oplus` erzeugt, eine „große" direkte Summe mit `\bigoplus`. Im Zeilenmodus erhält man mit diesen Zeichen $\oplus_{i=1}^{n}\mathcal{H}_i$ und $\bigoplus_{i=1}^{n}\mathcal{H}_i$, im abgesetzten Modus dagegen

$$\oplus_{i=1}^{n}\mathcal{H}_i \quad\text{und}\quad \bigoplus_{i=1}^{n}\mathcal{H}_i\,.$$

Es ist nicht zu übersehen, dass sich `\oplus` (links) im abgesetzten Modus nicht „gut macht". In diesem Modus sollte man also normalerweise die großen Versionen benutzen, deren Bezeichnung durch ein vorangestelltes `big` erzeugt wird wie in Tabelle C.14.2.

Flache Brüche und Exponenten

Exponentialfunktionen, Brüche, Wurzeln und Exponenten können auf verschiedene Weisen geschrieben werden:

$$\begin{aligned} e^{\omega t+\varphi} &= \exp(\omega t+\varphi) \\ \frac{a+b}{c+d} &= (a+b)/(c+d) &&= (a+b)\cdot(c+d)^{-1} \\ \sqrt{a^2+b^2} &= (a^2+b^2)^{\frac{1}{2}} &&= (a^2+b^2)^{1/2} \\ \left(\left(x^2\right)^3\right)^4 &= ((x^2)^3)^4 &&= ((x^2)^3)^4 \end{aligned}$$

Die drei Ausdrücke in der letzten Zeile wurden eingegeben als

```
{\left({\left(x^2\right)}^3\right)}^4,
{({(x^2)}^3)}^4 und
((x^2)^3)^4.
```

In abgesetzten Ausdrücken wird man im Allgemeinen die Versionen der ersten Spalte benutzen, die in vertikaler Richtung die größte Ausdehnung aufweisen. Stehen mathematische Ausdrücke in der Zeile, so wird man die „flacheren" Versionen aus der zweiten und dritten Spalte bevorzugen, ebenso, wenn solche Ausdrücke ihrerseits im Exponenten oder im Nenner oder Zähler eines Bruches zu stehen kommen.

Wurzeln

Das korrekte Setzen von Wurzeln stellt für LaTeX eine besondere Herausforderung dar, hier muss man manchmal etwas nachhelfen. Die einschlägigen Anweisungen zum Umgang mit Wurzeln sind im Unterabschnitt „Wurzeln" in Anhang C.8, Seite 229, zusammengestellt. Im Folgenden soll auf zwei Situationen besonders eingegangen werden.

Setzt man eine Wurzel mit einem Wurzelexponenten wie $\sqrt[3]{27}$, so geht in einfachen Fällen noch alles gut. Umfangreichere Wurzelexponenten muss man aber manchmal nachjustieren. Die Identität

$$\sqrt[\frac{1}{n}]{X} = X^n$$

ist zwar korrekt, aber nicht schön. Mithilfe der $\mathcal{AMS}$-LaTeX-Anweisungen `\leftroot` und `\uproot` lassen sich Wurzelexponenten um die im Argument angegebene ganze Zahl um entsprechende Vielfache der Einheit mu verschieben. Mit der Anweisung `\sqrt[\leftroot{-4}\uproot{5}\frac 1n]{X}` erhält man die nicht nur korrekte, sondern auch schöne Identität

$$\sqrt[\leftroot{-4}\uproot{5}\frac 1n]{X} = X^n.$$

Die Höhe einer Wurzel richtet sich, wie ein mit `\left ... \right` gesetztes Klammerpaar, nach der Höhe des Arguments:

$$\sqrt{\pi} \qquad \sqrt{\int_a^b f(x)\,dx}$$

Verschieden hohe Wurzeln können jedoch störend wirken, wenn zwei solche Ausdrücke miteinander multipliziert werden sollen:

$$\sqrt{a}\cdot\sqrt{b}\cdot\sqrt{c} \qquad \text{oder} \qquad \sqrt{\big((A+B)(A-B)\big)}\cdot\sqrt{A^2+B^2}$$

In solchen Fällen ist es oft schöner, die Wurzeln auf dieselbe Höhe zu bringen. Wie für Klammern in Abschnitt 8.4 lässt sich das leicht mithilfe von `\vphantom` bewerkstelligen:

$$\sqrt{a\vphantom{b}}\cdot\sqrt{b}\cdot\sqrt{c\vphantom{b}} \qquad \text{oder} \qquad \sqrt{\big((A+B)(A-B)\big)}\cdot\sqrt{A^2+B^2\vphantom{\big)}}$$

Im Quelltext steht hier `\sqrt{a\vphantom{b}}` für die erste Wurzel im linken Ausdruck, im rechten Ausdruck steht `\sqrt{A^2+B^2 \vphantom{\big)}}` für die zweite Wurzel. In vielen Fällen genügt es, `\vphantom(` einzufügen, da die Klammer normalerweise ein Zeichen mit maximaler vertikaler Ausdehnung innerhalb eines Zeichensatzes darstellt (vgl. die Einträge „Schriftgrad" und „Zeilenabstand" in Anhang A). Daher stellt TeX bzw. LaTeX hierfür die Anweisung `\mathstrut` bereit.

Natürlich kann man aber das Angleichen von Wurzeln auch übertreiben:

$$\sqrt{\pi\cdot\sqrt{\int_a^b f(x)\,dx}}$$

sieht dann doch etwas lächerlich aus.

8.7 Unerwartetes Rauf und Runter

Eine Überraschung kann man erleben (und ich erlebte sie), wenn man, wie oben beschrieben, die Höhe der Wurzeln in

$$\sqrt{\pi}\cdot\sqrt{A^2+B^2}$$

angleichen möchte und natürlich `\sqrt{\pi\vphantom{A^2}}` für den linken Faktor schreibt: Man erhält:

$$\sqrt{\pi\vphantom{A^2}}\cdot\sqrt{A^2+B^2}$$

Offenbar ist die linke Wurzel nun zu hoch.

„Cramped Style"

Was hier geschieht, sieht man etwas deutlicher, wenn man in dem Ausdruck

$$\sqrt{E^4}E^4$$

auf die Höhe der Exponenten achtet.[17] Die Wurzel veranlasst LaTeX, für den Ausdruck unter der Wurzel von „displaystyle" in den sogenannten „cramped displaystyle" zu wechseln, ähnlich wirkt sich zum Beispiel die Anweisung `\overline` aus, auch der Nenner eines Bruches wird in diesem Stil gesetzt (vgl. auch Anhang C.1). Der Hauptunterschied zu „displaystyle" besteht darin, dass in „cramped displaystyle" Exponenten weniger exponiert gesetzt werden, wie das Beispiel oben zeigt. Im Ausgangsbeispiel findet jedoch die Anweisung `\vphantom` den Ausdruck `{A^2}` in „displaystyle" vor (in diesem Fall besteht zu „textstyle" kein sichtbarer Unterschied), erzeugt eine leere Box der entsprechenden Höhe und übergibt die fertige Box an die Wurzel. Daher reagiert die Wurzel über π, als fände sie A^2 in „displaystyle" vor, es gibt nichts mehr, was sie „einengen" könnte.

Die einfachste Möglichkeit, die Höhen solcher Wurzeln anzupassen, besteht darin, die Ausdrücke mit Exponenten unter der Wurzel von Hand in „displaystyle" zu setzen. Setzt man für den linken Faktor `\sqrt{\pi\vphantom{A^2}}` und für den rechten `\sqrt{\displaystyle A^2+B^2}`, so erhält man:

$$\sqrt{\pi\vphantom{A^2}} \cdot \sqrt{\displaystyle A^2+B^2}$$

Auch `\mathstrut` vermag die Wurzeln auf dieselbe Höhe zu bringen, wenn man den Ausdruck $A^2 + B^2$ im „cramped displaystyle" belässt; allerdings muss in unserem Beispiel `\mathstrut` auch dem zweiten Faktor zugefügt werden, da die Klammer in `\mathstrut` auch eine Unterlänge besitzt, auf die sonst im zweiten Faktor nicht reagiert würde. Die Eingabe `\sqrt{\mathstrut\pi}\cdot\sqrt{\mathstrut A^2+B^2}` ergibt nun

$$\sqrt{\mathstrut\pi}\cdot\sqrt{\mathstrut A^2+B^2}$$

und man sieht, dass beide Wurzeln auf die unsichtbaren Klammern auch mit einer größeren Unterlänge reagieren als in der vorigen Ausgabe.

Leider verfügt LaTeX über keine Anweisung, die es erlaubt, von Hand in den „cramped displaystyle" zu wechseln. Eine solche Anweisung stellt aber beispielsweise das Paket *mathtools* zur Verfügung, welches auch darüber hinaus eine ganze Anzahl von Anweisungen bereithält, die für das „fine-tuning" des mathematischen Formelsatzes hilfreich sind.

Weiteres zum Umgang mit Wurzeln findet sich in Anhang C.8 ab Seite 229 und zum Beispiel in [MiGo05], insbesondere in Abschnitt 8.7.5. Zu den „cramped styles" (es gibt zu jedem der vier mathematischen Hauptstile den entsprechenden „cramped style") finden sich einige zusätzliche Informationen im entsprechenden Unterabschnitt auf Seite 207 in Anhang C.1.

[17] Dank an Andreas Gärtner für die Hilfe bei der Entschlüsselung dieses Rätsels.

Verschobene Exponenten und Indizes

Eine ähnliche Überraschung wie oben bei der Ausrichtung von Wurzeln kann man erleben, wenn Indizes und Exponenten in unterschiedlicher Weise aufeinandertreffen:

$$E_i E_i^j E^j$$

Wie man sieht, schiebt ein Exponent einen Index nach unten und ein Index schiebt einen Exponenten nach oben. Der genaue Algorithmus, dem TEX hier folgt, findet sich bei D. Knuth in [Knu86], Anhang G, insbesondere ab Nr. 16. Er ist recht aufwändig und es würde zu weit führen, ihn hier zu reproduzieren. In vielen Fällen kann man Indizes und Exponenten mit geeigneten `\phantom`-Anweisungen wieder „auf Linie" bringen. (Bis zu einem gewissen Grad hängt die vertikale Verschiebung auch vom auslösenden Exponenten oder Index ab, hier muss man ab und zu ein wenig experimentieren.) Im Beispiel führt die Anweisung `E_i^{\phantom{j}}E_i^jE_{\phantom{i}}^j` zu

$$E_i^{}E_i^jE_{}^j$$

und löst das Problem. Die beschriebenen Effekte können zusätzlich durch die Wirkung eines „cramped style" (s. o. und Anhang C.1) überlagert werden, im Grundsätzlichen ändert sich dadurch aber nichts.

Restriktionen

Diesen Effekt – ein Exponent drückt den Index nach unten – kann man nutzen um Einschränkungen (oder Restriktionen) von Abbildungen auf kleinere Definitionsbereiche zu gestalten. LATEX stellt hierfür keine vorgefertigten Konstrukte zur Verfügung und die offensichtliche Anweisung für solche Fälle sieht etwas ungelenk aus: Schreibt man `T\vert_{V}` oder `a\vert_{[0,1]}` so erhält man $T\vert_{V}$ bzw. $a\vert_{[0,1]}$. Meine gegenwärtige Lösung für dieses Problem sieht folgendermaßen aus:

```
\newcommand{\rest}[1]{\,\rule[-4pt]{0.4pt}{11pt}\,^{}_{#1}}
\newcommand{\rests}[1]{\,\rule[-4pt]{0.4pt}{9pt}\,^{}_{#1}}
```

Die erste Anweisung erzeugt Einschränkungen für Abbildungen, die mit hohen Symbolen oder Buchstaben bezeichnet sind, die zweite entsprechend für kleine. Mit diesen Makros erzeugen `T\rest{V}` und `a\rests{[0,1]}` die Ausgaben

$$T\,\rule[-4pt]{0.4pt}{11pt}\,^{}_{V} \quad \text{und} \quad a\,\rule[-4pt]{0.4pt}{9pt}\,^{}_{[0,1]} .$$

Das Makro besteht aus zwei kleinen Zwischenräumen, einem um vier Punkte nach unten verschobenen vertikalen Strich, einmal länger, einmal kürzer, und der Index, in welchem der neue Definitionsbereich erscheint, wird mit einem fingierten Exponenten nach unten gedrückt. Natürlich kann man nun die Länge und Position des vertikalen Striches nach Bedarf und Geschmack weiter anpassen.

8.8 Punkte: Multiplizieren und Auslassen

In diesem Abschnitt diskutieren wir zunächst, wann Multiplikationspunkte gesetzt werden sollten. Im Anschluss befassen wir uns mit Auslassungspunkten, insbesondere mit der Frage, wann diese auf der Grundlinie und wann zentriert gesetzt werden und wie sie von Satzzeichen oder Operatorzeichen umgeben werden.

Multiplikationspunkte multiplizieren übersichtlich

Logisch notwendig ist der Punkt · für die Multiplikation nur manchmal, oft ist er aber hilfreich, um größere Ausdrücke optisch voneinander zu trennen. In der Regel wird man für die Multiplikation von einbuchstabigen Termen, auch wenn sie noch mit einem Index oder einer Potenz versehen sind, auf Multiplikationspunkte verzichten:

$$a_n x^n + a_{n-1} x^{n-1} + \cdots + a_1 x + a_0$$

liest sich leichter als

$$a_n \cdot x^n + a_{n-1} \cdot x^{n-1} + \cdots + a_1 \cdot x + a_0 \, .$$

Natürlich gibt es auch hier wieder (nahe liegende) Ausnahmen, etwa wenn Sie über die Gleichung

$$123456 = 720$$

rätseln.

Wenn aber die Terme komplexer werden, insbesondere, wenn geklammerte Ausdrücke multipliziert werden, empfiehlt es sich oft, die Multiplikation explizit mit dem Multiplikationspunkt · zu kennzeichnen: Ein Ausdruck wie

$$\left(\int f(x)\,dx\right) \cdot \left(\int g(y)\,dy\right)$$

wird durch den Multiplikationspunkt übersichtlicher. Auch Zwischenräume nach Funktionsnamen oder Operatoren könnten zu Missverständnissen führen, wenn man keine Multiplikationspunkte setzt. So wird der Ausdruck

$$\det A \cdot \det B = \det(AB)$$

erst durch den Multiplikationspunkt eindeutig. Normalerweise genügt ein wenig Aufmerksamkeit, gepaart mit gesundem Menschenverstand, um hier jeweils das Richtige zu tun.

Werden sehr umfängliche Ausdrücke miteinander multipliziert oder leitet das Multiplikationszeichen in einem abgesetzten Ausdruck eine neue Zeile ein, so kann man den Multiplikationspunkt auch durch das etwas mehr ins Auge springende Zeichen × ersetzen. Ich würde mit diesem Zeichen als Multiplikationszeichen aber sparsam umgehen, denn es kann am falschen Platz auch recht aufdringlich wirken.

Auslassungen

Auslassungen werden üblicherweise mit drei Punkten angedeutet, die im mathematischen Modus entweder mit drei Punkten $\ldots$ auf der Grundlinie oder mit drei vertikal zentrierten Punkten $\cdots$ bezeichnet werden. Welche zum Einsatz kommen, hängt vom Kontext ab.

Auf der Grundlinie stehen Auslassungspunkte in normalen Texten sowie in mathematischen Aufzählungen, wenn ihnen ein Komma vorangeht wie in

$$1, 2, 3, \ldots$$

Vertikal zentrierte Auslassungspunkte setzt man, wenn ihnen eine mathematische Operation oder eine Relation vorausgeht:

$$1 + 2 + 3 + \cdots \quad \text{oder} \quad a_1 \le a_2 \le \cdots \le a_n$$

Ausnahmen bestätigen die Regel: Wenn es sich bei der mathematischen Operation um eine mit Multiplikationspunkten ausgeschriebene Multiplikation handelt, setzt man diese mit Auslassungspunkten auf der Grundlinie fort:

$$n! = 1 \cdot 2 \cdot 3 \cdot \ldots \cdot n \quad \text{und nicht} \quad n! = 1 \cdot 2 \cdot 3 \cdot \cdots \cdot n$$

Eine nicht ausgeschriebene Multiplikation mag man mit Punkten auf der Grundlinie oder mit zentrierten Punkten fortsetzen:[18]

$$a_1 a_2 a_3 \ldots a_n \quad \text{oder} \quad a_1 a_2 a_3 \cdots a_n$$

Setzen die Punkte eine Aufzählung, eine Addition, eine Kette von Ungleichungen oder Ähnliches fort, so wird das Komma, das Pluszeichen, das Relationszeichen etc. vor den Auslassungspunkten wiederholt; kommt die Auslassung auch zu einem definierten Abschluss, so werden die Auslassungspunkte von den entsprechenden Zeichen beidseitig eingeschlossen:

$$\begin{array}{rcl}
x_1, x_2, x_3, \ldots & \text{und nicht} & x_1, x_2, x_3 \ldots \\
1 + \frac{1}{2} + \frac{1}{4} + \cdots & \text{und nicht} & 1 + \frac{1}{2} + \frac{1}{4} \cdots \\
x_1, x_2, x_3, \ldots, x_n & \text{und nicht} & x_1, x_2, x_3, \ldots x_n \\
1 + 2 + 3 + \cdots + n & \text{und nicht} & 1 + 2 + 3 + \cdots n
\end{array}$$

Nicht ganz eindeutig sind die Regeln für den Fall, dass Auslassungszeichen und der Schlusspunkt eines Satzes aufeinandertreffen: Der Duden ([Dud07]) bezieht den Schlusspunkt in die Auslassungszeichen mit ein, er wird also nicht als vierter Punkt gesetzt, und das ist wohl die weitverbreitete Regel. In [GK00] wird dagegen empfohlen, in einem solchen Fall den Schlusspunkt nicht zu unterdrücken, sondern ihn mit einem kleinen

[18] Mir persönlich gefällt die zentrierte Variante besser.

Abstand zu den Auslassungspunkten setzen. Ich würde in diesem Fall dem Vorschlag des Dudens folgen. Schließt ein Satz aber mit vertikal zentrierten Punkten, so scheint es mir sinnvoll, nach einem kleinen Abstand den Schlusspunkt auf der Grundlinie zu setzen, das Satzende hängt sonst wahrlich zu sehr in der Luft. Vorangehende Abkürzungspunkte werden in Auslassungspunkte nicht miteinbezogen, ihnen folgen die Auslassungspunkte nach einem kleinen Abstand. Alle anderen Satzzeichen bleiben unbeeinflusst.

Auslassungspunkte stellen ein eigenes Zeichen dar, das *Ellipsenzeichen*; es sollte nicht verwechselt werden mit drei aufeinanderfolgenden Punkten:

... drei Punkte
… Ellipsenzeichen

In Texten wird das Ellipsen- oder Auslassungszeichen durch ein Leerzeichen vom vorangehenden und vom nachfolgenden Wort getrennt (nicht aber von Wortteilen oder nachfolgenden Satzzeichen), im mathematischen Kontext werden keine Abstände zur Umgebung gesetzt.

Im Textmodus von LaTeX werden Auslassungszeichen von den Anweisungen `\dots` oder `\ldots` erzeugt, die in LaTeX identisch wirken; hier muss ein eventuell nachfolgendes Leerzeichen mit `\␣` explizit gesetzt werden (vgl. hierzu auch [MiGo05], 3.1.2). Im mathematischen Modus stehen die folgenden Anweisungen zur Verfügung:

`\dots` für Punkte auf der Grundlinie $\ldots$
`\ldots` wie `\dots` $\ldots$
`\cdots` für vertikal zentrierte Punkte $\cdots$
`\vdots` für vertikale Punkte $\vdots$
`\ddots` für diagonale Punkte $\ddots$

In AMS-LaTeX reicht für horizontale Punkte meistens die Anweisung *`\dots`* aus, denn AMS-LaTeX versucht selbständig, die richtige Höhe für die Auslassungspunkte zu erraten. Die Anweisung `\ldots` setzt dagegen die Punkte immer auf die Grundlinie. Darüber hinaus stellt AMS-LaTeX noch einige weitere Anweisungen für die optimale Positionierung von Auslassungspunkten zur Verfügung, die in Tabelle C.17.2 auf Seite 257 zusammengestellt sind.

8.9 Aufrechte Schrift in mathematischen Ausdrücken

In mathematischen Formeln wird üblicherweise eine kursive oder geneigte Schrift verwendet. Diese kennt im mathematischen Satz aber keine Ligaturen und Unterschneidungen (vgl. den Unterabschnitt „Unterschneiden", Seite 135). Der Unterschied springt sofort ins Auge, wenn man etwa „$Diffop$" (so geht LaTeX mit der Anweisung `$Diffop$` um) vergleicht mit „Diffop" oder „*Diffop*". Daher greift man auch im mathematischen Satz in einigen Fällen (s. u.) auf die aufrechte Grundschrift zurück. Damit vermeidet man zum Beispiel Verwechslungen mit Produkten: Die drei Buchstaben det könnten ja auch für ein Produkt der drei Zahlen d, e und t stehen.

Das Umschalten in die Grundschrift geschieht in AMS-LaTeX am besten mit der Anweisung *`\text{}`*, mit etwas Vorsicht auch mit `\textnormal{}`, `\mathrm{}` oder

`\textrm{}` (vgl. Anhänge C.1 und C.19). Eine „vernünftige" kursive Schrift mit Unterschneidungen und Ligaturen erhält man im mathematischen Modus mit der Anweisung `\mathit{}`.

Text innerhalb von Formeln

Für alle Arten von Texten innerhalb einer mathematischen Formel, zum Beispiel für einen ausgeschriebenen Quantor, findet die Grundschrift Verwendung. Es heißt also

$$\ldots|f(x) - f(y)| < \epsilon \quad \text{für alle } y \in D, \qquad \text{nicht aber}$$
$$\ldots|f(x) - f(y)| < \epsilon \quad für\, alle\; y \in D,$$

oder

$$\{x : x \in A \text{ und } x \in B\}, \qquad \text{nicht aber}$$
$$\{x : x \in A\; und\; x \in B\}.$$

Schaltet man mit einer der eingangs aufgeführten Anweisungen innerhalb des mathematischen Modus auf die Grundschrift zurück, so muss man des Weiteren auf die Abstände zwischen Formelteilen und Textteilen achten, da Leerzeichen im mathematischen Modus ignoriert werden. Als Faustregel kann gelten, dass zwischen größeren Formelteilen und normalen Textteilen ein Zwischenraum der Breite eines Geviert bzw. von 1 em angemessen ist (vgl. die Einträge „Geviert" und „Zwischenraum" in Anhang A). In LaTeX wird ein solcher Zwischenraum am bequemsten mit der Anweisung `\quad` erzeugt. Im obigen Beispiel ist die Ungleichung durch diesen Zwischenraum von dem folgenden „für alle" getrennt, der Zwischenraum zwischen „für alle" und „$y \in D$" besteht hier aber nur aus einem normalen Leerzeichen, um den Lesefluss nicht zu unterbrechen.

Bezeichnungen mit mehreren Buchstaben

Besteht eine mathematische Bezeichnung aus einem einzelnen Symbol, so wird dieses meist in der Schriftart des mathematischen Modus gesetzt, dann aber sowohl innerhalb mathematischer Umgebungen als auch in einer Textumgebung (vgl. „Der mathematische Modus in LaTeX", Seite 79).

Namen von Funktionen, Operatoren, Variablen oder anderen Abkürzungen aus mehreren Buchstaben werden dagegen in der aufrechten Grundschrift geschrieben. Man schreibt also zum Beispiel

$\sin x$	und nicht	$sin\, x$	für Sinus,
$\det A$	und nicht	$det\, A$	für die Determinante,
$\mathrm{co}\, K$	und nicht	$co\, K$	für die konvexe Hülle,
$\lim_{n\to\infty}$	und nicht	$lim_{n\to\infty}$	für den Limes,
x_{min}	und nicht	x_{min} .	

Das gilt, wie die letzte Zeile zeigt, auch für Abkürzungen im Index (oder im Exponenten).

LaTeX stellt für viele wichtige Funktionsnamen und Abkürzungen eigene Anweisungen zur Verfügung, die Schrift (und Abstände) regeln. Oben wurden zum Beispiel `\sin`,

`\det` und `\lim` benutzt. Eine Liste der zur Verfügung stehenden Abkürzungen findet sich in Anhang C.14 (Tabellen C.14.3 und C.14.4). Weitere Operatoren können mit den schon erwähnten Anweisungen `\mathop` oder `\DeclareMathOperator` (in AMS-LaTeX) leicht selbst definiert werden (vgl. Anhang C.14).

Maßeinheiten und Operatoren

Maßeinheiten wie kg, cm oder pt werden grundsätzlich aufrecht gesetzt, auch innerhalb von mathematischen Formeln. (Auch Ziffern werden im mathematischen Modus nicht kursiv gesetzt, aber darum kümmert sich LaTeX von selbst.) Das gilt auch für Maßangaben mit griechischen Buchstaben, wie zum Beispiel eine Längenangabe in Mikrometern µ. Hier muss man ein wenig aufpassen, denn aufrechte kleine griechische Buchstaben sind in LaTeX zunächst nicht vorhanden. Sie werden aber von vielen Paketen zur Verfügung gestellt, zum Beispiel von Pifont. Lädt man dieses Paket mit `\usepackage{pifont}`, so kann man anschließend mit `{\Pifont{psy} m}` ein µ erzeugen.

Manchmal werden auch einzelne Operatoren mit einem großen aufrechten Buchstaben bezeichnet, allen voran der Laplace-Operator Δ, in der Stochastik werden zum Beispiel Erwartungswerte manchmal mit aufrechtem E bezeichnet (wenn nicht gar mit $\mathbb{E}$ oder **E**), aber dies ist eine Frage des Geschmacks.

dx oder *dx*

Schreibt man

$$\int f(x)\, dx$$

oder

$$\int f(x)\, \mathrm{d}x \ ?$$

Der Unterschied liegt in der verwendeten Schrift für „d". Schaut man sich in der Literatur um, so sind beide Schreibweisen anzutreffen, das geneigte „*d*" scheint aber häufiger benutzt zu werden, sowohl in der mathematischen Literatur als auch in der LaTeX-Literatur. Das Chicago Manual of Style [Chic10] benutzt ein geneigtes „*d*", nimmt aber zu dieser Frage nicht explizit Stellung, der Springer-Verlag scheint ein aufrechtes „d" zu bevorzugen. Ein starkes Argument für ein aufrechtes „d" habe ich nicht finden können; man mag vielleicht das aufrechte „d" eher als Operator empfinden (s. o.). Andererseits finde ich, dass ein aufrechtes „d" oft etwas „aneckt" und die Gleichmäßigkeit des Schriftbildes beeinträchtigt, wie etwa in

$$\iiint f(x,y,z)\, \mathrm{d}x\, \mathrm{d}y\, \mathrm{d}z \quad \text{oder} \quad \int f\, \mathrm{d}\mu$$

gegenüber

$$\iiint f(x,y,z)\, dx\, dy\, dz \quad \text{oder} \quad \int f\, d\mu.$$

Daher bevorzuge ich die geneigte Variante. Am Ende bleibt es wohl eine Geschmacks- und manchmal auch eine Gewohnheitsfrage.

Große griechische Buchstaben

Einen Sonderfall stellen große griechische Buchstaben dar: Große griechische Buchstaben, die ein eigenes Symbol besitzen, zum Beispiel Γ oder Δ, erscheinen im Mathematiksatz normalerweise „aufrecht". Ein großes griechisches Eta oder Rho zum Beispiel, für dessen Darstellung man auf das lateinische H oder P zurückgreifen muss, muss daher auch im Mathematiksatz als H oder P in der Grundschrift dargestellt werden und nicht als H oder P. Alternativ kann man im Mathematiksatz mit `\mathnormal` die „echten" griechischen Buchstaben kursiv setzen wie $\mathit{\Gamma}$ oder $\mathit{\Delta}$,[19] dann können die „unechten" großen griechischen Buchstaben ebenfalls kursiv bleiben (vgl. Anhänge C.18 und C.19).

> ☞ **Hinweis**
> Text in Formeln, mathematische Bezeichnungen aus mehreren Buchstaben und Maßeinheiten bleiben aufrecht.

8.10 Satzzeichen in Formeln und Aufzählungen

Ein mathematischer Text ist ein deutscher Text und mathematische Ausdrücke sind Teil dieses Textes, auch in grammatikalischer Hinsicht. Daher behalten die Regeln der Zeichensetzung auch nach Gleichungen oder Formeln unverändert Gültigkeit. Lautes Lesen eines mathematischen Textes ist wohl der beste Weg, um ein Gespür für richtige Zeichensetzung zu erhalten (vgl. Abschnitt 5.1). Insbesondere muss auch ein Satz, der mit einer Formel endet, von einem Satzzeichen beendet werden:

> Eine der schönsten Identitäten der Mathematik lautet[20]
>
> $$e^{i\cdot\pi} + 1 = 0\,.$$
>
> Diese berühmte Formel …

Offenbar endet der erste Satz mit „= 0", also schließt er mit einem Punkt ab. Ähnlich mag es (nicht sehr tiefsinnig) heißen:

> …, also erhalten wir
>
> $$\begin{aligned} a &= b\,, \\ b &= c\,, \\ c &= d \quad \text{und somit} \\ a &= d\,. \end{aligned}$$

[19] Das hier Gesagte gilt für Standard LaTeX und die Computer Modern-Schriften. Minion Pro geht einen etwas anderen Weg und stellt bei Bedarf für aufrechte und kursive griechische Buchstaben zusätzliche eigene Anweisungen zur Verfügung.

[20] Vgl. den Einband dieses Buches!

Hier schließen die ersten beiden Zeilen mit einem Komma ab, denn es handelt sich offenbar um eine Aufzählung, vor „und somit“ steht im Deutschen kein Komma (im Englischen schon), und die ganze Überlegung schließt mit einem Punkt, weil nun (wahrscheinlich) ein neuer Satz beginnt. Auch Listen sind Aufzählungen und erhalten entsprechende Satzzeichen:

- 2 ist eine Primzahl,
- 3 ist eine Primzahl,
- 5 ist eine Primzahl,

also ist $2 \cdot 3 \cdot 5 + 1$ entweder selbst eine Primzahl oder enthält einen Primfaktor, der verschieden ist von 2, 3 und 5.

Eine ähnliche Situation tritt bei Fallunterscheidungen auf:

$$f(x) = \begin{cases} -1 & \text{für} \quad x < 0, \\ 1 & \text{für} \quad x \geq 0. \end{cases}$$

Falls schon die Beschreibung der einzelnen Fälle ein Komma erfordert, können Fallunterscheidungen auch mit einem Strichpunkt (Semikolon) abschließen:

$$f(x) = \begin{cases} -1, & \text{falls} \quad x < 0; \\ 1, & \text{falls} \quad x \geq 0. \end{cases}$$

Bestehen dagegen schon die einzelnen Teile der Aufzählung aus vollständigen Sätzen, so werden diese mit einem Punkt abgeschlossen.

Stil ist Geschmackssache,
korrekte Zeichensetzung ist es nicht!

Kommata zwischen mehrfachen Indizes

Für den Eintrag in der i-ten Zeile und j-ten Spalte einer Matrix müsste man korrekterweise $a_{i,j}$ schreiben, mit einem Komma zwischen den Indizes i und j. Falls keine Verwechslungen, zum Beispiel mit einem Produkt, zu befürchten sind, kann man aber doch übersichtlicher zu a_{ij} übergehen. Besonders bei Tensoren höherer Stufe ist eine solche Vereinfachung ratsam.

8.11 Literaturhinweise

Recht ausführlich wird in [Chic10] auf viele Aspekte des mathematischen Formelsatzes eingegangen. Auf etliche Tücken des Formelsatzes wird in [Gil87] hingewiesen, auch wenn manche Hinweise aus dem „frühelektronischen Zeitalter“ inzwischen veraltet sind; auch in [Hig98] findet sich eine Reihe von nützlichen Anmerkungen zum Formelsatz.

Breit wird mathematischer Formelsatz naturgemäß in der einschlägigen TEX-LATEX-Literatur diskutiert. D. Knuth setzt sich in [Knu86] ausführlich mit der Gestaltung mathematischer Formeln auseinander, aber auch in [Voß06], [Kop00] und [MiGo05] finden sich viele Ausführungen zu typographischen Fragestellungen, die weit über die TEX-nischen Aspekte des mathematischen Formelsatzes hinausreichen.

9 Das Literaturverzeichnis

If I have seen further it is by standing on ye sholders of Giants.

Isaac Newton[1,2,3]

Fast zu einer Glaubensangelegenheit, so will es scheinen, gerät die Form von Literaturangaben in einigen Geisteswissenschaften. In der Mathematik ist man etwas pragmatischer. Doch auch hier steckt im Detail manch' kleiner Teufel, der einen ins Grübeln bringen kann: über Schreibweisen von Namen, über Abkürzungen von Zeitschriften oder über die Reihenfolge von Literaturhinweisen.

In den Abschnitten 9.1 bis 9.3 besprechen wir einige Gesichtspunkte zu Zweck und Inhalt eines Literaturverzeichnisses, in den Abschnitten 9.4 und 9.5 diskutieren wir Fragen der Gestaltung, die restlichen Abschnitte enthalten Hinweise zu den einzelnen Einträgen eines Literaturverzeichnisses und sind zum Nachschlagen gedacht.

9.1 Wozu dient ein Literaturverzeichnis?

Die Angaben in einem Literaturverzeichnis verfolgen eine Reihe von Zielen, die wir zunächst zusammenstellen.

---

[1] Isaac Newton schrieb dies in einem Brief an den Physiker Robert Hooke.

[2] Dieses Zitat zeigt ein weiteres Mal, wie vorsichtig man mit ungeprüften Informationen aus dem Internet sein muss. Allein für dieses Zitat fanden sich, ausgewiesen als wörtliche Zitate von Newton:
„If I have been able to see farther (than you and Descartes), it is because I have stood on the shoulders of giants."
„If I have seen a little further it is by standing on the shoulders of Giants."
„If I have seen farther than others, it is because I was standing on the shoulders of giants."
... und noch etliche mehr, nicht mitgerechnet Variationen in der Schreibweise: „y^e^" ist eine altertümliche Form für „the" (und wird auch so ausgesprochen), nicht zu verwechseln mit der altertümlichen Version für „you" (2. Person Plural). Auch „sholders" wird oft in moderner Schreibweise „shoulders" wiedergegeben.
Ebenso finden sich für das Datum verschiedene Angaben: Newton selbst datierte den Brief auf den 5. Februar 1675. Aber: Er benutzte den julianischen Kalender, nach welchem das neue Jahr erst mit dem 25. März begann. Nach unserem gregorianischen Kalender, der damals in Mitteleuropa schon weitverbreitet war, fiel dieser Tag auf den 15. Februar 1676. Alle vier möglichen Kombinationen aus zwei Datumsangaben und zwei Jahreszahlen findet man in der Literatur bzw. im Internet. Eine Kopie des Autographs dieses Briefes kann eingesehen werden unter http://digitallibrary.hsp.org/index.php/Detail/Object/Show/object_id/9285 (29.10.2015). Ich gestehe, auch ich hatte zunächst keine Ahnung von der komplizierten Sachlage und musste einige Stunden recherchieren, um mir etwas Klarheit zu verschaffen.

[3] Die Metapher ist deutlich älter und geht zurück auf Bernhard von Chartres, bezeugt 1108–1124.

Quellen offenlegen: Es gehört zu den unverbrüchlichen Regeln wissenschaftlichen Arbeitens und wissenschaftlicher Ehrlichkeit, alle Quellen offenzulegen, die in die präsentierten Ergebnisse eingeflossen sind. Dies ist der erste und hauptsächliche Zweck eines Literaturverzeichnisses. Verstöße gegen diese Regel werden als Plagiat geahndet.[4] Daher muss einer wissenschaftlichen Abschlussarbeit eine Versicherung beigefügt werden, die bestätigt, dass alle benutzten Quellen angegeben wurden.

Stand der Forschung: Zum Zweiten belegt das Literaturverzeichnis, dass die Verfasserin oder der Verfasser die für die Fragestellung relevante Literatur (hoffentlich) kennt und verarbeitet hat. Es dient also dem Nachweis, dass sich die Arbeit auf der Höhe der gegenwärtigen wissenschaftlichen Diskussion bewegt.

Einordnung der Arbeit: Drittens gibt das Literaturverzeichnis jedem, der sich im Umfeld der Arbeit auskennt, wertvolle Hinweise, wo und wie die Arbeit einzuordnen ist. Probieren Sie es ruhig aus: Drücken Sie einer Wissenschaftlerin oder einem Wissenschaftler eine neue Arbeit aus dem eigenem Gebiet in die Hand und schauen Sie zu, was geschieht. Nach einem Blick auf den Titel, die Autoren und eventuell die Zusammenfassung wird der nächste Blick dem Literaturverzeichnis gelten, wobei das Auge vielleicht unauffällig etwas länger an der Stelle verweilen mag, an der der eigene Name auftaucht oder auftauchen sollte …

Für die Einordnung einer Arbeit spielen „Schlüsselpublikationen" eine wichtige Rolle: In jedem mathematischen Gebiet gibt es Arbeiten, die eine Entwicklung losgetreten haben oder die aktuelle Diskussion wesentlich prägen. Solche Schlüsselpublikationen gehören in ein Literaturverzeichnis selbst dann, wenn nicht unmittelbar ein dort formuliertes Resultat benutzt wird. Stattdessen wird man in einer gut geschriebenen Einleitung auf Schlüsselpublikationen verweisen und ihre Bedeutung für die gegenwärtige Arbeit diskutieren.[5]

Weiterführende Literatur: Viertens erlaubt das Literaturverzeichnis, sich über die Arbeit hinaus zu informieren und gegebenenfalls an den angesprochenen Problemen weiterzuarbeiten.

Schnittstellenliteratur: Schließlich gehören fünftens in das Literaturverzeichnis einer wissenschaftlichen Arbeit Hinweise auf Literatur, die als bekannt vorausgesetzt wird. Man kann sie als „Schnittstellenliteratur" bezeichnen. Oft wird hier auf Monographien verwiesen, die alle Vorkenntnisse bereitstellen, die notwendig sind, um sich mit der vorliegenden Arbeit auseinanderzusetzen, und die daher die

[4] Wie es der Zufall so will: Während ich an einer (frühen) Fassung dieses Kapitels arbeite, tritt am 1. März 2011 wegen der Plagiatsaffäre der Verteidigungsministers Karl-Theodor zu Guttenberg zurück, nicht zuletzt auch wegen der heftigen Reaktionen aus allen Bereichen der Wissenschaft, die eine Verharmlosung von Plagiatsvorwürfen nicht zulassen wollen. Seither folgten eine ganze Reihe weiterer Plagiatsaffären.

[5] Näheres zu Einleitungen in wissenschaftliche Arbeiten findet sich in [Küm17].

Schnittstelle definieren, auf der die Arbeit „aufsetzt". Für die Schnittstellenliteratur zu einer wissenschaftlichen Abschlussarbeit vergleiche auch die Diskussion in Abschnitt 2.4 (weiteres findet sich in [Küm17]).

Das Literaturverzeichnis

- legt alle Quellen offen,
- spiegelt den Stand der Forschung wider,
- ordnet die Arbeit ein,
- verweist auf ergänzende Literatur,
- definiert die Schnittstelle einer wissenschaftlichen Arbeit.

In manchen Literaturverzeichnissen finden sich aber auch Angaben, die dort nicht hineingehören. Nicht zitiert wird:

Worauf nicht im Text verwiesen wird: Es mag in manchen Gebieten Usus sein, mit einem umfangreichen Literaturverzeichnis die eigene Belesenheit zu dokumentieren. Das ist in der Mathematik nicht üblich. Nur Literaturangaben, auf die im Text auch explizit verwiesen wird, gehören in ein Literaturverzeichnis. Ein Literaturverzeichnis ist also insbesondere *keine* Bibliographie, welche den Anspruch hat, alle für ein bestimmtes Gebiet relevante Literatur zusammenzustellen.

Der Satz des Pythagoras: Auch wenn Sie den Satz des Pythagoras benutzen: Für ihn brauchen Sie keine Referenz angeben. In jedem Gebiet gibt es einen Konsens, welches Wissen zum allgemeinen Standard gehört. Ohne dieses Vorwissen wird man gar nicht in der Lage sein, Ihre Arbeit zu lesen und in den meisten Fällen wird es in der angegebenen Schnittstellenliteratur übersichtlich zusammengestellt vorliegen. Darüber hinaus sind für solche Standardresultate keine Einzelnachweise nötig.

Nicht zitiert wird,

- worauf nicht verwiesen wird,
- was allgemein bekannt ist.

Verweis auf eine spezifische Stelle: Häufig wird in einem Verweis auf einen einzelnen Satz oder auf eine bestimmte Stelle einer umfangreichen Arbeit oder eines Buches verwiesen. Hinweise auf eine spezifische Stelle haben im Literaturverzeichnis nichts zu suchen (vgl. den Eintrag „Kapitel und Seitenzahl" in Abschnitt 9.7), wohl aber sind an Ort und Stelle präzise Angaben oft unerlässlich. Es ist nicht fair, die Leser in einer umfangreichen Arbeit oder gar in einem Buch von mehreren hundert Seiten mit dem Satz „wie in [NN] gezeigt wird" den entscheidenden Satz mühsam aufsuchen zu lassen.

Verweist man auf eine bestimmte Stelle in einem Buch, so muss die Literaturangabe im Literaturverzeichnis genaue Angaben zur Auflage enthalten. Da es leicht geschehen kann, dass einer Leserin oder einem Leser genau diese Auflage nicht zur Verfügung steht, sind Angaben zu Kapitel, Abschnitt und Nummer des Satzes oft hilfreicher als eine Seitenzahl, da jene erfahrungsgemäß auch bei anderen Auflagen das Aufsuchen eines Satzes noch immer wenigstens erleichtern. Ein Verweis auf eine Stelle in einem Zeitschriftenaufsatz ist in dieser Hinsicht meist unproblematischer.

Auf die Frage, wie man relevante Literatur findet und bewertet, wird ausführlich in [Küm17] eingegangen.

9.2 Anforderungen an ein Literaturverzeichnis

Nehmen Sie einen Text über die Anfertigung wissenschaftlicher Arbeiten in die Hand,[6] so scheinen die Ausführungen zum Literaturverzeichnis umso bestimmter zu werden, je näher die Zielgruppe den Geisteswissenschaften steht. Dennoch widersprechen sich verschiedene Texte in ihren Angaben. Fordern die einen, dass eine Literaturangabe mit einem Punkt abschließt, bestreiten das die anderen, fordern die einen, Namen in Kapitälchen[7] zu schreiben, sehen andere dazu keine Notwendigkeit, zeichnen die einen den Titel mit einer besonderen Schrift aus, verwenden die anderen eine einheitliche Schrift. Auch die Gestaltung eines Literaturverzeichnisses ist also zu einem gewissen Grad Geschmackssache.

In der Mathematik geht man eher pragmatisch vor. Das Literaturverzeichnis hat, wie oben beschrieben, bestimmte Aufgaben zu erfüllen, und daraus ergeben sich sinnvolle Anforderungen:

Vollständigkeit: Es müssen *alle* relevanten Quellen in einem Literaturverzeichnis angeführt sein. Welche Quellen *relevant* sind, diskutieren wir in den Abschnitten 9.1 und 9.3.

Korrektheit: Alle Angaben im Literaturverzeichnis müssen *korrekt* sein. Das betrifft unter anderem die korrekte Schreibweise von Namen, einschließlich aller Akzente und Sonderzeichen (vgl. Abschnitt 9.6), von Titeln (hier muss man bei Büchern manchmal aufpassen, vgl. Abschnitt 9.7) oder von Namen von Zeitschriften (vgl. Abschnitt 9.8).

Unumgänglich ist es, alle Referenzen *eigenhändig am Original zu überprüfen*. Es geschieht oft, dass Literaturangaben aus anderen Literaturverzeichnissen unge-

[6] Auf einige Texte zu diesem Thema wird am Ende dieses Kapitels verwiesen.

[7] Vgl. den Eintrag „Kapitälchen" in Anhang A.

prüft übernommen werden und sich auf diese Weise fehlerhafte Angaben über „Multiplikatoren" verbreiten. Einige „schöne" Beispiele hat N. Higham ([Hig98], Seite 98) zusammengestellt, wo er auch auf eine Untersuchung verweist, nach welcher 50% (!) aller Literaturangaben mit Fehlern behaftet seien (ich hoffe, in der Mathematik sieht es etwas besser aus).

Eindeutigkeit: Die Angaben müssen so vollständig sein, dass eine Quelle *mühelos* eindeutig identifiziert werden kann. In den Abschnitten 9.7, 9.8 und 9.9 gehen wir näher auf die Frage ein, welche Angaben im Einzelnen zu einem vollständigen Literaturhinweis gehören.

Einheitlichkeit: Die Gestaltung der Literaturangaben soll einheitlich sein, zum Beispiel im Hinblick auf Schriftwahl (Autoren in Kapitälchen?), Interpunktion (Schlusspunkt?), Ausführlichkeit (vollständige Vornamen?) oder Reihenfolge der Angaben (wo steht die Jahreszahl?) (vgl. Abschnitt 9.5). Unmotivierte Variationen in der Gestaltung erfreuen nicht, sondern verwirren.

Übersichtlichkeit: Eine Literaturangabe soll im Verzeichnis leicht und schnell auffindbar sein. Achten Sie also bei der Gestaltung des Literaturverzeichnisses auf Übersichtlichkeit (vgl. Abschnitt 9.4).

Wie man diesen Anforderungen nachkommen kann, wird in den folgenden Abschnitten besprochen. Um die Diskussion nicht ausufern zu lassen, besprechen wir nur die für die Mathematik wichtigsten Angaben. Für (in der Mathematik) seltene Sonderfälle wie juristische Kommentare, musikalische Kompositionen oder Landkarten suchen Sie Rat in der einschlägigen Fachliteratur.

Anforderungen an ein Literaturverzeichnis

- Vollständig
- Korrekt
- Eindeutig
- Einheitlich
- Übersichtlich

9.3 Der wissenschaftliche Wert einer Quelle

Für die Entscheidung, welche Quellen den Weg in das Literaturverzeichnis finden, sind zunächst die inhaltlichen Kriterien aus Abschnitt 9.1 maßgeblich. Oft aber kann man für einen Sachverhalt verschiedene Referenzen anführen: Bücher und Zeitschriftenartikel, Doktorarbeiten und Vorlesungsmanuskripte, aber auch Internetartikel bis hin zu Artikeln in Internetenzyklopädien wie Wikipedia. Nun kommen Gesichtspunkte der wissenschaftlichen Zuverlässigkeit und der (langfristigen) Verfügbarkeit ins Spiel.

Hinter einer wissenschaftlichen Quelle steht ein Name

Für die Richtigkeit einer Aussage muss ein Name bürgen: Das ist eine *notwendige* Voraussetzung für die wissenschaftliche Seriosität einer Quelle. Meist bürgen ein oder auch mehrere Autoren, in einem Handbuch oder Lexikon können das auch Herausgeber oder ein Verlag sein,[8] im Fall statistischer Daten etwa ein statistisches Landesamt.

Um Quellen, für deren Korrektheit niemand mit seinem Namen geradesteht, sollten Sie einen sehr großen Bogen machen. Internetenzyklopädien wie Wikipedia können hilfreich sein für eine erste Orientierung und als Ausgangspunkt für weitere Recherchen, als Grundlage für die eigene Arbeit und als Beleg für ein mathematisches Resultat kommen sie nicht in Frage. Gerade in Artikeln zur Mathematik variiert der Prozentsatz der korrekten Angaben von Artikel zu Artikel ganz erheblich.[9] Wie unzuverlässig Internetquellen sein können, musste ich auch beim Schreiben dieses Buches erfahren, wie man den Anmerkungen in Fußnote 3 auf Seite 1, Fußnote 1 auf Seite 35 und Fußnote 2 auf Seite 153 entnehmen kann.

Artikel in Wikipedia oder Ähnlichem sind
keine akzeptablen Quellen
für eine wissenschaftliche Arbeit!

Quellen sollen allgemein zugänglich und überprüfbar sein

Stützen Sie sich, soweit irgend möglich, auf Quellen, die langfristig allgemein zugänglich bleiben. Einerseits können nur solche Quellen langfristig eingesehen und zur Überprüfung der Arbeit herangezogen werden, andererseits sind sie mit hoher Wahrscheinlichkeit auch schon oft gelesen und selbst überprüft worden. Wo immer es möglich ist, sollte man daher auf Publikationen zurückgreifen, hinter denen ein Verlag steht, also vor allem auf Bücher und Zeitschriften (gedruckt oder elektronisch). Diese Literatur wird auch in Bibliotheken gesammelt und bleibt daher langfristig zugänglich.[10]

Alle andere Literatur wird in den Bibliothekswissenschaften gerne unter dem Sammelbegriff *graue Literatur* zusammengefasst. Hierher gehören zum Beispiel Vorlesungsskripte, Bachelor-, Master-, Diplom-, oder Doktorarbeiten, soweit sie nicht publiziert

[8] In vielen Handbüchern, etwa Kindlers Neues Literaturlexikon oder [Gi70] steht unter jedem Artikel ein Name oder ein entsprechendes Kürzel.

[9] Auch daraus kann man etwas lernen: Einige Kolleginnen und Kollegen nehmen inzwischen fehlerhafte Wikipedia-Artikel zum Anlass für Bachelorarbeiten. In diesem Fall darf der ursprüngliche Artikel sogar zitiert werden …

[10] Die wichtigsten wissenschaftlichen Publikationen werden in den Universitäts- und Landesbibliotheken gesammelt. Die Nationalbibliotheken haben die Aufgabe, alle im jeweiligen Land erschienene Literatur zu sammeln. Diese Aufgabe wird in Deutschland von der Deutschen Nationalbibliothek in Frankfurt am Main und in Leipzig übernommen (http://www.d-nb.de/), sie beherbergen daher eine fast vollständige Sammlung der deutschen Literatur.

sind, ebenso Preprints (wissenschaftliche Arbeiten, die noch nicht publiziert sind) und Quellen aus dem Internet. Mit Verweisen auf solche Quellen sollte man so sparsam wie möglich umgehen. Selbstverständlich finden auch solche Quellen Berücksichtigung im Literaturverzeichnis, wenn keine anderen Quellen zur Verfügung stehen. Manchmal mag es wünschenswert sein, solche Quellen ergänzend anzugeben, etwa um zu dokumentieren, dass eine Entwicklung in einem bestimmten Umfeld wie dem Ihrer Arbeitsgruppe ihren Ausgang genommen hat oder weil ein Resultat schon seit einigen Jahren als Preprint zirkuliert.

Viele aktuelle Resultate finden sich im Internet, etwa in Preprint-Archiven wie arXiv (http://arxiv.org/)[11] oder in Preprints, die auf Homepages von Mathematikerinnen und Mathematikern abgelegt sind, und solange die Resultate nicht anderweitig im Druck erschienen sind, muss man auf die entsprechende Stelle im Internet verweisen. Wie Sie diese Quellen zitieren, davon mehr in Abschnitt 9.9, insbesondere Seite 178. Falls Sie den Verdacht haben, dass die Quelle im Internet nicht auf Dauer in der gegenwärtigen Form unter der angegebenen Adresse verfügbar sein könnte (und diesen Verdacht sollte man meistens haben), dann ist es das Beste, eine Kopie des Textes auf CD Ihrer wissenschaftlichen Abschlussarbeit beizulegen.

Primärquellen sind besser als Sekundärquellen

Sind Sie auf einen Satz der Autorin A. MM in einer Arbeit des Autors B. NN gestoßen, dann sollte man sich zuallererst darum bemühen, dieses Resultat in der Originalpublikation von A. MM (der „Primärquelle") einzusehen und diese im Literaturverzeichnis anzuführen. Gegebenenfalls kann man einen Hinweis anfügen, dass auf diese Arbeit ausführlich auch bei B. NN (einer „Sekundärquelle") eingegangen wird. Ähnliches gilt für andere Sekundärquellen, die zum Beispiel statistische Daten enthalten. Sollten Sie die Primärquelle nicht ausfindig machen oder nicht einsehen können, dann geben Sie das explizit an, etwa in der Form „B. NN verweist hier auf A. MM" oder „zitiert nach ...". Nicht zulässig ist es, unkommentiert für dieses Resultat auf die Sekundärquelle B. NN zu verweisen oder die Primärquelle A. MM anzuführen, wenn man sich nicht vergewissern konnte, dass dort auch wirklich das Resultat in der angeführten Form zu finden ist.[12]

Gute Quellen sind

- mit Namen versehen,
- langfristig allgemein zugänglich,
- Primärquellen.

[11] Ausführlicher wird die Preprintsammlung arXiv in [Küm17] besprochen.

[12] Nebenbei bemerkt: Auch dieser Abschnitt demonstriert – unabsichtlich – wie unruhig ein Text durch zu viele Großbuchstaben, z. B. Akronyme, werden kann (vgl. die Diskussion „Besser vermeiden: Kapitale Abkürzungen", S. 57 in Abschnitt 5.2).

9.4 Zitierschlüssel und übersichtliche Literaturangaben

In der Mathematik ist es üblich, Literaturangaben in einem Literaturverzeichnis am Ende der Arbeit und alphabetisch sortiert nach Autorennamen aufzuführen.[13] Im Text muss daher auf eine Referenz mithilfe eines *Zitierschlüssels* verwiesen werden, nicht anders als in einer Datenbank, deren Datensätze durch Schlüssel eindeutig gekennzeichnet sind. Anders als in einer Datenbank muss nun aber das menschliche Auge auch möglichst mühelos anhand des Schlüssels die Referenz ausfindig machen können.

In der Mathematik sind im Wesentlichen zwei Arten von Zitierschlüsseln im Gebrauch: Das „Harvard-System" oder „amerikanische Zitiersystem" verwendet einen Schlüssel aus Autor(en) und Jahreszahl, in der Mathematik weiter verbreitet ist aber der Verweis mithilfe eines eigens definierten *Zitier-Code*. Im Folgenden werden wir die wichtigsten Gesichtspunkte dieser beiden Zitierweisen besprechen, ohne allerdings auf alle Varianten eingehen zu wollen. Ausführlicher werden Fragen des Verweisens und Zitierens in [Chic10] besprochen.

Zitieren nach dem Harvard-System

Ein Zitierschlüssel im Harvard-System besteht aus der Angabe der Autorennamen in Verbindung mit der Jahreszahl der Publikation, etwa in einer der folgenden Formen:

> Für eine klassische Darstellung der Maßtheorie verweisen wir auf (Halmos 1950).
>
> Ein Beweis dieses Satzes findet sich bei Murray und von Neumann (1936).
>
> P. Halmos [1956] hat gezeigt, dass …

Wird nach dem Harvard-System zitiert, so gilt die Suche im Literaturverzeichnis den Nachnamen der Autoren und in zweiter Linie der zugehörigen Jahreszahl. In einem Verzeichnis der folgenden Form ist diese Suche mühsam:

---

[13] Das ist nicht in allen Gebieten der Fall, daher werden Sie in manchen Publikation zur Erstellung wissenschaftlicher Arbeiten andere Angaben finden: In etlichen, vor allem geisteswissenschaftlichen, Disziplinen werden Literaturangaben gerne an Ort und Stelle in einer Fußnote vermerkt; manchmal werden die Fußnoten auch am Ende gesammelt. Wird auf eine Literaturstelle mehrfach verwiesen, so führt der Verweis „a. a. O." („am anderen Ort") oder „loc. cit." („loco citato", am zitierten Ort) oft zu längeren Suchmanövern nach dem ersten Auftreten eines Hinweises auf diese Stelle. Daher ist wohl auch in den Geisteswissenschaften diese Zitierweise im Rückzug begriffen.

In vielen physikalischen Zeitschriften ist es Tradition, die Referenzen am Ende der Arbeit in der Reihenfolge des Auftretens anzugeben, manchmal vermischt mit Fußnoten. Es kann recht mühsam sein, sich in einem solchen Text einen schnellen Überblick über die zitierte Literatur zu verschaffen. In mathematischen Texten ist diese Form der Quellenangaben aber nicht üblich.

Schließlich werden in manchen Disziplinen die Literaturangaben auf mehrere Verzeichnisse aufgeteilt, zum Beispiel eines für Monographien, eines für wissenschaftliche Aufsätze etc. Dies mag bei sehr langen Literaturverzeichnissen den Überblick erleichtern, ist aber ebenfalls in der Mathematik nicht sehr üblich (Ausnahmen bestätigen auch diese Regel).

Jonathan Ashley, Brian Marcus, Selim Tuncel. The classification of one-sided Markov chains. *Ergodic Theory Dyn. Syst.* **17** (1997), 269–295.

Lawrence G. Brown, Ronald G. Douglas, Peter A. Fillmore. Extensions of C*-algebras and K-homology. *Ann. of Math.* **105** (1977), 265–324.

F. J. Murray, J. von Neumann. On rings of operators. *Ann. of Math.* **37** (1936), 116–229.

In diesen Literaturangaben ist die erste Zeile mit der relevanten Namensinformation eingerückt und dadurch mühsamer zu erfassen, die für die Suche wichtigen Nachnamen verstecken sich hinter ausgeschriebenen Vornamen und die Jahreszahl findet man erst mit einiger Mühe zwischen dem Namen der Zeitschrift und den Seitenzahlen. Ein Stolpern des suchenden Auges ist vorprogrammiert. Eine diesem Zitierschlüssel angemessene Form des Verzeichnisses könnte etwa folgendermaßen aussehen:

Ashley, J., B. Marcus und S. Tuncel (1997). The classification of one-sided Markov chains. *Ergodic Theory Dyn. Syst.* **17**, 269–295.

Brown, L. G., R. G. Douglas und P. A. Fillmore (1977). Extensions of C*-algebras and K-homology. *Ann. of Math.* **105**, 265–324.

Murray, F. J. und J. von Neumann (1936). On rings of opertors. *Ann. of Math.* **37**, 116–229.

Hier ist die erste Zeile nach links ausgerückt, der Nachname kann leicht aufgefunden werden und die für den Zitierschlüssel wichtige Jahreszahl ist nach vorne gerückt. Diese Position der Jahreszahl trägt zur Übersichtlichkeit bei, mag aber auch unbefriedigend erscheinen, da die Jahreszahl eigentlich zur Angabe der Zeitschrift oder des Verlages bzw. des Erscheinungsortes gehört. Daher findet man die Jahreszahl oft auch ganz am Ende einer Literaturangabe, wohl ein gangbarer Kompromiss. Darüber hinaus wurde bei mehreren Autoren nur der erste Vorname nachgestellt, die weiteren Vornamen stehen vor dem Namen. Schließlich wurde vor dem letzten Namen ein „und" eingefügt. Abgesehen von möglichen Variationen der Schrift und der Stellung der Jahreszahl scheint mir dies eine der angenehmsten Arten des Zitierens zu sein. Sie wird unter anderem in [Chic10] vorgeschlagen.

Enthält ein Literaturverzeichnis viele Arbeiten derselben Autoren, so kann es immer noch mühsam sein, die richtige Jahreszahl aufzufinden. Eine sehr übersichtliche Form einer Literaturangabe für das Harvard-System hat daher etwa die folgende Gestalt:

Halmos, P. R.

[1950] Measure Theory. D. van Nostrand, Princeton, 1950.

[1956] Lectures on Ergodic Theory. Chelsey Publ. Comp., New York, 1956.

Halmos, P. R. und J. von Neumann

[1942] Operator methods in classical mechanics, II. *Ann. of Math.* 43 (1942), 332–350.

Auf diesen Angaben kann man sich zum Beispiel in der Form Halmos [1950] oder Halmos-von Neumann [1942] beziehen. Verweist man auf mehrere Arbeiten einer Autorin, eines Autors oder eines Autorenteams, die alle im gleichen Jahr erschienen sind, so werden diese Arbeiten durch an die Jahreszahl angehängte Buchstaben unterschieden, etwa (1960a), (1960b) etc., und alphabetisch nach Titeln geordnet. Nach aller Erfahrung reichen die kleinen Buchstaben des Alphabets für diesen Zweck aus.

Natürlich gibt es noch viele weitere Varianten der Zitiermethode nach dem Harvard-System, die man in den Literaturverzeichnissen mathematischer Monographien oder in [Chic10] finden kann. Dort kann man sich weitere Anregungen holen.

Zitieren mit Zitier-Codes

Eine Alternative zu den Verweisen des Harvard-Systems besteht darin, sich einen eigenen Zitierschlüssel aus wenigen Buchstaben und Ziffern zu definieren, der meist in eckige Klammern eingeschlossen wird. Ein solcher Schlüssel soll im Folgenden auch *Zitier-Code* genannt werden. Zitier-Codes finden zunehmend Verwendung, wohl auch deshalb, weil elektronische Textsysteme die Verwaltung von Zitier-Codes erheblich vereinfachen. Benützt man diese Art des Verweisens, so ist es sinnvoll, den Zitier-Code im Literaturverzeichnis leicht auffindbar vor den eigentlichen Eintrag zu stellen. Alle weiteren Angaben sind dagegen für das Auffinden des Verweises nicht mehr von Bedeutung und können nach anderen Gesichtspunkten gestaltet werden. So können zum Beispiel Vornamen vor die Nachnamen gestellt werden, was das Literaturverzeichnis etwas persönlicher macht als die sehr nach Verwaltung aussehenden Listen im Format [<Name>, <Vorname>].

Im einfachsten Fall werden die Literaturangaben durchnummeriert, geordnet nach Autor und Jahreszahl, und der Zitier-Code besteht nur aus dieser Zahl. Ein Literaturverzeichnis könnte also etwa die folgende Gestalt haben:

[34] P. R. Halmos: Measure Theory. D. van Nostrand, Princeton, 1950.

[35] P. R. Halmos: Lectures on Ergodic Theory. Chelsey Publ. Comp., New York, 1956.

[36] P. R. Halmos und J. von Neumann: Operator methods in classical mechanics, II, *Ann. of Math.* 43 (1942), 332–350.

Typische Verweise haben dann etwa die Form: „Dieser Satz wurde zum ersten Mal in [35] bewiesen.“ oder „Für weitere Informationen vgl. [34], [35] und [36].“

Auch wenn diese Form der Literaturverweise weitverbreitet ist, hat sie doch den Nachteil, dass man sich die Nummer einer Literaturangabe kaum merken wird. So wird man immer wieder aufs Neue ins Literaturverzeichnis wechseln, um sich zu vergewissern, auf welche Arbeit die angegebene Nummer verweist. Benutzt man daher diesen Zitier-Code, so ist es hilfreich und freundlicher, wenn im Text einem Verweis die Namen der Autoren hinzugefügt werden, zum Beispiel: „Für weitere Informationen vgl. Halmos [34].“

Zunehmend aber finden Zitier-Codes Verwendung, die selbst einen Hinweis auf die Autoren beinhalten, meist in Form der Anfangsbuchstaben ihres Namens. Das könnte in unserem Fall zum Beispiel folgendermaßen aussehen:

[Ha1] P. R. Halmos: Measure Theory. D. van Nostrand, Princeton, 1950.

[Ha2] P. R. Halmos: Lectures on Ergodic Theory. Chelsey Publ. Comp., New York, 1956.

[HvN] P. R. Halmos und J. von Neumann: Operator methods in classical mechanics, II. *Ann. of Math.* 43 (1942), 332–350.

Hat man einen Hinweis auf [HvN] einmal nachgeschlagen und taucht dieses Kürzel wieder auf, so wird man sich wahrscheinlich an die Referenz erinnern und muss nicht ein weiteres Mal im Literaturverzeichnis nachsehen. Neben den Namen beinhalten natürlich auch die Jahreszahlen eine wichtige Information, daher sind auch Kombinationen aus Anfangsbuchstaben der Autoren und Jahreszahlen sinnvoll: Auf die obigen Literaturangaben könnte man zum Beispiel mit den Zitier-Codes [Ha50], [Ha57] und [HvN42] verweisen, wie auch in diesem Buch.

In textorientierten Schriften erfreut sich das Harvard-System zunehmender Beliebtheit, wohl auch wegen des ruhigeren Schriftbildes. Für mathematische Texte dagegen ist eine Zitierweise mit Zitier-Codes die verbreitetste. Sie scheint mir hier am geeignetsten, da ein solcher Verweis besser ins Auge springt und damit einen schnellen Überblick über die an einer Stelle verwendete Literatur erleichtert.

Viele Autoren

Viele mathematische Arbeiten haben zwei oder mehrere Autoren[14]. Es ist Konsens, dass im Falle von zwei Autoren immer beide Autoren genannt werden, natürlich im Literaturverzeichnis, bei Verweisen nach dem Harvard-System aber auch im Text, wie in den obigen Beispielen.

Auch drei Autoren werden im Literaturverzeichnis vollständig angegeben, ein häufiges Aufzählen aller drei Autoren im Text kann jedoch ermüdend wirken. Higham [Hig98] empfiehlt daher, bei Verweisen nach dem Harvard-System beim ersten Auftreten im Text alle drei Autoren zu nennen, also zum Beispiel „Dieser Zugang wurde in (Brown, Douglas und Fillmore 1977) entwickelt“. Wird aber auf diese Stelle ein weiteres Mal verwiesen, so kann man übergehen zu „Der Beweis dieses Satzes findet sich in (Brown et al. 1977)“. Das Kürzel „et al.“ steht für „et alii“ und heißt übersetzt „und andere“. Im Deutschen kann man stattdessen auch „u. a.“ („und andere“) schreiben.

Bei vier oder mehr Autoren wird meist empfohlen, nur die Variante „Erster Name et al.“ zu benutzen, im Text wie auch im Literaturverzeichnis. Ich finde das etwas ungerecht gegenüber den meist nur im Alphabet nachgeordneten Autorinnen und Autoren und

[14] In der Mathematik ist es meist üblich, die Autoren in alphabetischer Reihenfolge anzugeben, in den Naturwissenschaften stehen dagegen oft vorne die „Hauptautoren“, am Ende die Leiterin oder der Leiter der Arbeitsgruppe, falls sie nicht inhaltlich an der Arbeit beteiligt sind.

versuche doch, wenigstens im Literaturverzeichnis allen gerecht zu werden, wann immer das möglich scheint.[15]

Ein Verweis verweist auf die Publikation, nicht auf den Autor

Wie im Text auf eine Literaturstelle verwiesen werden kann, wurde in den obigen Beispielen schon vorgeführt. Der folgende Hinweis mag aber noch angebracht sein: Ein Literaturhinweis ist ein Hinweis auf eine Publikation und nicht auf deren Autorin oder deren Autor. Der Satz „... wie von [35] gezeigt wurde" ist also unsinnig. Stattdessen muss es heißen „... wie in [35] gezeigt wurde". Freundlicher finde ich in diesem Fall Varianten, in denen der Name nochmals genannt wird, also zum Beispiel: „wie von P. Halmos in [35] gezeigt wurde."

9.5 Struktur und Gestaltung eines Literaturverzeichnisses

Eine einheitliche Gestaltung der Einträge im Literaturverzeichnis erleichtert seine Benutzung und sie zeugt von der Sorgfalt, mit der das Literaturverzeichnis – und damit voraussichtlich die ganze Arbeit – geschrieben wurde (vgl. Abschnitt 2.3). Um eine einheitliche Gestaltung zu erreichen, sind eine ganze Reihe von Entscheidungen zu treffen über verwendete Schriften, Reihenfolge der Angaben, Interpunktion, verwendete Abkürzungen und Typographie. Zu welchen Entscheidungen man kommt, ist zu einem großen Teil Geschmackssache. Hat man aber eine Entscheidung einmal getroffen, sollte man sich fortan daran halten.

Schriften

Am einfachsten ist es offenbar, alle Angaben in einem Literaturverzeichnis einheitlich in der Grundschrift[16] abzufassen. Übersichtlicher kann ein Literaturverzeichnis werden, wenn einzelne Angaben in einer besonderen Schrift hervorgehoben werden. Häufig werden zum Beispiel Titel von Arbeiten oder auch nur die Titel von Büchern kursiv[17] gesetzt (vgl. auch das Literaturverzeichnis dieses Buches), alternativ findet man manchmal Namen von Zeitschriften in kursiver Schrift, wie in einigen der vorangehenden Beispiele. Auch serifenlose Schriften[18] werden ab und an für Textauszeichnungen verwendet.

---

[15] In der Mathematik ist es meistens möglich, alle Autorinnen und Autoren anzugeben, bei Publikationen aus Großforschungseinrichtungen wie dem CERN (vgl. http://cdsweb.cern.ch/) findet man aber auch Arbeiten mit mehr als hundert Autorinnen und Autoren (vgl. zum Beispiel arXiv:0801.1800v1 [hep-ph]), oder noch extremer eine der Arbeiten um das Higgs-Boson, in welcher alle um die 3000 Mitarbeiterinnen und Mitarbeites ATLAS-Projektes aufgeführt sind (http://arxiv.org/pdf/1406.3827.pdf), das sprengt dann doch den Rahmen.

[16] Vgl. den Eintrag „Grundschrift" in Anhang A.

[17] Vgl. die Einträge „Kursiv" und „Schriften" in Anhang A.

[18] Dieser Text ist in einer serifenlosen Schrift geschrieben, vgl. die Einträge „Serifen" und „Schriften" in Anhang A.

Es gibt im deutschen Sprachraum eine Tradition, Namen zur besseren Unterscheidung in Kapitälchen[19] zu setzen. Ein Vorteil dieser Schreibweise besteht darin, dass man angefügte Deklinationsendungen in der Grundschrift schreiben kann wie in „HILBERTS Hotel“ oder „HILBERTscher Nullstellensatz“ und so der Namensbestandteil eindeutig identifizierbar bleibt (im Deutschen wird, anders als im Englischen, die Genitiv-Endung nicht durch einen Apostroph abgetrennt). In den Schriften von Computer Modern ist dieser Effekt etwas deutlicher sichtbar: „HILBERTs Hotel“ oder „HILBERTscher Nullstellensatz“. Diese Tradition ist vielleicht im Rückzug begriffen, ob man ihr folgen mag, ist Geschmackssache. Als Illustration mag das Literaturverzeichnis dieses Buches dienen, in welchem die Nachnamen in Kapitälchen gesetzt sind. Namen im Text erscheinen dagegen in diesem Buch in der Grundschrift.

Reihenfolge der Angaben

Die Reihenfolge der einzelnen Angaben im Literaturverzeichnis liegt nicht vollständig fest:

Vor- und Nachnamen: Vornamen können vor dem Nachnamen („P. R. Halmos“) oder dahinter stehen („Halmos, P. R.“). Welche Version vorzuziehen ist, hängt zum Teil auch davon ab, welchen Zitierschlüssel man benutzen möchte (vgl. Abschnitt 9.4).

Im Harvard-System sollten keine ausgeschriebenen Vornamen vor dem Nachnamen stehen (vgl. das Beispiel auf Seite 161), Initialen sind aber auch im Harvard-System vor dem Nachnamen vertretbar. Wird dagegen ein Zitier-Code verwendet, so spielen die Nachnamen für das Aufsuchen der Angabe nicht mehr die entscheidende Rolle und können, je nach Geschmack, auch hinter die Vornamen gesetzt werden.

Auflage: Geben Sie bei Verweisen auf Bücher die Auflage an (vgl. hierzu den Eintrag „Auflage“ im Abschnitt 9.7), so kann die Auflage entweder unmittelbar hinter dem Buchtitel stehen oder aber vor der Jahreszahl. Wurden in einer neuen Auflage jedoch größere Überarbeitungen vorgenommen, so ist eine Erwähnung der Auflage gleich nach dem Titel sinnvoll.

Band und Jahr: Bei Verweisen auf Zeitschriftenaufsätze gibt man sowohl den Band der Zeitschrift an, in welchem die Arbeit erschienen ist, als auch dessen Erscheinungsjahr (vgl. Abschnitt 9.8). Man kann das Erscheinungsjahr unmittelbar auf die Angabe des Bandes folgen lassen (dann meist in Klammern angefügt) oder aber die Jahreszahl ganz am Ende hinter der Angabe der Seitenzahl anfügen. Also entweder „Ann. of Math. 43 (1942), 332–350“ oder „Ann. of Math. 43, 332–350, 1942.“ Die erste Schreibweise hat die Logik für sich, denn das Erscheinungsjahr ist

[19] Mit *Kapitälchen* bezeichnet man eine Schriftart, IN DER ALLE BUCHSTABEN ALS GROSSBUCHSTABEN GESCHRIEBEN WERDEN, Großbuchstaben größer, die anderen kleiner, vgl. den Eintrag „Kapitälchen“ in Anhang A.

eigentlich ein Attribut des Bandes der Zeitschrift, die zweite Schreibweise ist aber übersichtlicher, da die wichtige Jahresangabe ganz am Ende leichter aufzufinden ist. Gegenwärtig halten sich die beiden Varianten etwa die Waage. Ich gebe der mir logischer scheinenden Variante (Jahreszahl unmittelbar nach dem Band) den Vorzug, insbesondere dann, wenn ich einen Zitiercode verwende, der ebenfalls die Jahreszahl beinhaltet, denn dann ist diese Information ohnedies leicht zugänglich. Dem bin ich auch im Literaturverzeichnis zu diesem Buch gefolgt.

Satzzeichen

Die Trennung der einzelnen Angaben durch Satzzeichen kann auf etliche Weisen erfolgen: Je nach Geschmack steht zwischen den Autorennamen und dem Titel ein Komma, ein Doppelpunkt oder ein Punkt, und je nach Geschmack wird der Titel durch ein Komma oder durch einen Punkt abgeschlossen.[20] Es gibt Autoren, die empfehlen, eine Literaturangabe nicht durch einen Punkt abzuschließen, ich empfinde eine solche Quellenangabe jedoch als unvollständig.

Bei zwei oder mehr Autoren wird häufig, wie auch im Literaturverzeichnis dieses Buches, vor dem letzten Namen ein „und" eingefügt, anstatt ihn durch ein Komma vom vorangehenden Namen abzutrennen. In diesem Fall sind die unterschiedlichen Kommaregeln im Deutschen und im Englischen zu beachten: Im Deutschen steht vor dem abschließenden „und" einer Aufzählung kein Komma, im Englischen dagegen steht bei drei oder mehr Namen vor dem abschließenden „and" ein Komma. Im Deutschen heißt es also „L. G. Brown, R. G. Douglas und P. A. Fillmore", im Englischen dagegen „L. G. Brown, R. G. Douglas, and P. A. Fillmore".

Stehen die Vornamen hinter den Nachnamen, so werden sie von diesen durch ein Komma getrennt. In diesem Fall kann ein Semikolon (man sieht hier in den Geisteswissenschaften ab und zu auch einen Schrägstrich) zwischen den Namen zweier Autoren die Abgrenzung erleichtern, also: „Halmos, P. R.; von Neumann, J." statt „Halmos, P. R., von Neumann, J.".

Abkürzungen

Etliche Angaben in einem Literaturverzeichnis werden abgekürzt, insbesondere Namen von Zeitschriften oder von Verlagen. Für Zeitschriften gibt es in der Mathematik meist standardisierte Abkürzungen, für Verlagsangaben nicht immer (vergleiche hierzu den Eintrag „Verlag" in Abschnitt 9.7 auf Seite 174 und den Eintrag „Name der Zeitschrift" in Abschnitt 9.8 auf Seite 176). In jedem Fall sollte man aber für dieselbe Zeitschrift oder denselben Verlag auch immer dieselbe Abkürzung benutzen.

Ähnliches gilt für Vornamen: Entweder man verwendet durchgehend nur die Initialen oder man schreibt durchgängig den ersten Vornamen aus. Letzteres sollten Sie also nur

[20] Gehört zum Titel ein abschließendes Satzzeichen, meist ein Ausrufezeichen oder ein Fragezeichen, so muss man dieses natürlich übernehmen. Solche Titel sind in der mathematischen Fachliteratur aber wohl eher die Ausnahme.

in Betracht ziehen, wenn Sie für alle Autorinnen und Autoren wenigstens den ersten Vornamen ausfindig machen können – das ist gar nicht immer so leicht.

Typographie

Zur Typographie von Literaturverzeichnissen ist oben (insbesondere in Abschnitt 9.4) schon einiges gesagt worden. In erster Linie zählt hier Benutzerfreundlichkeit. Wenn Sie sich darüber hinaus einige Gedanken zu Größen von Einzügen und Zeilenabständen machen, erreichen Sie auch einen angenehmen optischen Gesamteindruck.

Abstand zwischen Initialen: Ein Detailproblem betrifft den Abstand zwischen mehreren Initialen eines Namens. Hier gilt, was für alle Abstände in Abkürzungen gilt (vgl. [GK00]): Mehrere Initialen werden durch einen kleinen Zwischenraum (in LaTeX: \,) voneinander getrennt (vgl. den Eintrag „Zwischenraum" in Anhang A). Man schreibt also „P. R. Halmos". Ohne Zwischenraum ergäbe sich „P.R. Halmos", mit einem Wortzwischenraum „P. R. Halmos". (In der Schrift Computer Modern ist der Unterschied zwischen kleinem Zwischenraum und Wortzwischenraum etwas deutlicher: Mit kleinem Zwischenraum „P. R. Halmos", mit einem Wortzwischenraum „P. R. Halmos".

Mehrere Initialen eines Namens dürfen nicht durch einen Zeilenumbruch auseinandergerissen werden, ebenso sollten Initialen nicht durch einen Zeilenumbruch vom Namen getrennt werden. Man sollte zwischen Initialen und Namen also einen geschützten Zwischenraum mithilfe eines geschützten Leerzeichens einfügen, das einen Zeilenumbruch an dieser Stelle verhindert.

Groß- und Kleinschreibung von Titeln: Manche Bücher setzen ihre Titel ganz in Großbuchstaben, manche Zeitschriften befolgen für englische Titel die englischen Regeln für Groß- und Kleinschreibung, andere schreiben alle Wörter im Titel klein. In diesen Fällen habe ich die Tendenz, im Literaturverzeichnis Groß- und Kleinschreibung etwas zu vereinheitlichen, auch wenn man sich dadurch vom Original ein wenig entfernt. Ich denke, das kann man, anders als bei wörtlichen Zitaten, riskieren, denn die Suche nach der Literatur wird dadurch nicht beeinträchtigt.[21]

Folgen Sie Ihrem Geschmack, aber bleiben Sie konsequent!

Welche Schriftwahl, Reihenfolge, Interpunktion, Abkürzung oder Typographie Sie vorziehen, ist in dem hier angedeuteten Rahmen weitgehend Geschmackssache. Stöbern Sie ruhig mal in der Bibliothek durch Literaturverzeichnisse von Büchern und Zeitschriften, und Sie werden noch viel mehr Varianten finden, als hier angesprochen wurden.[22]

[21] Für Buchtitel wird diese Anpassung auch in [Chic10] (Regel 14.96) zugelassen.

[22] Fachzeitschriften machen ihren Autorinnen und Autoren meist genaue Vorschriften für die Gestaltung von Literaturverzeichnissen, die oft über Jahrzehnte beibehalten werden. Die Zitierweisen in Büchern werden dagegen flexibler gehandhabt und passen sich daher schneller den aktuellen Möglichkeiten von elektronischen Textsystemen an.

Entscheiden Sie, welche Variante Ihnen am besten gefällt und gestalten Sie Ihr Literaturverzeichnis konsequent in diesem Stil, denn in der Mathematik werden selten genaue Vorschriften für die Gestaltung von Literaturverzeichnissen in wissenschaftlichen Arbeiten gemacht.[23]

Achten Sie auf Einheitlichkeit bei

- Schriften,
- Reihenfolge der Angaben,
- Satzzeichen,
- Abkürzungen,
- Typographie.

9.6 Namen richtig schreiben und sortieren

Namen tauchen in fast jeder Literaturangabe auf. Daher sollen in diesem Abschnitt zunächst einige Fragen zu Autorennamen diskutiert werden, ehe wir in den weiteren Abschnitten auf die Publikationsarten im Einzelnen eingehen werden.

Literaturangaben werden meist alphabetisch nach den Namen der Autoren sortiert. Der erste Schritt besteht also darin, die Namen richtig zu schreiben, der zweite, sie in die richtige Reihenfolge zu bringen. Beides ist nicht immer so leicht getan wie gesagt.

Namen richtig schreiben

Namen im Literaturverzeichnis korrekt anzugeben ist angesichts verschiedener Transkriptionen und ähnlicher Fallstricke manchmal komplizierter, als es auf den ersten Blick scheinen mag.

Umlaute und Akzente: Namen müssen korrekt geschrieben sein, einschließlich aller Akzente, der Umlaute im Deutschen und spezieller Buchstaben anderer Sprachen wie ø oder å etc.

Mehrere Vornamen: Bei mehreren Vornamen und Initialen kann es geschehen, dass eine Zeitschrift nur einen Vornamen, die andere aber zwei Initialen nennt. In diesem Fall könnte eine unterschiedliche Wiedergabe den Eindruck erwecken, es handele sich um verschiedene Personen. In diesem Fall würde ich die Vornamen vereinheitlichen zu einer möglichst vollständigen Version. Gegebenenfalls kann man auf andere Schreibweisen in eckigen Klammern oder in einer Fußnote hinweisen.

[23] Umgekehrt war ich bei meinen Internetrecherchen recht überrascht, wie präzise, dabei aber ganz uneinheitlich, die Vorgaben in etlichen anderen Wissenschaften in dieser Hinsicht waren.

Vollständige Namen stehen auf dem Titelblatt: Verlassen Sie sich für die Namen von Buchautoren nicht auf die Angaben auf dem Bucheinband. Hier sind aus gestalterischen Gründen längere Namen nicht immer vollständig angegeben. Auf dem Titelblatt[24] im Inneren findet man die vollständige und gültige Angabe.

Vorname oder Nachname: Nicht immer ist klar, was Vorname und was Nachname ist. In vielen Ländern Ostasiens wie China oder Japan wird zum Beispiel, anders als bei uns, der Familienname stets vorangestellt, erst danach kommt der Vorname.[25] In solchen Fällen sollte man sich an die Landeskonvention halten.

Transkriptionen: Eine Quelle großer Unsicherheit sind Namen, die in ihrer ursprünglichen Form in einer anderen Schrift, etwa russisch, arabisch oder chinesisch geschrieben werden. Es gibt offizielle Regeln zur Transkription[26] (lautnahe Übertragung) und für Griechisch und Russisch sind diese Regeln sogar im Duden zu finden, aber diese Regeln unterscheiden sich im Deutschen von denen im Englischen und daher gibt es kaum einheitliche Schreibweisen.

Kolmogorov, Kolmogorow oder Kolmogoroff sind gängige Schreibweisen für ein und denselben großen russischen Mathematiker mit Initialen A. N., der von 1903 bis 1987 gelebt hat.[27] In meinem Bücherregal steht das Buch „Mathematische Grundlagen der statistischen Mechanik" von A. J. Chintschin und das Heft „Continued Fractions" von A. Ya. Khinchin. Sie sind beide von demselben russischen Mathematiker verfasst, der sowohl in der Zahlentheorie als auch in der Stochastik Bleibendes geleistet hat. Die Schreibweisen für den berühmten arabischen Mathematiker al-Hwarizmi, al-Khwarizmi, al-Khuwarizmi, al-Chorezmi (er lebte etwa von 780 bis 850; aus seinem Namen leitet sich unser Wort „Algorithmus" her) lassen sich wohl nur noch mit aufwendigen kombinatorischen Verfahren klassifizieren.

Verweisen Sie auf mehrere Publikationen eines Autors, der in jeweils unterschiedlichen Schreibweisen aufgeführt wird, dann würde ich versuchen, zu einer einheitlichen Schreibweise zu finden und die Angaben unter diesem Namen einzuordnen. In eckigen Klammern oder in einer Fußnote sollte aber zusätzlich die Schreib-

[24] Das ist normalerweise die dritte Seite, vgl. die Anmerkung 31 auf Seite 171.

[25] Im internationalen Kontext werden japanische Namen allerdings häufig auch in der Reihenfolge Vorname – Nachname geschrieben.

[26] Eine *Transkription* hat das Ziel, einen Namen mit den Buchstaben des Alphabets einer anderen Sprache so zu schreiben, dass die Aussprache des Namens nach den Regeln der Zielsprache der originalen Aussprache möglichst nahekommt. Insbesondere ist eine Transkription nicht nur abhängig vom verwendeten Alphabet, sondern auch von der Ziel*sprache.* Eine *Transliteration* (buchstabengetreue Übertragung) dagegen überträgt einen Namen in ein anderes Alphabet, gegebenenfalls erweitert um zusätzliche Zeichen, sodass eine zweifelsfreie Rückübertragung in die Ausgangsschrift möglich ist. Transliteration ist also, soweit möglich, eine Abbildung mit „Linksinverser".

[27] Im englischen Sprachraum ist die Schreibweise „Kolmogorov" gebräuchlich, die im deutschen eigentlich richtige Transkription ist „Kolmogoroff", die aber zunehmend von der englischen Schreibweise verdrängt wird; in der ehemaligen DDR wurde die Schreibweise „Kolmogorow" verwendet.

weise aufgeführt werden, unter der die Publikation gegebenenfalls aufgefunden werden kann.

A. J. Chintschin: Mathematische Grundlagen der statistischen Mechanik ...

A. J. Chintschin [A. Ya. Khinchin]: Continued Fractions ...

Akademische Grade: Akademische Grade haben in Literaturverzeichnissen nichts zu suchen.[28]

> **Bei Namensangaben achten Sie besonders auf**
> - Umlaute und Akzente,
> - mehrere Vornamen,
> - vollständige Namen,
> - Transkriptionen.

Namen richtig sortieren

Sind alle Namen richtig geschrieben, müssen diese alphabetisch sortiert werden. Auch hier kann es zu Zweifelsfällen kommen:

Umlaute: Deutsche Umlaute werden in der Regel für die Sortierreihenfolge ignoriert. Mein Name „Kümmerer" wird also einsortiert, als hieße ich „Kummerer".[29] Ähnlich werden Buchstaben wie „ø" als „o", „å" als „a" etc. einsortiert. Das deutsche „ß" wird dagegen als „ss" behandelt und gegebenenfalls vor „ss" eingeordnet, also Strasen – Straßen – Strassen. Akzente werden beim Sortieren ignoriert.

Adelstitel: Adelstitel werden nicht zum Nachnamen gerechnet, soweit es sich um die Festlegung der Sortierreihenfolge handelt. John von Neumann wird also unter „Neumann" eingeordnet. Steht in der Literaturangabe der Vorname hinter dem Nachnamen, so findet man sowohl die Variante „Neumann, J. von" (vor allem in Lexikoneinträgen) als auch die Variante „von Neumann, J.", normalerweise aber korrekt unter „N" eingeordnet. Die zweite Variante ist wohl die offiziellere.[30]

[28] Solche Angaben finden sich ab und an in wissenschaftlichen Abschlussarbeiten, besonders wenn auf Vorlesungsskripte aus dem eigenen Fachbereich oder der eigenen Fakultät verwiesen wird.

[29] Die Interpretation von „ü" als „ue" ist nicht mehr üblich.

[30] Auch Zitierregeln werden in Deutschland natürlich nach DIN geregelt. Für Zitierrichtlinien ist DIN 1505 zuständig, auf Sortierreihenfolgen wird dagegen in DIN 5007 eingegangen. In Letzterer ist festgelegt, dass zum Beispiel „John von Neumann" unter „Neumann, John von" einsortiert wird. Dagegen regelt DIN 1505 Titelangaben, zum Beispiel für Bibliotheken, und dort wird (in den neueren Versionen) für eine Titelangabe, also auch für ein Literaturverzeichnis, sinngemäß „von Neumann,

Namenspräfix: Ein Namenspräfix wird beibehalten und beeinflusst die Sortierreihenfolge. „McDonald" würde also unter „M" eingeordnet.

Mehrere Arbeiten eines Autors: Die Arbeiten eines Autors werden nach Jahreszahlen sortiert. Erschienen mehrere Arbeiten im selben Jahr, ist die Reihenfolge nicht festgelegt, man sortiert in diesem Fall meistens alphabetisch nach Titeln. In einem Zitier-Code aus Name und Jahreszahl stünde dann gegebenenfalls [Ha60a], [Ha60b] etc.

Verschiedene Autorenteams: Häufig hat ein Autor einige Arbeiten alleine verfasst, andere in Zusammenarbeit mit Koautoren. In diesem Fall werden zunächst die alleine verfassten Publikationen aufgeführt, anschließend die Publikationen mit Koautoren, wiederum in alphabetischer Reihenfolge. Gibt es mehrere Arbeiten desselben Autorenteams, wird wieder verfahren wie bei mehreren Arbeiten eines Autors.

Ohne Autor: Manche Publikationen weisen keinen persönlichen Autor oder Herausgeber auf, wie Lexika, Handbücher, Jahrbücher etc. Diese werden unter ihrem Sachtitel oder der herausgebenden Organisation oder Behörde (Statistisches Bundesamt) eingeordnet. Der Verweis auf den Duden [Dud06] oder auf „The Chicago Manual of Style" [Chic10] im Literaturverzeichnis dieses Buches sind Beispiele für dieses Vorgehen.

Unglaublich, aber wahr: Vor nicht allzu langer Zeit erhielt ich eine wissenschaftliche Abschlussarbeit, in deren Literaturverzeichnis die Vornamen mal vor, mal nach dem Nachnamen, mal ausgeschrieben, mal abgekürzt aufgeführt waren. Diese Liste wurde dann offenbar auch noch automatisch alphabetisch sortiert. Ich habe einen Moment gebraucht, ehe ich mir das Zustandekommen dieser merkwürdigen Reihenfolge von Namen erklären konnte.

9.7 Bücher im Literaturverzeichnis

Nachdem Fragen zur Gestaltung des Literaturverzeichnisses in den Abschnitten 9.4 und 9.5 und Fragen zu Autorennamen in Abschnitt 9.6 diskutiert wurden, werden in diesem und den folgenden Abschnitten die weiteren Angaben eines Literaturhinweises besprochen, nun sortiert nach Publikationsart.

Jedes Buch hat, normalerweise auf Seite 3, eine „offizielle" Titelseite und auf Seite 4 ein Impressum.[31] Auf dem Titelblatt und im Impressum finden sich alle Angaben, die

John" vorgeschlagen, natürlich unter Beibehaltung der Einsortierung unter „Neumann, John von". Dieser scheinbare Widerspruch führt offenbar zu einiger Verwirrung und daher finden sich in den Zitierrichtlinien von Universitäten und Fakultäten unterschiedliche Angaben, wie eine Internetrecherche schnell aufzeigt.

[31] Die erste Seite des *Buchblocks* ist der sogenannte *Schmutztitel*, meist ein Kurztitel, der zum Beispiel in der Druckerei ein schnelles Identifizieren des Buches ermöglicht, wenn das Buch noch kei-

man für eine korrekte Literaturangabe benötigt; die Angaben auf dem Bucheinband sind dagegen oft unvollständig, denn hier steht der optische Eindruck im Vordergrund. Schon aus diesem Grund muss man also immer auch *in* ein Buch hineinschauen, welches man zitieren möchte.

Die Angaben zu einem deutschsprachigen Buch kann man auch sehr bequem in der schon erwähnten Deutschen Nationalbibliothek, http://www.d-nb.de/, überprüfen, zum Beispiel im Hinblick auf neuere Auflagen. Allerdings folgen deren Angaben dort einem etwas anderen Schema, sie müssen also normalerweise entsprechend angepasst werden.

Die klassische Art einer Literaturangabe ist ziemlich spartanisch: Sie besteht aus Name, Titel, Erscheinungsort, Jahr und sieht etwa so aus:

Lang, S.: Algebra, New York 2002.

Derart kurze Angaben sind in der Mathematik jedoch unüblich, da der Verlagsname eine hilfreiche Zusatzinformation darstellt. Stattdessen könnte in der Mathematik hier etwa stehen:

Lang, S.: Algebra, 3rd revised Edition, Springer, New York 2002.

Ein gängiges Format für den Verweis auf ein Buch ist etwa:

Autor[en]: Titel, [Auflage], [Reihentitel], [Band], Verlag, Verlagsort Jahr.

Die Angaben, die nicht in eckigen Klammern stehen, gehören (in der Mathematik) zu jeder vollständigen Literaturangabe, die anderen erscheinen nur, wenn sie sinnvoll sind. Im Einzelnen können folgende Angaben relevant sein.

Autor: Der Umgang mit Autorennamen wurde schon in Abschnitt 9.6 diskutiert.

Herausgeber: Verweisen Sie auf einen Sammelband mit Beiträgen mehrerer Autoren, dann zeichnen meist ein oder mehrere Herausgeber[32] verantwortlich. In diesem Fall sollten die Herausgeber auch als solche erkennbar sein, im Deutschen durch ein nachgestelltes Hrsg.:

Martin Aigner, Ehrhard Behrends (Hrsg.): Alles Mathematik. Von Pythagoras zum CD-Player. 3. überarb. Auflage, Vieweg + Teubner, Wiesbaden 2009.

---

nen Einband besitzt. Die Rückseite des Schmutztitels bleibt leer oder wird manchmal für Verlagsinformationen benutzt. Es folgt das eigentliche Titelblatt auf Seite 3 und auf dessen Rückseite oft das Impressum mit dem gültigen Titel, den vollen Autorennamen, der ISBN-Nummer, Copyright-Angaben etc. Handelt es sich um ein fest gebundenes Buch („Hardcover"), so findet sich vor der ersten Seite noch ein *Vorsatz*, ein doppelseitiges Blatt, meist aus kräftigerem Papier, welches den Einband mit dem Buchblock verbindet.

[32] Herausgeber sind meist dafür verantwortlich, die Autoren der einzelnen Beiträge anzusprechen, sie davon zu überzeugen, einen Beitrag zu schreiben, auf die rechtzeitige Abgabe der Beiträge zu achten, ihre Qualität zu sichern (oft durch weitere Gutachter), die verschiedenen Beiträge gegebenenfalls in ein einheitliches Format zu bringen, sie zu einem Buch zusammenzustellen, meist noch Vorwort, Inhaltsverzeichnis, manchmal auch ein Register oder ein einheitliches Literaturverzeichnis anzulegen, gegebenenfalls Querbezüge zwischen verschiedenen Beiträgen herzustellen und etliches mehr. Herausgeber leisten also eine verantwortungsvolle und oft mühsame Arbeit.

Genau genommen ist diese Angabe missverständlich: Es könnte so gelesen werden, als hätte dieses Buch einen Autor (M. Aigner) und einen Herausgeber (E. Behrends). Manche Autoren (zum Beispiel [Krä09]) empfehlen daher, jeden Herausgeber auch einzeln als solchen zu kennzeichnen. Ich kenne jedoch kein Buch, welches sowohl Autoren als auch Herausgeber auf dem Titelblatt aufführt, die Zahl der Zweifelsfälle bleibt also überschaubar. Im Englischen ist die Unterscheidung einfacher: Einzelne Herausgeber werden durch das Kürzel „(Ed.)" gekennzeichnet, mehrere durch das Kürzel „(Eds.)" für den Plural:

T. Gowers (Ed.): The Princeton Companion to Mathematics. Princeton University Press, Princeton 2008.

B. Engquist, W. Schmid (Eds.): Mathematics Unlimited - 2001 and Beyond. Springer-Verlag, Berlin 2001.

Auch viele Buchreihen wie die „Graduate Texts in Mathematics" beim Springer-Verlag haben Herausgeber (im Englischen: Editorial Board). Die Herausgeber solcher Buchreihen werden im Allgemeinen nicht angegeben.[33]

Titel und Untertitel: Für den Titel eines Buches ist immer der Titel auf dem *Titelblatt*[34] maßgeblich, nicht der Titel auf dem Bucheinband, der sich aus gestalterischen Gründen manchmal vom eigentlichen Titel unterscheidet. In seltenen Fällen enthält ein Titel offensichtliche Druckfehler, zum Beispiel in der Zeichensetzung. Auch in diesen Fällen muss der Titel in seiner originalen Form angegeben werden, anderenfalls ist er elektronisch nicht mehr auffindbar.

Hat ein Buch einen Titel und einen Untertitel, so werden diese auf dem Titelblatt oft untereinander angeordnet, ohne ein trennendes Satzzeichen. Das lässt sich nicht gut in ein Literaturverzeichnis übernehmen. Daher wird hier zwischen Titel und Untertitel ein Punkt (manchmal auch ein Komma oder ein Strichpunkt) eingefügt. Werden dagegen Titel und Untertitel durch ein Satzzeichen getrennt, zum Beispiel durch einen Gedankenstrich, so wird dieses übernommen.

Reihentitel: Ob man den Titel einer Reihe angibt, ist eine Geschmacksfrage, meist übergeht man ihn. Sinnvoll kann die Angabe eines Reihentitels sein, wenn diese Angabe eine zusätzliche Information über den Charakter des Buches erlaubt, wie zum Beispiel im Fall der Reihe „Lecture Notes in Mathematics" im Springer-Verlag oder der Reihe „London Mathematical Society Lecture Note Series", deren Bücher im Allgemeinen (noch) nicht den Status einer Monographie haben. Das Gleiche gilt für Publikationen der Reihe „Memoirs of the American Mathematical Society", die oft einfach nur zu lang sind für die Publikation in einer regulären Zeitschrift.

[33] Im Deutschen bezeichnet „edieren" die kritische und kommentierende Herausgabe von Texten (oder Kompositionen) anderer Autoren, meist aus der Vergangenheit. In vielen Geisteswissenschaften ist dies eine zentrale Aufgabe. Wer einen solchen Text herausgibt, wird ebenfalls manchmal als „Editor" bezeichnet. In der Praxis sind aber Verwechslungen kaum zu befürchten.

[34] Vergleiche die Anmerkung 31 auf Seite 171.

Mehrere Bände: Besteht ein Buchwerk aus mehreren Bänden, so kann man das entweder vermerken (zum Beispiel „2 Bde." oder „2 Vols"), oder man verweist auf beide Bände getrennt, besonders dann, wenn sie sich im Untertitel unterscheiden oder in verschiedenen Jahren erschienen sind.

Verlag: Der offizielle Verlagsname findet sich im Impressum. Oft ist der Name hinter dem Copyright-Vermerk aus rechtlichen Gründen recht umfangreich, zum Beispiel „Springer Science + Business Media LCC" oder „Springer Fachmedien Wiesbaden". Bei bekannten Verlagen ist es sinnvoll, solche Ungetüme durch eine gebräuchliche, aber unmissverständliche Abkürzung wie „Springer-Verlag" oder Springer-Spektrum (den man in diesem Fall ebenfalls im Impressum findet) zu ersetzen.

Verlagsort: Jeder Verlag hat einen Verlagssitz, oft auch mehrere. Diesen Verlagsort findet man meistens auf dem Titelblatt, sicher aber im Impressum. Viele Verlage agieren an mehreren Orten; daher finden sich in manchen Büchern, zum Beispiel des Springer-Verlags, längere Listen von Verlagsorten. Für einen Literaturhinweis genügt es aber, den ersten Verlagsort aufzuführen, den man oft auch in der Copyright-Angabe findet.

Auflage: Die Auflage Ihres Exemplars entnehmen Sie dem Titelblatt oder dem Impressum. Manchmal wird die Auflage durch eine hochgestellte Zahl an der Jahreszahl festgehalten: $^{3}2000$, ab und zu auch 2000^{3}. Letzteres verweist also nicht auf ein Buch aus dem Jahr 8 000 000 000, sondern auf die dritte Auflage eines Buches, welche im Jahr 2000 erschienen ist.

In der Mathematik entfällt die Angabe der Auflage oft, wenn sich nicht wesentliche Teile des Buches dadurch verändert haben, denn auch die Jahreszahl gibt einen Hinweis auf die benutzte Auflage. Möchte man aber auf spezifische Stellen verweisen, etwa mit Angabe der Seitenzahl, dann muss auch die Auflage genannt werden, denn Seitenzahlen können sich auch bei kleinen Veränderungen verschieben. Eine erste Auflage wird nicht angeführt, wenn es nicht weitere Auflagen gibt, von der sich die erste Auflage unterscheidet.

Führt man die Auflage an, dann heißt es im Deutschen zum Beispiel „..., 2. Auflage, ..." und im Englischen „..., Second Edition, ..." oder „..., second printing, ...". Im Allgemeinen beinhaltet eine „Second Edition" größere Änderungen, führt auch meist zu einem neuen Vorwort und sollte daher angegeben werden. Größere Änderungen in einer neuen Auflage werden manchmal auch durch Zusätze wie „2. überarbeitete Auflage" oder „revised Edition" angekündigt (vergleiche den zweiten Verweis auf das Buch von S. Lang auf Seite 172); Nachdrucke brauchen dagegen nicht angegeben werden. Zusätzliche Angaben zur Auflage wie „3. korrigierte Auflage" sind nicht üblich, wenn sie nicht auf größere Änderungen hinweisen (zur Platzierung dieser Angabe in einem Literaturverweis vergleiche auch den Eintrag „Auflage" auf Seite 165 in Abschnitt 9.5).

Jahr: Für das Erscheinungsjahr ist die Angabe in der Copyright-Notiz maßgeblich. Oft finden Sie dort eine ganze Reihe von Jahresangaben, in diesem Fall zählt die aktuellste Angabe.

Kapitel und Seitenzahl: Angaben zu Kapitel oder Seitenzahl einer speziellen Stelle innerhalb eines Buches haben im Literaturverzeichnis nichts zu suchen, auch wenn nur auf diese eine Stelle verwiesen wird. Solche Angaben gehören in den Text. Mit Seitenzahlen sollte man aber vorsichtig sein, denn sie können sich leicht von Ausgabe zu Ausgabe ändern. Wird dennoch im Text auf eine Seite verwiesen, so muss im Literaturverzeichnis die Auflage genau angegeben werden, auf die sich dieser Verweis bezieht (vgl. auch den Eintrag „Verweis auf eine spezifische Stelle“ in Abschnitt 9.1).

Nicht: In einer Literaturangabe wird normalerweise nicht die ISBN-Nummer[35] angeführt, ebenso wenig erscheinen dort Angaben zur Ausstattung, wie Einband, Seitenzahlen etc.

9.8 Aufsätze aus Zeitschriften und Sammelbänden

Ein typischer Verweis auf einen Aufsatz in einer mathematischen Fachzeitschrift hat das Format

Autor(en): Titel. Name der Zeitschrift (oft in Kurzform), Band [Heft], Jahr, Seitenzahl.

Im konkreten Beispiel sieht ein Verweis auf einen Zeitschriftenaufsatz also etwa folgendermaßen aus:

J. von Neumann: On rings of operators, III. *Ann. Math.* 41 (1940), 94–161.

[35] Die Abkürzung ISBN steht für „Internationale Standardbuchnummer“ und erlaubt es, nach einem bestimmten Code weltweit jedes Buch eindeutig zu identifizieren.

Bis zum Jahr 2006 wurde die ISBN-10 verwendet, die aus zehn Ziffern besteht. Der erste Ziffernblock kennzeichnete das Land oder die Sprachregion, zum Beispiel 0 und 1 für den englischsprachigen Raum, 3 für den deutschsprachigen Raum, die zweite Zifferngruppe kennzeichnete den Verlag, wie jetzt 658 den Verlag Springer Spektrum, bei dem dieses Buch erschienen ist, die dritte Zifferngruppe kennzeichnet das einzelne Buch, die letzte Ziffer ist eine Prüfziffer. Für eine Nummer mit den neun Ziffern $z_1 z_2 \dots z_9$ wird die Prüfziffer zu $(\sum_{i=1}^{i=9} i \cdot z_i)$ mod 11 bestimmt. Ergibt der Elferrest den Wert 10, so wird dafür X geschrieben. Die Prüfziffer kann einzelne falsche Ziffern sowie die meisten Vertauschungen benachbarter Ziffern (das sind die häufigsten Übertragungsfehler) erkennen.

Im Jahr 2007 wurde auf ISBN 13 umgestellt: Den alten Nummern wird das Präfix 978 oder 979 vorangestellt; damit wird die ISBN in das System internationaler Artikelnummern EAN eingepasst und die Berechnung der abschließenden Prüfziffer von dort übernommen: Von links nach rechts werden die Ziffern abwechselnd mit 1 und mit 3 multipliziert und aufsummiert, die abschließende Prüfziffer wird als Rest zur nächstgrößeren durch zehn teilbaren Zahl bestimmt (die entsprechende Formel ist eindrucksvoller aber nicht verständlicher). Die ISBN 13-Nummer dieses Buches zergliedert sich also in 978-3-658-01575-6.

Autor: Alles, was in Abschnitt 9.6 zu Autoren geschrieben wurde, gilt insbesondere auch für Autoren von Aufsätzen in wissenschaftlichen Zeitschriften und Sammelbänden.

Titel: Bei Aufsätzen in Zeitschriften und Sammelbänden sollten die Titel keine weiteren Probleme bereiten – bis auf die Groß- und Kleinschreibung: Hierzu vergleiche den Absatz „Groß- und Kleinschreibung von Titeln“ auf Seite 167 in Abschnitt 9.5. Wie auch bei Büchern müssen selbst offensichtliche Fehler im Titel übernommen werden, was aber zum Glück nur selten nötig ist.

Name der Zeitschrift: Viele Zeitschriften haben recht lange Titel, wie zum Beispiel „Journal für die reine und angewandte Mathematik“. Es ist üblich, diese Namen abzukürzen. Meist verwendet die Zeitschrift in der Kopfzeile eine eigene Abkürzung oder Sie verwenden die Abkürzungen, die von den Referateorganen „Zentralblatt für Mathematik“ und „Mathematical Reviews“[36] einheitlich verwendet werden. Diese kann man etwa unter der Adresse http://www.zentralblatt-math.org/MIRROR/zmath/en/journals/browse/ des Zentralblattes finden. Zum Beispiel findet sich dort für die obige Zeitschrift die Abkürzung „J. Reine Angew. Math.“.

Auch der Vorgang des Abkürzens des Namens einer Zeitschrift ist inzwischen standardisiert. Wenn Sie sich also selbst die offizielle Abkürzung erschließen wollen, dann können Sie das mithilfe von http://www.issn.org/services/online-services/access-to-the-ltwa/ tun.

Manche Zeitschriften haben im Laufe der Jahre ihren Namen verändert. So hat die „Zeitschrift für Wahrscheinlichkeitstheorie und verwandte Gebiete“ („Z. Wahrscheinlichkeitstheor. Verw. Geb.“) im Jahr 1985 ihren Namen geändert und heißt heute „Probability Theory and Related Fields“ („Probab. Theory Relat. Fields“). In diesem Fall gibt man den zur Zeit der Publikation des Artikels gültigen Titel an.

Elektronische Zeitschriften zitiert man ebenso wie Zeitschriften, die in Papierform erscheinen. Den üblichen Angaben des Artikels fügt man in diesem Fall meist noch die URL hinzu.

Band: Zeitschriften erscheinen periodisch (und heißen daher im englischen Sprachraum auch „periodicals“). Oft erscheint ein Band pro Jahr, der wiederum häufig in einzelne Hefte unterteilt wird, die zum Beispiel alle vier Monate erscheinen. Die Nummer des Heftes wird meist nach der Nummer des Bandes in Klammern angegeben. Die Angabe 85(3) verweist also auf das Heft 3 des Bandes 85 dieser Zeitschrift.

Den Band einer Zeitschrift sollte man immer angeben, die Angabe des Heftes entfällt oft. Sie erleichtert aber den Zugang zu einer elektronischen Fassung des

[36] Für Weiteres zu Referateorganen vgl. [Küm17].

Artikels, der inzwischen von den meisten wissenschaftlichen Bibliotheken ebenfalls zur Verfügung gestellt wird, denn die elektronische Fassung einer Zeitschrift ist oft nach Heften „gebündelt".

Jahr: Es folgt die Angabe des Jahres der Publikation. Normalerweise macht diese Angabe keine Probleme.

Seitenzahlen: Die Angabe der Seitenzahlen geschieht in der Form „erste Seite" bis „letzte Seite", also im obigen Beispiel „94–161" und nicht in der Form „94 ff.".

Der Textstrich in „94–161" ist kein Bindestrich, sondern ein *Streckenstrich* oder *Bis-Strich* (vgl. den Eintrag „Textstriche" in Anhang A). Er ist etwas länger als ein Bindestrich und wird in LaTeX mit zwei „Bindestrichen" notiert, im obigen Beispiel also als `94--161`. Offiziell werden zwischen Seitenzahlen und dem Streckenstrich keine Zwischenräume eingefügt, wie in unserem Beispiel, aus optischen Gründen kann es aber doch ratsam scheinen, kleine Zwischenräume einzufügen (vgl. auch den Eintrag „Zwischenraum" in Anhang A); dagegen ist auch nichts einzuwenden. In allen Fällen sollte aber zwischen Seitenzahlen und Streckenstrich kein Zeilenumbruch erfolgen.[37]

Manchmal meint man, aus dem Inhaltsverzeichnis eines Zeitschriftenbandes aus der ersten Seite eines nachfolgenden Artikels auf die letzte Seite des vorangehenden Artikels schließen zu können. Dieser Schluss kann trügerisch sein, wenn Artikel stets auf einer rechten Seite beginnen und daher zwei Artikel durch eine Leerseite getrennt sein können. Man muss also die Seitenzahlen immer anhand des Artikels selbst überprüfen.

Verlag: Auch Zeitschriften werden von Verlagen herausgegeben, die aber in der Literaturangabe keine Erwähnung finden.

Artikel in Sammelbänden

Verweise auf Artikel in Sammelbänden, zum Beispiel in Kongressberichten, beginnen wie ein Verweis auf einen Zeitschriftenartikel mit Angaben zu Autoren und Titel. Es folgt ein „in". Nun folgt die vollständige Angabe des Sammelbandes nach dem Muster eines Verweises auf ein Buch, mit dem Unterschied, dass statt der Autoren normalerweise Herausgeber genannt werden (vgl. den Eintrag „Herausgeber" in Abschnitt 9.7 auf Seite 172). Nach den Angaben zum Buch werden zu guter Letzt die Seitenzahlen des Artikels angegeben. Das Ganze sieht also etwa folgendermaßen aus:

D. Voiculescu: Symmetries of some reduced free product C*-algebras. In H. Araki et al. (Hrsg.): Operator Algebras and their Connections with Topology and Ergodic Theory. Lecture Notes in Mathematics 1132, Springer-Verlag, Berlin 1985, S. 556–588.

[37] Wie man mit LaTeX dafür Sorge tragen kann, wird im Eintrag „Streckenstriche" in Anhang A beschrieben.

9.9 Graue Literatur und Sonstiges

Der Ausdruck „graue Literatur“ ist ein Sammelbegriff für jede Art von Literatur, die nicht unter der Obhut eines Verlages erscheint.

Preprints: Preprints, wörtlich „Vorabdrucke“, sind mathematische Arbeiten, die schon zirkulieren (heute meist über das Internet), ehe sie publiziert werden. Gerade wichtige Arbeiten verbreiten sich oft als Preprints, lange ehe sie in einer mathematischen Zeitschrift erscheinen. Denn die Publikation in einer mathematischen Zeitschrift dauert im besten Fall einige Monate, oft aber weit über ein Jahr.

Auf die üblichen Angaben zu Autor(en) und Titel folgt in diesem Fall das Wort „Preprint“[38], gefolgt von Ort und Jahreszahl des Erscheinens. Häufig erscheinen Preprints in einer Preprint-Reihe, dann kann auch diese aufgeführt werden. Das sieht dann etwa folgendermaßen aus:

M. Terp: L^p-spaces associated with von Neumann algebras. Preprint, Københavns Universitet, Matematisk Institut, Rapport No 3a/3b, 1981.

Findet sich ein Preprint auf einer Seite im Web, dann kann man zusätzlich auch die entsprechende URL angeben, wie üblich mit dem Datum des Zugriffs auf diese Adresse.

Wann immer Sie ein Preprint zitieren, sollten Sie sich vorher vergewissern, ob diese Arbeit nicht inzwischen in einer allgemein zugänglichen Zeitschrift erschienen ist (vgl. hierzu den Unterabschnitt „Quellen sollen allgemein zugänglich und überprüfbar sein“ auf Seite 158), zum Beispiel mithilfe des MathSciNet[39].

Preprints aus dem „arXiv“: Zunehmend werden Preprints in elektronischen Archiven der Öffentlichkeit bekannt gemacht. Das in der Mathematik bekannteste dieser elektronischen Archive ist das schon erwähnte „arXiv“ unter http://arxiv.org/, eigentlich eine ganze Sammlung von Preprint-Archiven, nach Sachgebieten geordnet.

Verweise auf Preprints im „arXiv“, die dort nach dem 1. April 2007 abgelegt wurden, enthalten, wie üblich, Autor und Titel, gefolgt von einem Verweis auf die entsprechende Nummer im „arXiv“, gegebenenfalls noch mit einem Hinweis auf das Gebiet, also etwa `arXiv:0706.1234 [math.FA]`. Die ersten beiden Ziffern verweisen auf das Jahr, die beiden folgenden auf den Monat, die Ziffernkombination nach dem Punkt ist eine fortlaufende Nummer, die Angabe in eckigen Klammern verweist auf eine mathematische Arbeit in der Kategorie Funktionalanalysis. Gegebenenfalls wird die Angabe noch um eine Versionsnummer erweitert, also zum Beispiel `arXiv:0706.1234v1 [math.FA]`. Diese Angabe findet sich auf der ersten Seite des ausgedruckten Preprints am linken Rand. Dort

---

[38] Der deutsche Ausdruck „Vorabdruck“ ist weitgehend vom englischen Wort „Preprint“ verdrängt worden.

[39] Ausführlichere Informationen zum MathSciNet findet man in [Küm17].

steht meist noch eine genaue Datumsangabe, die man aber nicht zu übernehmen braucht, denn die Nummer identifiziert die Arbeit eindeutig. Im Übrigen wird auf Preprints aus dem „arXiv" verwiesen wie oben beschrieben.

Weitere Informationen über den Aufbau der Verweise und die empfohlenen Zitierregeln für Arbeiten aus dem „arXiv" findet man auf den Hilfeseiten, insbesondere http://arxiv.org/help/arxiv_identifier und http://arxiv.org/help/faq/references. Dort wird auch explizit empfohlen, in einem LaTeX-Dokument die obige Referenz in der Form `{\tt arXiv:0706.1234 [math.FA]}` (und nicht in der Form `\texttt{arXiv:0706.1234 [math.FA]}`) einzugeben.

Auch bei Verweisen auf Preprints aus dem „arXiv" gilt wieder: Prüfen Sie, ob die Arbeit inzwischen erschienen ist.

Dissertationen: Zitieren Sie eine Dissertation, so folgen auf Name und Titel das Stichwort „Dissertation" (oder abgekürzt „Diss."), gefolgt von Ort und Jahr. Für das Jahr ist der Tag der mündlichen Prüfung maßgebend. Ein Verweis auf meine eigene Dissertation hat zum Beispiel die Gestalt:

> B. Kümmerer: A Dilation Theory for Completely Positive Operators on W*-Algebras. Dissertation, Tübingen 1982.

Andere wissenschaftliche Arbeiten: Verweisen Sie auf eine Bachelor-, Master- oder Diplomarbeit, so sieht eine solche Literaturangabe genauso aus wie die Angabe für eine Dissertation, nur das Wort „Dissertation" wird natürlich durch „Bachelorarbeit" etc. ersetzt.

Berichte: Berichte, zum Beispiel aus Industriekooperationen, werden weitgehend behandelt wie Preprints (siehe oben). Die Angaben zur Universität werden nun ersetzt durch entsprechende Angaben zur Firma. In den meisten Fällen wird die Arbeit in einer firmeneigenen Schriftenreihe erscheinen, die dann entsprechend angegeben werden kann.

Vorlesungsskripte: Wie oben (im Unterabschnitt „Quellen sollen allgemein zugänglich und überprüfbar sein", Seite 158 in Abschnitt 9.3) schon erwähnt, sollte man Verweise auf Vorlesungsskripte möglichst vermeiden, denn Vorlesungsskripte sind nicht allgemein zugänglich und oft auch nicht in der Gründlichkeit geprüft, wie das bei publizierten Arbeiten der Fall ist. Falls es doch nicht anders geht, hat die Angabe wieder die Form wie für eine Dissertation, aber das Wort „Dissertation" wird in diesem Fall durch das Wort „Vorlesungsmanuskript" oder durch den Ausdruck „Manuskript zur Vorlesung ... " ersetzt, gefolgt von Ort und Jahr der Vorlesung.

Verweise auf Quellen aus dem Internet: Auch außerhalb der großen Preprint-Server gibt es wissenschaftliche Literatur, die sich nur im Internet findet, zum Beispiel Preprints oder vorläufige Buchmanuskripte auf den Homepages ihrer Autoren. Für Verweise auf solche Literatur gilt: Auf Autor(en) und Titelangabe folgt die komplette Adresse (URL) im Netz, gefolgt von der Angabe des Tages (zum Beispiel in Klammern), an dem Sie das Dokument in dieser Form vorgefunden haben. Wie im Unterabschnitt „Quellen sollen allgemein ... sein", Seite 158 (Abschnitt 9.3) schon betont, können sich Dokumente im Internet schnell ändern. In wichtigen Fällen sollte man daher das Dokument herunterladen und auf CD beilegen.

Häufig werden Adressen im Netz auch in `typewriter-Schrift` angegeben, wohl mit dem Argument, man könne eine solche Angabe leichter abtippen. Dagegen ist nichts einzuwenden. Ich habe mich in diesem Text jedoch dagegen entschieden zugunsten eines ruhigeren Schriftbildes und in Übereinstimmung mit [Chic10].

Schon mehrfach wurde betont: Auf Artikel aus dem Internet ohne Autorenangabe können Sie sich in einer wissenschaftlichen Arbeit nicht berufen.

Mündliche Mitteilungen und Vorträge: Es kann durchaus geschehen, dass Sie aus einem Gespräch oder einem Vortrag eine entscheidende Idee für Ihre Arbeit mitnehmen. Auch diese Quelle muss dokumentiert werden: Auf die Angabe des Urhebers folgt die Angabe „mündliche Mitteilung am ... " oder „Vortrag, gehalten am ... in ... ". Ähnliche Fälle behandelt man sinngemäß.

Software: Benutzen Sie für Ihre Arbeit spezielle Softwarepakete, so müssen auch diese angegeben werden. Auch wenn es eine einheitliche Zitierweise nicht zu geben scheint: Die Angaben sollten den Namen des Pakets mit genauen Angaben zur benutzten Version enthalten, ebenso den Autor, falls bekannt und gegebenenfalls die vertreibende Firma.

Sonstiges: Die Liste möglicher Angaben ist damit natürlich noch längst nicht erschöpft: Für Gesetze, Normen, Patente, Zeitungsartikel, Fernsehberichte, Bilder, Filme, Programmhefte, Kataloge, Flugblätter und vieles mehr informieren Sie sich entsprechend – sehr häufig werden Sie solche Verweise in der Mathematik nicht brauchen. Einige Hinweise finden Sie zum Beispiel in dem Buch von W. Krämer [Krä09]. Auch hier gilt: Tun Sie das Vernünftige und zitieren Sie vollständig, korrekt, eindeutig, einheitlich und übersichtlich.

> Für ein Literaturverzeichnis sind
> Bücher und Publikationen in Zeitschriften
> erste Wahl.

9.10 Literaturverwaltung mit LaTeX

Die Verwaltung von Literaturangaben wird von LaTeX unterstützt. Wenn Sie eine große Sammlung von Literaturangaben anlegen wollen, lohnt es sich, wenn Sie sich mit der LaTeX-Erweiterung BibTeX vertraut machen. Sie erlaubt es, eine Literaturdatenbank anzulegen und aus den Einträgen ein Literaturverzeichnis für LaTeX zusammenzustellen.

In vielen Fällen reichen aber die Möglichkeiten der Umgebung `thebibliography` völlig aus. Der Eintrag

[vN40] J. v. Neumann: On rings of operators, III. *Ann. Math.* 41 (1940), 94–161.

hat im Quelltext die Form

```
\begin{thebibliography}{XXXX}
\bibitem[vN40]{vNeumann40} J.~v.~Neumann: On rings of
operators, III. \textit{Ann. Math.}~41~(1940), 94--161.
\end{thebibliography}
```

Im Text wird auf diesen Eintrag mithilfe von `\cite{vNeumann40}` verwiesen, das Ergebnis ist [vN40]. Der Eintrag [vN40] ist also der Zitier-Code und vNeumann40 ist das Label, unter dem dieser Verweis aufgerufen werden kann. Hier können Sie Namen einführen, die Sie sich leichter merken können als den Zitier-Code selbst. Das vierfache X schließlich gibt die Größe des hier gewählten Einzuges an.

9.11 Literaturhinweise

Die meisten Texte, die sich mit der Anfertigung wissenschaftlicher Arbeiten befassen, beinhalten auch Abschnitte über das Literaturverzeichnis. Diese Texte sind normalerweise aus der Perspektive eines bestimmten Faches geschrieben, enthalten aber oft auch nützliche allgemeine Hinweise. Ein deutschsprachiger Text, der dieses Thema aus der Perspektive der Mathematik behandelt, scheint bisher nicht vorhanden zu sein. Beliebte Texte sind unter anderem [Bri07], [Bur06], [Eco89] und [Krä09].

Umfangreiche Angaben zu allen Fragen eines Literaturverzeichnisses für den englischen Sprachraum enthält [Chic10]. Hier finden sich auch viele Antworten auf Detailfragen, auf die im vorliegenden Text nicht eingegangen werden kann.

Das Buch [Hig98] befasst sich hingegen ausschließlich mit mathematischen Texten und enthält auch einige Anmerkungen zum Literaturverzeichnis einer mathematischen Arbeit sowie Hinweise für die Benutzung des LaTeX-Programms BibTeX. Das Heft [Trz05] enthält eine kleine, aber nützliche Sammlung von Formulierungen, mit deren Hilfe auf Literatur verwiesen wird. Die englischen Formulierungen lassen sich bei Bedarf meist unmittelbar ins Deutsche übertragen (vgl. auch Anhang B).

Schließlich enthalten auch die meisten Bücher über LaTeX Angaben zur Erstellung von Literaturverzeichnissen mit LaTeX, insbesondere [KoMo08], [Kop00], [Kop08] und [Nie03]. Recht ausführliche Angaben zur Gestaltung eines Literaturverzeichnisses mit LaTeX und verschiedenen einschlägigen Paketen findet man in [MiGo05].

Einige Anmerkungen zur typographischen Gestaltung von Literaturverzeichnissen finden sich in [GK00]. Viele interessante Blicke hinter die Kulissen von Büchern bieten die beiden Buchlexika [HiFu06] und [Rec03].

A Kleines Glossar zur Typographie

In diesem Glossar werden wichtige Begriffe aus der Typographie zusammengestellt, soweit sie für die Ausführungen in diesem Buch von Bedeutung sind. Mit dem Zeichen → wird auf andere Einträge in diesem Glossar verwiesen.

Abstand siehe Zwischenraum.

Bindestrich siehe Textstriche.

Brotschrift siehe Grundschrift.

Durchschuss siehe Zeilenabstand.

Einzug. Unter einem *Einzug* versteht man zunächst das Einrücken der ersten Zeile eines Absatzes gegenüber den anderen Zeilen. In diesem Fall wird meist um ein → Geviert eingerückt.

In LaTeX wird die erste Zeile eines Absatzes um die Länge `\parindent` eingezogen. (In diesem Buch steht der Wert von `\parindent` auf 9.99756 pt.) Ein wenig Vorsicht ist geboten beim Umschalten auf eine andere Schriftgröße, denn `\parindent` wird nicht automatisch angepasst, sondern muss gegebenenfalls „von Hand" umgestellt werden.

Auch das Einrücken eines ganzen Textblocks wird als Einzug bezeichnet. In LaTeX erzeugt zum Beispiel die `quote`-Umgebung einen eingerückten Textblock, wie er in diesem Buch manchmal für herausgehobene Textpassagen oder für längere Zitate benutzt wird.

Hat die erste Zeile eines Absatzes die volle Länge und sind die folgenden Zeilen eingezogen, wie in diesem Glossar, so spricht man auch von einem *hängenden Einzug*.

Font siehe Zeichensatz.

Fraktur. Dieser Text ist in Fraktur geschrieben. Fraktur wird oft auch als *Deutsche Schrift* bezeichnet und gehört zu den *gebrochenen Schriften*; als → Grundschrift spielt sie heute aber keine Rolle mehr. Dagegen ist man in mathematischen Texten oft dankbar für diese Vergrößerung des Buchstaben-Vorrats. In LaTeX wird im mathematischen Modus mit `\mathfrak{}` eine Frakturschrift aufgerufen, die die Buchstaben $\mathfrak{ABCDEFG}\ldots\mathfrak{abcdefg}\ldots$ zur Verfügung stellt (vgl. Anhang C.19).

Gedankenstrich siehe Textstriche.

Geviert. Ein Geviert bezeichnet eigentlich ein Quadrat von der Höhe der aktuellen Schrift mit Ober- und Unterlängen, genauer die Höhe des *Schriftkegels*, d. h. der (virtuellen) Fläche, die Buchstaben umgibt (sie legt damit auch den Mindestzeilenabstand dieser Schrift fest); aber auch die Breite dieses Quadrates als Längeneinheit wird als Geviert bezeichnet. Da die Buchstaben M und m fast die Breite eines Gevierts haben, wird im Englischen, und so auch in LaTeX, diese Einheit meistens als em bezeichnet. In LaTeX ist daher

$$\text{ein Geviert} = 1\,\text{em}\,.$$

Das Geviert oder em ist also eine *schriftabhängige* Maßeinheit (vgl. den Eintrag „Maßsysteme"). Typischerweise hat ein Absatzeinzug die Größe eines Gevierts. LaTeX setzt mit `\quad` einen Abstand von dieser Breite und benutzt diese Größe normalerweise auch für den Absatzeinzug (vgl. den Eintrag „Einzug").

In der hier benutzten Schrift beträgt ein Geviert 10.0 pt, also etwa 3,51 mm. Allerdings wird ein einmal zu Beginn gesetzter Wert von `\quad` beim Umschalten in eine andere Schrift nicht verändert, im Unterschied zum Wert von 1 em, der sich der jeweils aktuellen Schrift anpasst.

Auch andere von der verwendeten Schrift abhängige Abstände werden oft in der Einheit „Geviert" (oder em) gemessen (vgl. den Eintrag „Zwischenraum").

Geviertstrich siehe Textstriche.

Grundlinie siehe Schriftlinie.

Grundschrift eines Textes ist diejenige Schrift, die in einem Text hauptsächlich verwendet wird und ihn prägt, in diesem Buch also die Schrift, in der auch diese Passage geschrieben ist. Die Grundschrift wird oft auch *Textschrift* oder *Brotschrift* genannt, weil diese Schriften am häufigsten gebraucht werden und die Drucker daher mit dieser Schrift früher ihr Brot verdienten.

Hurenkind bezeichnet in der traditionellen Druckersprache eine nicht ganz gefüllte letzte Zeile eines Absatzes, wenn sie als erste Zeile einer neuen Seite zu stehen kommt. Hurenkinder gelten als unschön und sollten vermieden werden. Vergleiche auch den Eintrag „Schusterjunge".

LaTeX verteilt für eine solche Zeile Strafpunkte, eine ganze Zahl, deren Wert in `\widowpenalty` abgelegt ist. Standardmäßig ist dieser Parameter mit 150 vorbelegt, ein eher geringer Wert bei einem Maximalwert von 10 000. Erhöht man diesen Wert, so werden solche Zeilen unwahrscheinlicher (vgl. die Ausführungen zu Strafpunkten im Unterabschnitt „Zeilenumbruch in Textformeln", Abschnitt C.2). In diesem Text beträgt der Wert 1000.

Italic-Korrektur. Folgt auf einen kursiven Text ein Text in aufrechter Schriftlage, so kann besonders ein letzter kursiver Buchstabe mit → Oberlänge dem folgenden aufrechten Buchstaben bedrohlich nahe kommen oder einen folgenden Punkt fast überragen. Daher ist hier manchmal ein kleiner zusätzlicher „Sicherheitsabstand“ vonnöten, der als *Italic-Korrektur* oder *Kursivkorrektur* bezeichnet wird und in LaTeX mit `\/` eingefügt werden kann. Mit ihrer Hilfe wird zum Beispiel aus einem *Schiff*! ein *Schiff*! (geschrieben `{\it Schiff\/}!`). Deutlicher wird der Unterschied in der klassischen TeX-Schrift Computer Modern Roman: Hier wird aus aus einem *Schiff*! ein *Schiff*! und aus einem *Wal*. ein *Wal*.

Benützt man in LaTeX für die Umschaltung auf kursiv nicht die verführerisch kurze Anweisung `\it`, sondern stattdessen `\textit{}` so kümmert sich LaTeX selbständig um diese Feinheit (vgl. [Kop00] oder [MiGo05]).

In diesem Zusammenhang sei nur kurz auf die Anweisungen `\nocorr` und `\nocorrlist` hingewiesen: Die erste unterdrückt eine sonst automatisch eingefügte Italic-Korrektur, die zweite ermöglicht die Erstellung einer Liste von Zeichen, vor denen keine Korrektur eingefügt werden soll. (Viele Typographen empfehlen, vor kleinen Satzzeichen, wie Punkt oder Komma, keine Italic-Korrektur einzufügen.) Für Näheres vergleiche die oben erwähnte Literatur.

Kapitälchen bezeichnet einen Schriftschnitt, der nur aus Großbuchstaben besteht, die allerdings dort, wo kleine Buchstaben stehen müssten, etwas kleiner sind. EIN TEXT IN KAPITÄLCHEN SIEHT ALSO ZUM BEISPIEL SO AUS. Kapitälchen werden gerne für Auszeichnungen und für Namensangaben verwendet (vergleiche auch den Eintrag „Schriften“ weiter unten und den Unterabschnitt „Schriften“, Seite 164 in Abschnitt 9.5 sowie das Literaturverzeichnis dieses Buches).

Kerning siehe Unterschneiden.

Kursiv. *Dies ist ein Text in kursiver Schriftlage.* Eine kursive Schrift eignet sich nicht als Grundschrift, sie wird aber oft für Hervorhebungen verwendet. Vergleiche auch die Einträge „Schriften“ und „Italic-Korrektur“.

Kursivkorrektur siehe Italic-Korrektur.

Laufweite. Falls Sie mit verschiedenen Schriften herumexperimentieren, achten Sie auch auf deren *Laufweite* oder *Schriftweite*: In verschiedenen Schriften desselben → Schriftgrades, d. h. derselben Größe, können dennoch die Buchstaben unterschiedlich breit „geschnitten“ sein das heißt, dieselbe Folge von Zeichen kann in der einen Schrift erheblich breiter sein als in der anderen (vergleiche auch den Eintrag „Schriften“). Schriften mit zu enger Laufweite sollte man für einen mathematischen Text nicht wählen, weshalb die Schriften von Computer Modern verhältnismäßig große Laufweiten besitzen (vgl. „Zeilenlänge und Zeilenabstand“, Seite 24 in Abschnitt 3.3). Der Unterschied wird deutlich, wenn man die hier benutzte Schrift Minion Pro (erste Zeile) mit der Schrift Computer Modern Roman (zweite Zeile) vergleicht, der Standardschrift von LaTeX (beide in 10 pt):

Dieser Beispieltext demonstriert unterschiedliche Laufweiten.

Dieser Beispieltext demonstriert unterschiedliche Laufweiten.

Leerzeichen, geschütztes siehe Zwischenraum.

Ligatur. Manche Buchstabenkombinationen sehen unschön aus, wenn die Buchstaben in ihrer ursprünglichen Form nebeneinandergestellt werden. Abhilfe können *Ligaturen* schaffen (manchmal auch → Unterschneidungen). In einer Ligatur werden zwei oder mehrere Buchstaben zu einer Type vereinigt. Insbesondere die Buchstabenkombinationen `ff, fi, fl, ffi, ffl` werden häufig zu eigenen Zeichen verschmolzen, so auch hier: f f wird zu ﬀ, f i zu ﬁ, f l zu ﬂ, f f i zu ﬃ und f f l zu ﬄ.

Auf diese Weise ist auch &, das „kaufmännische und“, als Ligatur aus „et“ (lateinisch „und“) entstanden, ebenso der Buchstabe „ß“ aus der Ligatur ß, der Kombination „sz“ aus ſ und ʒ in → Fraktur; eine zweite Wurzel für dieses Zeichen wird in der Ligatur aus ſs gesehen, der Kombination aus einem „langen“ oder „Binnen-s“ ſ und einem „runden“ oder „Schluss-s“ s, wie sie etwa in Schloſs aufeinandertreffen. Die genaue Entstehungsgeschichte scheint ungeklärt.

Eigentlich sollten zwei Wortstämme nicht durch eine Ligatur miteinander verbunden werden. Statt Stoﬄappen sollte es also Stofflappen heißen, aber diese Mühe wird man sich nur in den seltensten Fällen machen. In LaTeX kann man eine Ligatur mit \/ unterdrücken und so durch Eingabe von `Stoff\/lappen` aus einem Stoﬄappen einen Stofflappen machen.

Maßsysteme. In der Typographie werden neben den metrischen Maßen wie mm oder cm eine ganze Reihen von Maßeinheiten verwendet, denen man sonst eher selten begegnet. Es ist sinnvoll, zwischen *absoluten* und *relativen* oder *schriftabhängigen* Maßen zu unterscheiden. Neben den metrischen Einheiten ist die wichtigste absolute Einheit der *Punkt*, der allerdings in drei Versionen existiert (vgl. den Eintrag „Punkt“). Die wichtigsten schriftabhängigen Einheiten sind vom → Geviert abgeleitet, welches etwa der Breite des Buchstabens „M“ in der verwendeten Schrift entspricht und aus welchem sich unter anderem *kleine, mittlere* und *große Abstände* sowie → Einzüge errechnen (vgl. den Eintrag „Zwischenraum“; für den Umgang von LaTeX mit Abständen vgl. Anhang C.9).

Minuszeichen siehe Textstriche.

Mittellänge bezeichnet den zentralen Teil eines Buchstabens, der von der Grundlinie bis zur Höhe eines „x“ reicht. Ragt ein Buchstabe nach oben über die Mittellänge hinaus, so besitzt er eine → Oberlänge, ragt er nach unten über die Mittellänge hinaus, so besitzt er eine → Unterlänge.

Oberlänge bezeichnet den Teil eines Buchstabens, der nach oben über die → Mittellänge hinausragt. Buchstaben mit Oberlänge sind zum Beispiel b, f oder h sowie alle Großbuchstaben.

Punkt. Mit den Punkten in der Typographie ist das so eine Sache: Hier gibt es bis heute konkurrierende Traditionen: In Europa bezieht man sich meist auf den französischen *Didôt-Punkt*, der eigentlich der 864-te Teil eines französischen Fußes ist (ein Fuß wurde in 12 französische Zoll, ein Zoll in 6 Cicero, 1 Cicero in 12 Punkte unterteilt) und damit 0,376 mm betragen sollte, im Jahr 1973 aber auf 0,375 mm festgelegt wurde. Im DTP-Bereich (DTP steht für „Desktop-Publishing") wird ein Punkt zu 0,353 mm festgelegt, das ist 1/72 eines Inches oder englischen Zolls, der eine Länge von 25,4 mm besitzt ($72 = 6 \cdot 12$). Das amerikanische Pica-System legt den Punkt auf 0,351 mm fest. Die Maßeinheit pt in TEX und LATEX bezieht sich auf das Pica-System und misst daher ebenfalls 0,351 mm.

Darüber hinaus kennt LATEX auch die Einheiten pc („Pica") für 12 pt, dd für einen Didôt-Punkt, cc für ein Cicero, also 12 dd, bp („Big Point") für einen DTP-Punkt (also für 1/72 eines Inches) und in für ein Inch.

Schriftgrößen (siehe den Eintrag „Schriftgrad") und → Zeilenabstände werden in LATEX üblicherweise in Punkten (pt) nach dem Pica-System angegeben, die anderen hier angeführten Einheiten spielen in der alltäglichen LATEX-Praxis keine sichtbare Rolle.

Schriften. Auf der obersten Ebene unterscheidet man Schriften nach offensichtlichen Unterscheidungsmerkmalen. Die für den täglichen Gebrauch wichtigste Unterscheidung ist die zwischen Schriften mit → Serifen (*Serifenschriften*) und Schriften ohne Serifen (*serifenlosen Schriften*). Daneben gibt es *Frakturschriften* (vgl. den Eintrag „Fraktur"), *Schreibschriften*, *moderne Schriften* und *Zierschriften*, Schriften für andere Alphabete wie *griechisch* oder *russisch* sowie *Symbolschriften* (unter anderem mit mathematischen Symbolen). Etwas genauer werden Schriften nach DIN 16 518 in elf Gruppen eingeteilt (vgl. etwa [GK00], [HiFu06] oder [Rec03]).

Was man gemeinhin als „Schrift" oder „Schriftart" bezeichnet, wie etwa Arial, Courier, Garamond oder Computer Modern Roman, die Standardschrift von LATEX, ist eigentlich eine *Schriftfamilie*, ebenso wie die hier benutzte „Schrift" Minion Pro. Schriftfamilien bilden die nächste Hierarchiebene.

In einer Schriftfamilie wird man also nicht gleichzeitig Serifenschriften und serifenlose Schriften finden. Daher werden manchmal verschiedene zusammenpassende Schriftfamilien, meist eine Serifenschrift und eine serifenlose Schrift, zu sogenannten *Schriftsippen* zusammengefasst, die zueinander passende stilistische Merkmale aufweisen und sich daher gut mischen lassen (vgl. [HiFu06]). Ein typisches Beispiel ist Computer Modern (cm), welche die Serifenschrift Computer Modern Roman (cmr) und die serifenlose Schrift Computer Modern Sans (cmss) enthält, darüber hinaus noch Computer Modern Typewriter (cmtt) und einige Sonderschriften.

Innerhalb einer Schriftfamilie werden verschiedene *Schriftschnitte*, das sind „verschiedene Ausformungen einer Schrift" ([Rec03]) zusammengefasst. Ein Schriftschnitt wird im Wesentlichen durch drei Parameter charakterisiert, die man teilweise unabhängig voneinander wählen kann: *Schriftlage*, *Schriftstärke* und *Schriftbreite*. Darüber hinaus steht jeder Schriftschnitt im Allgemeinen in verschiedenen → *Schriftgraden* oder Schriftgrößen zur Verfügung. (Ich folge hier der wohl gebräulichsten Nomenklatur, ab und zu finden sich in der Literatur aber auch abweichende Begriffsbildungen).

Die *Schriftlage* gibt die Neigung der Schrift an. Hier unterscheidet man gewöhnlich zwischen *normal* oder *aufrecht*, *kursiv* (im Englischen *italic*), *geneigt* (das ist eine Schrift, die aus einer aufrechten Schrift durch Schrägstellung entsteht, im Englischen wird eine solche Schrift als *slanted* bezeichnet) und, falls vorhanden, → *Kapitälchen*. Zum Beispiel werden von der Schriftsippe Computer Modern (das sind die LaTeX-Schriften, die mit „cm" beginnen, Minion Pro ist dagegen nur eine Schriftfamilie) unter anderem folgende Schriftschnitte unterschiedlicher Schriftlagen zur Verfügung gestellt:

Schriftlage	Familie cmr	Familie cmss
aufrecht	Dies ist ein Beispiel	Dies ist ein Beispiel
kursiv	*Dies ist ein Beispiel*	(nicht vorhanden)
geneigt	*Dies ist ein Beispiel*	*Dies ist ein Beispiel*
Kapitälchen	DIES IST EIN BEISPIEL	(nicht vorhanden)

Die *Schriftstärke* oder der *Fettegrad* einer Schrift wird durch die Strichdicke bestimmt. Typische Angaben sind hier *leicht*, *mager*, *normal*, *halbfett*, *fett* oder *extrafett*. Zum Beispiel werden von Computer Modern folgende Schriftschnitte unterschiedlicher Schriftstärken zur Verfügung gestellt:

Schriftstärke	Familie cmr	Familie cmss
normal	Dies ist ein Beispiel	Dies ist ein Beispiel
halbfett	(nicht vorhanden)	**Dies ist ein Beispiel**
fett	**Dies ist ein Beispiel**	**Dies ist ein Beispiel**

In der Schriftfamilie Computer Modern Roman (cmr) kann die Schriftstärke „fett" auch mit den Schriftlagen „kursiv" und „geneigt" kombiniert werden (allerdings nur für den Schriftgrad von 10 pt).

Die *Schriftbreite* oder *Laufweite* einer Schrift wird durch den Abstand zwischen den einzelnen Buchstaben eines Textes bestimmt. Manchmal werden zur Hervorhebung nur einzelne Wörter in einer Schrift mit großer Laufweite eingefügt, man spricht dann auch von *Sperren*. In den Schriften von Computer Modern sind nur wenige Variationen in der Schriftbreite vorgesehen: Die Bezeichnungen der fetten Schriftschnitte der Familie cmr beginnen mit cmbx, wobei die beiden Buchstaben bx für „bold extended" stehen; das soll darauf verweisen, dass die fetten Buchstaben gegenüber der normalen Schriftstärke etwas „auseinandergezogen" sind, also in einer etwas größeren Laufweite gesetzt werden. Im Schriftgrad 10 pt existiert aber auch eine fette Schrift ohne Verbreiterung:

Schrift	Beispieltext
cmr10	Dies ist ein Beispiel
cmb10	**Dies ist ein Beispiel**
cmbx10	**Dies ist ein Beispiel**

Die hier vorgestellte Systematik wird in LaTeX etwas verschleiert durch eine ganze Reihe von Anweisungen, die auf kurzem Weg eine Umschaltung in eine andere „Schrift" gestatten und nicht unterscheiden zwischen dem Wechsel in eine andere Schriftfamilie wie `\textrm{}`, `\texttt{}` oder `\textsf{}` und dem Wechsel innerhalb einer Schriftfamilie auf eine andere Schriftlage (`\textit{}`, `\textsl{}`, `\textsc{}`) oder auf eine andere Schriftstärke (`\textbf{}` und `\textmd{}`).

Zum Tragen kommt in LaTeX die Systematik wieder, wenn man die gewünschte Schriftfamilie mit `\fontfamily{}` und innerhalb der Familie die Schriftlage mit `\fontshape{}` und die Schriftstärke und Schriftweite mit `\fontseries{}` angibt, dazu den → Schriftgrad und → Zeilenabstand mit `\fontsize{}{}`. Deutlich kürzer kann man die ersten drei Angaben mit der Anweisung `\usefont` mit einem Schlag übergeben (vgl. Anhang C.19). Die Charakterisierung der aktuellen Schrift durch diese Angaben findet man übrigens unter anderem in Fehlermeldungen nach `Overfull \hbox (badness ...)` wieder, die man in der `.log`-Datei nachlesen kann.

Weiteres zum Umgang mit Schriften in LaTeX, insbesondere im Mathematiksatz, findet sich in Anhang C.19, für ausführlichere Beschreibungen sei zum Beispiel auf [Kop00] oder [Nie03] verwiesen, vor allem aber auf das umfangreiche Kapitel zu diesem Thema in [MiGo05].

Schriftgrad. Die Größe einer Schrift wird als *Schriftgrad*, manchmal auch als *Schriftgröße* bezeichnet und meistens in der Einheit → Punkt gemessen. Der Schriftgrad einer Schrift ist im Allgemeinen etwas größer als der Abstand zwischen dem oberen Rand eines Großbuchstabens und dem unteren Rand eines Buchstabens mit Unterlänge. (Er bezieht sich auf die sogenannte „Kegellänge", im klassischen Druckergewerbe die Höhe der metallischen Lettern, auf denen die Buchstaben erhaben angebracht waren.) In vielen Fällen kann der Schriftgrad an der Höhe der Klammern abgelesen werden, die über die Buchstaben nach oben und unten etwas hinausreichen. In der hier verwendeten Schrift Minion Pro sind die Klammern etwas kleiner: [pH] (pH), Computer Modern Roman hält sich an diese Regel: [pH] (pH).

In einer guten Schrift werden verschiedene Schriftgrade nicht durch Skalieren aus einer Standardschrift erzeugt, sondern im Design optisch der entsprechenden Größe angepasst. Schön sieht man den Unterschied in Computer Modern Roman (Minion Pro arbeitet nach einem etwas anderen System):

ABCDEFG abcdefg 1234567890
ABCDEFG abcdefg 1234567890

Die erste Zeile ist in der für eine Größe von 17 pt entworfenen Computer Modern Roman-Schrift cmr17 geschrieben, die zweite in in der für eine Größe von 10 pt entworfenen Schrift cmr10, vergrößert auf 17 pt. Man erkennt, dass die für diese Größe entworfene Schrift cmr17 geringere Strichstärken und eine geringere Laufweite besitzt als die auf 17 pt skalierte Schrift cmr10 und daher eleganter wirkt.

In LaTeX können Änderungen des Schriftgrades auch mit den Anweisungen der folgenden Tabelle vorgenommen werden:

Bezugsgröße	10 pt		11 pt		12 pt	
LaTeX-Anweisung	Grad	Abstd	Grad	Abstd	Grad	Abstd
`\tiny`	5.0	6.0	6.0	7.0	6.0	7.0
`\scriptsize`	7.0	8.0	8.0	9.5	8.0	9.5
`\footnotesize`	8.0	9.5	9.0	11.0	10.0	12.5
`\small`	9.0	11.0	10.0	12.0	10.95	13.6
`\normalsize`	10.0	12.0	10.95	13.6	12.0	14.5
`\large`	12.0	14.0	12.0	14.0	14.4	18.0
`\Large`	14.4	18.0	14.4	18.0	17.28	22.0
`\LARGE`	17.28	22.0	17.28	22.0	20.74	25.0
`\huge`	20.74	25.0	20.74	25.0	24.88	30.0
`\Huge`	24.88	30.0	24.88	30.0	24.88	30.0

Alle Angaben beziehen sich auf die Einheit pt und entsprechen den Standardvorgaben von LaTeX, wie sie in der Datei `size10.clo` abgelegt sind (mit der Benutzung des Dezimalpunktes folge ich hier der von LaTeX benutzten Konvention). Die erste Zeile gibt den Grad der Schrift an, auf welche die Anweisung angewandt wird. Die jeweils erste Spalte darunter gibt an, in welcher Größe die Schrift nach der Anweisung dargestellt wird, die jeweils zweite Spalte gibt den zugehörigen → Zeilenabstand an. Findet LaTeX für die angeforderte Schriftgröße einen Font vor, so wird dieser verwendet, anderenfalls wird die Schrift durch Skalierung erzeugt. Die auf den ersten Blick etwas merkwürdig anmutenden Vergrößerungsstufen ergeben sich aus den Potenzen von 1,2: $\sqrt{1{,}2} = 1{,}095$, $1{,}2^2 = 1{,}440$, $1{,}2^3 = 1{,}728$, $1{,}2^4 = 2{,}074$, $1{,}2^5 = 2{,}488$.

Schriftgröße siehe Schriftgrad.

Schriftschnitt siehe Schriften.

Schriftlinie wird die gedachte Linie genannt, auf der die Schrift optisch steht. Die meisten Buchstaben stehen tatsächlich auf der Schriftlinie, einige ragen mit ihren → *Unterlängen* nach unten über die Schriftlinie hinaus, wie Q, g, j, p, q oder y.

Serifen sind die kleinen Begrenzungsstriche, mit denen in vielen Schriften – so auch in der hier verwendeten Schrift – die Hauptlinien der Buchstaben abgeschlossen werden. Die meisten dieser Begrenzungsstriche sind horizontal und halten wie ein Geländer das Auge in der Zeile. In der Typographie unterscheidet man daher (mit Abstufungen) zwischen *Serifenschriften* und *serifenlosen Schriften* (vgl. auch den Eintrag „Schriften). Dieser Satz ist zum Beispiel in einer serifenlosen Schrift geschrieben. Serifenlose Schriften heißen auch *Groteskschriften*.

In längeren Texten sollte als → Grundschrift immer eine Serifenschrift verwendet werden, da sie das Auge weniger ermüdet, auch wenn auf den ersten Blick eine serifenlose Schrift eleganter oder moderner erscheinen mag. Für Folien, Überschriften und Plakate benützt man dagegen meist serifenlose Schriften (vgl. auch Abschnitt 3.8).

Schusterjunge bezeichnet in der traditionellen Druckersprache eine mit Einzug versehene erste Zeile eines neuen Absatzes, wenn diese als letzte Zeile einer Seite zu stehen kommt. Schusterjungen gelten als unschön und sollten vermieden werden. Vergleiche auch den Eintrag „Hurenkind".

LaTeX verteilt für eine solche Zeile Strafpunkte, eine ganze Zahl, deren Wert in `\clubpenalty` abgelegt ist. Standardmäßig ist dieser Parameter mit 150 vorbelegt, ein eher geringer Wert bei einem Maximalwert von 10 000. Erhöht man diesen Wert, so werden solche Zeilen unwahrscheinlicher (vgl. die Ausführungen zu Strafpunkten im Unterabschnitt „Zeilenumbruch in Textformeln", Anhang C.2). In diesem Text beträgt der Wert 1000.

Textstriche. In einem gedruckten Dokument unterscheidet man zwischen *Bindestrich*, *Trennstrich* (zur Worttrennung am Zeilenende), *Gedankenstrich*, *Streckenstrich* und dem mathematischen *Minuszeichen*.

Der kürzeste unter ihnen ist der *Bindestrich* (in der Druckersprache heißt er auch *Divis*, lateinisch für „kurz"), der auch als Trennstrich fungiert. Als Bindestrich wird er ohne Zwischenraum zwischen die zu verbindenden Wörter gesetzt. In LaTeX wird er als „`-`" eingegeben. Die Eingabe „`Karl-Heinz`" führt dann zu Karl-Heinz.

Der *Gedankenstrich* ist etwas länger als der Bindestrich, oft hat er die Länge eines halben → Geviert. Als Gedankenstrich wird er von je einem Leerzeichen davor und danach umgeben und sollte nicht am Zeilenanfang stehen.

Der Gedankenstrich wird aber auch als *Streckenstrich* (oder „Bis-Strich") verwendet („der Zug Stuttgart–Hamburg"), dann eigentlich ohne umgebende Leerzeichen, ebenso für die Angaben von Seitenzahlen, zum Beispiel im Literaturverzeichnis: Seite 214–237 (vgl. den Eintrag „Seitenzahl" in Abschnitt 9.8). Manchmal verbessern umgebende kleine Leerzeichen aber die Optik, dann kann man sie auch setzen, zum Beispiel in dem Ausdruck „Seite 214 – 315". Vor und nach einem Streckenstrich sollte man einen Zeilenumbruch vermeiden.

In LaTeX wird dieser Strich als „`--`" eingegeben; die Eingabe „`Seite 214--237`" führt also zum obigen Ergebnis (ohne umgebenden Zwischenraum). Alternativ können solche Angaben wohl auch mit einem Bindestrich und umgebenden Leerzeichen gesetzt werden, in [Dud06] oder [GK00] wird aber die oben beschriebene Form bevorzugt.

Das mathematische *Minuszeichen* ist oft etwas länger als der Gedankenstrich. Man erhält es in LaTeX im mathematischen Modus durch die Eingabe „`-`", wo es noch mit einem zusätzlichen Leerraum umgeben wird (vgl. Abschnitt C.11). Die Eingabe „`$5-3=2$`" ergibt also $5 - 3 = 2$.

Im Deutschen nicht gebräuchlich ist der noch längere *Geviertstrich*. Er hat, wie der Name sagt, die Länge eines → Geviert und wird im englischen Sprachraum als Gedankenstrich verwendet. LaTeX erzeugt ihn aus der Eingabe „`---`".

Strich	Funktion	Eingabe in LaTeX
-	Trennstrich	-
–	Gedanken- oder Streckenstrich	--
−	Minuszeichen	- (im math. Modus)
—	Geviertstrich	---

Während der Unterschied zwischen Gedankenstrich und Minuszeichen hier nicht sichtbar ist, ist dieser Unterschied in Computer Modern Roman deutlicher:

|–| Gedankenstrich

|−| Minuszeichen

Die vertikalen Linien dienen der Orientierung: Das Minuszeichen ist etwas länger.

Das Zusammenspiel von Textstrichen und Silbentrennung ist in LaTeX nicht ganz übersichtlich:

Ein mit „-“, „--“ oder „---“ explizit gesetzter Textstrich erlaubt einen unmittelbar anschließenden Zeilenumbruch. Will man hinter einem Bindestrich keinen Zeilenumbruch zulassen – der Begriff „n-dimensional“ ist hierfür ein typisches Beispiel – so kann man mit `"~` einen *geschützten Bindestrich* setzen.

AMS-LaTeX stellt die allgemeinere Anweisung `\nobreakdash` zur Verfügung, der unmittelbar einer der Textstriche folgen muss und hinter diesem einen Zeilenumbruch verbietet. Insbesondere ist diese Anweisung auch auf Streckenstriche anwendbar und verbietet einen Zeilenumbruch etwa in einer Seitenzahlenangabe „Seite 214–237“, die mit „`Seite 214\nobreakdash--237`“ eingegeben wurde.

Folgt auf einen Textstrich unmittelbar ein weiteres Wort, wie das bei einem Bindestrich typischerweise der Fall sein wird, so ist innerhalb des nachfolgenden Wortes keine Silbentrennung mehr zugelassen, unabhängig davon, ob es sich um einen geschützten oder um einen ungeschützten Textstrich handelt.

Diese Regel kann aufgehoben werden, wenn man ein `babel`-Paket benutzt und mit `"-` eine erlaubte Trennstelle markiert. Dann kann bei Bedarf an dieser Stelle und im Folgenden wieder ein Zeilenumbruch durch Silbentrennung erfolgen. Alternativ kann man unmittelbar nach dem Streckenstrich die Anweisung `\hspace{0pt}` einfügen, welche das folgende Trennverbot wieder aufhebt, also zum Beispiel `$n$-\hspace{0pt}dimensional`.[1]

Trennstrich siehe Textstriche.

Unterlänge. Als Unterlänge bezeichnet man denjenigen Teil eines Buchstabens, der nach unten unter die → Schriftlinie hinausragt. Buchstaben mit Unterlänge sind zum Beispiel g oder q.

Unterschneiden. Im Prinzip sind Buchstaben in kleine rechteckige Boxen eingebettet, die, wie früher die bleiernen Lettern, nebeneinandergesetzt werden. Bei manchen Buchstabenkombinationen entstehen dadurch unschöne Abstände, die man

[1] Diesen Hinweis fand ich in [MiGo05].

(im Computersatz leicht) durch Zusammenschieben der Buchstaben (oder mit → Ligaturen) behebt. Dieses „Zusammenschieben" bezeichnet man als *Unterschneiden*, im Englischen als *Kerning*. Unschöne Abstände entstehen zum Beispiel wenn T und o, L und T oder A und V aufeinandertreffen (zum Beispiel in Abkürzungen): Ohne Unterschneiden entsteht To, LT oder AV, mit Unterschneiden wird daraus To, LT oder AV (vgl. das Beispiel im Unterabschnitt „Unterschneiden", Seite 135 in Abschnitt 8.5).

LaTeX greift, wie viele Satzprogramme, für die Korrekturen solcher kritischer Buchstabenkombinationen auf Tabellen zurück. Im Fall von LaTeX sind sie in den Dateien mit der Endung .tfm (TeX-Font-Metric) abgelegt (für genauere Informationen vgl. [Kop02]). Im Mathematiksatz kann LaTeX nicht mehr unterschneiden, hier muss man ab und zu von Hand korrigierend eingreifen (vgl. den Unterabschnitt „Unterschneiden", Seite 135).

Zeichensatz ist eine Zusammenstellung aller „nach einem bestimmten Schnitt gestalteter Schriftzeichen" ([HiFu06]). Ein Zeichensatz ist also eindeutig einem bestimmten Schriftschnitt (vgl. den Eintrag „Schriften") zugeordnet, normalerweise noch unterschieden nach unterschiedlichen → Schriftgraden. Im Zeitalter des Bleisatzes waren die Typen eines Zeichensatzes in den Fächern eines Setzkastens abgelegt, für den elektronischen Satz sind die entsprechenden Informationen in einer Datei abgelegt. Einen digital abgelegten Zeichensatz bezeichnet man meist auch als einen *Font*. Ein Zeichensatz oder ein Font ist also typischerweise festgelegt durch die Angabe seiner Attribute Schriftlage, Schriftstärke, Schriftbreite und Schriftgrad (vgl. den Eintrag „Schriften").

Die gängigsten geräte- und auflösungsunabhängigen Formate für Zeichensätze sind True-Type-Fonts, die Schriftzeichen beliebig skalieren und sowohl für die Ausgabe auf Bildschirmen als auch auf Druckern geeignet sind, sowie PostScript-Fonts, die für die Ausgabe auf einem Drucker und für die Ausgabe auf einem Bildschirm zwei unterschiedliche Formate bereitstellen.

Die Bezeichnungen der Zeichensätze von Computer Modern sind nicht sehr systematisch geraten. *Der* Standardzeichensatz von LaTeX heißt cmr10, die Bezeichnung steht für **C**omputer **M**odern **R**oman im Schriftgrad 10 pt, die aufrechte Schriftlage und mittlere Schriftstärke und Schriftbreite spiegeln sich in der Bezeichnung nicht wieder. Erst in den neunziger Jahren des 20. Jahrhunderts wurde für die Schriftenverwaltung unter LaTeX eine systematische Schnittstelle geschaffen (vgl. die Darstellung der Hintergründe in [MiGo05], Abschnitt 7.1.1), die in [MiGo05] auch ausführlich beschrieben wird. Einige mathematikspezifische Bemerkungen zu Zeichensätzen finden sich in Anhang C.19.

Zeilenabstand. Das Wort „Zeilenabstand" wird in der Typographie nicht einheitlich verwendet: Meist versteht man unter „Zeilenabstand" den Abstand zwischen der → Schriftlinie einer Zeile und der Schriftlinie der folgenden Zeile; gemessen wird er in absoluten Einheiten, in der Regel in Punkten oder Millimetern (vgl. den

Eintrag „Maßsysteme"). Beträgt also bei einer Schriftgröße von 10 Punkten der Zeilenabstand ebenfalls 10 Punkte, so können sich die → Unterlängen der oberen Zeile und die → Oberlängen der folgenden Zeile (fast) berühren (*kompresser Satz*). Das sähe etwa folgendermaßen (und nicht sehr schön) aus:

Dies ist ein kleiner Abschnitt in kompressem Satz, die Unterlängen von g oder q kommen sehr nahe an die Oberlängen der großen Buchstaben wie H oder X. Da die Höhe der Klammern meist etwa der Schriftgröße (dem → Schriftgrad) entspricht, berühren sich übereinanderstehende Klammern fast:

(([[ggggqqqq
))]]HHHXXX.

In der Schrift Computer Modern Roman entspricht die Höhe der Klammern genau dem Schriftgrad:

(([[ggggqqqq
))]]HHHXXX.

Normalerweise fügt man daher einen weiteren freien Raum zwischen den Zeilen ein, den man als *Durchschuss* oder *Zeilenzwischenraum* bezeichnet (manchmal wird aber der Durchschuss auch als *Zeilenabstand* bezeichnet). Ein günstiger Wert für den Zeilenabstand hängt auch von der → Zeilenlänge, dem → Schriftgrad und einigen weiteren Parametern ab (vgl. „Zeilenlänge und Zeilenabstand", Seite 24 in Abschnitt 3.3). Üblicherweise wählt man für den Durchschuss etwa 20% bis 30% des Schriftgrades. LaTeX wählt für eine Schrift mit 10 Punkten standardmäßig einen Zeilenabstand von 12 pt, der Durchschuss beträgt also 2 pt; in diesem Text beträgt der Zeilenabstand 12.4 pt. Ein eineinhalbzeiliger Abstand entspräche demnach einem Zeilenabstand von 15 Punkten (vergleiche auch die Tabelle im Eintrag „Schriftgrad").

Eine Möglichkeit, in LaTeX den Zeilenabstand zu beeinflussen, wird auf Seite 26 im Unterabschnitt „Zeilenlänge und Zeilenabstand" beschrieben.

Zeilenlänge bezeichnet die durchschnittliche Anzahl der Zeichen in einer Zeile, wobei Satzzeichen und Leerzeichen mitgezählt werden. Als optimal gelten eigentlich 60 bis 70 Zeichen je Zeile, aber auch in einer wissenschaftlichen Arbeit sollte die Zeilenlänge von 80 Zeichen nicht wesentlich überschritten werden (vgl. „Zeilenlänge und Zeilenabstand", Seite 24 in Abschnitt 3.3).

Zwischenraum. Angemessene Zwischenräume zwischen einzelnen Zeichengruppen hängen von der verwendeten Schriftgröße und Schriftart ab und werden daher in schriftabhängigen Einheiten (vgl. den Eintrag „Maßsysteme"), meist in der Einheit → Geviert gemessen.

Von dieser Einheit abgeleitet definiert man üblicherweise einen *kleinen Zwischenraum*, einen *mittleren Zwischenraum* und einen *großen Zwischenraum*. Die genauen Definitionen sind nicht ganz einheitlich: Ein großer Zwischenraum wird oft mit 1/3 Geviert, ein mittlerer mit 1/4 Geviert und ein kleiner mit 1/5 oder 1/6 Geviert angegeben.

Die Regeln für das Setzen von Zwischenräumen werden ebenfalls nicht ganz einheitlich angegeben. Einige verbreitete Konventionen sind in der folgenden Tabelle aufgelistet (vgl. [Dud06], [GK00]):

Situation	Zwischenraum	Beispiel
Abkürzungen	klein	z. B.
Datumsangabe	klein	9. 4. 1953
Maßangaben	Leerzeichen	40 kg, 10 Tonnen
– eine Ziffer	klein	5 kg
– Einheit nur ein Buchstabe	klein	250 V
Große Zahlen	klein	10 000
Telephonnummer u. ä.	klein	(0 27 82) 3 14 15
Zwischen Initialen	klein	P. R. Halmos
Initiale und Name	Leerzeichen	D. Hilbert
Bindestriche	kein	Karl-Heinz
Gedankenstriche	Leerzeichen	Abc – Efg
Streckenstriche	kein oder klein	S. 214–237
(vgl. den Eintrag „Textstriche“)		

Typischerweise sind Zwischenräume gute Stellen für einen Zeilenumbruch. In allen hier aufgelisteten Fällen aber sollen die Zwischenräume nicht in einem Zeilenumbruch „untergehen“. Einen solchen Zwischenraum bezeichnet man als *geschützten Zwischenraum*. Entsprechend unterscheiden die meisten Textsysteme, so auch LaTeX, zwischen normalen Leerzeichen, die einen Umbruch erlauben, und *geschützten Leerzeichen*, an denen ein Umbruch verboten ist (s. u.).

LaTeX bezeichnet die Breite eines Gevierts im jeweils aktiven Zeichensatz mit 1 em (vgl. hierzu den Eintrag „Geviert“) und misst kleine Abstände oft in geeigneten Vielfachen von 1/18 em; im mathematischen Modus wird eine Länge von 1/18 em mit mu bezeichnet.

Im Textmodus stehen die folgenden Anweisungen für das Setzen von Zwischenräumen zur Verfügung:

Anweisung	Zwischenraum	Box dieser Breite
`\negthinspace`	-1/6 em	
`\thinspace`	1/6 em	▯
`\,`	1/6 em	▯
`\␣`	1/3 em	▯
`~`	1/3 em	▯
`\enspace`	1/2 em	□
`\enskip`	1/2 em	□
`\quad`	1 em	▭
`\qquad`	2 em	▭

Genauer erzeugt ein „Backslash“ \ mit anschließendem Leerzeichen, hier dargestellt durch \␣, einen Wortzwischenraum, der etwas variieren kann. Alle diese

Leerräume können „addiert" werden, das heißt, man kann nach Belieben mehrere dieser Leerräume hintereinandersetzen und dadurch größere Leerräume erzeugen. Darüber hinaus können beliebige Längen den Anweisungen `\hspace{}` oder `\hspace*{}` übergeben werden (vgl. Anhang C.10).

Alle oben angegebenen Anweisungen, die den Bestandteil `space` im Namen tragen, sowie `\,` und `~`, verbieten einen Zeilenumbruch, setzen also einen geschützten Zwischenraum, die anderen erlauben einen Zeilenumbruch (vgl. auch die Angaben hierzu in Anhang C.10). Am häufigsten wird man wohl das geschützte Leerzeichen `~` zwischen Initialen und Nachnamen (`D.~Hilbert`) oder zwischen einer Zahlenangabe und der entsprechenden Bezeichnung (`1000~Tonnen`) benutzen.

Gesichtspunkte für das Setzen von Abständen in mathematischen Ausdrücken werden in Abschnitt 8.5 diskutiert, ausführlichere Informationen zu Längen und Zwischenräumen im Mathematiksatz mit LaTeX sind in den Abschnitten C.9 und C.10 zusammengestellt. Hier stehen einige weitere Anweisungen für das Setzen von Zwischenräumen zur Verfügung (vgl. die Übersicht auf Seite 133 und im Anhang Tabelle C.10.1 auf Seite 235; wird AMS-LaTeX benutzt, so können alle diese Anweisungen auch im Textmodus benutzt werden).

A.1 Literaturhinweise

Hintergrundinformationen zu den hier angesprochenen Themen finden sich vor allem in [GK00], [HiFu06] und [Rec03], zu einigen Fragen nimmt auch der Duden [Dud06] Stellung. Die Umsetzung typographischer Gesichtspunkte in LaTeX wird recht ausführlich in [Kop00] und [MiGo05] behandelt.

B Kleine Sammlung von Formulierungshilfen

Dieser Anhang versammelt einige Synonyme und Formulierungshilfen für häufig auftretende Situationen in mathematischen Texten. Naturgemäß ist eine solche Sammlung nie vollständig, diese schon gar nicht. Sie ist eher dazu gedacht, das Nachdenken über alternative Formulierungen anzuregen. Die Formulierungshilfen sind nach typischen Situationen geordnet. Zu einer konkreten Situation sind sie nach ihrer Funktion im Satz gegliedert und können oft auf verschiedene Weisen miteinander kombiniert werden. Als wertvolle Anregung für diese Sammlung erwies sich das Heft [Trz05] von J. Trzeciak, weitere Literaturhinweise finden sich am Ende dieses Anhangs.

B.1 Variationen im Satzbau

Schon Variationen im Satzbau erlauben es, ein wenig Abwechslung in die Eintönigkeit mathematischen Definierens und Schlussfolgerns zu bringen: wir definieren, definiert man, wird definiert, machen zur Definition; ähnlich: wir beweisen, beweist man, wird bewiesen, führen einen Beweis (vergleiche die Diskussion „Wer argumentiert hier: Ich oder man oder wir?", Seite 67 in Abschnitt 5.4).

B.2 Einleitungen

Jede Arbeit beginnt mit einer Einleitung, in welcher die Ziele der Arbeit genannt werden und die Arbeit in den aktuellen Stand der Forschung eingeordnet wird. Häufig folgt noch eine Inhaltsangabe, gegebenenfalls wird wichtige Notation bereitgestellt. Auch einzelne Kapitel oder andere größere Einheiten innerhalb einer Arbeit profitieren sehr, wenn eine Einleitung die Orientierung erleichtert.

Einleitung zur Arbeit

Die folgenden Formulierungen können in Einleitungen zu einer Arbeit, oft auch in Einleitungen zu einzelnen Abschnitten, Verwendung finden.

Subjekte/Objekte. Ich, wir, man, Anwendung, Arbeit, Beispiel, Beweis, Diskussion, Einführung, Fragestellung, Hilfsmittel, (zentrale) Idee, Problem, Rechnung, Resultat, Satz, Studium, Text, Theorie, Untersuchung, Verallgemeinerung, Vermutung, Überblick, (neuer) Zugang.

Verben. Ableiten, analysieren, anwenden, sich auseinandersetzen mit, sich befassen mit, behandeln, beleuchten, sich beschäftigen mit, betrachten, beweisen, charakterisieren, diskutieren (Fragestellung, Gesichtspunkte), einführen, entwickeln, erörtern, erweitern (die Theorie ...), sich fragen, sich konzentrieren auf, lösen, studieren, untersuchen, verallgemeinern, verbinden, vorbereiten, sich widmen, zeigen.

Weitere Konstruktionen. Ansatz verfolgen; Anwendungen diskutieren; Fragen der ... besprechen; Gebrauch machen von; Gedanken machen über; interessant/von Interesse sein; neues Licht werfen auf; würde den Rahmen sprengen; (überraschende) Verbindung herstellen; zum Verständnis beitragen; im Vordergrund stehen; Vorteil dieses Zugangs; Ziel des Textes ist es (nicht) ...; hat das Ziel.

Zwischentexte, Einleitungen für Abschnitte

Vieles aus dem vorangehenden Abschnitt über Einleitungen kann auch hier Verwendung finden. Es folgen einige Ergänzungen, die sich besonders für Einleitungen von Kapiteln oder von größeren Abschnitten eignen.

Subjekte/Objekte. Anwendung, einige Folgerungen, Hauptresultat, Motivation, Notation, Überblick, Vorbereitung, Zusammenfassung.

Verben. Ableiten, anwenden, einführen (Notation/Terminologie/Bezeichnungen/Definition), fortfahren, fortsetzen, motivieren, verfolgen, vorbereiten, wiederholen, zusammenfassen.

Weitere Konstruktionen. Der Abschnitt enthält; Ziel des Abschnitts ist es; der Abschnitt hat das Ziel/zum Ziel; Anwendung diskutieren; Beweisidee geben; Überblick/Einführung geben.

Verweise auf Literatur

Eine Einleitung ordnet die Arbeit auch in die aktuelle Forschung ein. Die folgenden Formulierungen stellen Bezüge zur existierenden Literatur her.

Subjekte/Objekte. Ausgangspunkt, weiterführende Informationen, Standardreferenz, Überblick, alternativer Zugang.

Verben. Aufgreifen (wird aufgegriffen in), begründen (wurde begründet in), beschreiben (wird beschrieben in), beweisen (wird bewiesen in), wird (erstmals, auch) diskutiert in, sich finden (findet sich in), siehe, vergleichen (vergleiche hierzu), verweisen auf, zurückgehen auf (geht zurück auf).

Weitere Konstruktionen. Die Diskussion ist angelehnt an; setzt die Diskussion fort von; eine Einführung/ein Überblick findet sich in; Näheres findet sich in; vergleiche zum Beispiel; vergleiche die weiteren Referenzen in; wurde unabhängig entwickelt in.

B.3 Definitionen, Begriffe und Notation

Dieser Abschnitt sammelt Formulierungshilfen für die Einführung von Begriffen und Notation.

Einleitung zur Definition

Führt zu folgender Definition; kommen zu folgender Definition; fassen die Eigenschaften in folgender Definition zusammen; folgende Definition ist zentral für alles Weitere.

Einführung neuer Begriffe

Solche Definitionen folgen fast immer dem Schema „A heißt B, falls Eigenschaft C".

Subjekte/Objekte. Bedingung, Eigenschaft, Kriterium, Merkmal.

Darüber hinaus können die Subjekte „wir" und „man" (nennt, definiert) für ein wenig Abwechslung sorgen.

Verben. Bezeichnen, definieren, ist definiert als, erklären als/durch, genügen (genügt, soll genügen), heißen (A heißt ...), nennen, sagen (wir sagen, dass ...).

Darüber hinaus kann ein Wechsel zwischen Indikativ und Konjunktiv für Abwechslung sorgen: „A heißt B", „A heiße B". Ebenso statt „wird genannt" auch „soll genannt werden", „werde genannt", etwas altertümlich: „möge genannt werden".

Weitere Konstruktionen. Ein B ist ein A mit der Eigenschaft/den folgenden Eigenschaften; ein A mit der Eigenschaft C wird im Folgenden als B bezeichnet; ein B ist (per definitionem) gegeben durch/definiert als; A heißt B falls/wenn folgende Bedingungen erfüllt sind/falls A den folgenden Bedingungen C genügt; unter B versteht man ein A/wollen wir ein A verstehen, falls ...

Einführung von Bezeichnungen

Während mit einer Definition ein neuer Begriff wie Vektorraum, Gruppe oder Differentialgleichung eingeführt wird, gibt die Notation einzelnen solchen Objekten einen Namen, der meist aus einem einzelnen Buchstaben besteht (vgl. Kapitel 6).

Subjekte/Objekte. Man (bezeichnet), wir (bezeichnen), Buchstabe, Notation, Symbol.

Explizite Einführung von Bezeichnungen. Sei A ein; bezeichnen wir mit A ein; schreiben A für; A stehe für.

Implizite Einführung von Bezeichnungen nach dem Schema: Sei a das/ein Element mit der Eigenschaft ...:

Sei a so gewählt, dass; sei $a :=$; betrachte a, sodass; ein Element a, für welches ... gilt; ein Element a, welches die Eigenschaft ... besitzt; ein Element a, welches dieser Gleichung/Ungleichung/Identität genügt; sei a gegeben durch (die Gleichung etc.); das Element a erfülle.

Sei $a \in A$; wähle $a \in A$; es existiert $a \in A$; es gibt eine Konstante C mit; für $x \in A$ betrachte; sei a das Supremum/...

Betrachte eine Menge/Gruppe/... A; gegeben sei eine Menge/Gruppe/... A.

Weitere Konstruktionen. Im Folgenden werden ... immer mit kleinen griechischen Buchstaben bezeichnet; große lateinische Buchstaben stehen immer für; mit den Bezeichnungen von; hier und im Folgenden/in diesem Beweis bezeichne weiterhin/ebenfalls; zur Vereinfachung der Notation; wenn keine Verwechslungen zu befürchten sind.

B.4 Sätze

Der Formulierung eines Satzes geht meist eine kurze Einordnung voraus; anschließend beginnt die klassische Formulierung eines Satzes mit den Voraussetzungen oder Annahmen und schließt mit der Behauptung. Zu diesen drei Bestandteilen werden in diesem Abschnitt Anregungen für Formulierungen zusammengestellt.

Einleitung zu Sätzen

Vor der Formulierung des eigentlichen Satzes unterstützen die folgenden Formulierungen vorangehende einordnende Bemerkungen.

Subjekte/Objekte. Analogie zu, äquivalente Bedingungen, äquivalente Beschreibungen, Charakterisierung, einfache Konsequenz von, elementare/wichtige Eigenschaften, Eindeutigkeit, Hauptresultat, hinreichende Bedingung, notwendige Bedingung, Kriterium, Rückrichtung, (teilweise) Umkehrung, Verallgemeinerung, Vermutung, Verschärfung.

Verben. Beantworten, betrachten, bestätigen, beweisen, darstellen, etablieren, formulieren, lösen, zusammenstellen.

Weitere Konstruktionen. Wird benutzt um ...; ist zentral für; gibt eine Antwort auf die Frage; stellt eine Äquivalenz her; gibt eine Bedingung für; die Bedeutung besteht in; stellt einige elementare Eigenschaften zusammen; sichert die Existenz von; formulieren unser Hauptresultat; enthält als Spezialfall; beweist die Vermutung von.

Annahmen und Voraussetzungen

Annahmen folgen oft dem Schema: „Nehme an, dass A die Eigenschaft B habe."

Subjekte/Objekte. Annahme, Bedingung, Eigenschaft, Forderung, Generalvoraussetzung, Prämisse, Voraussetzung.

Verben zu „annehmen". Annehmen, fordern, gelten (es gelte), sei/seien, verlangen, voraussetzen.

Konstruktionen zu „annehmen". Annahme machen/fallen lassen; können annehmen, dass; können ohne Beschränkung der Allgemeinheit/O. B. d. A. annehmen, dass; unter der Annahme/Bedingung/Prämisse; nehmen der Einfachheit halber an.

Konstruktionen zu „Eigenschaft haben“. Die Eigenschaft besitzen; der Eigenschaft/Voraussetzung genügen; Voraussetzung erfüllen.

Weitere Konstruktionen. Wenn nicht anders vermerkt, setzen wir voraus; unter der Bedingung/Annahme, dass; ausgehen von A mit Eigenschaft B; betrachten A mit der Eigenschaft B; falls A die Eigenschaft B hat/besitzt; gesetzt den Fall, dass; für den allgemeinen Fall; setzen im Folgenden immer voraus.
Hier kann auch der Konjunktiv für Abwechslung sorgen: A genüge der Bedingung B; A erfülle die Bedingung B; A habe die Eigenschaft B.

Formulierung der Behauptung von Sätzen

Die Konklusionen von Sätzen sind oft von der Form: Wenn A eine Annahme erfüllt (s. o.), dann hat A die Eigenschaft B/es existiert ein C mit der Eigenschaft D.

Subjekte/Objekte. (A erfüllt) Bedingung, Eigenschaft(en), Gleichung, Identität.

Verben. Sind äquivalent, besitzen (Eigenschaft), erfüllen (Bedingungen), gelten, haben (Eigenschaft), sein (dann ist $a = b$).

Weitere Konstruktionen. Es existiert; es ist möglich ... zu finden; es gibt; man kann konstruieren; wir können wählen.

B.5 Beweise

In diesem Abschnitt sammeln wir Satzbestandteile, die in verschiedenen Stadien eines Beweises Verwendung finden können (vgl. auch Abschnitt 5.4).

Einleitung zu Beweisen

Ein Beweis wird zugänglicher, wenn dem eigentlichen Beweis ein paar kurze Hinweise zum weiteren Vorgehen vorangestellt sind (vgl. 5.4 und 5.5).

Subjekte/Objekte. Ein Argument analog zu, Behauptung, Beweisschritt, Fallunterscheidung, Induktionsbeweis, Konstruktion, Kontraposition, Spezialfall, Strategie, Widerspruchsbeweis.

Verben. Ableiten, abschätzen, anwenden, beruhen auf, betrachten, konstruieren, verwenden, zum Widerspruch führen, zurückführen.

Weitere Konstruktionen. Es genügt zu zeigen; wir zeigen zunächst; ein analoges Argument; wir führen die folgende Annahme zu einem Widerspruch; wir führen einen Widerspruchsbeweis; der Beweis beruht auf der folgenden Beobachtung; der Beweis besteht in der Konstruktion von; der Beweis ist ein Widerspruchsbeweis; der Beweis folgt dem Vorbild; der Beweis geht analog vor zu/ist eine Variation von; der Beweis wird in Form von drei Lemmata geführt; der Beweis zergliedert sich in drei Schritte; die zentrale Beweisidee ist; der allgemeine Fall wird genauso/mit derselben Methode bewiesen; in einem ersten Schritt zeigen wir.

Weiterführen von Beweisen

Ein Beweis gewinnt an Lesbarkeit durch kleine Zäsuren und Bemerkungen zu den nun folgenden Schritten.

Subjekte/Objekte. Beweisschritt, nächste Behauptung, Zwischenbehauptung.

Verben. Abschließen, berechnen, bestimmen, betrachten, finden, fortfahren mit, Diskussion fortsetzen, zeigen nun.

Weitere Konstruktionen. Ähnlich/analog zeigt man; es bleibt noch zu zeigen; es genügt zu zeigen; nehmen wir umgekehrt an; wenden uns dem Fall zu; reduziert sich auf den Fall; wir sind nun in der Lage zu beweisen; der nächste Schritt besteht darin zu zeigen; die nächste Aufgabe/das nächste Ziel besteht darin, zu finden/bestimmen.

Folgerungen

Kern jedes Beweises sind Schlussfolgerungen, also verbale Umschreibungen der Implikation. Hier werden die Formulierungen leicht knapp; einige Variationsmöglichkeiten sind im Folgenden aufgelistet.

„Kleine Wörter". Also, aufgrund, da, daher, damit, dank, darum, demnach, demzufolge, denn, deshalb, deswegen, folglich, genau dann wenn, infolge, infolgedessen, insbesondere, mithin, so, somit, um ... zu, wegen, weil, wenn.

Verben (s. a. unten). Äquivalent sein (sind äquivalent), sich ergeben, erhalten, folgen, folgern, gelten (so gilt), hinreichend/notwendig sein, implizieren, nachrechnen, sehen.

Weitere Konstruktionen. Das bedeutet, dass; damit ergibt sich; per definitionem; unter Berücksichtigung/Beachtung von; in diesem Fall; hat zur Folge; aus diesem Grund; als Konsequenz aus ... ergibt sich; mit Satz; aufgrund des Satzes/der Tatsache/Gleichung ...; Schluss ziehen; nach Voraussetzung.

durch ... ergibt sich. Anwenden der Formel, Anwenden des Satzes, Auswerten der Formel, Einsetzen, Gleichsetzen von ... mit, Übergang zum Limes, Vergleich von ... mit.

Beweisen

Die folgende Liste versammelt einige Alternativen zu dem Wort „beweisen".

Verben. Ableiten, ausrechnen, begründen, berechnen, bestätigen (eine Annahme), einsehen, sich ergeben (ergibt sich, das ergibt), erhalten, erkennen, sich erweisen, folgen, folgern, führen zu, gelten (nach Definition/Annahme), implizieren, Nachweis führen/erbringen, nachweisen, schließen, schlussfolgern, sehen, sich umformen lassen zu, zeigen.

Trivial

Das Wort „trivial“ sollte man vollständig vermeiden (vgl. „Vermeiden Sie überhebliches Deutsch“, Seite 68 in Abschnitt 5.4 und die Diskussion auf Seite 12 in Abschnitt 2.3). Zur Kennzeichnung kurzer Gedankensprünge und ausgelassener Überlegungen können die folgenden Formulierungen dienen, aber auch mit diesen Formulierungen sollte man behutsam umgehen.

Adverbiale Bestimmungen. Einfach, in der Tat, klar, leicht, offensichtlich, sicherlich, unmittelbar.

Der Beweis … ist offensichtlich; folgt unmittelbar aus; wird analog zu … geführt; ergibt sich als einfache Anwendung aus; besteht aus einer einfachen Induktion nach n; sei dem Leser überlassen (gefährlich!); ist Routine; folgt mit Standardargumenten; besteht aus einfachem Nachrechnen; folgt mit einer kurzen/einfachen Rechnung; ergibt sich nach wenigen Zeilen Rechnung.

Weitere Konstruktionen. Man sieht leicht; aus … folgt sofort/leicht/ebenso leicht; wird analog bewiesen; wird fast wörtlich wie … bewiesen; eine leichte/kurze/ einfache Rechnung ergibt; die Rechnung besteht aus wenigen Zeilen.

Beweisende

Es ist freundlich, wenn das Ende eines Beweises nicht alleine durch das Ende des Abschnitts gekennzeichnet ist (vgl. die Diskussion in Abschnitt 5.4). Eine Formulierung wie in den folgenden Beispielen kann (neben einem Beweisende-Zeichen) einen Beweis zu einem „würdigen“ Abschluss bringen.

Beweisende-Sätze. Damit ist alles gezeigt; …, was die Behauptung ergibt/zeigt; was zu zeigen/beweisen war; … ergibt/zeigt/liefert die gewünschte Behauptung/Formel/ den gewünschten Ausdruck; …, woraus die Behauptung folgt/sich die Behauptung ergibt; somit ist der Satz vollständig bewiesen; liefert das gewünschte Resultat/Ergebnis.

Im Widerspruch zur Annahme; somit erhalten wir einen Widerspruch zu unserer Annahme; … steht im Widerspruch zur Annahme; Dies widerspricht der angenommenen Eigenschaft.

B.6 Beispiele

Beispiele illustrieren Definitionen und Sätze oder sie zeigen, dass auf Voraussetzungen nicht verzichtet werden kann.

Subjekte/Objekte. Anwendung, Beispiel, elementare/zentrale Beispiele, Gegenbeispiel, Illustration, Konstruktion, Spezialfall, Veranschaulichung.

Verben. Belegen, deutlich machen, erläutern, illustrieren, veranschaulichen, verdeutlichen, widerlegen, zeigen.

Weitere Konstruktionen. Die Annahme/Voraussetzung kann nicht abgeschwächt werden zu; auf die Annahme kann nicht verzichtet werden.

B.7 Literaturhinweise

Formulierungshilfen für mathematische Texte werden in größerem Umfang in [Trz05] bereitgestellt (die englischen Formulierungen lassen sich meist leicht ins Deutsche übertragen), einiges findet sich auch in [Be09], [Hig98] und [Krä09]. Nicht speziell auf die Mathematik bezogen helfen diverse Synonymwörterbücher wie [Dud14] oder [Tex07], auch im Internet findet man eine ganze Reihe von Synonymsammlungen. Für englische Texte unterstützt [Lon99] die Erstellung von variantenreicheren Formulierungen.

C Mathematiksatz mit LaTeX im Überblick

Die ansprechende Gestaltung eines mathematischen Textes mit LaTeX kann nur gelingen, wenn das Instrumentarium bekannt ist. Dieser Anhang enthält eine nach Situationen und typographischen Funktionen gegliederte weitgehend vollständige Übersicht der Anweisungen und Parameter für den Mathematiksatz mit LaTeX und AMS-LaTeX (genauer, der Pakete `amsmath`, `amssymb` und `amsthm`) sowie einige Anweisungen des Pakets `ntheorem`. Die aufgeführten Anweisungen sind mit Kurzbeschreibungen versehen, die jedoch keine ausführlichen Erläuterungen ersetzen sollen. Diese findet man, einmal auf die Existenz einer Anweisung aufmerksam geworden, bei Bedarf in der einschlägigen Literatur (vgl. das Literaturverzeichnis in Abschnitt C.21 am Ende dieses Anhangs) oder im Internet.

Einige TeX-Anweisungen gelten inzwischen zwar als überholt, sie erscheinen hier aber dennoch, soweit sie in LaTeX noch benutzbar sind, auch, weil Makros auf ihnen aufbauen oder aufbauen können. TeX-Anweisungen, die in LaTeX nicht mehr benutzt werden können, sind dagegen nicht aufgeführt.

Über LaTeX und AMS-LaTeX hinaus existiert eine Unzahl von Makro-Paketen, die der Bewältigung spezieller Probleme gewidmet sind. Sie können hier naturgemäß keine Berücksichtigung finden (einige werden aber in der in C.21 aufgeführten Literatur besprochen). Nach meiner Erfahrung sollte man jedoch nicht blind zu viele dieser Pakete einbinden, da es immer wieder zu unerwarteten Wechselwirkungen zwischen ihnen kommt. Kleinere Probleme lassen sich oft leichter durch selbsterstellte Makros lösen, die „autonom" arbeiten und deren „Innereien" man naturgemäß überschauen kann.

Wie immer in diesem Buch sind Anweisungen aus AMS-LaTeX (und zusätzlich die aus dem Paket `ntheorem` in Abschnitt C.20) in *`geneigter Schreibmaschinenschrift`*, alle anderen Anweisungen dagegen wie üblich in `aufrechter Schreibmaschinenschrift` gehalten.

Erwartet eine Anweisung ein Argument, so wird dies meist durch ein leeres Paar geschweifter Klammern angedeutet, deren Inhalt anschließend im folgenden kurzen Text erläutert wird. Die Anweisung `\command{}{}` erwartet also zwei Argumente. Optionale Argumente werden wie üblich durch eckige Klammern angedeutet: Die Anweisung `\commanda{}[]` erwartet zunächst ein zwingendes Argument, kann aber auch noch auf ein folgendes optionales Argument reagieren. In einigen wenigen Fällen sind die Argumente benannt, um anschließend leichter über sie sprechen zu können.

Ein Ausdruck in geschweiften Klammern steht für eine Umgebung. Ein Eintrag `{envir}` verweist also auf eine Umgebung mit dem Namen `envir`, die daher mit `\begin{envir}` eingeleitet und mit `\end{envir}` beendet wird. Einträge, die weder mit einem „backslash" beginnen noch von geschweiften Klammern umgeben sind, bezeichnen Dokumentenklassen- oder Paketoptionen, Zähler oder Ähnliches.

Um das Register nicht zu überladen, finden Anweisungen, die sich nur auf die Ausgabe von einzelnen Symbolen beziehen, keine Aufnahme in das Register; sie sind in den entsprechenden Tabellen in diesem Anhang (hoffentlich) leicht aufzufinden. Die Orientierung in diesem Anhang können darüber hinaus ein erweitertes Inhaltsverzeichnis und ein Tabellenverzeichnis erleichtern (ab Seite 279).

C.1 Allgemeines zu mathematischen Stilen

Dieser Abschnitt enthält Informationen allgemeiner Art zu den mathematischen Stilen und Umgebungen.

Stile im mathematischen Modus

Für den mathematischen Formelsatz stellt LaTeX vier verschiedene „Stile" bereit, grob gesagt für abgesetzte Formeln (vgl. Abschnitte 8.1 und C.3), für „Textformeln" (vgl. Abschnitt C.2), für Hoch- und Tiefstellungen sowie für doppelte Hoch- und Tiefstellungen. Diesen Stilen sind typischerweise Schriftgrößen und spezifisches satztechnisches Verhalten zugeordnet.

LaTeX zerlegt rekursiv eine mathematische Formel in Unterformeln, die jeweils im entsprechenden Stil gesetzt und anschließend als fertige Blöcke (oder „Boxen") in die übergeordnete Formel übernommen werden. Typische Unterformeln sind Nenner und Zähler von Brüchen, Argumente von Wurzeln, Ausdrücke in Exponenten und Indizes sowie Ausdrücke, die im mathematischen Modus in geschweifte Klammern eingeschlossen sind (weshalb innerhalb eines solchen Ausdrucks insbesondere kein Zeilenumbruch erfolgen kann, vgl. Abschnitt C.2). Nach einem ausgeklügelten Algorithmus bestimmt LaTeX normalerweise selbständig, in welchem Stil eine (Unter-)Formel gesetzt werden soll (vgl. auch den folgenden Unterabschnitt). Bei Bedarf kann aber jederzeit mit den folgenden Anweisungen auch explizit in einen dieser Stile umgeschaltet werden:

`\displaystyle`	Stil für abgesetzten Modus
`\textstyle`	Stil für Textformeln
`\scriptstyle`	Stil für Hoch- und Tiefstellungen
`\scriptscriptstyle`	Stil für doppelte Hoch- und Tiefstellungen

In Ermangelung geeigneter deutscher Namen werden diese Anweisungen im Folgenden auch zur Bezeichnung der jeweiligen Stile herangezogen. Darüber hinaus ist „abgesetzte Formel" oder Formel im „abgesetzten Stil" oder im „abgesetzten Modus" immer synonym mit `\displaystyle` und „Textformel" synonym mit `\textstyle` zu lesen (natürlich können dennoch Unterformeln in entsprechenden untergeordneten Stilen gesetzt sein).

Im Unterabschnitt „Größen mathematischer Symbole in verschiedenen Stilen", Seite 139 in Abschnitt 8.6, finden sich zur Illustration einige Beispiele von Buchstaben und Symbolen, die in diesen Stilen gesetzt wurden.

In `\displaystyle` und `\textstyle` werden normalerweise dieselben Schriften verwendet (vgl. aber Abschnitt C.14), sodass im Allgemeinen mit drei Schriften für vier Stile gearbeitet wird. Die folgenden Anweisungen legen, auch lokal, einen Zeichensatz für den jeweiligen Stil fest. Für die Syntax und die Details der Festsetzung vergleiche Abschnitt C.19.

`\textfont`	Schrift für Darstellung in normaler Größe
`\scriptfont`	Schrift für Hoch- und Tiefstellungen
`\scriptscriptfont`	Schrift für doppelte Hoch- und Tiefstellungen

`\DeclareMathSizes{}{}{}{}` legt die Schriftgrößen für die unterschiedlichen Stile in Abhängigkeit von der Größe der verwendeten Grundschrift fest und kann nur in der Präambel aufgerufen werden. Der erste Parameter enthält die Schriftgröße der Grundschrift, auf die sich die Anweisung beziehen soll; die drei anderen legen die Schriftgrößen für `\textstyle`, `\scriptstyle` und `\scriptscriptstyle` fest. `\DeclareMathSizes{10}{10}{9}{8}` würde also für eine Grundschrift der Größe 10 pt die anderen Schriftgrößen auf 10 pt, 9 pt und 8 pt festlegen.

`\mathchoice{}{}{}{}` setzt eine mathematische Formel in Abhängigkeit vom umgebenden Stil. Mit den vier Parametern kann für jeden Stil eine eigene Version der Formel bestimmt werden (dies kann zum Beispiel für Ausdrücke mit Wurzeln in Makros sinnvoll sein, vgl. „Wurzeln", Seite 229 in C.8).

Die „gedrückten" Stile („cramped styles")

Die oben angesprochenen vier verschiedenen Stile sind noch nicht die ganze Wahrheit, wenngleich man im Alltag weitestgehend mit ihnen auskommt. D. Knuth kürzt in [Knu86] diese vier Stile in naheliegender Weise mit D, T, S und SS ab und stellt ihnen vier weitere Stile D', T', S' und SS' zur Seite. Die gestrichenen Stile unterscheiden sich von ihren jeweils ungestrichenen Verwandten nicht in der verwendeten Schrift, der Hauptunterschied besteht darin, dass in den gestrichenen Stilen die Exponenten weniger exponiert gesetzt werden (daher der Name „cramped" oder „gedrückt", wobei der Druck von oben her ausgeübt wird). In einigen Situationen, zum Beispiel bei Tiefstellungen, im Nenner eines Bruches oder unter einer Wurzel, verbessert dieses Vorgehen den Formelsatz (vgl. die Diskussion und Illustration im Unterabschnitt „Cramped Style", Seite 143), auch wenn man im Alltag den Unterschied wohl meist erst wahrnimmt, wenn diese Korrektur nicht vorgenommen wird.[1]

[1] Dies ist eine gute Illustration der Aussage des Zitats zu Beginn von Kapitel 3.

Der jeweils verwendete Stil für Hoch- und Tiefstellungen bestimmt sich (rekursiv) nach der folgenden Tabelle (vgl. [Knu86], Kapitel 17):

Stil der Hauptformel	Stil einer tiefgestellten Unterformel	Stil einer hochgestellten Unterformel
D, T	S	S'
D', T'	S'	S'
S, SS	SS	SS'
S', SS'	SS'	SS'

Der jeweils verwendete Stil für Zähler und Nenner eines Bruches bestimmt sich (rekursiv) nach der folgenden Tabelle (vgl. [Knu86], Kapitel 17):

Stil des Bruches	Stil des Zählers	Stil des Nenners
D	T	T'
D'	T'	T'
T	S	S'
T'	S'	S'
S, SS	SS	SS'
S', SS'	SS'	SS'

Ein auf doppelte Größe gebrachter Kettenbruch, wie er zum Glück in der Natur nur selten vorkommt, mag die Stile illustrieren:

$$E_1^2 + \frac{F_1^2}{E_2^2 + \frac{F_2^2}{E_3^2 + \frac{F_3^2}{E_4^2}}}$$

Man muss schon genau hinschauen: Die mittleren Querstriche von E und F liegen auf derselben Höhe und können zur Orientierung in vertikaler Richtung dienen. Die Formel als Ganzes ist in „displaystyle" D gesetzt, also auch E_1^2. Da der folgende Bruch in D steht, steht sein Zähler F_1^2 in T, der ganze Nenner in T', insbesondere also E_2^2 und der Bruch im Nenner. In diesem Stil stehen Zähler und Nenner eines Bruches in S', insbesondere also F_2^2 und E_3^2. Der abschließende Bruch steht also ebenfalls in S', somit stehen sein Zähler und sein Nenner in SS'. Der genaue Algorithmus für die Berechnung der vertikalen Ausrichtung ist in [Knu86] in Anhang G angegeben und recht komplex, die Darstellung kann einem mathematischen Auge aber durchaus ein gewisses Vergnügen bereiten.

Text in mathematischen Formeln

Text in mathematischen Formeln soll immer in der Grundschrift (vgl. den Eintrag „Grundschrift" im Anhang A) des umgebenden Textes gesetzt werden (vgl. Abschnitt 8.9). Für die Umschaltung in die Grundschrift innerhalb einer mathematischen Umgebung gibt es im Prinzip drei Möglichkeiten (für eine vierte Möglichkeit mit `\intertext` innerhalb von abgesetzten Formeln vergleiche Abschnitt C.3):

`\mbox{}` ist die schlechteste Möglichkeit, da sie weder Schriftart noch Schriftgröße (also den „Schriftgrad", vgl. den entsprechenden Eintrag in Anhang A) angemessen berücksichtigt. So führt `$e^{i\mbox{const}t}$` zu der Ausgabe $e^{i\mathrm{const}t}$ statt zu $e^{i\text{const}t}$.

`\textnormal{}` oder `\textrm{}` schaltet auf die richtige Schriftgröße um, benützt aber nicht immer die richtige Schriftart.

`\text{}` wird von AMS-LaTeX zur Verfügung gestellt und berücksichtigt alle relevanten Parameter.

Mehr zu Schriften im Mathematiksatz findet sich in Abschnitt C.19.

Tests auf den mathematischen Modus

Die meisten mathematischen Symbole können nur im mathematischen Modus gesetzt werden. Die folgenden Tests sind hilfreich für Makros, die sowohl im mathematischen als auch im Textmodus funktionieren sollen.

`\ifmmode` Abfrage, die testet, ob sich LaTeX aktuell im mathematischen Modus befindet, zum Beispiel als Teil einer `\ifmmode ... \else ... \fi`-Verzweigung.

`\ensuremath{}` setzt den Ausdruck im Argument unabhängig von der aktuellen Umgebung im mathematischen Modus. Mithilfe dieser Anweisung können zum Beispiel Makros für mathematische Symbole einheitlich außerhalb wie innerhalb mathematischer Umgebungen benutzt werden, was manchmal recht hilfreich sein kann, so zum Beispiel `\newcommand{\A}{\ensuremath{\mathcal A}}`.

C.2 Textformeln

Ein mathematischer Ausdruck, der in den Fließtext integriert ist, wird auch als *Textformel* (eigentlich wäre *Fließtextformel* korrekter) bezeichnet, der zugehörige Stil auch als *Zeilenmodus* (vgl. dazu Abschnitt 8.1). Der Wechsel in den mathematischen Modus einer Textformel geschieht mit

`$ ... $`, mit

`\( ... \)` oder mit

`\begin{math} ... \end{math}`.

Die drei Anweisungen sind fast identisch, mit einer Ausnahme: Im Unterschied zu `$ ... $` sind `\( ... \)` und `\begin{math} ... \end{math}` „zerbrechlich". Dies bezieht sich auf das Verhalten bei Weitergabe von „wandernden Argumenten", was zu Problemen zum Beispiel in Überschriften führen kann. Näheres in [Kop00] oder in der Literatur in Erläuterungen zu der LaTeX-Anweisung `\protect`. Daher wird man in den meisten Fällen mithilfe der Dollarzeichen in diesen Modus wechseln.

Globale Einstellungen

Die folgende Anweisung und der folgende Parameter beeinflussen global die Gestalt mathematischer Ausdrücke.

`\everymath{}` Die Anweisungen im Argument werden zu Beginn jeder Textformel ausgeführt.

`\mathsurround` Feste Länge: Mit einem Leerraum dieser Größe wird jede Textformel umgeben, standardmäßig mit 0.0 pt vorbesetzt (vgl. auch die Diskussion „Abstände zwischen Symbolen und Text", Seite 136 in Abschnitt 8.5).

Zeilenumbruch in Textformeln

Zeilenumbrüche werden, wie Seitenumbrüche, in TeX berechnet, indem einem möglichen Umbruchverhalten eine Zahl zugeordnet wird, eine Art „Gesamtkosten" für den Umbruch (D. Knuth in [Knu86] nennt diese Zahl „demerit"), anschließend wird der Umbruch so durchgeführt, dass diese Zahl minimal wird. Unter anderem fließen in diese Zahl Strafpunkte („penalties") ein, über die auch mithilfe verschiedener Anweisungen auf den Umbruch Einfluss genommen werden kann. Die Strafpunkte variieren zwischen −10 000 (unbedingt umbrechen) und +10 000 (keinesfalls umbrechen). Näheres zu den Umbruchalgorithmen findet sich in [Knu86] oder in der TeX-Literatur unter dem Stichwort „`\penalty`".

LaTeX führt in einer Textformel einen Zeilenumbruch nur nach einem Relationssymbol (wie $=$, $<$) oder nach einem binären Operator (wie $+$, $\cdot$) (vgl. Abschnitt C.11) in der äußersten Ebene durch (Umbrüche in abgesetzten Formeln geschehen dagegen besser vor einem solchen Symbol, vgl. „Zeilenumbrüche in langen Formeln", Seite 125 in Abschnitt 8.3). Zeilenumbrüche an anderen Stellen innerhalb einer Textformel können ermöglicht werden, indem man eine Textformel durch Einfügen zusätzlicher Dollarzeichen in mehrere Textformeln zerlegt. Ein Umbruch innerhalb einer Textformel kann ganz verhindert werden, indem der ganze Ausdruck in geschweifte Klammern gesetzt wird und somit auf der äußersten Ebene keine Stellen mehr für einen Umbruch zur Verfügung stehen. Ein Umbruch zwischen Text und Textformel kann wie üblich mit einem geschützten Leerzeichen ~ verhindert werden (vgl. den Eintrag „Zwischenraum" in Anhang A). Das ist zum Beispiel sinnvoll, wenn man über die „Dimension d" spricht, denn ein einzelnes d zu Beginn der folgenden Zeile sollte man vermeiden. Hier würde man daher `Dimension~$d$` eingeben (vgl. Abschnitt 7.4, insbesondere die Ausführungen zu Regel 3 auf Seite 105).

Darüber hinaus wird der Zeilenumbruch in einer Textformel durch folgende Parameter und Anweisungen beeinflusst:

`\relpenalty` Strafpunkte für einen Zeilenumbruch in einer Textformel nach einer Relation. Standardmäßig ist dieser Wert auf 500 voreingestellt.

`\binoppenalty` Strafpunkte für einen Zeilenumbruch in einer Textformel nach einem Symbol für eine binäre Operation. Standardmäßig ist dieser Wert auf 700 voreingestellt (TEX bricht also lieber nach einer Relation als nach einem binären Operator um).

`\allowbreak` markiert eine Stelle, die sich für einen Zeilen- oder Seitenumbruch eignet (auch entgegen den oben genannten Regeln werden dann für einen Umbruch an dieser Stelle keine Strafpunkte verteilt).

`\nobreak` unterdrückt einen Zeilen- oder Seitenumbruch an dieser Stelle (für einen Umbruch an dieser Stelle gibt es 10 000 Strafpunkte).

C.3 Abgesetzte Formeln

In diesem Abschnitt stellen wir die grundlegenden Anweisungen zur Erzeugung abgesetzter Formeln zusammen. Eine vergleichende Übersicht der Ergebnisse folgt ab Seite 215. Anweisungen zur Nummerierung abgesetzter Formeln finden sich in Abschnitt C.4, Anweisungen zur Einflussnahme auf Abstände zum umgebenden Text und auf Seitenumbrüche in Abschnitt C.5. Aus gestalterischer Sicht werden abgesetzte Formeln in Kapitel 8 diskutiert, insbesondere werden in den Abschnitten 8.1 und 8.3 der Einsatz und die globale Struktur abgesetzter Formeln besprochen.

Alle hier besprochenen Anweisungen beziehen sich auf abgesetzte Formeln bzw. auf den Mathematiksatz im abgesetzten Modus, d. h., auf Text in „displaystyle". Global kann mit folgender Anweisung auf alle solche Textstellen Einfluss genommen werden:

`\everydisplay{}` Die übergebenen Parameter oder Anweisungen werden zu Beginn jeder abgesetzten Formel ausgeführt, zum Beispiel, wenn alle abgesetzten Formeln in einer anderen Farbe erscheinen sollten.

Einzeilige abgesetzte Formeln

`\[ ... \]` und

`$$ ... $$` Das von den Doppeldollarzeichen eingeschlossene Material wird als abgesetzte einzeilige Formel gesetzt. Im Hinblick auf den vertikalen Abstand zum umgebenden Text und auf die Fehlererkennung gilt diese Anweisung aus TEX-Zeiten als veraltet. Ich bedauere das ein wenig, weil `$$ ... $$` aus dem Quelltext besser heraussticht und ihn übersichtlicher gestaltet als `\[ ... \]` (s. o.) (weshalb ich heimlich doch noch oft `$$ ... $$` benutze). Daher werden diese Zeichen auch in diesem Text meistens benutzt, um abgesetzte Formeln zu kennzeichnen.

`{displaymath}` LATEX-Umgebung zur Erzeugung abgesetzter einzeiliger Formeln. Sie greift unmittelbar auf `\[ ... \]` zurück.

`{equation}` LATEX-Umgebung zur Erzeugung einer abgesetzten nummerierten einzeiligen Formel (für die Gestaltung der Nummerierung vergleiche Abschnitt C.4).

{equation}* Die *-Version der `{equation}`-Umgebung steht nur in AMS-LaTeX zur Verfügung und unterdrückt die Formelnummer.

LaTeX-Anweisungen für mehrzeilige abgesetzte Formeln

Die folgenden TeX- und LaTeX-Anweisungen gelten angesichts der AMS-LaTeX-Anweisungen (s. u.) eigentlich als veraltet, sollen aber der Vollständigkeit halber hier aufgeführt werden, da sie immer noch häufig Verwendung finden. Die `{eqnarray}`-Umgebungen schalten selbst in den mathematischen abgesetzten Modus um.

`\displaylines{}` setzt innerhalb einer abgesetzten Formel einzelne Zeilen zentriert untereinander. Die Zeilen werden mit `\cr` getrennt.

`{eqnarray}` setzt mehrzeilige Formeln in drei Spalten ausgerichtet untereinander. Die Spalten werden wie in Tabellen durch den *Spaltentrenner* `&` voneinander getrennt, die linke wird rechtsbündig, die mittlere zentriert, die rechte linksbündig gesetzt (rcl-Anordnung); häufig wird die mittlere Spalte von Gleichheitszeichen oder anderen Relationszeichen bestritten. Die Zeilen werden mit `\\` abgeschlossen und jede Zeile erhält eine Nummer; mit `\nonumber` kann die Nummer einer einzelnen Zeile aber auch unterdrückt werden. Diese Umgebung setzt recht große Abstände um die mittlere Spalte, was ihr einige Kritik eingetragen hat. Da diese Anweisung intern auf die `{array}`-Umgebung zurückgreift, kann sie auch mit den entsprechenden Parametern beeinflusst werden, die in Abschnitt C.6 zusammengestellt sind.

`{eqnarray*}` Wie `{eqnarray}`, aber ohne Nummern.

`\cases{}` öffnet eine große geschweifte Klammer, nach der in mehreren Zeilen Fallunterscheidungen zweispaltig (durch `&` getrennt) angeordnet werden können, die erste Spalte im Mathematikmodus, die zweite Spalte im Textmodus, das Zeilenende mit `\cr`. Die Anweisung genügt nicht mehr heutigen Ansprüchen und ist in AMS-LaTeX nicht mehr zugelassen. Stattdessen steht dort die Umgebung `{cases}` zur Verfügung (vgl. Seite 214).

AMS-LaTeX-Umgebungen für mehrzeilige abgesetzte Formeln

In allen folgenden Umgebungen erfolgen Zeilenumbrüche mit `\\`. Der Abstand zwischen den Zeilen kann bei Bedarf mit einer optionalen Angabe in eckigen Klammern beeinflusst werden: `\\[3mm]` vergrößert den Zeilenabstand um 3 mm. Die Anweisung `\\*` erzeugt einen Zeilenumbruch, nach welchem kein Seitenumbruch erfolgen darf (vgl. hierzu auch Abschnitt C.5). (Ein Zeilenwechsel kann auch mit `\cr` erzeugt werden, dann kann aber auf den Zeilenabstand kein Einfluss mehr genommen werden und die Nummerierung wird in dieser Zeile unterdrückt.)

Die meisten Anweisungen erzeugen für jede Zeile eine eigene Nummer, die aber in jeder einzelnen Zeile mit `\nonumber` oder *\notag* (vgl. Abschnitt C.4) unterdrückt werden kann. Alle Umgebungen, die Formelnummerierungen erzeugen, existieren auch in einer *-Version, welche die Nummerierung unterdrückt. Ausrichtung und Nummerierung können mit zusätzlichen Anweisungen beeinflusst werden (vgl. „Positionierung von und in abgesetzten Formeln“, Seite 219, sowie C.4). Mehrere Spalten, falls erlaubt, werden wie im Tabellensatz durch & voneinander getrennt. Die einzelnen Anweisungen werden im Folgenden zunächst „abstrakt“ beschrieben, im Anschluss veranschaulichen Beispiele ihre Wirkungsweise.

Die drei folgenden Anweisungen erzeugen mehrzeilige Formeln mit je einer Spalte pro Zeile.

{gather} erzeugt eine Umgebung für eine abgesetzte Formel. Die einzelnen Zeilen werden jeweils als eigene Formeln zentriert gesetzt, jede Zeile erhält eine Nummer. Die *-Version (ohne Gleichungsnummer) erscheint in derselben Gestalt wie einzelne mit `$$ ... $$` untereinander gesetzte Formeln oder eine mit der Anweisung `\displaylines` gesetzte mehrzeilige Formel. Die ungesternte Variante mit Formelnummer entspricht mehreren mit `{eqnarray}` untereinandergesetzten Formeln.

{multline} erzeugt eine Umgebung für eine abgesetzte lange Formel, die mehrfach umgebrochen werden soll: Die erste Zeile wird linksbündig gesetzt, die letzte rechtsbündig, alle anderen zentriert (vgl. auch „Zeilenumbrüche in langen Formeln“, Seite 126 in 8.3). Die Formelnummer steht in der letzten Zeile. Einzelne Zeilen können auch durch Anwendung von *\shoveleft{}* bzw. *\shoveright{}* an den linken bzw. rechten Rand verschoben werden. Durch Festlegen der (elastischen) Länge *\multlinegap* (vorbelegt mit 10.0 pt) kann zwischen dem linken Rand und dem Beginn der ersten Zeile ein zusätzlicher Abstand eingefügt werden, analog setzt *\multlinetaggap* (vorbelegt mit 10.0 pt) einen Abstand zwischen der letzten Zeile und der Formelnummer.

Formal erzeugt die Umgebung *{multline}* eine einzelne Formel und daher auch nur *eine* Formelnummer, die von der entsprechenden *-Version unterdrückt wird.

{split} erzeugt eine Umgebung für eine mehrzeilige gegebenenfalls ausgerichtete Formel. Ohne Spaltentrenner werden alle Zeilen rechtsbündig gesetzt, mit einem Spaltentrenner & werden die Zeilen an dem auf & folgenden Zeichen ausgerichtet, der linke Teil einer Zeile rechtsbündig, der rechte linksbündig, es entsteht also ein zentriertes Bild. Mehrere Spaltentrenner in einer Zeile sind nicht erlaubt.

Im Unterschied zu *{multline}* kann diese Umgebung nur *innerhalb* einer schon erzeugten Umgebung für eine abgesetzte Formel eingesetzt werden, die zum Beispiel mit `\[ ... \]` oder den Umgebungen `{equation}` oder *{align}* erzeugt werden kann; sie erbt gegebenenfalls von dieser die Nummerierung. Entsprechend existiert natürlich keine *-Version für diese Umgebung.

Es folgen Anweisungen zur Erzeugung mehrzeiliger Formeln, deren Zeilen spaltenweise angeordnet werden können.

{align} erzeugt eine Umgebung für eine abgesetzte Formel, innerhalb derer mehrspaltiger Formelsatz möglich ist. Jede Spalte besteht aus einem linken und einem rechten Teil (eine Spalte ist also eigentlich eine Doppelspalte), die am mittleren Spaltentrenner (bzw. dem darauf folgenden Zeichen) ausgerichtet werden, der

linke Teil rechtsbündig, der rechte linksbündig. Die Anordnung entspricht also dem Tabellenformat `rl rl rl ...` Zwischen den Spalten wird etwas Leerraum gesetzt. Formal ist die Anzahl der Spalten unbegrenzt. Gegebenenfalls erhält jede Zeile eine eigene Nummer.

{flalign} Wie *{align}*, aber wenn mehrere Doppelspalten vorhanden sind, werden diese so weit auseinandergezogen, dass die gesamte Zeilenbreite genutzt wird (für Formelnummern, falls vorhanden, wird natürlich noch ein Platz frei gehalten). Eine einzelne Doppelspalte wird zentriert gesetzt.

{alignat}{n} Ähnlich wie *{align}*, aber hier muss die Anzahl der Doppelspalten explizit als Parameter n übergeben werden (das führt also zu $2n - 1$ Spaltentrennern). Die Doppelspalten werden so weit wie möglich aneinandergerückt. (Der Name dieser Anweisung versteht sich als Abkürzung für „align at several places", vgl. [Voß08].)

{xalignat}{n} Wie *{alignat}*, aber die Doppelspalten werden etwas auseinandergezogen. Gilt als veraltet, wird aber noch unterstützt.

{xxalignat}{n} Wie *{xalignat}*, aber die Doppelspalten werden maximal auseinandergezogen, was keine Formelnummern mehr zulässt. Gilt als veraltet, wird aber noch unterstützt.

Die folgenden Anweisungen können nur *innerhalb* einer schon erzeugten abgesetzten Formel, die zum Beispiel mit *{align}* oder `[\ ... \]` erzeugt wurde, eingesetzt werden.

{gathered}[pos] und

{aligned}[pos] wirken im Prinzip wie *{gather}* und *{align}*. Mit diesen Umgebungen können aber innerhalb einer Formel mehrere *{gather}*- bzw. *{align}*-Umgebungen nebeneinandergesetzt werden (diese nehmen, im Unterschied zu *{gather}*- und *{align}*-Umgebungen, nur die wirklich benötigte Breite ein). Erhält der optionale Parameter pos den Wert `c` oder bleibt er unbesetzt, so werden die einzelnen Teile vertikal zentriert nebeneinandergesetzt; erhält pos den Wert `t` oder `b`, so wird die erste oder letzte Formelzeile der Teilstruktur vertikal an den Nachbarn ausgerichtet. Eine eventuelle Formelnummerierung wird von der übergeordneten Umgebung übernommen.

{split} wurde bereits oben besprochen.

Die beiden letzten Anweisungen dienen der Gestaltung von Fallunterscheidungen und eingefügten Textteilen:

{cases} AMS-LaTeX-Umgebung für Fallunterscheidungen innerhalb des mathematischen Modus: öffnet eine große geschweifte Klammer, nach der in mehreren Zeilen Fallunterscheidungen zweispaltig (getrennt durch `&`) angeordnet werden können (vgl. das Beispiel in „Automatische Größenpassung von Klammern und anderen Begrenzern", Seite 128 in Abschnitt 8.4). Sie ersetzt die Anweisung `\cases{}` aus TeX. Die Umgebung baut auf der `{array}`-Umgebung auf und kann über

die entsprechenden Parameter beeinflusst werden (vgl. Abschnitt C.6). Ein (sehr) typisches Beispiel für diese Anweisung ist

$$f(x) = \begin{cases} -1 \quad \text{für} \quad x < 0, \\ 1 \quad \text{für} \quad x \ge 0. \end{cases}$$

Es wurde gesetzt mit

```
f(x) = \begin{cases}
          -1          \quad \text{für} \quad x < 0,\\
          \phantom{-}1\quad \text{für} \quad x \ge 0.
       \end{cases}
```

`\intertext{}` erlaubt es, in mehrzeiligen Umgebungen nach einem Zeilenumbruch mit `\intertext{}` auch mehrzeilige Texte, zum Beispiel Kommentare, einzufügen, ohne die horizontale Formatierung für die nachfolgenden Zeilen zu beeinflussen. Die Anweisung `\intertext{}` muss nicht mit einem eigenen Zeilenumbruch abgeschlossen werden.

Vergleichende Beispiele zum mehrzeiligen Formelsatz

Im Folgenden werden die obigen Anweisungen zum mehrzeiligen Formelsatz an weitgehend einheitlichen Beispielen vergleichend untereinandergestellt. Um die Ergebnisse leichter miteinander vergleichen zu können, wurden alle Konstruktionen einheitlich einer `\parbox` übergeben, die grau unterlegt wurde; Erläuterungen folgen im Anschluss.

`{gather}` mit zwei Zeilen

$$a = bbbb \tag{C.1}$$
$$ccccccc = d \tag{C.2}$$

`{multline}` mit vier Zeilen

$$\begin{multline} a = bbbb \\ ccccccc = d \\ eee \\ ffffffffffffffffffffffffff \tag{C.3} \end{multline}$$

`{split}` ohne Spaltentrenner &

$$\begin{split} a = bbbb \\ ccccccc = d \end{split} \tag{C.4}$$

`{split}` mit Spaltentrennern & vor den Gleichheitszeichen

$$\begin{split} a &= bbbb \\ cccccc &= d \end{split} \tag{C.5}$$

`{eqnarray}` mit Spaltentrennern & vor und nach den Gleichheitszeichen

$$a = bbbb \tag{C.6}$$
$$cccccc = d \tag{C.7}$$

`{align}` mit Spaltentrennern & vor den Gleichheitszeichen

$$a = bbbb \tag{C.8}$$
$$cccccc = d \tag{C.9}$$

`{align}` mit Spaltentrennern & vor = und · und zwischen den Spalten

$$a = bbbb \qquad cccccc = d \qquad ee \cdot fffffff \tag{C.10}$$
$$cccccc = d \qquad a = bbbb \qquad fffffff \cdot ee \tag{C.11}$$

`{flalign}` wie `{align}` in C.10 und C.11

$$a = bbbb \qquad cccccc = d \qquad ee \cdot fffffff \tag{C.12}$$
$$cccccc = d \qquad a = bbbb \qquad fffffff \cdot ee \tag{C.13}$$

`{alignat}{3}` wie `{align}` in C.10 und C.11

$$a = bbbbcccccc = d \qquad ee \cdot fffffff \tag{C.14}$$
$$cccccc = d \qquad a = bbbbfffffff \cdot ee \tag{C.15}$$

`{xalignat}{3}` wie `{align}` in C.10 und C.11

$$a = bbbb \qquad cccccc = d \qquad ee \cdot fffffff \tag{C.16}$$
$$cccccc = d \qquad a = bbbb \qquad fffffff \cdot ee \tag{C.17}$$

`{xxalignat}{3}` wie `{align}` in C.10 und C.11

$$a = bbbb \qquad cccccc = d \qquad ee \cdot fffffff$$
$$cccccc = d \qquad a = bbbb \qquad fffffff \cdot ee$$

`{split}`: Drei `{split}`-Umgebungen in einer `{align}`-Umgebung

$$\begin{split} a &= bbbb \\ cccccc &= d \end{split} \qquad \begin{split} cccccc &= d \\ a &= bbbb \end{split} \qquad ee \cdot fffffff \tag{C.18}$$

`{aligned}`: Drei `{aligned}`-Umgebungen in einer `{align}`-Umgebung

$$\begin{aligned} a &= bbbb \\ cccccc &= d \end{aligned} \qquad \begin{aligned} cccccc &= d \\ a &= bbbb \end{aligned} \qquad ee \cdot fffffff \tag{C.19}$$

`{aligned}[t]`, `{aligned}[b]`, `{aligned}` in einer `{align}`-Umgebung

$$\begin{aligned}[t] a &= bbbb \\ cccccc &= d \end{aligned} \qquad \begin{aligned}[b] cccccc &= d \\ a &= bbbb \end{aligned} \qquad ee \cdot fffffff \tag{C.20}$$

`{aligned}[b]`, `{aligned}[t]`, `{aligned}` in einer `{align}`-Umgebung

$$\begin{aligned}[b] a &= bbbb \\ cccccc &= d \end{aligned} \qquad \begin{aligned}[t] cccccc &= d \\ a &= bbbb \end{aligned} \qquad ee \cdot fffffff \tag{C.21}$$

`{gathered}`: Drei `{gathered}`-Umgebungen in einer `{align}`-Umgebung

$$\begin{gathered} a = bbbb \\ cccccc = d \end{gathered} \qquad \begin{gathered} cccccc = d \\ a = bbbb \end{gathered} \qquad ee \cdot fffffff \tag{C.22}$$

Um die obige Liste von Beispielen nicht auseinanderzureißen, folgen einige Kommentare und Quelltexte hier im Anschluss.

- Die Umgebungen *{multline}* und *{split}* sind eigentlich für Formeln gedacht, die breiter sind als eine Zeile; zur besseren Vergleichbarkeit wurden hier aber ähnliche Inhalte übergeben wie den anderen Umgebungen.
- Die beiden ersten *{split}*-Umgebungen wurden einer {equation}-Umgebung übergeben (s. u.), eine *{align}*-Umgebung oder eine *{gather}*-Umgebung führen zu denselben Ergebnissen.
- In den *{align}*-Umgebungen sollten die Spaltentrennzeichen & *vor* das Zeichen gesetzt werden, nach welchem ausgerichtet wird (in unserem Fall das Gleichheitszeichen und der Multiplikationspunkt).
- Allen dreispaltigen *{align}*-Umgebungen wurde derselbe Text übergeben (s. u.).
- Versieht man auch die *{gathered}*-Umgebungen mit den optionalen Argumenten [b] und [t], so ergeben sich dieselben vertikalen Ausrichtungen wie in den Gleichungen (C.20) und (C.21).

Es folgen die Quelltexte einiger der oben aufgeführten Beispiele, aus denen sich auch die weiteren auf offensichtliche Weise ergeben.

{gather} mit zwei Zeilen

```
\begin{gather}
    a=bbbb \\ ccccccc=d
\end{gather}
```

{multline} mit vier Zeilen

```
\begin{multline}
    a=bbbb\\ccccccc=d\\eee\\ ffffffffffffffffffffffffff
\end{multline}
```

{split} ohne Spaltentrenner &

```
\begin{equation}\begin{split}
    a=bbbb\\
    ccccccc=d
\end{split}\end{equation}
```

{eqnarray} mit Spaltentrennern & vor und nach den Gleichheitszeichen

```
\begin{eqnarray}
          a & = & bbbb\\
    ccccccc & = & d
\end{eqnarray}
```

{align} mit Spaltentrennern & vor den Gleichheitszeichen

```
\begin{align}
          a & =  bbbb\\
    ccccccc & = d
\end{align}
```

{align} mit Spaltentrennern & vor = und · und zwischen den Spalten

```
\begin{align}
        a &=bbbb &ccccccc &=d       &ee       &\cdot ffffff\\
  ccccccc &=d    &        a &=bbbb &ffffff &\cdot ee
\end{align}
```

{split}: Drei *{split}*-Umgebungen in einer *{align}*-Umgebung

```
\begin{align}
  \begin{split}
    a=bbbb\\
    ccccccc=d
  \end{split}&&
  \begin{split}
    ccccccc=d\\
    a=bbbb
  \end{split}&&
  \begin{split}
    ee\cdot ffffff
  \end{split}
\end{align}
```

Positionierung von und in abgesetzten Formeln

Mit den folgenden Anweisungen können mehrzeilige abgesetzte Formeln ausgerichtet werden. Bei Benutzung der vorangehenden $\mathcal{A}_{\mathcal{M}}\mathcal{S}$-LaTeX-Umgebungen werden die meisten dieser Anweisungen jedoch nur selten benötigt.

`\jot` Feste Länge, um die der Zeilenabstand in allen `{array}`-Umgebungen vergrößert wird. Die Anweisung wirkt sich auch auf die oben beschriebenen $\mathcal{A}_{\mathcal{M}}\mathcal{S}$-LaTeX-Umgebungen aus. Vordefiniert ist eine Länge von 3.0 pt.

`\\[Abstand]` Wie in einer Tabelle oder nach einem Zeilenende kann durch eine Längenangabe nach einem Zeilenumbruch mit `\\` in einer `{array}`-Umgebung der Zeilenabstand um den angegebenen Wert vergrößert werden.

`\\*` Wird ein Zeilenumbruchzeichen mit * versehen, so ist an dieser Stelle kein Seitenumbruch möglich.

`\noalign{}` Nur der Vollständigkeit halber: Zwischen zwei Zeilen kann man auch mit Hilfe einer Anweisung der Gestalt `\noalign{\vskip 3mm}` den Zeilenabstand um 3 mm vergrößern.

`fleqn` Dokumentenklassenoption für LaTeX und $\mathcal{A}_{\mathcal{M}}\mathcal{S}$-LaTeX: Alle Formeln werden linksbündig mit einem festen Rand angeordnet. Der linke Einzug wird durch `\mathindent` bestimmt.

`\mathindent` Feste Länge, die nur definiert ist, falls die Option `fleqn` gesetzt wurde. Dann bestimmt diese Länge den linken Einzug von abgesetzten Formeln und übernimmt standardmäßig den Wert von `\parindent`.

`\lefteqn{}` Angewandt auf einen Eintrag in einer mit `{eqnarray}` gesetzten Formel wird dieser Eintrag zwar normal ausgegeben, er wirkt sich aber auf die Positionierung von nachfolgenden mit `&&` eingeleiteten Zeilen aus, als hätte er die Länge Null. Dadurch erscheinen die nachfolgenden Formeln nach links eingerückt.

`\displayindent` ist eine feste Länge, die die Einrücktiefe einer abgesetzten Formel zum linken Rand beinhaltet. Kann gegebenenfalls zum Verschieben von abgesetzten Formeln verwendet werden, ist aber eigentlich nur zum Auslesen gedacht.

`\displaywidth` gibt die (feste) Breite in der aktuellen Umgebung an, die einer abgesetzten Formel zur Verfügung steht. Auch dieser Wert kann benutzt werden, um eine abgesetzte Formel zu verschieben.

Spezielle Anweisungen zur Positionierung innerhalb der AMS-LaTeX-Umgebung *{multline}* werden unter diesem Stichwort oben im Unterabschnitt „AMS-LaTeX-Umgebungen für mehrzeilige abgesetzte Formeln", Seite 212, aufgeführt.

C.4 Nummerierung und Marken für abgesetzte Formeln

Auf abgesetzte Formeln muss häufig verwiesen werden; sie werden daher oft mit Nummern oder anderen Marken versehen. Einige Gesichtspunkte zu Nummerierungen wurden in Abschnitt 8.2 besprochen. Die folgenden Anweisungen gestatten es, die gewünschte Gestaltung vorzunehmen.

Formelnummerierung und Formelmarken mit LaTeX

Das von TeX und LaTeX bereitgestellte Arsenal an Anweisungen ist noch recht spartanisch, insbesondere im Hinblick auf mehrzeilige abgesetzte Formeln.

`\eqno` Veraltete TeX-Anweisung: Der Text zwischen dieser Anweisung und abschließendem `$$` wird rechts als Formelmarke gesetzt.[2]

`\leqno` Wie `\eqno`, aber die Formelmarke wird links gesetzt.

`leqno` Dokumentenklassenoption, setzt alle Formelnummern linksbündig. (Das Gegenstück, die Option `reqno`, ist die Standardeinstellung und wird daher nicht benötigt.)

`\nonumber` unterdrückt in einer abgesetzten Formel die Formelnummer in der entsprechenden Zeile.

`\theequation` ist das Makro, welches die Formelnummern erzeugt. Durch Umdefinition mit `\renewcommand` kann das Ausgabeformat der Nummerierung an eigene Bedürfnisse angepasst werden, zum Beispiel durch eine vorangestellte Kapitelnummer. Die eigentliche Formelnummer wird im Zähler `equation` geführt.

[2] In meinen Experimenten arbeitet diese TeX-Anweisung nur korrekt, wenn eine abgesetzte Formel mit Doppeldollarzeichen erzeugt wird, im Widerspruch zu manchen Angaben in der Literatur.

Formelnummerierung und Formelmarken mit AMS-LaTeX

AMS-LaTeX ergänzt die Anweisungen von LaTeX insbesondere im Hinblick auf die Gestaltung der Nummerierung von mehrzeiligen Formeln und den Umgang mit selbstdefinierten Formelmarken.

`\numberwithin{}{}` gestaltet mehrgliedrige Formelnummern. Typischerweise enthält das erste Argument den Zähler `equation`, der entsprechend seiner aktuellen Definition ausgegeben wird (vgl. die Anweisung `\theequation`), das zweite Argument enthält im Normalfall den Zähler `section` oder `chapter`, je nachdem, ob abschnittsweise oder kapitelweise durchnummeriert wird. Zum Beispiel stellt `\numberwithin{equation}{section}` der Formelnummer die Abschnittsnummer voran.

`{subequations}` Wird eine mehrzeilige, etwa mit `{align}` gesetzte, Formel in die Umgebung `{subequations}` eingebettet, so erscheinen statt einer fortlaufenden Nummerierung (65), (66), (67) die Nummern (65a), (65b), (65c). Will man auf die Ausgabe Einfluss nehmen, so kann man mittels `\theparentequation` auf die übergeordnete Formelnummer, hier (65), zurückgreifen. Eine Anweisung `\label{}` zwischen `\begin{subequations}` und `\begin{align}` verweist auf die übergeordnete Formelnummer, hier (65), eine Anweisung `\label{}` in einer Formelzeile auf die entsprechende untergeordnete Nummer.

`centertags` / `tbtags` sind alternative Paketoptionen. Die Anweisung `centertags` zentriert die Formelnummer, die eine mehrzeilige Formel bezeichnet (etwa in der Umgebung `{split}`), vertikal, die Option `tbtags` setzt eine rechtsbündige Formelnummer in die letzte Zeile, eine linksbündige (als Folge der Option `leqno`) in die erste Zeile einer mehrzeiligen Formel.

`\tag{}` erlaubt eine Formelmarke nach eigenem Gutdünken zu setzen, zum Beispiel (∗∗). Auch diese kann mit `\label{}` markiert und mit `\ref{}` ausgegeben werden (vgl. auch Abschnitt 4.3). Das Argument wird in der Ausgabe mit Klammern umgeben.

`\tag*{}` Wie `\tag{}`, aber ohne umgebende Klammern, zum Beispiel für Erklärungen oder Namen.

`\notag` Vor einem Umbruchbefehl `\\` unterdrückt `\notag`, wie `\nonumber`, eine Formelmarke.

`\raisetag{}` verschiebt eine Formelmarke um die im Argument angegebene Länge nach oben (oder nach unten bei negativen Längen), zum Beispiel bei eigenmächtig verändertem Zeilenabstand.

`\eqref{}` greift wie `\ref{}` auf eine mit `\label{}` gekennzeichnete Formel zurück, umgibt aber in der Ausgabe die Nummer selbständig mit Klammern.

`\multlinetaggap` siehe den Eintrag zur Umgebung `{multline}` in „AMS-LaTeX-Umgebungen für mehrzeilige abgesetzte Formeln", Seite 212.

C.5 Positionierung abgesetzter Formeln im umgebenden Text

In diesem Abschnitt befassen wir uns mit der Frage, wie die Abstände zwischen einer abgesetzten Formel und dem umgebenden Text sowie Seitenumbrüche vor, nach und innerhalb einer abgesetzten Formel beeinflusst werden können.

Abstand einer abgesetzten Formel vom umgebenden Text

Der vertikale Leerraum, der eine abgesetzte Formel vom umgebenden Text trennt, richtet sich danach, ob die vorangehende letzte Textzeile nach rechts über den linken Rand der folgenden Formel hinausreicht („großer Abstand") oder nicht („kleiner Abstand").

Ungewollter zusätzlicher vertikaler Leerraum zwischen vorangehendem Text und abgesetzter Formel kann durch eine Leerzeile im Quelltext zwischen Text und Formel entstehen, die offenbar als eine Art leerer Absatz interpretiert wird (vgl. die entsprechenden Bemerkungen in [MiGo05], Abschnitt 8.2.10). Eine solche Leerzeile, die ja die Übersichtlichkeit des Quelltextes durchaus erhöhen kann, sollte also am besten mit einleitendem % auskommentiert werden.

Die folgenden Anweisungen nehmen auf die Größe des Leerraumes zwischen abgesetzter Formel und umgebendem Text Einfluss. Ihr Wert richtet sich insbesondere nach der aktuellen Schriftgröße, die Voreinstellungen sind in den entsprechenden `.clo`-Dateien abgelegt; die hier angegebenen Voreinstellungen beziehen sich auf die Schriftgröße 10 pt.

`\abovedisplayskip` Elastischer vertikaler Leerraum, der für einen „großen Abstand" vor einer abgesetzten Formel gesetzt wird. Die Voreinstellung für diesen Leerraum beträgt 10.0 pt plus 2.0 pt minus 5.0 pt.

`\abovedisplayshortskip` Elastischer vertikaler Leerraum, der für einen „kleinen Abstand" vor einer abgesetzten Formel gesetzt wird. Die Voreinstellung für diesen Leerraum beträgt 0.0 pt plus 3.0 pt.

`\belowdisplayskip` Elastischer vertikaler Leerraum, der für einen „großen Abstand" nach einer abgesetzten Formel gesetzt wird. Die Voreinstellung für diesen Leerraum beträgt 10.0 pt plus 2.0 pt minus 5.0 pt.

`\belowdisplayshortskip` Elastischer vertikaler Leerraum, der für einen „kleinen Abstand" nach einer abgesetzten Formel gesetzt wird. Voreingestellt sind hier 6.0 pt plus 3.0 pt minus 3.0 pt.

`\predisplaysize` enthält die Länge der letzten Zeile vor einer abgesetzten Formel, um, wie eingangs beschrieben, über den vertikalen Abstand zwischen umgebendem Text und Formel zu entscheiden. Belegt ist dieser Wert hier (natürlich) mit 0.0 pt, aber innerhalb einer abgesetzten Formel kann man mit `\the\predisplaysize` den aktuellen Wert dieser Größe erfragen.

`\topsep` Eigentlich elastischer vertikaler Leerraum vor einer Liste, bei Verwendung der Option `fleqn` (vgl. den Eintrag Seite 219) aber auch der vertikale Leerraum vor und nach einer abgesetzten Formel. Voreingestellt sind hier 8.0 pt plus 2.0 pt minus 4.0 pt.

Seitenumbruch vor und nach abgesetzten Formeln

Für die Bedeutung von Strafpunkten für den Umbruch vergleiche die Bemerkungen in „Zeilenumbruch in Textformeln", Seite 210.

`\predisplaypenalty` Strafpunkte für einen Seitenumbruch vor einer abgesetzten Formel. Voreingestellt ist der Wert 10 000, ein Seitenumbruch unmittelbar vor einer abgesetzten Formel wird damit verhindert.

`\postdisplaypenalty` Strafpunkte für einen Seitenumbruch nach einer abgesetzten Formel. Voreingestellt ist der Wert 0, ein Seitenumbruch nach einer abgesetzten Formel wird also nicht behindert.

`\displaywidowpenalty` Strafpunkte für den Fall, dass nach einem Seitenumbruch die neue Seite mit einer einzelnen Textzeile, gefolgt von einer abgesetzten Formel, beginnt (vergleiche den Eintrag „Hurenkind" im Anhang A). Voreingestellt ist der Wert 50.

Seitenumbruch innerhalb von abgesetzten mehrzeiligen Formeln

Wird eine Formel mit einer der AMS-LaTeX-Umgebungen *{split}*, *{gathered}*, *{aligned}* oder *{alignedat}* gesetzt (vgl. „AMS-LaTeX-Umgebungen für mehrzeilige abgesetzte Formeln", Seite 212), so wird die gesamte Formel mit einer Box umgeben und erscheint nach außen hin als eine einzeilige Formel. In diesem Fall kann kein Seitenumbruch innerhalb der abgesetzten Formel erfolgen. Im Allgemeinen können Seitenumbrüche innerhalb von mehrzeiligen Formeln mit folgenden Anweisungen beeinflusst werden:

`\interdisplaylinepenalty` Strafpunkte für den Fall, dass zwischen den Zeilen einer abgesetzten Formel ein Seitenumbruch stattfindet. In LaTeX steht diese Größe normalerweise auf 100, in AMS-LaTeX auf dem Maximalwert von 10 000, ein Seitenumbruch innerhalb einer Formel ist in diesem Fall verboten.

`\displaybreak[n]` ermöglicht innerhalb einer Formel nach dem folgenden Zeilenwechsel `\\` einen Seitenumbruch. Ohne Argument wird ein Umbruch erzwungen. Das optionale Argument kann die Wert $n = 0, 1, 2, 3, 4$ annehmen und „empfiehlt" einen Seitenumbruch mit steigender Dringlichkeit.

`\allowdisplaybreaks[n]` erlaubt global einen Seitenumbruch in mehrzeiligen abgesetzten Formeln. Ohne ein Argument wird ein Seitenumbruch nach den üblichen Regeln gehandhabt. Das Argument kann die Werte $n = 0, 1, 2, 3, 4$ annehmen und macht Umbrüche zunehmend leichter.

`\\*` Wird in einer mehrzeiligen Formel ein Zeilenumbruch mit `\\*` statt mit `\\` erzeugt, so ist an dieser Stelle kein Seitenumbruch erlaubt.

C.6 Matrizen

Matrizen sind eigentlich Tabellen, die aber doch einige Besonderheiten aufweisen, daher stehen für diese „mathematischen Tabellen" gesonderte Anweisungen zur Verfügung.

Matrizen mit TeX, nicht verträglich AMS-LaTeX

Die folgenden TeX-Anweisungen für Matrizen enthalten die gesamte Matrix im Argument, was bei größeren Matrizen leicht unübersichtlich werden kann. Sie sind nicht kompatibel mit AMS-LaTeX.

`\matrix{}` Das Argument enthält eine etwas vereinfachte Tabelle, zum Beispiel `\matrix{1&2\cr 3&4&5\cr &6&7}`. Die Anweisung greift auf `\halign` zurück, daher können auch die zugehörigen Anweisungen `\span`, `\multispan` und `\omit` zur Gestaltung eingesetzt werden. Das Ergebnis ist eine matrixartige Anordnung der Einträge ohne umschließende Klammern.

`\pmatrix{}` Wie `\matrix{}`, aber mit umschließenden runden Klammern.

`\bordermatrix{}` Wie `\pmatrix{}`, aber die erste Zeile und die erste Spalte liegen außerhalb der die Matrix umschließenden Klammern (zur Beschriftung von Zeilen und Spalten).

Matrizen mit LaTeX

LaTeX geht den im Vergleich zu TeX übersichtlicheren Weg und erzeugt Matrizen mithilfe von Umgebungen.

`{array}` greift im Wesentlichen auf die Tabellenumgebung `{tabular}` mit der üblichen Formatierungszeile zurück, steht aber im mathematischen Modus. Umgebende Klammern werden mit `\right` und `\left` gesetzt (vgl. Abschnitt C.13). `{array}`-Umgebungen können auch „ineinandergeschachtelt" werden. Die Eingabe erfolgt nach den gleichen Regeln wie für die `{tabular}`-Umgebung. So führt etwa `\left(\begin{array}{cc} 1&2\\3&4 \end{array}\right)` zu der Ausgabe

$$\left(\begin{array}{cc} 1&2\\3&4 \end{array}\right).$$

Insbesondere stehen die folgenden Anweisungen zur Verfügung:

`\noalign{}` Einfügen einer unformatierten Zeile, zum Beispiel mit vertikalem Leerraum oder mit einer Linie.

`\hline` Einfügen einer horizontalen Linie.

`\cline{m}{n}` Einfügen einer horizontalen Linie von Spalte `m` bis Spalte `n`.

`\vline` Einfügen einer vertikalen Linie in Zeilenhöhe.

`\multicolumn{n}{pos}{text}` Einfügen von `text` über die folgenden `n` Spalten an der Position pos mit den Werten `l` (links), `c` (zentriert) oder `r` (rechts).

Das Aussehen der Matrix kann über die folgenden Parameter beeinflusst werden:

`\arraycolsep` Feste Länge, legt den halben Abstand zwischen den Spalten der `{array}`-Umgebung fest. Voreingestellt auf 5.0 pt.

`\arrayrulewidth` Feste Länge, legt die Dicke der mit `\hline`, mit `\cline` und mit `\vline` gezogenen Linien fest. Voreingestellt auf 0.4 pt.

`\arraystretch` Mit diesem Faktor wird der normale Zeilenabstand multipliziert. Für eine Änderung ist eine Neudefinition (nicht eine Wertzuweisung) nötig. Eine Verdoppelung des Zeilenabstandes könnte also mit `\renewcommand{\arraystretch}{2}` erreicht werden.

`\doublerulesep` Feste Länge, legt den Abstand von Doppellinien fest. Voreingestellt auf 2.0 pt.

`\\[Länge]` vergrößert den Zeilenbruch um den Abstand Länge.

Matrizen mit AMS-LaTeX

Auch in AMS-LaTeX werden Matrizen intern mit der `{array}`-Umgebung erzeugt, sie benötigen aber keine Spaltenformatierungszeile und können standardmäßig bis zu zehn Spalten aufnehmen. Abgesehen davon können sie, wie alle Konstrukte einer `{array}`-Umgebung, mit den oben aufgelisteten Mitteln gestaltet werden.

Insgesamt stehen in AMS-LaTeX sieben Matrixumgebungen zur Verfügung, die alle nach demselben Schema aufgerufen werden und im Folgenden aufgelistet sind. So wurde die erste Matrix mit `\begin{matrix} 1&2&3\\4&5&6\\7&8&9 \end{matrix}` erzeugt.

{matrix} *{bmatrix}* *{vmatrix}*

$$\begin{matrix} 1&2&3\\4&5&6\\7&8&9 \end{matrix} \qquad \begin{bmatrix} 1&2&3\\4&5&6\\7&8&9 \end{bmatrix} \qquad \begin{vmatrix} 1&2&3\\4&5&6\\7&8&9 \end{vmatrix}$$

{pmatrix} *{Bmatrix}* *{Vmatrix}*

$$\begin{pmatrix} 1&2&3\\4&5&6\\7&8&9 \end{pmatrix} \qquad \begin{Bmatrix} 1&2&3\\4&5&6\\7&8&9 \end{Bmatrix} \qquad \begin{Vmatrix} 1&2&3\\4&5&6\\7&8&9 \end{Vmatrix}$$

{smallmatrix}

$$\begin{smallmatrix} 1&2&3\\4&5&6\\7&8&9 \end{smallmatrix}$$

MaxMatrixCols ist ein Zähler, der die maximale Spaltenzahl einer Matrix festlegt. Die Anweisung `\setcounter{MaxMatrixCols}{15}` erweitert diese Größe von voreingestellten zehn auf maximal fünfzehn Spalten.

`\hdotsfor[Faktor]{n}` Mit dieser Anweisung können ab der aktuellen Spalte die nächsten *n* Spalten der aktuellen Zeile mit horizontalen Punkten gefüllt werden. Der optionale Parameter *Faktor* ist ein Dehnungsfaktor, der bestimmt, mit welchem Abstand die Punkte gesetzt werden. Ohne Angabe wird der Faktor 1.0 verwendet.

C.7 Brüche

Dieser Abschnitt enthält Anweisungen, mit denen Brüche und bruchähnliche Strukturen wie Binomialkoeffizienten gesetzt werden können.

Brüche mit TeX

Die Bruchanweisungen in TeX gelten wegen ihrer veralteten Syntax eigentlich als überholt, können aber in LaTeX noch verwendet werden und liegen auch der LaTeX-Anweisung `\frac{}{}` zugrunde. AMS-LaTeX mag die TeX-Anweisungen jedoch nicht mehr und antwortet mit einer höflichen Beschwerde.

`{}\abovewithdelims{}{}{}{}` Basisanweisung in TeX für das Erstellen von Brüchen mit variabler Bruchstrichdicke und wählbarem linkem und rechtem Begrenzer. Das Argument vor dem Befehl enthält den Zähler, die Argumente nach dem Befehl enthalten der Reihe nach den linken Begrenzer, den rechten Begrenzer, die Dicke des Bruchstrichs und den Nenner. So führt die Anweisung `{{a+b}\abovewithdelims [ ) 0.5pt{c+d}}` zur Ausgabe $\left[\frac{a+b}{c+d}\right)$. (Die äußere umgebende geschweifte Klammer scheint notwendig zu sein um zu verhindern, dass nachfolgendes Material in den Nenner miteinbezogen wird.) Alle weiteren Bruchanweisungen in TeX entstehen aus dieser Anweisung durch Vorgaben für einzelne Parameter.

`{}\above{}{}` Wie `\abovewithdelims`, aber ohne linken und rechten Begrenzer, also ein Bruch mit variabler Bruchstrichdicke, zum Beispiel mit der Anweisung `{a+b}\above 0.5pt {c+d}`.

`{}\atopwithdelims{}{}{}` Wie `\abovewithdelims` aber ohne Bruchstrich.

`{}\atop{}` Wie `\above`, aber ohne Bruchstrich.

`{}\overwithdelims{}{}{}` setzt einen Bruch mit linkem und rechtem Begrenzer, zum Beispiel `{a+b}\overwithdelims ( ]{c+d}`.

`{}\over{}` setzt einen Bruch, zum Beispiel `{a+b}\over{c+d}`.

`{}\brace{}` setzt einen Bruch ohne Bruchstrich, aber umgeben von geschweiften Klammern, zum Beispiel `n\brace k`.

`{}\brack{}` setzt einen Bruch ohne Bruchstrich, aber umgeben von eckigen Klammern, zum Beispiel `n\brack k`.

`{}\choose{}` setzt einen Bruch ohne Bruchstrich, aber umgeben von runden Klammern, zum Beispiel ergibt `n\choose k` einen Binomialkoeffizienten.

Brüche mit LaTeX und AMS-LaTeX

Die folgenden Anweisungen von LaTeX und AMS-LaTeX für Brüche leisten im Prinzip dasselbe wie die Bruchbefehle von TeX, aber mit angepasster Syntax.

`\frac{}{}` LaTeX-Anweisung für einen Bruch, die aber in LaTeX unmittelbar auf die TeX-Anweisung `\over` (s. o.) zurückgreift. Wie zu erwarten enthält hier, wie auch in den folgenden Bruchanweisungen mit zwei Argumenten, der erste Eintrag den

Zähler, der zweite den Nenner, also ergibt `\frac{a+b}{c+d}` den Bruch $\frac{a+b}{c+d}$. Diese Anweisung wird wegen ihres Formats `\frac{Zähler}{Nenner}` auch von $\mathcal{A}_{\mathcal{M}}\mathcal{S}$-LaTeX verarbeitet (wenn auch auf anderer Basis).

`\genfrac{}{}{}{}{}{}` Basis-Anweisung von $\mathcal{A}_{\mathcal{M}}\mathcal{S}$-LaTeX für das Erstellen von Brüchen. Die sechs Parameter legen der Reihe nach linken Begrenzer, rechten Begrenzer, Dicke des Bruchstrichs, Stil, Zähler und Nenner fest. „Stil" ist eine der vier Stiloptionen des mathematischen Modus (vgl. Abschnitt C.1). Die Stiloption wird, ausgehend von `\displaystyle`, durch eine der vier Zahlen 0, 1, 2 oder 3 mitgeteilt. Also erzeugt `\genfrac[){0.5pt}1{a+b}{c+d}` den Bruch $\genfrac[){0.5pt}1{a+b}{c+d}$ im Stil einer Textformel.

Linke und rechte Klammern dürfen verschieden sein, müssen aber beide besetzt oder beide leer sein. Will man eine einseitige Klammer setzen, so kann die andere, wie bei `\left` und `\right`, durch einen in der Ausgabe nicht erscheinenden Punkt ersetzt werden (vgl. Abschnitt C.13).

`\tfrac{}{}` Wie `frac{}{}`, setzt den Bruch unabhängig von der Umgebung in `\textstyle`, zum Beispiel in umfangreichen Ausdrücken in abgesetzten Formeln.

`\dfrac{}{}` Wie `frac{}{}`, setzt den Bruch unabhängig von der Umgebung in `\displaystyle`, zum Beispiel zur besseren Lesbarkeit.

`\cfrac[]{}{}` Anweisung für Kettenbrüche. Setzt den Bruch ähnlich wie `\dfrac` in `\displaystyle`, aber vertikal etwas großzügiger. Ohne optionales Argument werden die Zähler zentriert gesetzt, das optionale Argument `[l]` verschiebt den Zähler an den linken Rand des Bruches, `[r]` entsprechend an den rechten Rand. Ein Beispiel für einen Kettenbruch findet sich im Unterabschnitt „Größen mathematischer Symbole in verschiedenen Stilen", Seite 139 in Abschnitt 8.6.

`\binom{}{}` Binomischer Ausdruck, also ein Bruch ohne Bruchstrich, der in runde Klammern eingeschlossen ist.

`\tbinom{}{}` Wie `\binom{}{}`, setzt den Ausdruck unabhängig von der Umgebung in `\textstyle`.

`\dbinom{}{}` Wie `\binom{}{}`, setzt den Ausdruck unabhängig von der Umgebung in `\displaystyle`.

C.8 Drunter und drüber: Positionierung in weiteren Konstrukten

In diesem Abschnitt sind Anweisungen zusammengestellt, die in mathematischen Konstrukten eine Ausgabe auf die eine oder andere Weise in die richtige Position bringen. Speziell für die Positionierung von oberen und unteren Grenzen sei auf Abschnitt C.14, für die Positionierung einiger Pfeile auf Abschnitt C.12 verwiesen.

Drunter und drüber mit TeX und LaTeX

Das in TeX und LaTeX vorgesehene Arsenal für das automatisch formatierte Übereinandersetzen von mathematischem Material ist etwas spartanisch:

`\buildrel{}\over{}` Das erste Argument wird über das zweite gesetzt, welches auf der Grundlinie bleibt. So führt `A\buildrel{\mathrm{def}}\over{=}B` zu der Ausgabe

$$A \buildrel{\mathrm{def}}\over{=} B\,.$$

Das Ergebnis wird als Relation gehandhabt (vgl. Abschnitt C.11).

`\stackrel{}{}` LaTeX-Version von `\buildrel`: Das erste Argument wird, wie oben „def", in `\scriptstyle` (vgl. Abschnitt C.1) über das zweite gesetzt, der Gesamtausdruck wird als Relation behandelt (vgl. Abschnitt C.11). Das obige Ergebnis wird also mit `A\stackrel{\mathrm{def}}{=}B` erzielt.

Drunter und drüber mit AMS-LaTeX

Einige weitere Anweisungen für das „Stapeln" von mathematischem Text stellt AMS-LaTeX zur Verfügung. Für die „Stile" des mathematischen Modus, auf die im Folgenden Bezug genommen wird, vergleiche Abschnitt C.1. Weitere Anweisungen zur Gestaltung der Grenzen von großen Operatoren sind in Abschnitt C.14 zusammengestellt.

`\overset{}{}` Das erste Argument wird in `\scriptstyle` über das zweite Argument gesetzt. Das zweite Argument bleibt auf der Grundlinie. Die Anweisung `\overset{\textrm{Satz 3.3}}{\Longrightarrow}` ergibt also $\overset{\textrm{Satz 3.3}}{\Longrightarrow}$, das Ergebnis ist eine Relation (vgl. Abschnitt C.11).

`\underset{}{}` Wie `\overset`. Das erste Argument steht unter dem zweiten.

`\sideset{}{}` Mit dieser Anweisung kann ein folgender großer Operator, also ein Zeichen der Zeichenklasse 1 (vgl. Abschnitte C.11 und C.14) neben den oberen und unteren Grenzen auch noch links und rechts oder auch links oben, links unten, rechts oben und rechts unten beschriftet werden: Das erste Argument wird links des Operators gesetzt, das zweite rechts. Ein einzelnes Argument wird jeweils vertikal zentriert gesetzt; ein Argument der Form `_a^b` wird aber ebenfalls akzeptiert und ergibt, im ersten Argument, Einträge links oben und unten. Der Anweisung muss ein großer Operator folgen, der nicht in geschweifte Klammern gesetzt sein darf, aber selbst mit oberen und unteren Grenzen versehen werden kann. Er wird immer in `\displaystyle` gesetzt.

```
$$\sideset{a}{b}\sum_1^2$$    und
$$\sideset{^a_b}{^c_d}\sum_1^2$$
```

ergeben also

$$\sideset{a}{b}\sum_1^2 \quad \text{und} \quad \sideset{^a_b}{^c_d}\sum_1^2\,.$$

`\substack{}` dient dem Setzen mehrzeiliger Grenzen, insbesondere für Operatoren: Das übergebene Argument kann Zeilenumbrüche enthalten, die Zeilen werden in `\scriptstyle` zentriert untereinandergesetzt. Zum Beispiel erzeugt die Anweisung `$\substack{aaa\\ bbbbbbb}$` das Ergebnis $\substack{aaa\\ bbbbbbb}$, welches als Index

oder als Grenze in Summen oder Integralen etc. verwendet werden kann. (Ohne $\mathcal{AMS}$-LaTeX kann man sich alternativ mit `\atop` (vgl. Abschnitt C.7) behelfen, die Ergebnisse sind aber nicht von gleicher Qualität.)

`{subarray}{}` Ähnlich wie *`\substack`*, aber als Umgebung mit Parameter: Der übergebene Text wird zeilenweise in `\scriptstyle` ausgeben. Der zusätzliche Parameter dieser Umgebung kann die Werte *`l`* oder *`c`* annehmen. Im ersten Fall werden die Zeilen linksbündig, im zweiten Fall zentriert ausgegeben (in meinen Experimenten erzeugt offenbar jeder Parameter ungleich *`c`* eine linksbündige Ausrichtung). So erzeugt

```
\sum_{\begin{subarray}{c}  i\in\NN\\
                           1 \le j \le n
       \end{subarray}}  A_{i,j}
```

die Ausgabe

$$\sum_{\begin{subarray}{c} i\in\mathbb{N}\\ 1\le j\le n\end{subarray}} A_{i,j}\,.$$

Wurzeln

Auch wenn LaTeX normalerweise seine Arbeit sehr gut macht, brauchen Wurzeln in manchen Fällen eine kleine Nachbehandlung. Einige Instrumente sind im Folgenden zusammengestellt.

`\root{}\of{}` In die Jahre gekommene TeX-Anweisung für Wurzeln: Die Anweisung `\root5\of{a+b}` erzeugt $\sqrt[5]{a+b}$.

`\sqrt[]{}` setzt das Argument unter eine Wurzel. Das erste optionale Argument enthält den Wurzelexponenten, falls nötig. Das Wurzelzeichen passt seine Größe dem Argument an, allerdings ist manchmal ein Nachjustieren nötig, unter anderem mit einigen der Anweisungen aus diesem Unterabschnitt (vgl. die Diskussion im Unterabschnitt „Wurzeln", Seite 141 in Abschnitt 8.6).

Der Vollständigkeit halber sei erwähnt, dass LaTeX auch die Anweisung `\sqrtsign` kennt; auf sie greift `\sqrt` zurück, wenn kein optionales Argument vorliegt, sie wirkt also wie `\sqrt` ohne optionales Argument.

`\leftroot{}` verschiebt den Wurzelexponenten nach links. Das Argument enthält eine ganze Zahl n und bewirkt eine Verschiebung des Wurzelexponenten um n mu (vgl. Abschnitt C.9) nach links (negative Zahlen verschieben den Exponenten entsprechend nach rechts).

`\uproot{}` verschiebt den Wurzelexponenten nach oben. Das Argument enthält eine ganze Zahl n und bewirkt eine Verschiebung des Wurzelexponenten um n mu (vgl. Abschnitt C.9) nach oben (negative Zahlen verschieben den Exponenten entsprechend nach unten). Beispiel:
`\sqrt[\leftroot{-3}\uproot{4}\frac 1n]{X} = X^n` ergibt

$$\sqrt[\leftroot{-3}\uproot{4}\frac 1n]{X} = X^n \quad\text{statt}\quad \sqrt[\frac 1n]{X} = X^n.$$

`\DeclareMathRadical{}{}{}{}{}` Zur Definition eines neuen Wurzelsymbols: Die Parameter beschreiben der Reihe nach den Namen für das neue Symbol, den Font für das Symbol in normaler Größe, die Nummer des Symbols in diesem Font, den Font für das Symbol im großen Format (z. B. weil der Ausdruck unter der Wurzel größer ist) und die Nummer des Symbols in diesem Font. Die Anweisung kann nur in der Präambel verwendet werden. (Nur der Vollständigkeit halber sei hier noch die alte TeX-Anweisung `\radical` erwähnt, die Ähnliches leistet.)

Indizes und Exponenten

Die vertikale Positionierung von Exponenten und Indizes hängt davon ab, in welchem mathematischen Stil (vgl. Abschnitt C.1) sich LaTeX gerade befindet und wie sich Exponenten und Indizes gegenseitig beeinflussen. Hierzu finden sich in Abschnitt 8.7 weitere Informationen.

Auf die horizontale Positionierung von Indizes und Exponenten können die beiden folgenden Anweisungen Einfluss nehmen.

`\scriptspace` ist ein zusätzlicher horizontaler Leerraum (standardmäßig 0.5 pt), der vor Exponenten und Indizes eingefügt wird.

`\nonscript` unterdrückt in `\scriptstyle` und `\scriptscriptstyle` (in diesen Stilen werden Indizes und Exponenten üblicherweise gesetzt) einen unmittelbar folgenden Leerraum. Dies kann für Makros hilfreich sein, die in verschiedenen Stilen eingesetzt werden sollen. So führt `${a\ b}, e^{a\ b}$` zu $a\ b, e^{a\ b}$, dagegen führt `${a\nonscript\ b}, e^{a\nonscript\ b}$` zu $a\ b, e^{ab}$.

C.9 Längen und ihre Register

In diesem Abschnitt werden die wichtigsten Informationen über Längenmaße und ihre Verwaltung in Längenregistern in LaTeX zusammengestellt. Sie sind das „Futter" für die Anweisungen zum Verschieben und Setzen von Leerraum im folgenden Abschnitt.

Längen und Längenmaße

Längen können in absoluten Einheiten wie cm, mm oder pt angegeben werden oder in relativen, d. h. schriftabhängigen Einheiten, die aus der Einheit em und ex abgeleitet sind (vgl. den Eintrag „Maßsysteme" in Anhang A). Die Einheit em ist etwa so breit wie der Buchstabe M (vgl. den Eintrag „Geviert" in Anhang A), ex gibt etwa die Höhe des Buchstabens x wieder. Ihre Werte sind in den Registern `\fontdimen6` und `\fontdimen5` abgelegt. Mit `\the\fontdimen6\font` kann also der Wert des gerade aktuellen Wertes von em abgefragt werden (im aktuellen Font ist 1 em = 10.0 pt und 1 ex = 4.37999 pt, im Standardfont cmr10 von LaTeX ist 1 em $=$ 9.99756 pt und 1 ex $=$ 4.3045 pt). Längen in absoluten Einheiten werden immer wie angegeben verarbeitet, die Wirkung von Längenangaben in schriftabhängigen Einheiten hängt dagegen von der aktuellen Schriftgröße ab, sie werden daher zum Beispiel in Exponenten und Indizes anders verarbeitet als im Textmodus.

Für die im Mathematiksatz oft notwendigen kleinen Zwischenräume, Verschiebungen und Korrekturen steht hier zusätzlich die von em abgeleitete Einheit mu zur Verfügung, die 1/18 em beträgt.

TEX unterscheidet zwischen *festen Längen* und *elastischen Längen* oder *dehnbaren Längen*, die bei [Knu86] „glue" genannt werden. Leerraum einer festen Länge wird genauso gesetzt, wie angegeben. Eine elastische Länge dagegen kann sich innerhalb vorgegebener Grenzen vergrößern oder verkleinern. Dies ist zum Beispiel für den Zeilenausgleich im Blocksatz notwendig. Eine typische Angabe für eine elastische Länge, zum Beispiel von `\abovedisplayskip`, hat in LATEX die Gestalt `10.0pt plus 2.0pt minus 5.0pt`. Hier ist `10.0pt` die *natürliche Länge*, die bei Bedarf um maximal `5.0pt` schrumpfen und um `2.0pt` wachsen kann (im Notfall auch mehr, aber nur unter Protest).

Längenregister und ihre Bereitstellung

Feste Längen werden in `\dimen`-Registern abgelegt. TEX stellt 256 solche Register zur Verfügung, die mit `\dimen0` bis `\dimen255` bezeichnet werden. Bei der Arbeit mit diesen Registern empfiehlt es sich jedoch, sich mit der Anweisung `\newdimen\breite` ein neues freies `\dimen`-Register, hier mit dem Namen `\breite`, zur Verfügung stellen zu lassen.

Elastische Längen werden analog in einem der 256 `\skip`-Register abgelegt. Wie oben stellt TEX mit `\newskip\ebreite` ein neues `\skip`-Register mit dem Namen `\ebreite` zur Verfügung; besser lässt man sich hier von LATEX mit der Anweisung `\newlength{\ebreite}` ein solches Register bereitstellen, denn mit dieser Anweisung wird zusätzlich überprüft, ob der Name noch frei ist, sodass keine Kollisionen zu befürchten sind.

Im mathematischen Modus stehen außerdem 256 `\muskip`-Register zur Verfügung, die ebenfalls elastischen Leerraum aufnehmen können, jedoch nur in der Einheit mu, welche für die anderen Register wiederum unverdaulich ist. Die Bereitstellung eines solchen Registers `\mbreite` mit `\newmuskip\mbreite` und dessen Handhabung erfolgen analog zu der eines `\skip`-Registers.

Nur der Vollständigkeit halber seien hier auch noch die alten TEX-Anweisungen `\dimendef`, `\skipdef` und `\muskipdef` erwähnt, mit denen einem Registernamen unmittelbar eine Registernummer zugewiesen wird, ohne Überprüfung, ob diese Registernummer bereits belegt ist.

Ein- und Auslesen von Längenregistern

Einem `\dimen`-Register `\breite` wird in TEX-Syntax mit `\breite=30pt`, in LATEX-Syntax mit `\setlength{\breite}{30pt}`, eine feste Länge von 30 pt zugewiesen.

Die Anweisung `\setlength{\ebreite}{6mm plus 2mm minus 3mm}` speichert in dem `\skip`-Register `\ebreite` die angegebene elastische Länge, analog kann in einem `\muskip`-Register eine elastische Länge in mu-Einheiten abgelegt werden. Die

Angabe der elastischen Anteile mit `plus` und `minus` ist jeweils optional und kann auch unterbleiben; in diesem Fall erhält man eine feste Länge.

Manchmal ist es nützlich, mit den Anweisungen `\settowidth{\ebreite}{}`, `\settoheight{\ebreite}{}` oder `\settodepth{\ebreite}{}` die Breite, Oberlänge oder Unterlänge des zweiten Arguments in das `\skip`-Register `\ebreite` zu übernehmen.

Der aktuelle Inhalt des Registers `\ebreite` kann jederzeit mit `\the\ebreite` ausgelesen werden und erscheint an der entsprechenden Stelle im Dokument.

Vordefinierte Längen

Zur Feinjustierung werden im Mathematiksatz häufig kleine Längen benötigt. Daher stellt LaTeX vordefinierte kleine, mittlere und große „kleine Längen" zur Verfügung. Alle folgenden Längen sind von der Einheit mu abgeleitet und hängen daher von der jeweiligen Schriftart ab (vgl. den Eintrag „Maßsysteme" in Anhang A). Für diesen Text, wie auch sonst häufig, beantwortet LaTeX die Abfragen nach diesen Werten wie in der folgenden Tabelle angegeben:

C.9.1 Vordefinierte Längen im mathematischen Modus

Register	Länge
`\thinmuskip`	`3.0mu`
`\medmuskip`	`4.0mu plus 2.0mu minus 4.0mu`
`\thickmuskip`	`5.0mu plus 5.0mu`

C.10 Verschieben von Text und Setzen von Leerraum

Die ansprechende Gestaltung eines Textes erfordert immer wieder das explizite Setzen von Leerraum. Die meisten Abstände berechnet und setzt LaTeX bzw. TeX sehr gut, aber im Mathematiksatz ist selbst LaTeX manchmal überfordert und braucht menschliche (Nach)Hilfe. In diesem Abschnitt wird das Instrumentarium zusammengestellt, mit dem Textteile verschoben oder Leerräume eingefügt werden können. Der Übersichtlichkeit halber werden auch Anweisungen einbezogen, die sich nicht explizit auf den Mathematiksatz beziehen, die aber auch in diesem Kontext wertvolle Hilfe leisten können.

Verschieben von Textteilen

Die folgenden Anweisungen dienen dazu, Textteile im Argument zu verschieben. In etlichen Fällen kann dies auch durch Setzen von geeignetem Leerraum erzielt werden, die entsprechenden Anweisungen sind in den folgenden Unterabschnitten zusammengestellt.

`\rlap{}` schiebt den Text im Argument nach rechts über den folgenden Text, indem er in eine Box der Breite 0 pt gesetzt wird. Die Anweisung kann zum Beispiel zum Übereinandersetzen von Textteilen verwendet werden: `\rlap{---}abcd` ergibt abcd.

`\llap{}` Wie `\rlap`, schiebt den Text im Argument aber nach links über den vorangehenden Text.

`\joinrel` verschiebt (im mathematischen Modus) das nachfolgende Zeichen um 3 mu nach links und behandelt das Ganze als Relationszeichen (vgl. Abschnitt C.11), zum Beispiel erzeugt `>\joinrel<` die Relation $\join$ (vgl. den Eintrag `\joinrel` in Anhang C.16).

`\moveleft{}{}` und `\moveright{}{}` Alte TEX-Anweisungen: Sie verschieben im vertikalen Modus (also in einer vertikalen Liste, zum Beispiel am Zeilenanfang) die Box im zweiten Argument um die im ersten Argument angegebene Länge nach links bzw. nach rechts (negative Längen verschieben in die entgegengesetzte Richtung). Verschieben nach links verändert hierbei nicht den linken Rand einer umgebenden `\vbox`. Die Anweisungen verarbeiten die „alte" TEX-Syntax, zum Beispiel `\moveleft5em\hbox to 3cm{-----}`.

`\raisebox{}[][]{}` verschiebt den im letzten Argument übergebenen Text um die im ersten Argument angegebene Höhe. Die beiden optionalen Argumente geben der verschobenen Box eine vom übergebenen Text unabhängige Oberlänge und Unterlänge.

Der Vollständigkeit halber seien auch die ursprünglichen TEX-Anweisungen zum Verschieben von Boxen erwähnt: Ohne die optionalen Argumente wirkt die Anweisung `\raisebox` ähnlich wie `\raise` und `\lower`. Diesen Anweisungen muss im Argument eine `\hbox` übergeben werden, die um den angegebenen Betrag nach oben oder unten verschoben wird, also zum Beispiel `\raise3mm\hbox{AAA}`, sie dürfen aber nur im horizontalen Modus aufgerufen werden. Ähnlich schieben die Anweisungen `\moveleft` und `\moveright` im vertikalen Modus nach links und nach rechts (s. o.).

Setzen von Leerraum

Im Folgenden listen wir die wichtigsten Anweisungen zum Setzen von Leerraum auf. Diese Anweisungen können auch im mathematischen Modus verwendet werden, die Einheit mu ist ihnen aber fremd.

`\hspace{}` setzt den im Argument übergebenen horizontalen (elastischen) Leerraum. Er kann in Form eines Registers übergeben werden wie in `\hspace{\ebreite}` oder explizit wie in `\hspace{1cm plus 2mm minus 2mm}` und kann auch negative Werte annehmen. Ein Umbruch innerhalb des Leerraums ist erlaubt, in welchem Fall der nach dem Umbruch noch ausstehende Leerraum ignoriert wird. Dies ist der Grund für das manchmal unerwartete Ausbleiben einer Wirkung von `\hspace` zum Beispiel zu Beginn einer neuen Zeile.

`\hspace*{}` arbeitet wie `\hspace{}`, aber der so entstehende Leerraum wird nicht umgebrochen. Diese Anweisung kann zum Beispiel horizontalen Leerraum auch am Zeilenanfang setzen.

`\vspace{}` setzt analog zu `\hspace{}` vertikalen Leerraum. Tritt die Anweisung im laufenden Absatz auf, wird vor der Einfügung des vertikalen Leerraums erst die aktuelle Zeile beendet.

`\vspace*{}` verhält sich zu `\vspace{}` wie `\hspace*{}` zu `\hspace`.

Der Vollständigkeit halber seien hier auch die älteren TeX-Anweisungen aufgeführt:

`\hglue` setzt ähnlich zu `\hspace*{}` horizontalen Leerraum, der nicht umgebrochen werden kann, wie zum Beispiel in `\hglue 3cm plus 1cm minus 1cm` (man beachte die TeX-Syntax). Diese Anweisung kann nicht im mathematischen Modus verwendet werden.

`\vglue` wie `\hglue`, aber für vertikalen Leerraum.

`\hskip` setzt ähnlich zu `\hspace{}` horizontalen (elastischen) Leerraum, bedient sich aber wie die `\glue`-Anweisungen der TeX-Syntax. Der Leerraum kann wie der mit `\hspace{}` gesetzte Leerraum umgebrochen werden. Diese Anweisung kann auch im mathematischen Modus verwendet werden, sie kann aber die Einheit mu nicht verarbeiten.

`\vskip` wie `\hskip`, aber für vertikalen Leerraum. Im Unterschied zu `\vspace` wird hier der vertikale Leerraum sofort gesetzt.

`\kern` verschiebt durch Setzen von Leerraum um eine feste positive oder negative Länge, wie zum Beispiel in `\kern-0.5cm`. Die Länge wird in TeX-Syntax übergeben, explizit oder in Form eines `\dimen`-Registers (s. o.) und darf keine elastischen Anteile enthalten. Im horizontalen Modus wird horizontal verschoben, im vertikalen Modus entsprechend vertikal. Innerhalb eines eventuell entstehenden Leerraumes kann nicht umgebrochen werden. Zum Beispiel werden die horizontalen Verschiebungen im Logo TeX mit `\kern` erzeugt. `\kern` kann zwar die Einheit mu nicht verarbeiten, kann ansonsten aber auch im mathematischen Modus verwendet werden.

Speziell für den mathematischen Modus stehen noch die folgenden Anweisungen zur Verfügung:

`\mkern` wie `\kern`, aber diese Anweisung kann nur im mathematischen Modus verwendet werden und kann nur Längenangaben in der Einheit mu verarbeiten.

`\mskip` wie `\hskip`, aber diese Anweisung kann nur im mathematischen Modus verwendet werden und kann nur Längenangaben in der Einheit mu verarbeiten.

`\mspace{}` wird von AMS-LaTeX zur Verfügung gestellt und verhält sich im Wesentlichen wie `\hspace`, kann aber nur im mathematischen Modus verwendet werden und kann nur Längenangaben in der Einheit mu verarbeiten. Dies ist ein Vorteil, da sich im Formelsatz, zum Beispiel in `\scriptstyle`, die Einheit mu der aktuellen Schriftgröße anpasst während mit `\hspace` gesetzter Leerraum nicht so sensibel auf sich verändernde Umgebungen reagiert.

Vordefinierte Zwischenräume

Die wichtigsten kleinen horizontalen Zwischenräume werden so häufig gebraucht, dass LaTeX hierfür einige Anweisungen vordefiniert hat, die in der folgenden Tabelle zusammengestellt sind.

C.10.1 Zwischenräume im mathematischen Modus

Kürzel	Anweisung	Zwischenraum	Box dieser Breite
	\negthickspace	-5 mu	
	\negmedspace	-4 mu	
\!	\negthinpace	-3 mu	
\,	\thinspace	3 mu	
\:	*\medspace*	4 mu	
\;	*\thickspace*	5 mu	
	\enspace	9 mu	
	\enskip	9 mu	
	\quad	18 mu	
	\qquad	36 mu	

Genau genommen setzen die ersten sechs Anweisungen in Tabelle C.10.1 die Zwischenräume der in den entsprechenden Registern aus Tabelle C.9.1 abgelegten Breite. Die mit *\(neg)medspace* und *\(neg)thickspace* ausgegebenen Zwischenräume sind also elastisch.

Unter LaTeX werden die Kürzel \!, \: und \; nur im mathematischen Modus verstanden, \,, \thinspace, \negthinspace und \enspace sowie \enskip, \quad und \qquad können im Textmodus wie im mathematischen Modus verwendet werden. Unter AMS-LaTeX können alle Anweisungen im Textmodus wie im mathematischen Modus genutzt werden.

Die \...space-Anweisungen verbieten einen Zeilenumbruch (setzen also einen geschützten Zwischenraum), die anderen erlauben ihn.

Gaukeleien

Manchmal soll ein Leerraum gesetzt werden, der genau der Größe entspricht, die ein Textfragment einnehmen würde, welches aber an dieser Stelle nicht in Erscheinung treten soll. Für diesen Fall sind die \phantom-Anweisungen hilfreich, die schon von TeX bereitgestellt wurden (für ein Beispiel vgl. „Linearisieren von Argumenten", S. 122):

 erzeugt eine leere Box mit genau den Maßen, die das übergebene Material beanspruchen würde.

\hphantom{} erzeugt eine leere Box mit genau der Breite, die das übergebene Material beanspruchen würde (ohne umgebenden Leerraum), aber ohne Höhe und Tiefe.

`\vphantom{}` erzeugt eine leere Box mit der Höhe und Tiefe, die das übergebene Material beanspruchen würde, aber ohne Breite (vgl. die Anwendungen in „Größenanpassung von Klammern durch Überlistung“, Seite 130 in Abschnitt 8.4 und in „Wurzeln“, Seite 141 in Abschnitt 8.6).

Manchmal ist es sogar hilfreich LaTeX vorzugaukeln, ein Text habe eine andere Höhe oder Breite, zum Beispiel um Klammern eine gute Höhe zu geben oder Wurzelausdrücke einander anzupassen (vgl. die entsprechenden Beispiele in Kapitel 8 in den Unterabschnitten „Wurzeln“, Seite 141 und „Cramped Style“, Seite 143). Hierzu dienen die folgenden Anweisungen.

`\mathstrut` erzeugt mit `\vphantom` (s. o.) eine Box ohne Breite mit der Höhe einer Klammer (die meist der Schriftgröße entspricht, vgl. den Eintrag „Schriftgrad“ im Anhang A).

`\smash{}` gibt den übergebenen Inhalt zwar korrekt aus, gaukelt LaTeX aber vor, dieser habe keine Höhe und keine Tiefe (vgl. das Beispiel zum nächsten Eintrag).

`\smash[]{}` Differenziertere Version von `\smash` für $\mathcal{AMS}$-LaTeX: Der optionale Parameter kann zwei Werte annehmen: Der Wert *`b`* nimmt dem Inhalt zwar seine Tiefe (Unterlänge), lässt ihm aber seine Höhe, der Wert *`t`* nimmt ihm seine Höhe, lässt ihm aber seine Tiefe. Die Voreinstellung ist *`tb`* (ohne Höhe und ohne Tiefe), wie man auch unten erkennen kann.

Deutlich wird die Wirkung an den folgenden Beispielen, in denen sich das Wurzelzeichen so gut wie möglich dem anpasst, was *`\smash`* von der enthaltenen Klammer weiterreicht (der lange Gedankenstrich soll die vertikale Positionierung leichter erkennbar machen):

`\sqrt{.}`	$-\sqrt{.}$
`\sqrt{(}`	$-\sqrt{(}$
`\sqrt{\smash(}`	$-\sqrt{\smash{(}}$
`\sqrt{\smash[b](}`	$-\sqrt{\smash[b]{(}}$
`\sqrt{\smash[t](}`	$-\sqrt{\smash[t]{(}}$
`\sqrt{\smash[tb](}`	$-\sqrt{\smash[tb]{(}}$

Zur Verdeutlichung der unterschiedlichen vertikalen Ausrichtungen sind im Folgenden die Ergebnisse noch mal in derselben Reihenfolge horizontal nebeneinandergestellt:

$$-\sqrt{.}-\sqrt{(}-\sqrt{\smash{(}}-\sqrt{\smash[b]{(}}-\sqrt{\smash[t]{(}}-\sqrt{\smash[tb]{(}}$$

Weitere Beispiele zum Umgang mit `\mathstrut` und `\smash` finden sich in [MiGo05], Abschnitt 8.7.5.

C.11 Zeichenklassen im Mathematiksatz

TeX und LaTeX unterscheiden verschiedene Klassen mathematischer Zeichen, die im Formelsatz unterschiedlich behandelt werden zum Beispiel im Hinblick auf umgebenden Zwischenraum, Platzierung von Indizes und Grenzen (etwa bei Integralen) oder im Hinblick auf die Größe des ausgegebenen Zeichens in Abhängigkeit vom mathematischen Stil (vgl. Abschnitt C.1). Daher ist intern jedem mathematischen Zeichen eine *Zeichenklasse* zugeordnet, der LaTeX entnehmen kann, wie es in verschiedenen Kontexten mit diesem Zeichen umzugehen hat.

Klassen mathematischer Zeichen

Die folgende Tabelle gibt eine Übersicht über die Klassen von mathematischen Zeichen, die satztechnisch unterschieden werden.

C.11.1 Klassen mathematischer Zeichen

Code	Kürzel	Anweisung	Beschreibung
0	`ord`	`\mathord`	normales Zeichen, z. B. A b γ
1	`op`	`\mathop`	großer Operatorer mit Grenzen, z. B. $\int$ $\sum$ $\bigcup$
2	`bin`	`\mathbin`	binärer Operator, z. B. $+$ $\cup$ $\otimes$
3	`rel`	`\mathrel`	Relation, z. B. $=$ $\leq$ $\subseteq$
4	`open`	`\mathopen`	linker Begrenzer, z. B. $($ $\{$ $\langle$
5	`close`	`\mathclose`	rechter Begrenzer, z. B. $)$ $\}$ $\rangle$
6	`punct`	`\mathpunct`	Satzzeichen, z. B. . , ;
7	`alpha`	`\mathalpha`	Bedeutung variabel

Die Zeichenklasse mit dem Code 7 spielt eine gewisse Sonderrolle und wird je nach Kontext unterschiedlich benannt und gehandhabt. Meist können Ausdrücke dieser Klasse auf den aktuellen mathematischen Stil reagieren und gegebenenfalls in unterschiedlichen Größen gesetzt werden.

Die Codes in der ersten Spalte finden unter anderem bei der Neudefinition mathematischer Zeichen Verwendung und versehen sie mit den entsprechenden Eigenschaften (vgl. die Ausführungen unten). Die Anweisungen in der dritten Spalte von Tabelle C.11.1 bewirken, dass der nachfolgende Ausdruck satztechnisch wie angegeben behandelt wird. Zum Beispiel erzeugt `$$\mathop A_m^n$$` die Ausgabe

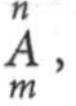

das Symbol A wird also nun wie ein „großer" mathematischer Operator behandelt (vgl. Abschnitt C.14), daher werden in `\displaystyle` Indizes unter und Exponenten über das Zeichen gesetzt. Insbesondere werden auch die umgebenden Abstände entsprechend der Tabelle C.11.2 gesetzt.

Der Umgang mit diesen Klassen spielt sich normalerweise auf der „low level"-Ebene von TeX ab, eine ausführliche Beschreibung würde diese Übersicht sprengen (Näheres findet sich in [Knu86]). Nur auf zwei Aspekte soll im Folgenden eingegangen werden: Auf umgebende Leerräume und auf die Einführung neuer mathematischer Symbole.

Abstände zwischen mathematischen Zeichen

Treffen mathematische Zeichen aufeinander, so werden diese gegebenenfalls durch einen Leerraum voneinander getrennt, dessen Größe sich nach der Zeichenklasse dieser Zeichen richtet. Zum Beispiel wird in dem Ausdruck $a = b$ das Gleichheitszeichen von den beiden normalen Zeichen durch einen größeren Zwischenraum getrennt, treffen hingegen drei normale Zeichen aufeinander wie in abc, so wird zwischen ihnen kein Zwischenraum eingefügt.

Zur Berechnung von Abständen wird in der obigen Tabelle die Zeichenklasse mit dem Code 7 durch die folgende Zeile ersetzt:

Code	Kürzel	Anweisung	Beschreibung
7	`inner`	`\mathinner`	Unterformel, z. B. Bruch

Die Zeichenklasse `inner` mit dem Code 7 steht nun für Unterformeln wie in Brüchen oder `\left ... \right`-Konstruktionen. Ihre Schriftgröße kann sich anpassen, zum Beispiel, wenn die Unterformel im Index steht.

Die folgende Tabelle C.11.2 zeigt, welche horizontalen Abstände LaTeX zwischen aufeinanderfolgenden Zeichen verschiedener Zeichenklassen setzt. Folgt auf ein Zeichen einer Klasse aus der linken Spalte eines der Klasse aus der ersten Zeile, so wird zwischen ihnen der angegebene Abstand gesetzt (die Tabelle ist nicht symmetrisch zur Diagonalen). Es bedeuten

0: Kein Abstand
k: **k**leiner Abstand der Größe `\thinmuskip`
m: **m**ittlerer Abstand der Größe `\medmuskip`
g: **g**roßer Abstand der Größe `\thickmuskip`
-: Diese Kombination tritt (sinnvollerweise) nicht auf

Ein Wert in Klammern zeigt an, dass dieser Abstand nur in `\displaystyle` und `\textstyle` gesetzt wird (also nicht in Indizes und Exponenten).

C.11.2 Abstände zwischen mathematischen Zeichen

Kürzel	`ord`	`op`	`bin`	`rel`	`open`	`close`	`punct`	`inner`
`ord`	0	k	(m)	(g)	0	0	0	(k)
`op`	k	k	-	(g)	0	0	0	(k)
`bin`	(m)	(m)	-	-	(m)	-	-	(m)
`rel`	(g)	(g)	-	0	(g)	0	0	(g)
`open`	0	0	-	0	0	0	0	0
`close`	0	k	(m)	(g)	0	0	0	(k)
`punct`	(k)	(k)	-	(k)	(k)	(k)	(k)	(k)
`inner`	(k)	k	(m)	(g)	(k)	0	(k)	(k)

Einen nach dieser Tabelle gesetzten umgebenden Leerraum kann man, falls nötig, auch wieder aufheben: Schließt man ein Zeichen einer bestimmten Zeichenklasse in geschweifte Klammern ein, so wird kein umgebener Leerraum mehr gesetzt:

`$A=B$`	ergibt	$A = B$
`$A{=}B$`	ergibt	$A{=}B$

Kodierung und Erzeugung mathematischer Zeichen

Im mathematischen Satz werden Zeichen im Allgemeinen durch einen dreiteiligen Code charakterisiert, der meist und am übersichtlichsten durch eine vierstellige hexadezimale Zahl repräsentiert wird (hexadezimale Zahlenangaben werden durch ein vorangestelltes `"` kenntlich gemacht, wie in der Angabe `"1350`): Die erste hexadezimale Ziffer charakterisiert die Zeichenklasse (wie oben beschrieben), die zweite hexadezimale Ziffer legt eine der 16 möglichen Stilfamilien für den mathematischen Satz (vgl. Abschnitt C.19), der das Zeichen entnommen wird, fest; die beiden letzten hexadezimalen Ziffern geben die Position des Zeichens in dieser Stilfamilie an. Die hexadezimale Angabe `"1350` referiert also auf das Zeichen mit der satztechnischen Funktion eines großen Operators im Zeichensatz der Nummer 3 (das ist in Standard-LaTeX der Zeichensatz mit den erweiterten mathematischen Symbolen) an der hexadezimalen Position `"50` (dezimal 80), wo in Standard-LaTeX das kleine Summenzeichen $\sum$ steht[3]. Unter anderem nehmen folgende Anweisungen auf diese Kodierung Bezug (vgl. auch die Abschnitte C.12 und C.13).

`\mathcode` ordnet einem Zeichen für den mathematischen Satz eine Zeichenklasse, eine Stilfamilie und eine Position in dieser Familie zu. Die Anweisung `\mathcode‘Q="1350` bewirkt also (vgl. die vorangehenden Erläuterungen), dass nun im mathematischen Modus statt Q das Zeichen $\sum$ in der Funktion eines großen Operators erscheint: Aus `{\mathcode‘Q="1350 $SPQR$}` wird also $SP\sum R$.

`\mathchar` gibt (im mathematischen Modus) das Zeichen mit dem angegebenen mathematischen Code aus: Mit `$\mathchar"1350$` erhält man, wie oben, $\sum$.

`\mathchardef` gibt einem mathematischen Zeichen einen Namen. So ist die Anweisung `\mathchardef\Q="1350` äquivalent zu `\def\Q{\mathchar"1350}` (in LaTeX sollte man jedoch besser die Anweisung `\newcommand` benutzen).

`\DeclareMathSymbol{}{}{}{}` ist eine LaTeX-Anweisung, welche im Wesentlichen die obigen drei Anweisungen ersetzt und der Einführung neuer mathematischer Symbole dient. Das erste Argument enthält den Namen, unter welchem das Symbol abgerufen werden soll, das zweite enthält eine der Anweisungen aus der dritten Spalte von Tabelle C.11.1 mathematischer Zeichenklassen, mit ihm wird also das satztechnische Verhalten festgelegt, das dritte Argument legt die Stilfamilie fest,

[3] Unter Minion Pro hat dieses Summenzeichen den Code `"1250`, ich beziehe mich aber im Folgenden auf Standard-LaTeX.

das vierte die Position innerhalb des zugehörigen Fonts. Die Stilfamilie muss vorher mit `\DeclareSymbolFont` eingeführt worden sein (vgl. Abschnitt C.19). Die Stilfamilien `letters`, `operators`, `symbols` und `largesymbols` sind in LaTeX vordefiniert. Im Unterschied zu den vorangehenden TeX-Anweisungen darf die Anweisung `\DeclareMathSymbol` allerdings *nur in der Präambel* verwendet werden.

`\DeclareMathSymbol{\sum}{\mathop}{largesymbols}{80}` ergibt beispielsweise das Summenzeichen mit dem üblichen Verhalten. Eine lange Liste der von LaTeX selbst benutzten Vereinbarungen findet sich in der Datei `$TEXMF\tex\latex\base\fontmath.ltx`. Hier wird auch mit obiger Anweisung das Makro `\sum` definiert.

C.12 Akzente und horizontal Dehnbares

In diesem Abschnitt werden mathematische Akzente und horizontal dehnbare Pfeile und Klammern diskutiert. Indizes von großen Operatoren werden in Abschnitt C.14 besprochen.

Akzente und dehnbares Drunter und Drüber

Die folgende Tabelle enthält Akzente und dehnbare Konstrukte, die über und unter mathematische Ausdrücke gesetzt werden können.

C.12.1 Akzente und dehnbares Drunter und Drüber

$\grave{a}$	`\grave{a}`, `\Grave{a}`	$\acute{a}$	`\acute{a}`, `\Acute{a}`
$\hat{a}$	`\hat{a}`, `\Hat{a}`	$\check{a}$	`\check{a}`, `\Check{a}`
$\tilde{a}$	`\tilde{a}`, `\Tilde{a}`	$\breve{a}$	`\breve{a}`, `\Breve{a}`
$\bar{a}$	`\bar{a}`, `\Bar{a}`	$\vec{a}$	`\vec{a}`, `\Vec{a}`
$\dot{a}$	`\dot{a}`, `\Dot{a}`	$\ddot{a}$	`\ddot{a}`, `\Ddot{a}`
$\dddot{a}$	`\dddot{a}`	$\ddddot{a}$	`\ddddot{a}`
$\mathring{a}$	`\mathring{a}`		
$\widehat{abc}$	`\widehat{abc}`	$\widetilde{abc}$	`\widetilde{abc}`
$\overline{abc}$	`\overline{abc}`	$\underline{abc}$	`\underline{abc}`
$\overbrace{abc}$	`\overbrace{abc}`	$\underbrace{abc}$	`\underbrace{abc}`
$\overrightarrow{abc}$	`\overrightarrow{abc}`	$\underrightarrow{abc}$	`\underrightarrow{abc}`
$\overleftarrow{abc}$	`\overleftarrow{abc}`	$\underleftarrow{abc}$	`\underleftarrow{abc}`
$\overleftrightarrow{abc}$	`\overleftrightarrow{abc}`	$\underleftrightarrow{abc}$	`\underleftrightarrow{abc}`

Alle Anweisungen, die mit `\over...` oder `\under...` beginnen, sind beliebig dehnbar und passen ihre Ausdehnung der Ausdehnung des Arguments an.

Akzente, deren Aufrufe mit großen Buchstaben beginnen, werden von $\mathcal{A}\mathcal{M}\mathcal{S}$-LaTeX bereitgestellt und verhalten sich, wenn mehrere Akzente „übereinandergestapelt“ werden, besser als die ursprünglich von TeX bereitgestellten Anweisungen. Es folgen zusätzliche Anmerkungen zu einigen der obigen Anweisungen.

`\widehat{}` und `\widetilde{}` passen sich nur bis zu einer maximalen Länge ihrem Argument an, was manchmal zu unbefriedigenden Ergebnissen führen kann.

`\overline{}` und `\underline{}` richten sich in ihrer vertikalen Positionierung nach der Höhe des Arguments. Das kann zu unschönen Ergebnissen führen. Korrigieren lässt sich dieses Verhalten durch geeignete Benutzung von `\vphantom{}`-Anweisungen:

`$\overline{a} + \overline{b}$`	ergibt	$\overline{a} + \overline{b}$
`$\overline{a\vphantom{b}} + \overline{b}$`	ergibt	$\overline{a\vphantom{b}} + \overline{b}$

`\overbrace{}` und `\underbrace{}` gehören zur Zeichenklasse `\mathop` (vgl. Abschnitt C.11). Das ist hilfreich für beschriftete Klammern und Ähnliches. So führt `\overbrace{abcdefg}^{\textnormal{oben}}_{\texnormal{unten}}` in `\displaystyle` zu der Ausgabe

$$\overbrace{abcdefg}^{\textnormal{oben}}_{\textnormal{unten}} .$$

Die Exponenten und Indizes werden auch in `\textstyle` über und unter das Argument gesetzt.

Die horizontalen geschweiften Klammern werden aus Einzelteilen zusammengesetzt, die sich auch einzeln im mathematischen Modus mit `\braceld` ⌢, `\bracerd` ⌢, `\bracelu` ⌣, `\braceru` ⌣ aufrufen lassen.

`\overrightarrow{}` und `\overleftarrow{}` existieren schon in TeX, sie werden aber in $\mathcal{A}\mathcal{M}\mathcal{S}$-LaTeX neu definiert. Die weiteren `\...`*arrow{}*-Anweisungen existieren nur in $\mathcal{A}\mathcal{M}\mathcal{S}$-LaTeX.

`\imath` und `\jmath` verhindern unschöne Kollisionen zwischen i-Punkten und darüberliegenden Akzenten, indem sie den Punkt über *i* oder *j* unterdrücken:

`$\check{i}$`	ergibt	$\check{i}$
`$\check{\imath}$`	ergibt	$\check{\imath}$

Erzeugung und Feinjustierung von Akzenten

Die folgenden Anweisungen erlauben die Definition neuer Zeichen mit „Akzentverhalten“.

`\mathaccent` erzeugt einen mathematischen Akzent. Das Zeichen wird in TeX-Manier durch einen vierstelligen hexadezimalen Code charakterisiert, wie in „Kodierung mathematischer Zeichen“, Seite 239, beschrieben (z. B. `{\mathaccent"2201}`) oder als mathematisches Symbol übergeben (z. B. `\mathaccent\cdot`). Der so entstehende Ausdruck wird über den folgenden Term als Akzent gesetzt (die Anweisung verarbeitet allerdings Argumente in LaTeX und AMS-LaTeX nicht einheitlich).

`\DeclareMathAccent{}{}{}{}` ersetzt die TeX-Anweisung `\mathaccent`; sie ist analog zur Anweisung `\DeclareMathSymbol{}{}{}{}` (vgl. S. 239) aufgebaut. In der Datei `\fontmath.ltx` findet sich zum Beispiel die Zeile
`\DeclareMathAccent{\acute}{\mathalpha}{operators}{"13}`.
Wie alle `\Declare...`-Anweisungen kann sie nur in der Präambel aufgerufen werden.

`\skew{}{}{}` verschiebt Akzente horizontal. Das erste Argument enthält eine Zahl, die angibt, um wieviel mu (vgl. Abschnitt C.9) der Akzent (im zweiten Argument) über dem Zeichen (im dritten Argument) nach rechts verschoben wird. So erzeugt `$\skew{20}{\hat}{A}$` die Ausgabe $\skew{20}{\hat}{A}$.

Die Anweisung wurde vor allem für die Konstruktion „gestapelter" Akzente eingeführt und ist durch die Einführung der AMS-LaTeX-Anweisungen aus Tabelle C.12.1 weitgehend überflüssig geworden. Daher seien hier auch die beiden „TeX-Primitives" `\skewchar` und `\defaultskewchar`, über welche in TeX die Positionierung von Akzenten geregelt wird, nur am Rande erwähnt.

Horizontalen Leerraum füllen mit Pfeilen und Klammern

Die folgenden Anweisungen füllen eine Box mit horizontalen dehnbaren Pfeilen oder geschweiften Klammern auf, die ersten vier Anweisungen im Textmodus, die beiden letzten im mathematischen Modus.

`\upbracefill` füllt einen Leerraum mit einer dehnbaren nach oben geöffneten geschweiften Klammer. `\hbox to 2cm{\upbracefill}` ergibt $\underbrace{\hspace{2cm}}$. In dieser Form kann die Anweisung im Textmodus wie im mathematischen Modus verwendet werden, ebenso die drei folgenden.

`\downbracefill` füllt einen Leerraum mit einer dehnbaren nach unten geöffneten geschweiften Klammer.

`\rightarrowfill` füllt einen Leerraum mit einem dehnbaren nach rechts gerichteten Pfeil.

`\leftarrowfill` füllt einen Leerraum mit einem dehnbaren nach links gerichteten Pfeil.

`\xrightarrow[]{}` erzeugt einen dehnbaren nach rechts gerichteten Pfeil. Das erste optionale Argument kann eine Beschriftung unterhalb des Pfeils erhalten, das zweite Argument muss eine Beschriftung oberhalb des Pfeils enthalten (oder eben leer bleiben). Die Länge des Pfeils richtet sich nach der Beschriftung:

`$\xrightarrow[\text{unten}]{\text{über dem Pfeil}}$`

ergibt also $\xrightarrow[\text{unten}]{\text{über dem Pfeil}}$.

`\xleftarrow[]{}` analog zu *`\xrightarrow[]{}`*, aber für einen nach links gerichteten Pfeil.

C.13 Klammern, Begrenzer und vertikal Dehnbares

Begrenzer („Delimiter") sind in LaTeX Zeichen, die umfangreiche mathematische Ausdrücke links und rechts begrenzen (oder umschließen), wie Klammern oder Betragsstriche, und deren Höhe sich (meist) nach der Höhe des begrenzten Ausdrucks richten kann.

Die begrenzenden Zeichen

Alle Begrenzer in Tabelle C.13.1 reagieren im Rahmen ihrer Möglichkeiten auf die Anweisungen zur Größenanpassung. Näheres findet sich in Abschnitt 8.4.

<table>
<tr><th colspan="4">C.13.1 Begrenzer mit Größenanpassung</th></tr>
<tr><td>$($</td><td><code>(</code></td><td>$)$</td><td><code>)</code></td></tr>
<tr><td>$\big\lgroup$</td><td><code>\big\lgroup</code></td><td>$\big\rgroup$</td><td><code>\big\rgroup</code></td></tr>
<tr><td>$[$</td><td><code>[\lbrack</code></td><td>$]$</td><td><code>] \rbrack</code></td></tr>
<tr><td>$\{$</td><td><code>\{</code></td><td>$\}$</td><td><code>\}</code></td></tr>
<tr><td>$\{$</td><td><code>\lbrace</code></td><td>$\}$</td><td><code>\rbrace</code></td></tr>
<tr><td>$\lceil$</td><td><code>\lceil</code></td><td>$\rceil$</td><td><code>\rceil</code></td></tr>
<tr><td>$\lfloor$</td><td><code>\lfloor</code></td><td>$\rfloor$</td><td><code>\rfloor</code></td></tr>
<tr><td>$\langle$</td><td><code>\langle</code></td><td>$\rangle$</td><td><code>\rangle</code></td></tr>
<tr><td>$\lvert$</td><td><code>\lvert</code></td><td>$\rvert$</td><td><code>\rvert</code></td></tr>
<tr><td>$\lVert$</td><td><code>\lVert</code></td><td>$\rVert$</td><td><code>\rVert</code></td></tr>
<tr><td>$\vert$</td><td><code>\vert |</code></td><td>$\Vert$</td><td><code>\Vert \|</code></td></tr>
<tr><td>$/$</td><td><code>/</code></td><td>$\backslash$</td><td><code>\backslash</code></td></tr>
<tr><td>$\uparrow$</td><td><code>\uparrow</code></td><td>$\downarrow$</td><td><code>\downarrow</code></td></tr>
<tr><td>$\Uparrow$</td><td><code>\Uparrow</code></td><td>$\Downarrow$</td><td><code>\Downarrow</code></td></tr>
<tr><td>$\updownarrow$</td><td><code>\updownarrow</code></td><td>$\Updownarrow$</td><td><code>\Updownarrow</code></td></tr>
</table>

Die Anweisungen `\lgroup` und `\rgroup` ergeben nur mit einer vorangestellten Anweisung zur Größenanpassung aus dem folgenden Unterabschnitt, wie etwa `\big`, eine Klammer. Sie fällt aber etwas gestreckter und fetter aus als eine mit „(" oder „)" gesetzte Klammer. Der Vollständigkeit halber sei hier noch erwähnt, dass auch das Wurzelzeichen `\sqrt` vertikale Größenanpassungen erlaubt (vgl. zum Beispiel die Diskussion im Unterabschnitt „Wurzeln", Seite 141 in Abschnitt 8.6), ansonsten verhält sich die Wurzel aber anders als die hier aufgeführten Anweisungen.

Die hier aufgeführten Zeichen gehören verschiedenen Zeichenklassen an (vgl. Abschnitt C.11): Öffnende Klammern und alle Anweisungen, die mit „l" beginnen, gehören zur Zeichenklasse 4 der linken Begrenzer, analog gehören schließende Klammern und Anweisungen, die mit „r" beginnen, zur Klasse 5 der rechten Begrenzer. Die vertikalen Pfeilsymbole gehören zur Zeichenklasse 3 der Relationen (vgl. Tabelle C.16.5), die restlichen Zeichen gehören zur Zeichenklasse 0 der „normalen" Zeichen.

Da sich die Höhe der Begrenzer verändern kann, müssen diese aus einzelnen Bestandteilen zusammengesetzt sein, die hier kurz aufgelistet werden. Aus diesen Bestandteilen können bei Bedarf auch eigene Zeichen zusammengesetzt werden. Diese Teile besitzen keine eigene Größe, sie muss stattdessen mit den unten beschriebenen Anweisungen `\left`... oder `\big`... explizit festgelegt werden.

`\lmoustache` Die Anweisung `$\big\lmoustache$` ergibt $\big\lmoustache$ und kann als oberer Teil einer nach rechts geöffneten geschweiften Klammer oder als unterer Teil einer nach links geöffneten geschweiften Klammer benutzt werden. Das Symbol ist als linker Begrenzer definiert (vgl. Abschnitt C.11).

`\rmoustache` ergibt $\big\rmoustache$, den anderen Teil einer geschweiften Klammer, und ist als rechter Begrenzer definiert.

`\bracevert` ist eine vertikale Linie, mit deren Hilfe geschweifte Klammern vertikal gestreckt werden können.

`\arrowvert` ist eine vertikale Linie, mit deren Hilfe dehnbare Pfeile in vertikaler Richtung gestreckt werden können.

`\Arrowvert` ist eine vertikale Doppellinie, mit deren Hilfe dehnbare Doppelpfeile vertikal gestreckt werden können.

Die folgenden Symbole sind ebenfalls als linke und rechte Begrenzer definiert, erlauben aber keine Größenanpassung.

C.13.2 Begrenzer ohne Größenanpassung			
$\ulcorner$	*\ulcorner*	$\urcorner$	*\urcorner*
$\llcorner$	*\llcorner*	$\lrcorner$	*\lrcorner*

Anweisungen zur Größenanpassung

Auf die Verwendung der folgenden Anweisungen wird auch im Haupttext in Abschnitt 8.4 eingegangen.

`\left` passt die Größe des folgenden Begrenzers dem umschlossenen Ausdruck an und setzt ihn als linken Begrenzer. Diese Anweisung kann nur in Verbindung mit `\right` stehen, um auf diese Weise den zu umschließenden Ausdruck festzulegen. In Ermangelung eines sinnvollen rechten Begrenzers ist `\left` auch mit dem Partner `\right.` zufrieden, der fast keine Ausgabe erzeugt: Die Anweisung `\right.` erzeugt einen Leerraum, dessen Größe in dem Register `\nulldelimiterspace` abgelegt ist. Voreingestellt sind 1.2 pt, diese Einstellung kann aber auch verändert werden (vgl. auch die Diskussion in „Automatische Größenanpassung von Klammern und anderen Begrenzern", Seite 128 in Abschnitt 8.4).

`\right` passt die Größe des folgenden Begrenzers dem umschlossenen Ausdruck an und setzt ihn als rechten Begrenzer. Die Anweisung kann nur in Verbindung mit `\left` stehen. Im Übrigen gilt sinngemäß das oben zu `\left` Gesagte.

`\middle` erlaubt weitere größenangepasste Begrenzer innerhalb eines mit `\left` ...`\right` umgebenen Ausdrucks und setzt sie als Relation (vgl. Abschnitt C.11 und das Beispiel in Abschnitt 8.4 auf Seite 130). Bei Bedarf können sowohl der linke als auch der rechte Begrenzer mit `\left.` und `\right.` unterdrückt werden, die Größenanpassung arbeitet immer noch korrekt.

`\big` vergrößert einen folgenden Begrenzer, in LaTeX angepasst an eine `\vbox` der Höhe 8.5 pt. Ebenso die Varianten `\bigl`, `\bigm`, `\bigr`, die den Begrenzer als linken Begrenzer, als Relation bzw. als rechten Begrenzer setzen (vgl. Abschnitt C.11).

`\Big` vergrößert einen folgenden Begrenzer, in LaTeX angepasst an eine `\vbox` der Höhe 11.5 pt. Entsprechend die Varianten `\Bigl`, `\Bigm`, `\Bigr`.

`\bigg` vergrößert einen folgenden Begrenzer, in LaTeX angepasst an eine `\vbox` der Höhe 14.5 pt. Entsprechend die Varianten `\biggl`, `\biggm`, `\biggr`.

`\Bigg` vergrößert einen folgenden Begrenzer, in LaTeX angepasst an eine `\vbox` der Höhe 17.5 pt. Entsprechend die Varianten `\Biggl`, `\Biggm`, `\Biggr`.

In der Literatur findet sich ab und an die Bemerkung, die vergrößerten Begrenzer hätten Höhen von 8.5 pt, 11.5 pt, 14.5 pt und 17.5 pt. Das ist nicht ganz korrekt. Vielmehr wird intern mit `\left ... \right.` der Begrenzer an einer `\vbox` dieser Höhe ausgerichtet, ist also entsprechend etwas größer als diese `\vbox`. In AMS-LaTeX sind die Vergrößerungen der `\big`-Anweisungen nicht wie in LaTeX fixiert, sondern passen sich flexibler der Größe des umschlossenen Ausdrucks, insbesondere dem Schriftgrad, an.

Die um `l`, `m` und `r` erweiterten Anweisungen sind im Allgemeinen vorzuziehen, da sie die satztechnische Funktion korrekt berücksichtigen und insbesondere die Abstände zum umgebenden Text besser setzen, entsprechend Tabelle C.11.2 auf Seite 238; oft machen sich die Unterschiede aber nicht bemerkbar.

Zur Illustration finden sich Klammern mit den entsprechenden Größen im Unterabschnitt „Manuelle Größenanpassung von Klammern und anderen Begrenzern", Seite 129 in Abschnitt 8.4.

Erzeugung von Begrenzern

Die folgenden Anweisungen dienen der Definition von Begrenzern. Die Namensgebung der Anweisungen orientiert sich an dem englischen Ausdruck „delimiter".

`\delcode` steht für „delimiter Code" und legt fest, wie sich ein Zeichen verhält, wenn es als Begrenzer benutzt wird, also zum Beispiel nach einer `\left`- oder `\right`-Anweisung. Der Code besteht aus sechs hexadezimalen Ziffern. Die drei ersten beziehen sich auf die kleine, die drei letzten auf die große Variante. Jeweils legt die erste Ziffer die Nummer der benutzten Stilfamilie fest (vgl. Abschnitt C.19), die beiden anderen geben die Position des Zeichens in dem zugehörigen Font an. Die Anweisung `\delcode‘\x="028300` führt dazu, dass in Begrenzer-Funktion aus der Eingabe „x", zum Beispiel in `$\left x \right.$`, eine sich öffnende Klammer wird, einschließlich einer automatischen Größenanpassung (vorausgesetzt, die Stilfamilien sind mit den üblichen Fonts belegt).

`\delimiter` konstruiert einen Begrenzer mithilfe eines Codes aus sieben hexadezimalen Ziffern. Die erste gibt die Zeichenklasse (vgl. Abschnitt C.11) an, die folgenden sechs Ziffern sind wie in `\delcode` definiert. Zum Beispiel ist `\langle` definiert als `\delimiter"426830A`; hier zeigt die führende 4 an, dass dieses Zeichen wie ein linker Begrenzer gesetzt werden soll.

`\DeclareMathDelimiter{}{}{}{}{}{}` ist die LaTeX-Anweisung zur Definition von Begrenzern. Das erste Argument steht für das Symbol, das zweite für die Zeichenklasse, die für das Symbol Verwendung finden soll (vgl. Abschnitt C.11), das dritte Argument bezeichnet die Nummer der Stilfamilie (vgl. Abschnitt C.19), die für kleine Symbole benutzt werden soll, das vierte die Nummer des Zeichens in dem zugehörigen Font, das fünfte Argument bezeichnet die Nummer der Stilfamilie, die für große Symbole benutzt werden soll, das sechste wieder die Nummer des Zeichens im entsprechenden Font. So findet sich in der Datei `fontmath.ltx` zur Definition der Klammer `\langle` der Eintrag `\DeclareMathDelimiter{\langle}{\mathopen}{symbols}{"68}{largesymbols}{"0A}`.

Wie alle `\Declare...`-Anweisungen kann diese Anweisung nur in der Präambel stehen. Zur Definition eigener Begrenzer vergleiche [Voß06].

`\delimiterfactor` ist ein Zähler, der die Mindesthöhe eines Begrenzers in Abhängigkeit von der Höhe des umklammerten Ausdrucks festlegt. Voreingestellt ist 901, das entspricht einem Faktor von 0,901. Manchmal kann es hilfreich sein, diesen Faktor zu verändern (vergleiche hierzu das Beispiel in „Größenanpassung von Klammern durch Änderung von Parametern", Seite 131 in Abschnitt 8.4, und [Voß06]).

`\delimitershortfall` ist eine Länge, die angibt, um wieviel ein Begrenzer höchstens kleiner sein darf als die eingeschlossene Formel. Voreingestellt sind 5 pt (vergleiche hierzu ebenfalls das Beispiel auf Seite 131 und [Voß06]).

`\nulldelimiterspace` ist eine Länge, die die Breite eines „leeren Begrenzers" festlegt, wie er zum Beispiel auftritt, wenn eine einseitige Klammerstruktur mit `\left( ... \right.` erzeugt wird. Voreingestellt sind 1.2 pt.

C.14 Große Operatoren

„Große Operatoren" sind Zeichen der Zeichenklasse 1 (vgl. Abschnitt C.11, insbesondere Tabelle C.11.1). Eigentlich sollten „große Operatoren" wohl besser „vorangestellte Operatoren" heißen, denn sie wirken auf den nachfolgenden Ausdruck. Bei Bedarf steht „großen Operatoren" eine große Version für den abgesetzten Stil (`\displaystyle`) zur Verfügung und eine normale Version für die anderen mathematischen Stile, in einigen Fällen können Grenzen unter und über den Operator gesetzt werden.

Untere und obere Grenzen für „große Operatoren"

„Große Operatoren" lassen untere und obere Grenzen zu (wir sprechen hier von „Grenzen", gesetzt werden diese aber wie Indizes und Exponenten), die standardmäßig in

Textformeln (und kleineren Formeln) rechts neben den Operator gesetzt werden, in abgesetzten Formeln aber über und unter den Operator (eine Ausnahme bilden die Funktionsnamen aus Tabelle C.14.4):

Textformel: $\bigoplus_{i=1}^{n}$ abgesetzte Formel: $\displaystyle\bigoplus_{i=1}^{n}$

Eine weitere Ausnahme von dieser Regel sind Integrale, deren Grenzen auch in abgesetzten Formeln rechts neben das Integralzeichen gesetzt werden. Das liegt daran, dass die Ausgabe der Grenzen bei Integralen mit der Anweisung `\nolimits` (s. u.) manipuliert wurde.

`\limits` setzt die Grenzen eines „großen Operators" über und unter den Operator, unabhängig vom aktuellen mathematischen Stil. Die Anweisung `\limits` muss, wie auch die folgenden, unmittelbar nach der Anweisung für den Operator und vor den Anweisungen für die Grenzen stehen: `\sum\limits_1^n`.

`\nolimits` setzt die Grenzen rechts neben den Operator, unabhängig vom aktuellen mathematischen Stil. In der Definition von `\int` ist diese Anweisung enthalten und für das eingangs erwähnte abweichende Verhalten von Integralgrenzen verantwortlich.

`\displaylimits` bewirkt, dass die Grenzen wie ursprünglich vorgesehen gesetzt werden. Das kann nützlich sein, wenn eine der obigen Anweisungen in einem Makro verwendet wurde: Da beim Aufeinandertreffen mehrerer solcher Anweisungen immer die letzte „das Sagen hat", kann auf diese Weise auch außerhalb des Makros wieder die ursprüngliche Situation hergestellt werden. So bewirkt `\int\displaylimits_a^b`, dass die Grenzen des Integrals (das intern die Anweisung `\nolimits` enthält) gesetzt werden, wie für „große Operatoren" üblich.

In AMS-LaTeX kann die Positionierung von Grenzen durch die folgenden *globalen* Optionen beeinflusst werden, die beim Aufruf des Paketes *amsmath* gesetzt werden können.

intlimits In abgesetzten Formeln werden die Grenzen eines Integrals oberhalb und unterhalb des Integralzeichens gesetzt.

nointlimits In abgesetzten Formeln werden die Grenzen eines Integrals rechts neben das Integralzeichen gesetzt (das ist die Standardeinstellung).

sumlimits In abgesetzten Formeln werden die Grenzen unterhalb und oberhalb eines „großen Operators" aus Tabelle C.14.2 gesetzt (in der Standardeinstellung nicht jedoch bei Integralzeichen).

nosumlimits In abgesetzten Formeln werden die Grenzen neben einen „großen Operator" aus der Tabelle C.14.2 gesetzt (Integralzeichen sind nicht betroffen).

namelimits In abgesetzten Formeln werden die Grenzen eines Operators wie lim oder max aus der Tabelle C.14.3 unterhalb und oberhalb des Operators gesetzt (das ist die Standardeinstellung, s. o.).

nonamelimits In abgesetzten Formeln werden die Grenzen eines Operators wie lim oder max aus der Tabelle C.14.3 rechts neben den Operator gesetzt.

Darüber hinaus sei hier auf die Anweisungen `\sideset{}{}`, `\substack` und die Umgebung `{subarray}` in Abschnitt C.8 verwiesen, die nützlich sind für mehrzeilige und außergewöhnliche Grenzen.

Integrale

Tabelle C.14.1 enthält die in LaTeX und AMS-LaTeX vordefinierten Integralzeichen (sie erscheinen in der hier benutzten Schrift etwas kleiner als meist üblich).

C.14.1 Integrale					
$\int$	`\int`	$\iint$	`\iint`	$\iiint$	`\iiint`
$\iiiint$	`\iiiint`	$\idotsint$	`\idotsint`	$\oint$	`\oint`
$\intop$	`\intop`	$\ointop$	`\ointop`	$\smallint$	`\smallint`

Die Integrale der beiden ersten Zeilen enthalten in ihrer Definition (in LaTeX) eine `\nolimits`-Anweisung, ihre Grenzen werden also auch im abgesetzten Stil rechts neben das Integralzeichen gesetzt. Die Integrale der letzten Zeile verhalten sich im Hinblick auf die Grenzen wie gewöhnliche „große Operatoren" der Zeichenklasse 1, ihre Grenzen werden im abgesetzten Stil unter und über das Integralzeichen gesetzt (vgl. den vorangehenden Unterabschnitt). Das Zeichen `\smallint` ist etwas kleiner als `\int` und wird als einziges Symbol der Zeichenklasse 1 auch im abgesetzten Modus nicht vergrößert, verhält sich aber hinsichtlich der Grenzen wie ein normaler „großer Operator".

Weitere „große Operatoren" in zwei Größen

Die „großen Operatoren" in Tabelle C.14.2 werden, wie die meisten Integrale, in abgesetzten Formeln größer gesetzt als in Textformeln.

C.14.2 „Große Operatoren" in zwei Größen					
$\sum$	`\sum`	$\prod$	`\prod`	$\coprod$	`\coprod`
$\bigcup$	`\bigcup`	$\bigcap$	`\bigcap`	$\biguplus$	`\biguplus`
$\bigvee$	`\bigvee`	$\bigwedge$	`\bigwedge`	$\bigsqcup$	`\bigsqcup`
$\bigoplus$	`\bigoplus`	$\bigotimes$	`\bigotimes`	$\bigodot$	`\bigodot`

Für die Symbole in der zweiten, dritten und vierten Zeile, deren Namen jeweils mit `\big` beginnen, existieren auch kleine Versionen der Zeichenklasse 2 (binärer Operator, entsprechend der Anweisung `\mathbin` (vgl. Abschnitt C.11)). Diese sind in Tabelle C.15.2 aufgeführt.

Erzeugung von „großen Operatoren"

Mit den hier aufgeführten Anweisungen können „große Operatoren" definiert und ihr satztechnisches Verhalten gesteuert werden.

`\mathop{}` setzt das Argument als „großen Operator" der Zeichenklasse 1, dessen obere und untere Grenzen im abgesetzten Stil über und unter das Zeichen gesetzt werden. Dieses Verhalten kann mit den Anweisungen `\limits` und `\nolimits` (s. o.) beeinflusst werden (nicht jedoch mit den entsprechenden AMS-LaTeX-Anweisungen).

Bei Operatornamen aus mehreren Buchstaben sollte der Name in der Grundschrift gesetzt werden (vergleiche Abschnitt 8.9). Ein Operator für die Rotation eines Vektorfeldes könnte in LaTeX also etwa folgendermaßen eingeführt werden:

```
\newcommand{\rot}{\mathop{\textnormal{rot}}\nolimits}
```

Die folgenden AMS-LaTeX-Anweisungen wählen schon die richtige Schriftart.

`\operatorname{}` setzt das Argument als „großen Operator"; der Name wird in der Grundschrift gesetzt. Grenzen werden immer rechts neben den Operator gesetzt (vgl. die folgende Anweisung).

`\operatornamewithlimits{}` setzt, wie *`\operatorname{}`*, das Argument als „großen Operator", hier aber werden Grenzen, wie für „große Operatoren" üblich, im abgesetzten Stil über und unter den Operator gesetzt. Die Platzierung der Grenzen kann über die Anweisungen `\limits` und `\nolimits` (s. o.) beeinflusst werden, nicht aber über die AMS-LaTeX-Optionen *`intlimits`* und *`nointlimits`*.

`\DeclareMathOperator{}{}` erklärt ebenfalls einen „großen Operator", kann aber nur in der Präambel aufgerufen werden. Das erste Argument enthält den Namen (mit „backslash"), unter dem der Operator aufgerufen wird, das zweite die Zeichenfolge, die auf diese Aufforderung hin gesetzt wird. Die Grenzen werden immer neben den Operator gesetzt.

Ein Aufruf *`\DeclareMathOperator{\rot}{rot}`* in der Präambel entspricht also der Anweisung *`\newcommand{\rot}{\operatorname{rot}}`*.

`\DeclareMathOperator*{}{}` erklärt wie oben einen „großen Operator" und kann nur in der Präambel aufgerufen werden. Im Unterschied zu der sternlosen Variante werden die Grenzen im abgesetzten Modus *über* und *unter* den Operator gesetzt und können mit den Anweisungen `\limits` und `\nolimits` (s. o.) beeinflusst werden. *`\DeclareMathOperator*{\rot}{rot}`* in der Präambel entspricht also *`\newcommand{\rot}{\operatornamewithlimits{rot}}`*.

Limiten und Verwandtes

Die Anweisungen in Tabelle C.14.3 werden ebenfalls als „große Operatoren" gesetzt. In abgesetzten Formeln werden Indizes (und Exponenten) unter (bzw. über) den jeweiligen Namen gesetzt (wenn nicht mit den obigen `...limits`-Anweisungen anderweitig Einfluss genommen wurde); es steht aber nur jeweils eine Größe zur Verfügung.

C.14.3 Limiten und Verwandtes

det	\det	gcd	\gcd
inf	\inf	lim	\lim
lim inf	\liminf	lim sup	\limsup
$\varliminf$	*\varliminf*	$\varlimsup$	*\varlimsup*
inj lim	*\injlim*	proj lim	*\projlim*
$\varinjlim$	*\varinjlim*	$\varprojlim$	*\varprojlim*
max	\max	min	\min
Pr	\Pr	sup	\sup

Funktionsnamen

Die folgenden Namen von Funktionen werden standardmäßig bereitgestellt. Sie werden im Hinblick auf Abstände als „große Operatoren" behandelt, Indizes und Exponenten werden aber wie gewöhnlich gesetzt und es steht nur eine Größe zur Verfügung.

C.14.4 Funktionsnamen

arccos	\arccos	arcsin	\arcsin
arctan	\arctan	arg	\arg
cos	\cos	cosh	\cosh
cot	\cot	coth	\coth
csc	\csc	deg	\deg
dim	\dim	exp	\exp
hom	\hom	ker	\ker
lg	\lg	ln	\ln
log	\log	sec	\sec
sin	\sin	sinh	\sinh
tan	\tan	tanh	\tanh
mod	\bmod	(mod)	\pmod
mod	*\mod*	()	*\pod*

Zur Verdeutlichung seien hier noch mal die Wirkungsweisen der Modulo-Anweisungen expliziter zusammengestellt:

Ergebnis	Eingabe
$11 \equiv 4 \bmod 7$	`11 \equiv 4 \bmod 7`
$11 \equiv 4 \pmod 7$	`11 \equiv 4 \pmod 7`
$11 \equiv 4 \mod 7$	`11 \equiv 4 \mod 7`
$11 \equiv 4 \pod 7$	`11 \equiv 4 \pod 7`

C.15 Binäre Operatoren

Dieser Abschnitt enthält Symbole, die meist als binäre Operatoren zwischen zwei mathematischen Ausdrücken Verwendung finden. Sie gehören der Zeichenklasse 2 (`bin`) an (vgl. Abschnitt C.11).

`\mathbin{}` setzt das Argument als binären Operator der Zeichenklasse 2 (`bin`).

C.15.1 Binäre Operatoren in einer Größe			
$+$	`+`	$-$	`-`
$\pm$	`\pm`	$\mp$	`\mp`
$\dotplus$	*`\dotplus`*	$\wr$	`\wr`
$\times$	`\times`	$\div$	`\div`
$\ast$	`\ast *`	$\star$	`\star`
$\cdot$	`\cdot`	$\centerdot$	*`\centerdot`*
$\setminus$	`\setminus`	$\smallsetminus$	*`\smallsetminus`*
$\amalg$	`\amalg`	$\sqcap$	`\sqcap`
$\vee$	`\vee \lor`	$\wedge$	`\wedge \land`
$\Cup$	*`\Cup \doublecup`*	$\Cap$	*`\Cap \doublecap`*
$\curlyvee$	*`\curlyvee`*	$\curlywedge$	*`\curlywedge`*
$\veebar$	*`\veebar`*	$\barwedge$	*`\barwedge`*
$\intercal$	*`\intercal`*	$\doublebarwedge$	*`\doublebarwedge`*
$\circ$	`\circ`	$\bigcirc$	`\bigcirc`
$\ominus$	`\ominus`	$\oslash$	`\oslash`
$\circledcirc$	*`\circledcirc`*	$\circledast$	*`\circledast`*
$\circleddash$	*`\circleddash`*	$\divideontimes$	*`\divideontimes`*
$\bullet$	`\bullet`	$\diamond$	`\diamond`
$\bigtriangleup$	`\bigtriangleup`	$\bigtriangledown$	`\bigtriangledown`
$\triangleleft$	`\triangleleft`	$\triangleright$	`\triangleright`
$\lessdot$	*`\lessdot`*	$\gtrdot$	*`\gtrdot`*
$\lhd$	*`\lhd`*	$\rhd$	*`\rhd`*
$\unlhd$	*`\unlhd`*	$\unrhd$	*`\unrhd`*
$\ltimes$	*`\ltimes`*	$\rtimes$	*`\rtimes`*
$\dagger$	`\dagger`	$\ddagger$	`\ddagger`
$\leftthreetimes$	*`\leftthreetimes`*	$\rightthreetimes$	*`\rightthreetimes`*
$\boxplus$	*`\boxplus`*	$\boxminus$	*`\boxminus`*
$\boxtimes$	*`\boxtimes`*	$\boxdot$	*`\boxdot`*

Für die binären Operatoren in Tabelle C.15.2 existieren auch jeweils große Versionen, die als „großer Operator" der Zeichenklasse 1 (`op`) gesetzt werden und in Tabelle C.14.2 aufgeführt sind. Die entsprechenden Anweisungen entstehen aus den hier aufgeführten durch Voranstellen von `\big`.

C.15.2 Binäre Operatoren in zwei Größen					
$\cup$	`\cup`	$\cap$	`\cap`	$\uplus$	`\uplus`
$\vee$	`\vee`	$\wedge$	`\wedge`	$\sqcup$	`\sqcup`
$\oplus$	`\oplus`	$\otimes$	`\otimes`	$\odot$	`\odot`

C.16 Relationen

In diesem Abschnitt finden sich, aufgeteilt auf mehrere Tabellen, Symbole, die von LaTeX der Zeichenklasse 3 (`rel`) der Relationen (vgl. Abschnitt C.11) zugeordnet werden. Neben den üblichen Relationen gehören auch Pfeilsymbole zu dieser Klasse.

`\mathrel{}` setzt das Argument als eine Relation, im Normalfall wird es also links und rechts mit großen Abständen umgeben (vgl. Tabelle C.11.2).

C.16.1 Relationen in LaTeX			
$<$	`<`	$>$	`>`
$\le$	`\le \leq`	$\ge$	`\ge \geq`
$\prec$	`\prec`	$\succ$	`\succ`
$\preceq$	`\preceq`	$\succeq$	`\succeq`
$\ll$	`\ll`	$\gg$	`\gg`
$\subset$	`\subset`	$\supset$	`\supset`
$\subseteq$	`\subseteq`	$\supseteq$	`\supseteq`
$\sqsubseteq$	`\sqsubseteq`	$\sqsupseteq$	`\sqsupseteq`
$\in$	`\in`	$\ni$	`\ni \owns`
$\vdash$	`\vdash`	$\dashv$	`\dashv`
$\sim$	`\sim`	$\simeq$	`\simeq`
$\approx$	`\approx`	$\cong$	`\cong`
$\smile$	`\smile`	$\frown$	`\frown`
$\mid$	`\mid`	$\parallel$	`\parallel`
$=$	`=`	$-$	`-`
$\Relbar$	`\Relbar`	$\relbar$	`\relbar`
$\doteq$	`\doteq`	$\equiv$	`\equiv`
$\models$	`\models`	$\perp$	`\perp`
$\asymp$	`\asymp`	$\bowtie$	`\bowtie`
$\ne$	`\ne \neq`	$\notin$	`\notin`
$\propto$	`\propto`		

Die mit `|` und `||` bzw. `\|` eingegebenen vertikalen Striche für Beträge und Normen werden wie `\vert` und `\Vert` als Begrenzer gesetzt (vgl. Abschnitt C.13).

Alle obigen Relationen können durch ein vorangestelltes `\not` verneint werden. Zum Beispiel erhält man mit `\not\subseteq` die Ausgabe $\not\subseteq$. Das kann jedoch zu unschönen Ergebnissen führen: Zum Beispiel führt `\not\mid` zu dem Ergebnis $\not\mid$. Die beiden in der Tabelle enthaltenen Verneinungen besitzen einen etwas sorgfältiger gestalteten Schrägstrich: $\neq$ statt $\not=$ oder $\notin$ statt $\not\in$ (in Computer Modern ist der Unterschied etwas deutlicher). Gegebenenfalls kann man mit einem geeigneten Abstandsbefehl (vgl. C.10) zwischen `\not` und der folgenden Anweisung den Schrägstrich aber auch selbst nachjustieren. Weitere „fertige" Symbole für negierte Relationen stellt $\mathcal{AMS}$-LaTeX bereit (vgl. Tabelle C.16.4).

`\joinrel` schiebt zwei Zeichen zusammen und setzt es als Relation (vergleiche auch „Verschieben von Textteilen" auf Seite 232 in Abschnitt C.10). So ergibt `\subset\joinrel\supset` eine Relation $\subset\joinrel\supset$, während `\subset\supset` alleine zur Ausgabe $\subset\supset$ führt. Einige der Relationen der Tabelle C.16.1, zum Beispiel das Zeichen $\bowtie$ (`\bowtie`), werden bei Bedarf (abhängig von den vorhandenen Fonts) mit `\joinrel` „zusammengebaut".

Die Zeichen aus Tabelle C.16.2 finden als Bestandteile von Relationszeichen Verwendung, gehören jedoch auch selbst zur Klasse der Relationen (die Zeichen wurden den Computer Modern Fonts entnommen, sie stehen in Minion Pro nicht zur Verfügung):

C.16.2 Bestandteile von Symbolen			
$\rhook$ `\rhook`	$\lhook$ `\lhook`	$\mapstochar$ `\mapstochar`	$/$ `\not`

Zum Beispiel ist in LaTeX $\mapsto$ (`\mapsto`) definiert als `\mapstochar\rightarrow`, aus `\lhook\joinrel\rightarrow` wird das Zeichen $\hookrightarrow$ (`\hookrightarrow`). Die Verwendung von `\not` wurde oben schon beschrieben.

Eine Frage, die mir immer wieder gestellt wird: Schreibt man $<$ oder $\leq$, $\subset$ oder $\subseteq$ etc? Ich würde generell $\leq$ und $\subseteq$ etc. den Vorzug geben, und zwar aus zwei Gründen (der Einfachheit halber am Beispiel von $\leq$):

1. Da das Zeichen $\leq$ existiert, stellt das Zeichen $<$ automatisch die Frage, ob ein Gleichheitszeichen hier ausgeschlossen sein soll: Das Zeichen $\leq$ ist also eindeutiger. Soll das Gleichheitszeichen ausgeschlossen sein, so kann man dies bei Bedarf auch durch die Benutzung des Zeichens $\lneqq$ (vgl. Tabelle C.16.4) verdeutlichen und etwas Redundanz in Kauf nehmen.

2. Das Zeichen $\leq$ steht für eine Ordnungsrelation und damit für eine der Basisstrukturen der Mathematik, das Zeichen $<$ dagegen nicht. Zugegeben, das ist ein rein ästhetisches Argument, aber es geht ja um Mathematik.

Die beiden folgenden Tabellen fassen Relationszeichen und negierte Relationszeichen zusammen, die $\mathcal{AMS}$-LaTeX zur Verfügung stellt.

C.16.3 Relationen in $\mathcal{AMS}$-LaTeX

$\leqq$	\leqq	$\geqq$	\geqq
$\leqslant$	\leqslant	$\geqslant$	\geqslant
$\eqslantless$	\eqslantless	$\eqslantgtr$	\eqslantgtr
$\lesssim$	\lesssim	$\gtrsim$	\gtrsim
$\lessapprox$	\lessapprox	$\gtrapprox$	\gtrapprox
$\lll$	\lll \llless	$\ggg$	\ggg \gggtr
$\lessgtr$	\lessgtr	$\gtrless$	\gtrless
$\lesseqgtr$	\lesseqgtr	$\gtreqless$	\gtreqless
$\lesseqqgtr$	\lesseqqgtr	$\gtreqqless$	\gtreqqless
$\subseteqq$	\subseteqq	$\supseteqq$	\supseteqq
$\Subset$	\Subset	$\Supset$	\Supset
$\sqsubset$	\sqsubset	$\sqsupset$	\sqsupset
$\preccurlyeq$	\preccurlyeq	$\succcurlyeq$	\succcurlyeq
$\curlyeqprec$	\curlyeqprec	$\curlyeqsucc$	\curlyeqsucc
$\precsim$	\precsim	$\succsim$	\succsim
$\precapprox$	\precapprox	$\succapprox$	\succapprox
$\vartriangleleft$	\vartriangleleft	$\vartriangleright$	\vartriangleright
$\trianglelefteq$	\trianglelefteq	$\trianglerighteq$	\trianglerighteq
$\blacktriangleleft$	\blacktriangleleft	$\blacktriangleright$	\blacktriangleright
$\vDash$	\vDash	$\Vdash$	\Vdash
$\Doteq$	\Doteq \doteqdot	$\Vvdash$	\Vvdash
$\risingdotseq$	\risingdotseq	$\fallingdotseq$	\fallingdotseq
$\circeq$	\circeq	$\eqcirc$	\eqcirc
$\triangleq$	\triangleq	$\Join$	\Join
$\eqsim$	\eqsim	$\approxeq$	\approxeq
$\thicksim$	\thicksim	$\thickapprox$	\thickapprox
$\backsim$	\backsim	$\backsimeq$	\backsimeq
$\bumpeq$	\bumpeq	$\Bumpeq$	\Bumpeq
$\smallsmile$	\smallsmile	$\smallfrown$	\smallfrown
$\shortmid$	\shortmid	$\shortparallel$	\shortparallel
$\between$	\between	$\pitchfork$	\pitchfork
$\varpropto$	\varpropto	$\backepsilon$	\backepsilon
$\therefore$	\therefore	$\because$	\because
$\vartriangle$	\vartriangle		

Die nächste Tabelle enthält negierte Relationen, die jedoch (meist) etwas sorgfältiger gestaltet sind, als wenn sie mit einem einfachen vorangestellten \not gebildet worden wären.

C.16.4 Negierte Relationen in $\mathcal{A}\mathcal{M}\mathcal{S}$-LaTeX

Symbol	Befehl	Symbol	Befehl
$\nless$	`\nless`	$\ngtr$	`\ngtr`
$\nleq$	`\nleq`	$\ngeq$	`\ngeq`
$\nleqslant$	`\nleqslant`	$\ngeqslant$	`\ngeqslant`
$\nleqq$	`\nleqq`	$\ngeqq$	`\ngeqq`
$\lneq$	`\lneq`	$\gneq$	`\gneq`
$\lneqq$	`\lneqq`	$\gneqq$	`\gneqq`
$\lvertneqq$	`\lvertneqq`	$\gvertneqq$	`\gvertneqq`
$\lnsim$	`\lnsim`	$\gnsim$	`\gnsim`
$\lnapprox$	`\lnapprox`	$\gnapprox$	`\gnapprox`
$\nprec$	`\nprec`	$\nsucc$	`\nsucc`
$\npreceq$	`\npreceq`	$\nsucceq$	`\nsucceq`
$\precneqq$	`\precneqq`	$\succneqq$	`\succneqq`
$\precnsim$	`\precnsim`	$\succnsim$	`\succnsim`
$\precnapprox$	`\precnapprox`	$\succnapprox$	`\succnapprox`
$\nsim$	`\nsim`	$\ncong$	`\ncong`
$\nshortmid$	`\nshortmid`	$\nshortparallel$	`\nshortparallel`
$\nmid$	`\nmid`	$\nparallel$	`\nparallel`
$\nvdash$	`\nvdash`	$\nvDash$	`\nvDash`
$\nVdash$	`\nVdash`	$\nVDash$	`\nVDash`
$\ntriangleleft$	`\ntriangleleft`	$\ntriangleright$	`\ntriangleright`
$\ntrianglelefteq$	`\ntrianglelefteq`	$\ntrianglerighteq$	`\ntrianglerighteq`
$\nsubseteq$	`\nsubseteq`	$\nsupseteq$	`\nsupseteq`
$\nsubseteqq$	`\nsubseteqq`	$\nsupseteqq$	`\nsupseteqq`
$\subsetneq$	`\subsetneq`	$\supsetneq$	`\supsetneq`
$\subsetneqq$	`\subsetneqq`	$\supsetneqq$	`\supsetneqq`
$\varsubsetneq$	`\varsubsetneq`	$\varsupsetneq$	`\varsupsetneq`
$\varsubsetneqq$	`\varsubsetneqq`	$\varsupsetneqq$	`\varsupsetneqq`

Die Symbole für die Anweisungen `\lneq` und `\gneq`, `\lvertneqq` und `\gvertgneqq`, `\precneqq` und `\succneq` sowie die Symbole der letzten vier Zeilen sind dem Font msbm von $\mathcal{A}\mathcal{M}\mathcal{S}$-LaTeX entnommen, da sie in Minion Pro etwas anders gestaltet sind.

Auch Pfeile werden der Zeichenklasse 3 (`rel`) der Relationen zugeordnet und werden daher in diesem Abschnitt zusammengestellt. Die vertikalen dehnbaren Pfeile wurden auch schon in Abschnitt C.13 angesprochen und in Tabelle C.13.1 aufgeführt. LaTeX und $\mathcal{A}\mathcal{M}\mathcal{S}$-LaTeX stellen auch einige horizontale Pfeile zur Verfügung, die einen vorgegebenen Leerraum füllen und in C.12 beschrieben sind. Alle diese Pfeile stehen im Allgemeinen auf Texthöhe. Horizontale Pfeile, die über und unter den Text gesetzt werden und sich in ihrer Länge dem Text anpassen können, sind in Tabelle C.12.1 aufgeführt.

C.16.5 Pfeile

Symbol	Befehl	Symbol	Befehl
$\leftarrow$	`\gets \leftarrow`	$\rightarrow$	`\to \rightarrow`
$\longleftarrow$	`\longleftarrow`	$\longrightarrow$	`\longrightarrow`
$\Leftarrow$	`\Leftarrow`	$\Rightarrow$	`\Rightarrow`
$\Longleftarrow$	`\Longleftarrow`	$\Longrightarrow$	`\Longrightarrow`
$\leftharpoonup$	`\leftharpoonup`	$\rightharpoonup$	`\rightharpoonup`
$\leftharpoondown$	`\leftharpoondown`	$\rightharpoondown$	`\rightharpoondown`
$\hookleftarrow$	`\hookleftarrow`	$\hookrightarrow$	`\hookrightarrow`
$\twoheadleftarrow$	*`\twoheadleftarrow`*	$\twoheadrightarrow$	*`\twoheadrightarrow`*
$\leftarrowtail$	*`\leftarrowtail`*	$\rightarrowtail$	*`\rightarrowtail`*
$\curvearrowleft$	*`\curvearrowleft`*	$\curvearrowright$	*`\curvearrowright`*
$\circlearrowleft$	*`\circlearrowleft`*	$\circlearrowright$	*`\circlearrowright`*
$\nleftarrow$	*`\nleftarrow`*	$\nrightarrow$	*`\nrightarrow`*
$\nLeftarrow$	*`\nLeftarrow`*	$\nRightarrow$	*`\nRightarrow`*
$\dashleftarrow$	*`\dashleftarrow`*	$\dashrightarrow$	*`\dashrightarrow`*
$\leftleftarrows$	*`\leftleftarrows`*	$\rightrightarrows$	*`\rightrightarrows`*
$\Lleftarrow$	*`\Lleftarrow`*	$\Rrightarrow$	*`\Rrightarrow`*
$\looparrowleft$	*`\looparrowleft`*	$\looparrowright$	*`\looparrowright`*
$\Lsh$	*`\Lsh`*	$\Rsh$	*`\Rsh`*
$\leftrightarrows$	*`\leftrightarrows`*	$\rightleftarrows$	*`\rightleftarrows`*
$\leftrightharpoons$	*`\leftrightharpoons`*	$\rightleftharpoons$	`\rightleftharpoons`
$\leftrightarrow$	`\leftrightarrow`	$\Leftrightarrow$	`\Leftrightarrow`
$\longleftrightarrow$	`\longleftrightarrow`	$\Longleftrightarrow$	`\Longleftrightarrow`
$\nleftrightarrow$	*`\nleftrightarrow`*	$\nLeftrightarrow$	*`\nLeftrightarrow`*
$\mapsto$	`\mapsto`	$\longmapsto$	`\longmapsto`
$\searrow$	`\searrow`	$\nearrow$	`\nearrow`
$\swarrow$	`\swarrow`	$\nwarrow$	`\nwarrow`
$\uparrow$	`\uparrow`	$\downarrow$	`\downarrow`
$\Uparrow$	`\Uparrow`	$\Downarrow$	`\Downarrow`
$\upharpoonleft$	*`\upharpoonleft`*	$\downharpoonleft$	*`\downharpoonleft`*
$\upharpoonright$	*`\upharpoonright`*	$\downharpoonright$	*`\downharpoonright`*
$\upuparrows$	*`\upuparrows`*	$\downdownarrows$	*`\downdownarrows`*
$\updownarrow$	`\updownarrow`	$\Updownarrow$	`\Updownarrow`
$\rightsquigarrow$	*`\rightsquigarrow`*	$\leftrightsquigarrow$	*`\leftrightsquigarrow`*
$\leadsto$	*`\leadsto`*	$\restriction$	*`\restriction`*
$\multimap$	*`\multimap`*	$\iff$	`\iff`

Der Doppelpfeil `\iff` unterscheidet sich von `\Longleftrightarrow` nur durch einen „mittelgroßen" umgebenden Leerraum (vgl. „Vordefinierte Längen", Seite 232 in C.9):

`A\iff B:`	$A \iff B$
`A\Longleftrightarrow B:`	$A \Longleftrightarrow B$

C.17 Verschiedene Symbole

Dieser Abschnitt listet mathematische Symbole ohne besondere satztechnische Funktion auf. Sie gehören daher der Zeichenklasse 0 (ord) an (vgl. Abschnitt C.11).

Die ersten beiden Tabellen fassen die verschiedenen Formen von Auslassungspunkten im mathematischen Satz zusammen.

C.17.1 Auslassungspunkte		
$a \ldots b$	\dots	Punkte auf der Grundlinie
$a \ldots b$	\ldots	In LaTeX identisch mit \dots
$a \ldots b$	\mathellipsis	identisch mit \dots
$-a \cdots - b$	\cdots	Punkte in Höhe des Minuszeichens
$a \vdots b$	\vdots	drei vertikale Punkte
$a \ddots b$	\ddots	diagonale Punkte

C.17.2 Weitere Auslassungspunkte in AMS-LaTeX		
$a, \cdots + b$	*\dots*	Punkte vertikal zentriert in Abhängigkeit vom folgenden Zeichen
$a + \cdots + b$	*\dotsb*	Punkte vertikal zentriert in Höhe der binären Operatoren
$a \cdot \cdots \cdot b$	*\dotsm*	Punkte vertikal zentriert in Höhe des Multiplikationspunktes
$\int, \ldots, \int$	*\dotsc*	Punkte vertikal zentriert in Höhe des Kommas
$\int_a^b \cdots$	*\dotsi*	Punkte vertikal zentriert in Höhe der Mitte des vorangehenden Integralzeichens
$\int_a^b \ldots$	*\dotso*	Punkte für keinen der genannten Fälle, meist identisch mit *\dots*

Für horizontale Punkte über mehrere Spalten einer Matrix stellt AMS-LaTeX die Anweisung *\hdotsfor* zur Verfügung, die in Abschnitt C.6 aufgeführt ist.

Die Abstände zwischen den Punkten sind unabhängig von der verwendeten Schrift, was in manchen Fällen zu Unstimmigkeiten im Schriftbild führen kann. In LaTeX sind die Anweisungen \dots und \ldots identisch, sie können im Textmodus wie im mathematischen Modus benutzt werden (in TeX gab es einen Unterschied). In AMS-LaTeX wird in der Mehrzahl der Fälle *\dots* die Aufgaben zufriedenstellend erfüllen. Die Anweisung *\dotso* scheint die Auslassungspunkte immer auf der Grundlinie zu setzen, sie kann also verwendet werden, wenn *\dots* nicht so recht weiß, wohin mit den Punkten und wenn die anderen *\dot*-Anweisungen inadäquat sind.

Die folgende Tabelle fasst im Wesentlichen alle mathematischen Symbole der Zeichenklasse 0 zusammen, die sich nicht gut unter einen Oberbegriff subsummieren lassen. Die Reihenfolge ist daher auch ein wenig willkürlich.

C.17.3 Verschiedene mathematische Symbole			
$\Re$	\Re	$\Im$	\Im
$\imath$	\imath	$\jmath$	\jmath
ℓ	\ell	$\wp$	\wp
∂	\partial	$\eth$	*\eth*
∇	\nabla	$\surd$	\surd
$\exists$	\exists	$\forall$	\forall
$\nexists$	*\nexists*	$\neg$	\neg \lnot
$\Finv$	*\Finv*	$\Game$	*\Game*
$\mho$	*\mho*	$\Bbbk$	*\Bbbk*
$\hbar$	\hbar	$\hslash$	*\hslash*
$\aleph$	\aleph	$\beth$	*\beth*
$\daleth$	*\daleth*	$\gimel$	*\gimel*
$\prime$	\prime	$\backprime$	*\backprime*
$\top$	\top	$\bot$	\bot
$\vdash$	\vdash*	$\dashv$	\dashv*
$\emptyset$	\emptyset	$\varnothing$	*\varnothing*
∞	\infty	$\complement$	*\complement*
$\flat$	\flat	$\sharp$	\sharp
$\natural$	\natural	$\backslash$	\backslash
$\diagup$	*\diagup*	$\diagdown$	*\diagdown*
$\dag$	\dag	$\ddag$	\ddag
$\clubsuit$	\clubsuit	$\diamondsuit$	\diamondsuit
$\heartsuit$	\heartsuit	$\spadesuit$	\spadesuit
$\angle$	\angle	$\bigstar$	*\bigstar*
$\measuredangle$	*\measuredangle*	$\sphericalangle$	*\sphericalangle*
$\diamond$	\diamond*	$\Diamond$	*\Diamond*
$\triangle$	\triangle	$\blacktriangle$	*\blacktriangle*
$\triangledown$	*\triangledown*	$\blacktriangledown$	*\blacktriangledown*
$\square$	*\square \Box*	$\blacksquare$	*\blacksquare*
$\lozenge$	*\lozenge*	$\blacklozenge$	*\blacklozenge*
$\checkmark$	*\checkmark*	$\maltese$	*\maltese*
$\bracevert$	\bracevert	$\colon$	*\colon*
$\mathdollar$	\mathdollar	$\mathsterling$	\mathsterling
$\mathparagraph$	\mathparagraph \P	$\S$	\S \mathsection
$\circledR$	*\circledR*	$\circledS$	*\circledS*
$\copyright$	\copyright		

Die mit * gekennzeichneten Symbole `\vdash` und `\dashv` sind als Relationen definiert, `\diamond` als binärer Operator, sie sind daher auch in den entsprechenden Tabellen aufgeführt. Hier sind sie nur aus Gründen der besseren Auffindbarkeit ein weiteres Mal erwähnt. Die Anweisungen *`\Finv`*, *`\Game`* und *`\mho`* aus $\mathcal{A}\mathcal{M}\mathcal{S}$-LaTeX sind in Minion Pro (bzw. MnSymbol) nicht in dieser Form übernommen worden, die Symbole sind daher dem ursprünglichen Font msbm von $\mathcal{A}\mathcal{M}\mathcal{S}$-LaTeX entnommen.

Das Zeichen *`\colon`* nimmt eine Sonderrolle ein: In LaTeX war es als Zeichen für den Doppelpunkt im Mathematiksatz gedacht, weil hier der Doppelpunkt als Relationszeichen für die Division benutzt wird. In $\mathcal{A}\mathcal{M}\mathcal{S}$-LaTeX wurden die Abstände von *`\colon`* so umdefiniert, dass sich das Symbol eigentlich nur noch für die Definition von Funktionen eignet, wie in `f\colon A \to B`, was zum Ergebnis $f\colon A \to B$ führt.

C.18 Griechische Buchstaben

Der Übersichtlichkeit halber erhalten die griechischen Buchstaben einen eigenen Abschnitt, sie gehören aber ebenfalls zur Zeichenklasse 0 (`ord`).

C.18.1 Griechische Buchstaben

α	`\alpha`	ι	`\iota`	ϱ	`\varrho`
β	`\beta`	κ	`\kappa`	σ	`\sigma`
γ	`\gamma`	λ	`\lambda`	ς	`\varsigma`
δ	`\delta`	μ	`\mu`	τ	`\tau`
ϵ	`\epsilon`	ν	`\nu`	υ	`\upsilon`
ε	`\varepsilon`	ξ	`\xi`	ϕ	`\phi`
ζ	`\zeta`	o	`o`	φ	`\varphi`
η	`\eta`	π	`\pi`	χ	`\chi`
θ	`\theta`	ϖ	`\varpi`	ψ	`\psi`
ϑ	`\vartheta`	ρ	`\rho`	ω	`\omega`
Γ	`\Gamma`	Ξ	`\Xi`	Φ	`\Phi`
Δ	`\Delta`	Π	`\Pi`	Ψ	`\Psi`
Θ	`\Theta`	Σ	`\Sigma`	Ω	`\Omega`
Λ	`\Lambda`	Υ	`\Upsilon`		
$\varkappa$	*`\varkappa`*	ϝ	*`\digamma`*		

Die Zeichen für `\varrho` und `\varsigma` wurden dem Computer Modern Font cmmi entnommen.

Für die kleinen griechischen Buchstaben epsilon, theta, pi, rho, sigma und phi stehen jeweils zwei Varianten zur Verfügung. Für ein mathematisches epsilon bevorzuge ich die Variante ε (`\varepsilon`), da sie sich deutlicher als ϵ (`\epsilon`) von dem Elementsymbol $\in$ abhebt. Die Varianten ϑ (`\vartheta`) und φ (`\varphi`) heben sich besser von den entsprechenden Großbuchstaben Θ und Φ ab als θ (`\theta`) und ϕ (`\phi`). Die hier nicht aufgeführten großen griechischen Buchstaben werden mit lateinischen Buchstaben gesetzt: A für Alpha, B für Beta, E für Epsilon, Z für Zeta, I für Iota, K für Kappa, M für My, N für Ny, O für Omikron, T für Tau. Dazu kommen H für Eta[4], P für Rho und X für Chi.

Hier ist allerdings ein wenig Vorsicht geboten: Innerhalb des Mathematiksatzes erscheint zum Beispiel ein großes Gamma aufrecht als Γ, ein großes Eta würde dagegen im Mathematiksatz kursiv als H erscheinen. Soll also ein großer griechischer Buchstabe, für den man auf das lateinische Alphabet zurückgreifen muss, ebenfalls aufrecht erscheinen, so muss man ihn im mathematischen Modus mit `\mathrm{}` oder in AMS-LaTeX noch besser mit `\text{}` setzen. Sollen umgekehrt originäre große griechische Buchstaben kursiv erscheinen, so kann man dies mit `\mathnormal{}` (ohne Unterschneidung) oder mit `\mathit{}` (mit Unterschneidung) erreichen. In AMS-LaTeX können kursive große griechische Buchstaben auch durch Voranstellen von *var* erzeugt werden: `\Gamma` ergibt Γ, `\varGamma` dagegen $\varGamma$ (vgl. auch Abschnitt C.19).

Kleine griechische Buchstaben sind in LaTeX und AMS-LaTeX nur in kursiver Form vorhanden, aufrecht werden sie aber von einer ganzen Reihe von Zusatzpaketen bereitgestellt, zum Beispiel von `pifont`. Lädt man dieses Paket mit `\usepackage{pifont}`, so kann man beispielsweise mit `{\Pifont{psy} abcdefghijklmnopqrstuvwxyz}` die Zeichenfolge αβχδεφγηιφκλμνοπθρστυϖωξψζ erzeugen.

Die beiden Ergänzungen $\varkappa$ (`\varkappa`) und $\digamma$ (`\digamma`) aus AMS-LaTeX sind in der letzten Zeile zusammengestellt. Der Grund für die Existenz eines Digamma ist mir nicht ganz klar: Es handelt sich hier um einen griechischen Buchstaben, der schon im klassischen Griechischen nicht mehr verwendet wurde. Es eignet sich kaum für Bezeichnungen, da vielleicht nicht auf Anhieb bekannt ist, wie man dieses Symbol ausspricht (vgl. „Unaussprechliches ist Unleserlich“, Seite 58 in Abschnitt 5.2).

C.19 Schriften

In diesem Abschnitt werden die wichtigsten Prinzipien und Anweisungen für den Umgang mit Schriften im Mathematiksatz angesprochen. Eine ausführliche Beschreibung der Verwaltung von Schriften mit LaTeX würde allerdings den Umfang dieses Anhangs bei Weitem sprengen, hierfür sei auf die einschlägige Literatur verwiesen (vgl. die Angaben am Ende dieses Kapitels, insbesondere sei aber auf das umfangreiche Kapitel über Zeichensätze und Kodierungen in [MiGo05] hingewiesen).

TeX und damit auch LaTeX können im mathematischen Satz über 16 *Stilfamilien* mit den Nummern 0 bis 15 verfügen.[5] Wann immer in den mathematischen Modus gewechselt wird, bedient sich LaTeX der Fonts aus diesen Stilfamilien. In jeder Stilfamilie ist fest-

---

[4] Vgl. hierzu die Fußnote 9 auf Seite 78 zu Ludwig Boltzmann und seiner Bezeichnung der Entropie.

[5] Eine Stilfamilie wird in der deutschsprachigen LaTeX-Literatur auch häufig „Schriftfamilie“ genannt. Da es sich aber nicht um Schriftfamilien im eigentlichen Sinn handelt (vgl. den Eintrag „Schriften“ in Anhang A), sprechen wir hier besser von einer „Stilfamilie“, da sie auf den aktuellen mathematischen Stil reagieren kann.

gelegt, welcher Font jeweils für `\displaystyle` und `\textstyle`, für `\scriptstyle` und für `\scriptscriptstyle` (vgl. Abschnitt C.1) Verwendung findet.

Standardmäßig sind die ersten sieben Stilfamilien mit den Nummern 0 bis 6 vorbelegt, die Stilfamilien mit den Nummern 2 und 3 sind für Symbolzeichensätze reserviert. Auf die Familien kann explizit mit der entsprechenden Nummer, in manchen Anweisungen auch über einen symbolischen Namen zurückgegriffen werden. Vordefiniert sind die symbolischen Namen `letters`, `operators`, `symbols` und `largesymbols` (die manchmal auch „Symbolfonts" genannt werden). Etliche Anweisungen zur Ausgabe von Zeichen, wie `\mathchar` oder `\mathcode` sowie Anweisungen zur Festlegung von Schriften (siehe unten) greifen auf diese Stilfamilien zurück.

TEX-Anweisungen zu Stilfamilien

Mit den folgenden Anweisungen verwaltet TEX seine Stilfamilien. Sie treten nicht mehr allzu oft explizit in Erscheinung, tragen aber zum Verständnis bei, wie TEX und LATEX im mathematischen Satz intern mit Schriften umgeht.

`\fam` enthält die Nummer der aktuellen Stilfamilie und kann von Makros bei Bedarf hier ausgelesen werden. Beim Wechsel in den Mathematiksatz erhält dieser Zähler standardmäßig den Wert –1, er kann aber im mathematischen Modus auch explizit gesetzt werden. Einen Eindruck davon, wie aktuell die Stilfamilien definiert sind (in Standard-LATEX anders als in AMS-LATEX, und wieder anders in der hier benutzten Minion Pro-Umgebung), kann man sich mit Anweisungen der Form `$\fam2 ABCDabcd1234$` verschaffen. In der gegenwärtigen Umgebung führt diese Anweisung zu ⊗⊙⊙⊚∫∮∮∯ ⊞⊞⊞○. Mit `\the\fam` kann im mathematischen Modus die aktuell benutzte Stilfamilie abgefragt werden.

`\newfam{}` weist dem Namen im Argument (mit „backslash") die nächste freie Stilfamilie zu. Anschließend kann auch über diesen symbolischen Namen auf die Stilfamilie zugegriffen werden. So wird mit `\newfam\neufam` eine neue Stilfamilie `\neufam` definiert, die aber erst eingesetzt werden kann, wenn ihr mit den folgenden Anweisungen auch entsprechende Zeichensätze zugewiesen wurden.

`\textfont` Die Anweisung `\textfont5=\neufont` legt fest, dass bei Benutzung der Stilfamilie 5 in `\textstyle` der Zeichensatz `\neufont` benutzt wird, der natürlich vorher mit `\font` definiert worden sein muss, wie `\font\neufont=cmsl10`.

`\scriptfont` wie `\textfont`, aber für `\scriptstyle` (vgl. Abschnitt C.1).

`\scriptscriptfont` wie `\textfont`, aber für `\scriptscriptstyle` (vgl. Abschnitt C.1).

Charakterisierung von Schriften in LATEX

Schriften werden durch eine Anzahl von Parametern charakterisiert (vgl. die Einträge „Schriften" und „Zeichensatz" in Anhang A), die im Wesentlichen auch von LATEX für die Festlegung von Schriften verwendet werden. Die meisten Aufrufe, die weiter unten aufgeführt sind, charakterisieren einen Font über vier Parameter:

Code verweist auf eine Kodierungstabelle, welche Informationen über die Platzierung eines Zeichens innerhalb eines Zeichensatzes enthält. Standardmäßig kennt LaTeX die folgenden Codes:

T1 Erweiterte TeX-Zeichensätze, wie die meisten nachladbaren Schriften, etwa Charter.

OT1 Normale TeX-Zeichensätze wie die Zeichensätze der Familie cmr.

OML Mathematische TeX-Textzeichensätze wie cmm.

OMS Mathematische TeX-Symbolzeichensätze wie cmsy.

OMX Erweiterter mathematischer Zeichensatz wie cmex.

U Unbekannte Kodierung eines Zeichensatzes wie die Zeichensätze msa und msb von AMS-LaTeX.

Familie kennzeichnet eine Schriftfamilie wie cmr oder cmss.

Serie fasst Schriftstärke und Schriftbreite (bzw. Laufweite) zu einem Parameter zusammen. Folgende Parameter können im Prinzip gesetzt werden, jedoch sind normalerweise längst nicht alle Schriften verfügbar.

— Schriftstärke —		— Schriftbreite —		
Bezeichnung	Kürzel	Bezeichnung	Faktor	Kürzel
Ultralight	`ul`	Ultracondensed	50%	`uc`
Extralight	`el`	Extracondensed	62,5%	`ec`
Light	`l`	Condensed	75 %	`c`
Semilight	`sl`	Semicondensed	87,5%	`sc`
Medium	`m`	Medium	100 %	
Semibold	`sb`	Semiexpanded	112,5%	`sx`
Bold	`b`	Expanded	125 %	`x`
Extrabold	`eb`	Extraexpanded	150 %	`ex`
Ultrabold	`ub`	Ultraexpanded	200 %	`ux`

Die entsprechenden Kürzel für Schriftbreite und Schriftstärke werden einfach hintereinandergesetzt. Das Kürzel bx steht also für eine Schrift der Schriftstärke `bold` (fett) und einer auf 125% gedehnten Laufweite, wie sie etwa die Schrift cmbx10 aufweist. Um Doppeldeutigkeiten zu vermeiden, wird das für eine Schriftbreite von 100% erwartete `m` meist einfach unterdrückt.

Form steht im Wesentlichen für die Schriftlage und reagiert auf folgende Kennungen:

`n`	normal	(aufrecht)
`it`	italic	(kursiv)
`sl`	slanted	(geneigt)
`sc`	small caps	(Kapitälchen)
`ui`	upright italic	(„aufrecht“ kursiv)

In „Reinkultur“ kommen die obigen vier Parameter (Code, Familie, Serie, Form) in der Anweisung `\usefont` zur Verwendung:

`\usefont{}{}{}{}` ruft eine Schrift auf. Der erste Parameter den Code, der zweite die Schriftfamilie, der dritte die Serie (im obigen Sinn) und der vierte die Schriftform. Wann immer in diesem Buch zur Illustration auf Computer Modern Roman, die Standardschrift von LaTeX, zurückgegriffen wurde, geschah dies mit der Anweisung `\usefont{T1}{cmr}{m}{n}` (der Code `OT1` hätte es meist auch getan), ähnlich ruft `\usefont{T1}{cmss}{sbc}{n}` die serifenlose Schrift cmss von Computer Modern in der Schriftstärke „Semibold“ und Schriftbreite „Condensed“ und in aufrechter Schriftlage auf. (Der Schriftgrad muss in einer getrennten Anweisung `\fontsize{}{}\selectfont` festgelegt werden, der erste Parameter enthält die Schriftgröße, der zweite den Zeilenabstand, normalerweise in der Einheit pt.)

Ein Aufruf der unten besprochenen Anweisung `\DeclareMathAlphabet` könnte etwa `\DeclareMathAlphabet{\fett}{OT1}{cmr}{bx}{n}` lauten, in welchem in den hinteren beiden Parametern auf den aufrechten fetten Zeichensatz verwiesen wird (der dann im mathematischen Modus auch mit `\fett{}` aufgerufen werden könnte statt mit `\mathbf{}`).

LaTeX-Anweisungen zu Schriften im Mathematiksatz

Die folgenden Anweisungen dienen der Schriftumschaltung in mathematischen Umgebungen.

`\mathversion{}` stellt für das Nachfolgende auf eine Darstellungsart für alle im Formelsatz verwendeten Zeichensätze um. Standardmäßig sind die Versionen `normal` und `bold` verfügbar. Die Anweisung `\mathversion{bold}` stellt also für das Folgende auf fetten mathematischen Satz um. Die Anweisung muss im Textmodus, also außerhalb einer mathematischen Umgebung erfolgen. Insbesondere für mathematischen Text in Überschriften ist diese Anweisung hilfreich (ohne eine entsprechende explizite Anweisung erscheinen in Überschriften Texte mit mathematischen Formeln nicht fett, allerdings erscheinen in Standard-LaTeX „große Operatoren“ auch trotz expliziter Anweisung noch nicht fett; Abhilfe kann zum Beispiel das Paket *bm* schaffen). Neue Darstellungsarten können mit der Anweisung `\DeclareMathVersion` (s. u.) und den zugeordneten weiteren Anweisungen eingeführt werden.

`\boldmath` schaltet für den folgenden Mathematiksatz in eine fette Darstellung um und wirkt sich dann ähnlich aus wie `\mathversion{bold}`. Diese Anweisung muss ebenfalls (wie `\mathversion`) im Textmodus aufgerufen werden und kann wieder in Überschriften für Texte mit mathematischen Formeln verwendet werden.

`\unboldmath` hebt die Wirkung von `\boldmath` wieder auf und muss ebenfalls im Textmodus aufgerufen werden.

`\DeclareMathVersion{}` führt eine neue `\mathversion` mit dem im Argument angegebenen Namen (ohne „backslash") für den Mathematiksatz ein (neben `bold` und `normal`) und kann nur in der Präambel aufgerufen werden. Der neue Name muss mithilfe der folgenden Anweisungen mit Inhalt gefüllt werden.

`\DeclareMathAlphabet{}{}{}{}{}` definiert ein neues Fontmakro. Der erste Parameter enthält die Anweisung (mit „backslash"), mit dem der neue Font aufgerufen werden soll, die weiteren Parameter enthalten der Reihe nach Code, Familie, Serie und Form der eingeführten Schrift (vgl. die Erläuterungen und das abschließende Beispiel im vorangehenden Unterabschnitt). Auf diese Weise können weitere Anweisungen von der Art wie `\mathrm{}`, `\mathbf{}` (vgl. Tabelle C.19.1 weiter unten) eingeführt werden. Die Anweisung kann nur in der Präambel stehen.

`\SetMathAlphabet{}{}{}{}{}{}` Diese Anweisung sorgt dafür, dass sich das (vorher!) mit `\DeclareMathAlphabet` eingeführte Fontmakro gegebenenfalls den entsprechenden Versionen anpassen kann, die von `\mathversion` „verstanden werden". Der erste Parameter enthält den Namen des Fontmakros, der folgende die Version, etwa `normal` oder `bold`, die weiteren Parameter der Reihe nach Code, Familie, Serie und Form (vergleiche die vorangehenden Erläuterungen). Die Anweisung kann nur in der Präambel aufgerufen werden.

`\DeclareSymbolFont{}{}{}{}{}` Analog zu `\DeclareMathAlphabet` wird ein Symbolfont erklärt. Allerdings ist der Name im ersten Argument keine Anweisung, hat also keinen vorangestellten „backslash". Die weiteren Argumente beinhalten der Reihe nach Code, Familie, Serie und Form der eingeführten Schrift (vergleiche die vorangehenden Erläuterungen). Die Anweisung kann nur in der Präambel aufgerufen werden. Vordefinierte Symbolfonts sind `letters`, `operators`, `symbols` und `largesymbols`.

`\SetSymbolFont{}{}{}{}{}{}` legt analog zu `\SetMathAlphabet` das Verhalten des Symbolfonts im ersten Parameter (ohne vorangestellten „backslash") für den Wert von `\mathversion` im zweiten Parameter einen Zeichensatz fest, der wie oben durch vier weitere Parameter charakterisiert ist. Die Anweisung kann nur in der Präambel aufgerufen werden und wie oben muss der Symbolfont vorher deklariert worden sein.

`\DeclareSymbolFontAlphabet{}{}` dient dazu, eine schon angemeldete Symbolschrift, deren Name (ohne „backslash") im zweiten Argument steht, direkt als Fontmakro, dessen Aufruf im ersten Argument steht, für den mathematischen Satz zu übernehmen, ohne dieses noch mal mit `\DeclareMathAlphabet` (s. o.) neu zu definieren. Dies ist besonders dann sinnvoll, wenn ein Font sowohl als „MathAlphabet" als auch als „SymbolFont" Verwendung findet, um damit die Zahl der geladenen mathematischen Fonts (maximal 16) klein zu halten. Die Anweisung kann nur in der Präambel aufgerufen werden.

Innerhalb des Mathematiksatzes können mit folgenden Anweisungen die Schriften im Argument beeinflusst werden (viele Pakete stellen andere Zeichensätze zur Verfügung, insbesondere Zeichensätze des Pakets *`Euler`* werden gerne alternativ als kalligraphische Schrift oder Fraktur verwendet).

C.19.1 Schriften im mathematischen Modus

Anweisung	Beispiel	Name	Bemerkungen
`\mathrm{}`	ABCD abcd	Roman	Serifenschrift
`\textnormal{}`	ABCD abcd	Roman	Grundschrift
`\text{}`	ABCD abcd	Roman	vorzuziehen
`\mathnormal{}`	*ABCD abcd*		
`\mathit{}`	*ABCD abcd*	Kursiv	
`\mathsf{}`	ABCD abcd	Serifenlos	
`\mathtt{}`	`ABCD abcd`	Typewriter	
`\mathbf{}`	**ABCD abcd**	Fett	
`\boldsymbol{}`	$\boldsymbol{\nabla}$		
`\pmb{}`	***ABCD abcd***	fett	Simuliert fette Symbole für den Notfall
`\mathcal{}`	$\mathcal{ABCD}$	Kalligraphisch	Große Buchstaben
`\mathfrak{}`	$\mathfrak{ABCD\ abcd}$	Fraktur	
`\mathbb{}`	$\mathbb{ABCD}$	Blackboard	Große Buchstaben

Einige Anweisungen bedürfen noch der Kommentierung, die wir hier anfügen.

`\mathrm{}` verwendet den mathematischen Zeichensatz und kann daher keine Umlaute darstellen. Zwischenräume werden, wie im Mathematiksatz, verschluckt, die Anweisung eignet sich also nur für kurze Buchstabenfolgen. Falls nötig, muss man auf `\textrm{}` zurückgreifen.

`\textnormal{}` Grundschrift; passt sich (wie `\textrm{}`) der richtigen Schriftgröße an und setzt Zwischenräume, benutzt aber nicht immer die richtige Schriftart.

`\textrm{}` Serifenschrift; passt sich (wie `\textnormal{}`) der richtigen Schriftgröße an und setzt Zwischenräume, benutzt aber nicht immer die richtige Schriftart.

`\text{}` ist den Anweisungen `\textnormal{}` und `\textrm{}` vorzuziehen, da es alle relevanten Schrift-Parameter berücksichtigt.

`\mathnormal{}` setzt den Text, wie er in einer mathematischen Umgebung gesetzt würde: `$\mathnormal{Diffop}$` ergibt somit $Diffop$.

`\mathit{}` setzt den Text kursiv mit zugehörigen Unterschneidungen: Die Anweisung `$\mathit{Diffop}$` ergibt *Diffop* (vgl. „Unterschneiden", Seite 135 in Abschnitt 8.5 oder den Eintrag „Unterschneiden" in Anhang A).

`\mathbf{}` und die weiteren LaTeX-Anweisungen (im Unterschied zu den AMS-LaTeX-Anweisungen) in dieser Tabelle beeinflussen nur Zeichen der Zeichenklasse 7, also zum Beispiel nicht kleine griechische Buchstaben oder mathematische Symbole. Abhilfe schafft hier die oben aufgeführte Anweisung `\boldmath`.

`\boldsymbol{}` setzt mathematische Symbole fett, soweit es für sie einen fetten Zeichensatz gibt, und Buchstaben in fetter kursiver Schrift (im Gegensatz zu `\mathbf`).

`\pmb{}` steht wohl für „poor man's bold" und simuliert einen fetten Zeichensatz (durch Übereinanderschreiben) für mathematische Symbole, für die kein fetter Zeichensatz existiert, wie zum Beispiel für Summen und Integrale.

Die alten Kurzbefehle wie `\rm`, `\it`, `\tt`, `\bf`, `\cal` zur Schriftumschaltung werden im Prinzip noch immer unterstützt, sie sollten aber möglichst vermieden werden, unter anderem, weil sie die Charakterisierung von Schriften durch Schriftattribute nicht systematisch berücksichtigen (vgl. auch den Eintrag „Schriften" in Anhang A). Dennoch sind sie oft herrlich bequem ...

C.20 Umgebungen für Sätze und Beweise

Mathematische Texte werden gegliedert durch *Strukturelemente* wie Sätze und Beweise, Definitionen, Bemerkungen, Beispiele etc. (vgl. Abschnitt 4.2). LaTeX erlaubt es, für die Gestaltung und Nummerierung solcher Strukturelemente geeignete Umgebungen einzurichten, die im Folgenden der Einfachheit halber *Theorem-Umgebungen* genannt werden sollen. Ihnen wird normalerweise ein kennzeichnender Begriff wie „Satz", „Beispiel" oder „Beweis" vorangestellt, der im Folgenden als *Schlüsselwort* für diese Umgebung bezeichnet wird.

Das Angebot von LaTeX für die Gestaltung solcher Umgebungen ist recht beschränkt und wird in verschiedenen Ergänzungspaketen erweitert. Auf zwei dieser Pakete, *amsthm* und *ntheorem*, wird in den folgenden Unterabschnitten eingegangen.

Theorem-Umgebungen mit LaTeX

`\newtheorem{}{}[]` ist die Grundform der Anweisung für die Definition einer Theorem-Umgebung. Das erste Argument enthält den Namen, unter dem die Umgebung aufgerufen werden soll, das zweite Argument enthält das Schlüsselwort, welches beim Aufruf fett ausgegeben wird. Der Text innerhalb der Umgebung wird kursiv ausgegeben. Die Anweisung erzeugt, wenn nicht anders angegeben (vgl. unten), einen Zähler mit dem Namen der Umgebung, der nach dem Schlüsselwort ausgegeben und bei jedem Aufruf um eins erhöht wird. Auf diesen Zähler kann mit den üblichen Anweisungen zurückgegriffen werden. Insbesondere kann er mit `\setcounter` gesetzt werden.

Das dritte Argument ist optional und enthält einen Gliederungszähler wie `section` oder `chapter`. In diesem Fall wird die Ausgabe des Zählers der Umgebung um die vorangestellte aktuelle Abschnitts- oder Kapitelnummer erweitert und der Gliederungszähler wird zu Beginn jedes Abschnitts oder jedes Kapitels zurückgestellt (vgl. auch die Diskussion in Abschnitt 4.2, insbesondere „Ad 4", Seite 44). Das folgende Beispiel mag die Wirkungsweise von `\newtheorem` verdeutlichen. Die Kette von Anweisungen

```
\newtheorem{satz}{Satz}
\newtheorem{prop}{Proposition}
\newtheorem{lem}{Lemma}[section]
```

```
\begin{satz} Das ist ein erster Satz. \end{satz}
\begin{satz}[Text] Und ein zweiter Satz. \end{satz}
\begin{prop} Nun eine Proposition. \end{prop}
\begin{lem} Lemma mit erweiterter Nummer. \end{lem}
```

führt zu folgender Ausgabe:

Satz 1 *Das ist ein erster Satz.*

Satz 2 (Text) *Und ein zweiter Satz.*

Proposition 1 *Nun eine Proposition.*

Lemma C.20.1 *Lemma mit erweiterter Nummer.*

Man sieht, wie der Zähler `satz` erhöht wird, während die Zählung der Propositionen und Lemmata mit eigenen Zählern `prop` und `lem` jeweils von vorne beginnt. Der Nummer des Lemmas wird, als Folge der Angabe des Gliederungszählers `section`, die Nummer des aktuellen Abschnitts vorangestellt. In diesem Fall beginnt die Nummerierung der Lemmata in jedem Abschnitt von vorne.

Die Eröffnung einer solchen Umgebung kann optional um einen Zusatz in eckigen Klammern erweitert werden, der in runden Klammern und fetter Schrift dem entsprechenden Schlüsselwort angefügt wird, wie oben der Zusatz „Text".

`\newtheorem{}[]{}` Mit dieser Form der Anweisung `\newtheorem` kann der Zähler einer schon vorher(!) definierten Theorem-Umgebung übernommen werden: Wie oben enthält das erste Argument den Namen der Umgebung, das dritte Argument enthält das Schlüsselwort, welches fett ausgegeben wird. Das optionale Argument in eckiger Klammer enthält den Namen einer schon vorher definierten Theorem-Umgebung und bewirkt, dass bei der Ausgabe deren Zähler benutzt (und entsprechend erhöht) wird. Ein eigener Zähler mit dem Namen der Umgebung wird in diesem Fall sinnvollerweise nicht eingerichtet. Im Interesse der Eindeutigkeit von Nummerierungen sollte man anstreben, mit möglichst wenigen Zählern auszukommen (vgl. die Diskussion in Abschnitt 4.2, insbesondere „Ad 3", Seite 42). Hierzu leistet diese Form der Anweisung gute Dienste.

Wenn man, in Fortführung des obigen Beispiels, auch eine Umgebung für Theoreme einführen möchte, die aber in einer Reihe mit den Sätzen gezählt werden sollen, so leisten die folgenden Anweisungen das Gewünschte:

```
\newtheorem{thm}[satz]{Theorem}
\begin{thm} Ein sehr wichtiger Satz. \end{thm}
```

Sie führen, da oben schon Satz 1 und Satz 2 vorangingen, zu der Ausgabe

Theorem 3 *Ein sehr wichtiger Satz.*

Diese Version der Theorem-Umgebung übernimmt eine vorhandene Zählung und kann daher nicht wie oben mit einem zusätzlichen optionalen Argument für eine um Kapitel oder Abschnitte erweiterte Nummerierung versehen werden.

Der Verweis auf eine mit `\label` eingeführte Marke innerhalb einer Theorem-Umgebung ergibt die Nummer der entsprechenden Umgebung.

Die Theorem-Umgebung von LaTeX lässt noch viele Wünsche offen. Daher existieren eine Reihe von Erweiterungen, von denen zwei in den beiden folgenden Unterabschnitten angesprochen werden.

Theorem-Umgebungen mit AMS-LaTeX

AMS-LaTeX stellt das Paket `amsthm` zur Gestaltung von Theorem-Umgebungen bereit. Die Handhabung der hier ebenfalls definierten Theorem-Umgebung unterscheidet sich nicht von der in LaTeX, wie sie oben beschrieben wurde.

Die ersten drei der folgenden Anweisungen aus dem Paket `amsthm` stellen drei vorgefertigte Stile für die Theorem-Umgebung zur Verfügung. Der jeweilige Stil wird mit einer vorangehenden Anweisung `\theoremstyle` eingestellt, die auf drei Argumente reagieren kann (s. u.) und die anschließend eingerichteten Theorem-Umgebungen so lange beherrscht, bis ein erneuter Aufruf von `\theoremstyle` den Stil neu festlegt.

`\theoremstyle{plain}` reproduziert im Wesentlichen den von LaTeX bereitgestellten Stil: Schlüsselwort fett und aufrecht, Text kursiv. In zweierlei Hinsicht unterscheidet sich dieser Stil von LaTeX: Die Nummern werden mit einem (fetten) Punkt abgeschlossen (vgl. dazu die Diskussion in Abschnitt 4.5) und ein Zusatz zum Schlüsselwort erscheint in der Grundschrift (und wie unter LaTeX in runden Klammern). In diesem Fall erscheint der fette Punkt nach dem in Grundschrift geschriebenen Zusatz, was typographisch eigentlich nicht vertretbar ist.

`\theoremstyle{definition}` Wie `plain`, aber der Text innerhalb der Umgebung erscheint in der Grundschrift.

`\theoremstyle{remark}` Wie `definition`, aber das Schlüsselwort erscheint kursiv (der Text innerhalb der Umgebung wie auch ein Zusatz also in der Grundschrift).

`\newtheoremstyle{}{}{}{}{}{}{}{}{}` Mit dieser Anweisung mit neun Argumenten kann ein eigener Stil für eine Theorem-Umgebung erzeugt werden. Dasselbe kann etwas übersichtlicher mit den Anweisungen aus dem Paket `ntheorem` erreicht werden, die im nächsten Unterabschnitt besprochen werden, daher wird die Bedeutung der neun Argumente hier nur kurz aufgelistet; eine ausführlichere Darstellung findet sich beispielsweise in [MiGo05].

1. Name, unter dem die Umgebung aufgerufen wird.
2. Elastische Länge, die den vertikalen Abstand vor Beginn der Umgebung festlegt. Voreingestellt ist `\topsep`.
3. Elastische Länge, die den vertikalen Abstand nach Beendigung der Umgebung festlegt. Voreingestellt ist `\topsep`.
4. Festlegung der Schriftart für den Haupttext innerhalb der Umgebung. Voreingestellt ist `\normalfont`, also die Grundschrift.
5. Unelastische Länge für den Einzug der ersten Zeile. Voreingestellt ist kein Einzug.
6. Festlegung der Schriftart für das einleitende Schlüsselwort der Umgebung. Voreingestellt ist `\normalfont`, also die Grundschrift.

7. Text, der zwischen dem einleitenden Schlüsselwort und dem Hauptteil der Umgebung eingefügt werden soll, zum Beispiel ein Punkt.
8. Elastische Länge, die als horizontaler Abstand zwischen Schlüsselwort und Hauptteil der Umgebung eingefügt werden soll. Dieses Argument darf nicht leer bleiben. Hier kann zum Beispiel ein Leerzeichen stehen, aber auch `\newline`, was bewirkt, dass nach dem Schlüsselwort und vor dem Hauptteil ein Zeilenumbruch eingefügt wird.
9. Formatierung des Schlüsselwortes. Voreingestellt ist die Einstellung `plain` (s. o. unter *\theoremstyle{plain}*).

Bei leerem Argument kommen die jeweils angegebenen Voreinstellungen zum Tragen.

\newtheorem{}{}* Wie `\newtheorem{}{}`, aber ohne automatische Nummerierung.

\swapnumbers Alle nach dieser Anweisung eingerichteten Theorem-Umgebungen vertauschen die Nummerierung mit dem Schlüsselwort. Insbesondere bleibt der Punkt am Ende stehen und die Nummern selbst schließen nicht mehr mit einem Punkt ab (vgl. die Diskussion in Abschnitt 4.2, insbesondere „Ad 2", Seite 41).

{proof} richtet eine Umgebung für Beweise ein. Einleitend erscheint in kursiver Schrift das Schlüsselwort „*Proof.*" (das `Babel`-Paket ersetzt dies selbständig durch das entsprechende Wort in der ausgewählten Sprache); der Text innerhalb der Umgebung wird in der Grundschrift gesetzt und mit dem Beweisende-Symbol □ abgeschlossen (vgl. den Eintrag *\qed*).

Das Schlüsselwort „*Proof*" kann einmalig durch einen beliebigen Text ersetzt werden: *\begin{proof}[Beweis des Hauptsatzes]* ersetzt „*Proof.*" durch „*Beweis des Hauptsatzes.*" (ebenfalls kursiv geschrieben). Mit `\proofname` kann man das Schlüsselwort durchgängig neu definieren, vergleiche den nächsten Eintrag.

\proofname gibt das Schlüsselwort aus, mit welchem eine *{proof}*-Umgebung eingeleitet wird. Mittels einer Neudefinition kann das Schlüsselwort beliebig verändert werden: `\renewcommand{\proofname}{neu}`.

\qed setzt ein Beweisende-Symbol, wie es auch am Ende einer *{proof}*-Umgebung gesetzt würde. Mit `\renewcommand{\qedsymbol}{neu}` kann dieses Symbol jederzeit umdefiniert werden.

\qedsymbol gibt das aktuelle Beweisende-Symbol aus.

\qedhere Die automatische Positionierung des Beweisende-Symbols nach einem `\end{proof}` funktioniert nicht immer wie gewünscht, zum Beispiel, wenn ein Beweis mit einer nummerierten Formel oder mit einer Umgebung abschließt (dies war einer der Anlässe für die Erstellung weiterer Ergänzungspakete, s. u.). Diese Anweisung kann hier Abhilfe schaffen und gibt das Beweisende-Symbol nach rechts ausgerückt in der aktuellen Zeile aus. Das von `\end{proof}` ausgegebene Beweisende-Symbol wird in diesem Fall unterdrückt.

Theorem-Umgebungen mit dem Paket ntheorem

Es gab verschiedene Pakete zur Verbesserung der Theorem-Umgebung, die schließlich zum großen Teil in das Paket `ntheorem` von Wolfgang May und Andreas Schedler einflossen. Daher soll dieses Paket hier in Auszügen besprochen werden. Es liegt den meisten LaTeX-Installationen bei und ist ausführlich dokumentiert. Paketspezifische Anweisungen werden wie für AMS-LaTeX durch *`geneigte Schrift`* kenntlich gemacht.

Sollen Beweisende-Symbole gesetzt werden, so muss das Paket mit der Option *`thmmarks`* aufgerufen werden. Soll das Paket gemeinsam mit dem Paket *`amsthm`* benutzt werden (was eigentlich nur sinnvoll ist, wenn ältere mit *`amsthm`* erstellte Texte bearbeitet werden), so muss man `ntheorem` mit der Option *`amsthm`* aufrufen (für Näheres vergleiche die Dokumentation des Pakets).

Die Syntax zur Erzeugung einer Theorem-Umgebung mit `\newtheorem` ist dieselbe wie unter LaTeX und AMS-LaTeX (vgl. die Beschreibung im ersten Unterabschnitt). Auch die Anweisung `\newtheorem*` wird unterstützt. Die Gestalt einer Theorem-Umgebung kann mit den folgenden Stil-Parametern auf vielfältige Weise beeinflusst werden. Die gesetzten Parameter bleiben für die folgenden Definitionen von Theorem-Umgebungen aktiv, bis neue Parameter gesetzt werden.

Die Anweisung `\newtheoremstyle` in der Form, wie sie in AMS-LaTeX eingeführt wird, ist daher überflüssig und wird hier anders definiert (vgl. die Dokumentation des Pakets). Aus demselben Grund existiert keine Anweisung *`\swapnumbers`*, ihre Rolle übernimmt der Stil *`change`* (s. u.).

`\theoremstyle{}` stellt einige vordefinierte Eigenschaften für eine Theorem-Umgebung in Form von „Theorem-Stilen" zur Verfügung. Mögliche Argumente sind:

`plain` entspricht der ursprünglichen LaTeX-Definition (und nicht der AMS-LaTeX-Variante). Dieser Parameter ist voreingestellt.

`nonumberplain` Wie *`plain`*, aber die Nummerierung entfällt. Damit kann zum Beispiel eine Beweis-Umgebung erzeugt werden, die ja in der Regel keine eigene Nummer erhalten soll, ebenso besondere Sätze mit Namen aber ohne Nummer.

`change` Vertauscht die Nummerierung mit dem Schlüsselwort (übernimmt also die Rolle von *`\swapnumbers`* bei AMS-LaTeX).

`margin` Wie *`change`*, aber das Schlüsselwort beginnt bündig mit dem linken Rand und die Nummerierung wird nach links auf den Rand ausgesetzt.

`break` bricht nach dem Schlüsselwort (und Zusatz) um, der Text innerhalb der Umgebung beginnt mit einer neuen Zeile.

`nonumberbreak` Wie *`break`*, aber die Nummerierung entfällt.

`changebreak` Wie *`break`* gemeinsam mit *`change`*.

`marginbreak` Wie *`break`* gemeinsam mit *`margin`*.

`empty` Wie der Name schon sagt: Schlüsselwort und Nummerierung entfallen.

Weitere Theorem-Stile können bei Bedarf mit `\newtheoremstyle` definiert werden (vgl. die Dokumentation des Pakets).

`\theoremheaderfont{}` bestimmt die Schrift für das Schlüsselwort und einen Zusatz. Voreingestellt ist `\normalfont\bfseries` (Grundschrift in fett).

`\theorembodyfont{}` bestimmt die Schrift für den Text innerhalb der Umgebung. Voreingestellt ist `\itshape` (kursiv).

`\theoremseparator{}` Das Argument erscheint zwischen Schlüsselwort (und Zusatz) und dem Text innerhalb der Umgebung. Voreingestellt ist nichts. Übergibt man als Argument einen Punkt so erscheint dieser ähnlich wie in *amsthm*.

`\theoremprework{}` Das Argument wird vor Eintritt in die Umgebung gesetzt. Zum Beispiel führt das Argument `\hrule` dazu, dass vor Beginn der Umgebung eine horizontale Linie gezogen wird.

`\theorempostwork{}` Das Argument wird nach dem Ende der Umgebung gesetzt, zum Beispiel eine horizontale Linie.

`\theorempreskip{}` Das Argument bestimmt den (elastischen) vertikalen Zwischenraum vor einer Theorem-Umgebung. Voreingestellt ist `\topskip`.

`\theorempostskip{}` Das Argument bestimmt den (elastischen) vertikalen Zwischenraum nach einer Theorem-Umgebung. Voreingestellt ist `\topskip`.

`\theoremindent` Feste Länge (sie kann auch negativ sein), um welche die gesamte Umgebung nach rechts eingerückt wird. Sie kann mit `\setlength` gesetzt werden (vgl. Abschnitt C.9) und ist mit 0.0 pt vorbesetzt.

`\theoremnumbering{}` bestimmt den Stil der Nummerierung der „Theoreme". Mögliche Argumente sind `arabic` (arabische Ziffern, voreingestellt), `alph` (Kleinbuchstaben), `Alph` (Großbuchstaben), `roman` (kleine römische Ziffern), `Roman` (große römische Ziffern), `greek` (kleine griechische Buchstaben), `Greek` (große griechische Buchstaben), `fnsymbol` (Fußnotensymbole, Werte bis 9). Die Bezeichnungen folgen weitgehend der Logik für die Nummerierung von Listen in LaTeX.

`\theoremclass{}` Das Argument enthält den Namen einer schon vorher definierten Theorem-Umgebung, die Anweisung setzt alle Parameter auf die Werte dieser Umgebung. Die Anweisung `\theoremclass{LaTeX}` setzt die Parameter auf die Werte des Standard-LaTeX-Layouts.

In älteren Versionen des Paketes *ntheorem* (vor Version 1.32) wurden vertikale Zwischenräume vor und nach Theorem-Umgebungen mit den elastischen Längen `\theorempreskipamount` und `\theorempostskipamount` gesetzt. Diese gelten global, sie werden also nicht von einer bestimmten Umgebung „gemerkt" wie die vorangehenden Parameter, sie können aber jederzeit mit den üblichen Anweisungen verändert werden (vgl. Abschnitt C.9). Diese Anweisungen werden noch immer verstanden, solange nicht die neueren Anweisungen `\theorempreskip` und `\theorempostskip` verwendet werden.

Die folgenden Anweisungen dienen der Definition und Positionierung von Zeichen, die am Ende einer Theorem-Umgebung ausgegeben werden, zum Beispiel ein Zeichen für das Ende eines Beweises. Wir sprechen daher der Einfachheit halber von einem „Beweisende-Symbol". Diese Anweisungen sind nur aktiv, wenn das Paket *ntheorem* mit der Option *[thmmarks]* geladen wurde.

\theoremsymbol{} definiert das Argument als Beweisende-Symbol, mit dem alle nachfolgend erzeugten Theorem-Umgebungen abgeschlossen werden (gegebenenfalls bis zur Definition eines neuen Beweisende-Symbols).

\qedsymbol{} erzeugt eine weiteres Beweisende-Symbol, welches im Argument angegeben wird. Dieses Symbol kann anschließend mit \qed ausgegeben werden (s. u.). Achtung: Bedeutung und Syntax von \qedsymbol{} unterscheiden sich von der gleichnamigen Anweisung in AMS-LaTeX.

\qed gibt innerhalb einer Theorem-Umgebung das mit \qedsymbol{} definierte Symbol aus. Wurde für diese Umgebung vorher mit \theoremsymbol{} ein Beweisende-Symbol definiert, so wird dieses von \qed überschrieben. Auch \qed ist im Paket ntheorem also etwas anders definiert als in AMS-LaTeX.

\NoEndMark Manchmal will man auf die automatische Positionierung des „Beweisende-Symbols" aktiven Einfluss nehmen. In diesem Fall kann man die automatische Positionierung mit \NoEndMark abschalten und mit der Anweisung \<NN>Symbol an jeder beliebigen Stelle das für diese Umgebung vorgesehene Symbol (oder das vorher mit \qed eingeführte Symbol) setzen. Hier wird <NN> durch den Namen der aktuellen Theorem-Umgebung ersetzt, in einer vorher definierten Umgebung {thm} wird daraus also \thmSymbol.

Das Paket ntheorem kann noch einiges mehr, wie zum Beispiel Umgebungen farbig unterlegen (evtl. für Präsentationen), sich (mit der Anweisung \thref) in Verweisen das Schlüsselwort merken oder Listen von Sätzen erstellen, analog zu Listen für Tabellen oder Abbildungen. Für alles Weitere sei auf die Dokumentation des Pakets verwiesen.

C.21 Literaturhinweise

Für die Frage, auf welche Weise TeX, und damit auch LaTeX und AMS-LaTeX, unter Berücksichtigung typographischer Gesichtspunkte die Ausgabe berechnet, ist nach wie vor [Knu86] eine wichtige Quelle.

Umfangreiche Beschreibungen von LaTeX und AMS-LaTeX finden sich unter anderem in [Kop00], [Kop02], [Nie03] und besonders ausführlich in [MiGo05]. Zusammenstellungen von LaTeX- und AMS-LaTeX-Anweisungen enthalten unter anderem [Kop00] und [Voß07]. Speziell dem Mathematiksatz mit LaTeX und AMS-LaTeX sind [Voß06] und [Voß08] gewidmet. Im Internet finden sich viele Tabellen und Zusammenstellungen mathematischer Symbole und Konstrukte, zum Beispiel von Tobias Krähling unter http://www.semibyte.de/wp/informatics/latex/ (Version vom 29. 05. 2007, letztmalig abgerufen am 29. 10. 2015).

Zum Umgang mit Schriften finden sich weitere Informationen auch in der Datei fntguide.pdf, die sich in ~.doc/latex/base findet.

Literaturverzeichnis

[ANF03] ALTEN, Heinz-Wilhelm, Alizera D. NAINI, Menso FOLKERTS, Hartmut SCHLOSSER, Karl-Heinz SCHLOTE und Hans WUSSING: *4000 Jahre Algebra. Geschichte, Kulturen, Menschen.* Springer-Verlag, Berlin 2003.

[AiZi04] AIGNER, Martin und Günter M. ZIEGLER: *Das BUCH der Beweise.* 4. Auflage, Springer Spektrum, Berlin 2015.

[Bau02] BAUSUM, David: *TeX Reference Manual.* Kluwer Academic Publishers, 2002. HTML Version unter http://www.tug.org/utilities/plain/trm.html (29.10.2015).

[Be09] BEUTELSPACHER, Albrecht: *„Das ist o. B. d. A. trivial". Tipps und Tricks zur Formulierung mathematischer Gedanken.* 9. Auflage, Vieweg + Teubner, Wiesbaden 2009.

[Bol05] BOLLWAGE, Max: *Typografie kompakt. Vom richtigen Umgang mit Schrift am Computer.* 2. Auflage, Springer-Verlag, Berlin 2005.

[Boy68] BOYER, Carl B.: *A History of Mathematics.* John Wiley, New York 1968.

[Bri07] BRINK, Alfred: *Anfertigung wissenschaftlicher Arbeiten.* 3. Auflage, Oldenbourg, München 2007.

[Bur06] BURCHARDT, Michael: *Leichter Studieren. Wegweiser für effektives wissenschaftliches Arbeiten.* 4. Auflage, Berliner Wissenschafts-Verlag, Berlin 2006.

[Chic10] *The Chicago Manual of Style. The Essential Guide for Writers, Editors, and Publishers.* 16. Auflage, The University of Chicago Press, Chicago 2010.

[Deh10] DEHAENE, Stanislas: *Lesen.* Knaus, München 2010.

[DIN11] DIN DEUTSCHES INSTITUT FÜR NORMUNG E.V. (Hrsg.): *Schreib- und Gestaltungsregeln für die Textverarbeitung. Sonderdruck von DIN 5008:2011.* 5. Auflage, Beuth Verlag GmbH, Berlin 2011.

[Dud06] *Duden. Die deutsche Rechtschreibung.* 24. Auflage, Dudenverlag, Mannheim 2006.

[Dud07] *Duden. Richtiges und gutes Deutsch. Wörterbuch der sprachlichen Zweifelsfälle.* 6. Auflage, Dudenverlag, Mannheim 2007.

[Dud14] *Duden. Das Synonymwörterbuch.* 6. Auflage, Bibliographisches Institut, Berlin 2014.

[Eco89] Eco, Umberto: *Wie man eine wissenschaftliche Abschlußarbeit schreibt*. 2. Auflage, UTB, C.F. Müller, Heidelberg 1989.

[Eri10] Erickson, Martin: *How To Write Mathematics. May 29, 2010*. Internet-Text: http://erickson.sites.truman.edu/files/2012/04/guide1.pdf (3. 4. 2014).

[Euk97] Euklid: *Die Elemente*. Ostwalds Klassiker der exakten Wissenschaften, Band 235, Harri Deutsch, Thun 1997.

[FrSt11] Franck, Norbert und Joachim Stary (Hrsg.): *Die Technik wissenschaftlichen Arbeitens. Eine praktische Anleitung*. 16. überarbeitete Auflage, Ferdinand Schöningh, Paderborn 2011.

[Gi70] Gillispie, Charles Coulston (Hrsg.): *Biographical Dictionary of Mathematicians. Reference Biographies from the „Dictionary of Scientific Biography"*. Charles Scribner's Sons, New York 1970–1991.

(Dies ist ein vierbändiger Auszug aus dem umfangreicheren Werk *Dictionary of Scientific Biography* desselben Herausgebers.)

[Gil87] Gillman, Leonard: *Writing Mathematics Well. A Manual for Authors*. The Mathematical Association of America, Washington, D.C. 1987.

[Glu94] Glunk, Fritz R.: *Schreib-Art. Eine Stilkunde*. dtv, München 1994.

[GK00] Gulbins, Jürgen und Christine Kahrmann: *Mut zur Typographie. Ein Kurs für Desktop-Publishing*. 2. Auflage, Springer-Verlag, Berlin 2000.

[Ha70] Halmos, Paul R.: *How to Write Mathematics*. L' Enseignement mathématique 16 (1970), 123–152. Im Internet unter anderem zu finden unter der Adresse http://www.cs.duke.edu/donaldlab/Teaching/add/2011/resources/halmos.pdf (29. 10. 2015). Auch abgedruckt in [SHSD73].

[Ha85] Halmos, Paul R.: *I Want to Be a Mathematician. An Automathography*. Springer-Verlag, New York 1985.

[Hea21] Heath, Sir Thomas: A History of Greek Mathematics, 2 Vols. The Clarendon Press, Oxford, 1921.

[Hig98] Higham, Nicholas J.: *Handbook of Writing for the Mathematical Sciences*. 2nd Ed., SIAM (Society for Industrial and Applied Mathematics), Philadelphia 1998.

[HiFu06] Hiller, Helmut und Stephan Füssel: *Wörterbuch des Buches*. 7. Auflage, Vittorio Klostermann, Frankfurt am Main 2006.

[Jah99] Jahnke, Hans Niels (Hrsg.): *Geschichte der Analysis*. Spektrum Akademischer Verlag, Heidelberg 1999.

[Kli72] KLINE, Morris: *Mathematical Thought from Ancient to Modern Times*. Oxford University Press, Oxford 1972/1990.

[KoMo08] KOHM, Markus und Jens-Uwe MORAWSKI: KOMA-Script. *Eine Sammlung von Klassen und Paketen für LaTeX 2ε*. 3. Auflage, Lehmanns Media, Berlin 2008.

[Kop00] KOPKA, Helmut: *LaTeX. Band 1 – Einführung*. 3. Auflage, Addison-Wesley, München 2000.

[Kop02] KOPKA, Helmut: *LaTeX. Band 2 – Ergänzungen*. 3. Auflage, Addison-Wesley, München 2002.

[Kop08] KOPKA, Helmut: *LaTeX. Band 1 – Einführung, CD-Rom-Ausgabe der 3. Auflage*. Pearson Studium, München 2008.

[Knu86] KNUTH, Donald E.: *The TeXbook*. Addison Wesley Publishing Company, 6. Auflage, Reading 1986.

[Krä09] KRÄMER, Walter: *Wie schreibe ich eine Seminar- oder Examensarbeit?* 3. Auflage, Campus Verlag, Frankfurt am Main 2009.

[Kra98] KRANTZ, Steven G.: *A Primer of Mathematical Writing*. American Mathematical Society, Providence, Rhode Island 1998.

[Kra05] KRANTZ, Steven G.: *Mathematical Publishing. A Guidebook*. American Mathematical Society, Providence, Rhode Island 2005.

[Küm17] KÜMMERER, Burkhard: *Studienbegleiter (Arbeitstitel)*. In Vorbereitung. Erscheint voraussichtlich 2017.

[Lon99] *Longman Language Activator*. Longman, Harlow 1999.

[Mac11] MACKOWIAK, Klaus: *Die häufigsten Stilfehler im Deutschen und wie man sie vermeidet*. C. H. Beck, München 2011.

[MiGo05] MITTELBACH, Frank und Michel GOOSSENS: *Der LaTeX-Begleiter*. Zweite überarbeitete und erweiterte Auflage. Pearson, München 2005.

[Mit04] MITTELSTRASS, Jürgen (Hrsg.): *Enzyklopädie Philosophie und Wissenschaftstheorie*. Sonderausgabe, J. B. Metzler, Stuttgart 2004.

[vNeu40] VON NEUMANN, John: *On rings of operators*, III, Ann. Math. 41 (1940), S. 94–161.

[Ni06] NIEDERHAUSER, Jürg: *Duden. Die schriftliche Arbeit – kurz gefasst. Eine Anleitung zum Schreiben von Arbeiten in Schule und Studium*. 4. Auflage, Dudenverlag, Mannheim 2006.

[Nie03] Niedermair, Elke und Michael Niedermair: *LaTeX. Das Praxisbuch*. Franzis, Poing 2003.

[Oxf10] *Oxford Advanced Learner's Dictionary*. 8. Auflage, Cornelsen & Oxford University Press, Oxford 2010.

[Pfe03] Pfeifer, Wolfgang (Hrsg.): *Etymologisches Wörterbuch des Deutschen*. 6. Auflage, dtv, München 2003.

[Rad97] Radbruch, Knut: *Mathematische Spuren in der Literatur*. Wissenschaftliche Buchgesellschaft, Darmstadt 1997.

[Rec03] Rautenberg, Ursula (Hrsg.): *Reclams Sachlexikon des Buches*. 2. Auflage, Philipp Reclam jun., Stuttgart 2003.

[Reu14] Reuss, Roland: *Die perfekte Lesemaschine. Zur Ergonomie des Buches*. Wallstein Verlag, Göttingen 2014.

[Schi09] Schichl, Hermann und Roland Steinbauer: *Einführung in das mathematische Arbeiten*. Springer-Verlag, Berlin 2009.

[Schn06] Schneider, Wolf: *Deutsch! Das Handbuch für attraktive Texte*. 3. Auflage. Rowohlt Verlag GmbH, Reinbeck 2006.

[SvT81] Schulz von Thun, Friedemann: *Miteinander Reden 1. Störungen und Klärungen. Allgemeine Psychologie der Kommunikation*. Rowohlt Taschenbuch Verlag, Reinbeck 1981.

[Ser03] Serre, Jean-Pierre: *How to write mathematics badly*. Vortrag, Harvard Lecture 2003. http://wstein.org/edu/basic/serre/ (29. 10. 2015).

[Sta08] Stammbach, Urs: *Thomas Mann und die Mathematik. Eine Spurensuche*. Thomas-Mann-Studien, Neununddreissigster Band, 2006, Vittorio Klostermann, Frankfurt am Main 2008, S. 179–204.

[SHSD73] Steenrod, Norman E., Paul R. Halmos, Menahem M. Schiffer und Jean A. Dieudonné: *How to write mathematics*. American Mathematical Society, 1973.

[StWh00] Strunk, William, Jr. and Elwyn B. White: *The Elements of Style*. Fourth Edition. Longman, New York 2000.

[Tex07] Textor, A. N.: *Sag es treffender. Sag es auf Deutsch*. Rowohlt Taschenbuch Verlag, Hamburg 2007.

[Tsch87] Tschichold, Jan: *Ausgewählte Aufsätze über Fragen der Gestalt des Buches und der Typographie*. 2. Auflage, Birkhäuser Verlag, Basel 1987.

[Trz05] Trzeciak, Jerzy: *Writing Mathematical Papers in English. A practical guide*. European Mathematical Society Publishing House, Zürich 2005.

[Voß06] Voss, Herbert: *LaTeX in Naturwissenschaften & Mathematik*. Franzis Verlag GmbH, Poing 2006.

[Voß07] Voss, Herbert: *LaTeX Referenz*. Lehmanns Media, Berlin 2007.

[Voß08] Voss, Herbert: *Math mode*. Zum Beispiel unter http://www.ctan.org/pkg/voss-mathmode (29. 10. 2015).

[Wat82] Watzlawick, Paul, Janet H. Beavin und Don D. Jackson: *Menschliche Kommunikation. Formen, Störungen, Paradoxien*. 6. Auflage. Verlag Hans Huber, Bern 1982.

[WiFo99] Willberg, Hans Peter und Friedrich Forssman: *Erste Hilfe in Typographie. Ratgeber für die Gestaltung mit Schrift*. Verlag Hermann Schmidt, Mainz 1999.

[Wuß08] Wussing, Hans: *6000 Jahre Mathematik. Eine kulturgeschichtliche Zeitreise*, 2 Bände. Springer Verlag, Berlin 2008/2009.

Erweitertes Inhaltsverzeichnis von Anhang C: Mathematiksatz mit LaTeX im Überblick

LaTeX-Tabellen in Anhang C

LaTeX-Index

Der LaTeX-Index enthält Hinweise sowohl auf einzelne LaTeX-Anweisungen wie auch auf LaTeX-spezifische Diskussionen. Um den Index nicht zu unübersichtlich werden zu lassen, wurden Anweisungen nicht aufgenommen, die nur ein einzelnes Symbol erzeugen (vgl. den Unterabschnitt „LaTeX" in 1.3). Anweisungen für einzelne Symbole können jedoch über die erweiterten Übersichten ab Seite 279, insbesondere über das Verzeichnis der Tabellen auf Seite 281, aufgefunden werden. Alle Verweise, die nicht LaTeX-spezifisch sind, werden im anschließenden Namens- und Sachindex zusammengestellt.

Namens- und Sachindex